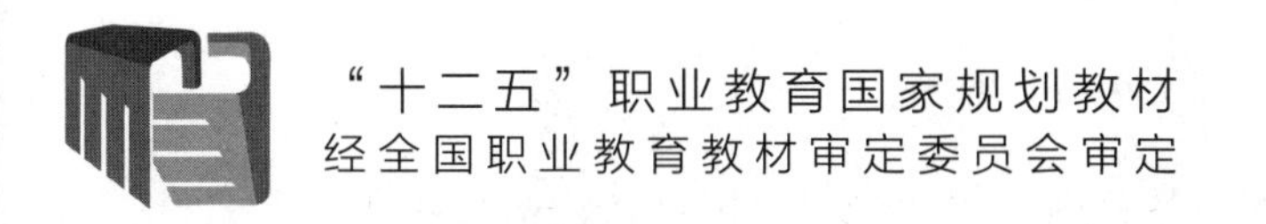

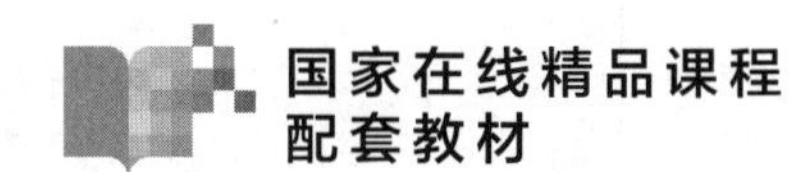

SHUICHAN WEISHENGWU

水产微生物

第二版

林旭吟　黄瑞　主编

化学工业出版社
·北京·

内容简介

《水产微生物》是“十二五”职业教育国家规划教材、国家在线精品课程配套教材，结合现代水产健康养殖技术与要求，以国家和行业相关标准为基础，介绍了微生物知识在水产行业中的应用。内容选取以与水产相关的微生物实际岗位操作及其流程为主线，按照“项目引导，任务驱动”的教改模式进行编写；本书共21个技能训练项目，强调“教、学、做”一体化，从单项微生物基本技能训练到综合应用技能训练逐层递进，由浅入深，既可供各校不同专业、不同学时和不同要求选用，也兼顾到了中高职衔接的教学特点和需求。

本书内容力求将“新”“实用”和“适用”的微生物技术有机结合，图文并茂，方便直观教学；有机融入课程思政与素养内容；配套丰富的数字资源，可扫描二维码学习观看；配有电子课件，可从 www.cipedu.com.cn 下载使用。

本书可作为水产类职业院校师生的教材，也可供水产养殖从业人员上岗培训、水产技术推广站技术人员培训、中等水产职业技术学校师生参考学习。

图书在版编目（CIP）数据

水产微生物/林旭吟，黄瑞主编．—2版．—北京：化学工业出版社，2024.3（2024.11重印）
“十二五”职业教育国家规划教材
ISBN 978-7-122-44754-8

Ⅰ.①水… Ⅱ.①林… ②黄… Ⅲ.①水产养殖-微生物学-职业教育-教材 Ⅳ.①S917.1

中国国家版本馆CIP数据核字（2024）第012994号

责任编辑：迟　蕾　李植峰　梁静丽　　文字编辑：药欣荣
责任校对：宋　玮　　装帧设计：王晓宇

出版发行：化学工业出版社
（北京市东城区青年湖南街13号　邮政编码100011）
印　　装：河北鑫兆源印刷有限公司
787mm×1092mm　1/16　印张16¼　字数386千字
2024年11月北京第2版第2次印刷

购书咨询：010-64518888　　售后服务：010-64518899
网　　址：http://www.cip.com.cn
凡购买本书，如有缺损质量问题，本社销售中心负责调换。

定　　价：49.80元　

《水产微生物》（第二版）编写人员

主　编　林旭吟　黄　瑞

副主编　许　明　吴　亮　周小文　王　琪

编　者　（按照姓名汉语拼音排列）

毕蒙蒙　（威海市水产学校）

郭团玉　（厦门海洋职业技术学院）

黄根勇　（江西生物科技职业学院）

黄　瑞　（厦门海洋职业技术学院）

林旭吟　（厦门海洋职业技术学院）

马贵华　（江西生物科技职业学院）

庞纪彩　（山东畜牧兽医职业学院）

王会聪　（江苏农林职业技术学院）

王　琪　（湖北生物科技职业学院）

吴　亮　（厦门海洋职业技术学院）

邢孟欣　（日照职业技术学院）

许　明　（江西生物科技职业学院）

张　媛　（厦门海洋职业技术学院）

周小文　（福建平潭综合实验区农业农村发展服务中心）

前言

21 世纪水产养殖业正在向多品种、高投入、高密度、集约式、工厂化的方向发展，水产生物病害发生的潜在威胁将更为显著，有些病原菌能引起人鱼共患的疾病，甚至有些水产致病菌涉及公共食品安全问题。疾病与环境已成为水产养殖业能否快速、持续发展的主要制约因素，也是开展健康养殖、健康食品、安全生产的关键。水产微生物学是以基础微生物学、环境生态学、免疫学、微生物实验技术等学科为基础，同水产养殖及相关水产产业密切结合，在水产生物疾病预防和治疗实践中建立并发展起来的一个分支学科。水产微生物是职业教育水产养殖技术、水族科学与技术、水生动物医学、海洋渔业技术、航海捕捞、环境监测技术等专业学生必修的专业基础课程，是学习水产生物病害防治技术、水质监测技术、饵料生物培养技术等课程的一门前置课程。

《水产微生物》教材为 2022 年职业教育国家在线精品课程《水产微生物技术》的配套教材和 2012 年省级示范高职院校专业建设项目。该教材内容紧密结合目前国内外水产微生物应用技术、现代水产健康养殖技术、养殖水域环境管理等领域的生产和科研实际，以国家和行业相关标准为基础，以全面训练、提高动手能力和操作技能为目标，结合现阶段教学成果以及教育部对国家规划教材编写的要求，依据水产相关的微生物实际项目操作流程，按照“教、学、做”一体化的思路，把“新”“实用”和“适用”的微生物技术有机结合，将教材内容、排序与实际岗位操作流程及技能要求对接。

本教材精心选择了 21 个技能训练，内容和难度体现了由单项微生物基本技能训练到综合应用技能训练的逐层递进，内容安排留有余地，可供各校不同专业、不同学时和不同要求选用。

本教材内容主要包括微生物类群、微生物分离培养操作技术、水产病原微生物的致病作用、水产免疫防治、微生物应用新技术等；有机融入课程思政与素养内容；配套丰富的数字资源，可扫描二维码学习观看；电子课件可从 www.cipedu.com.cn 下载使用。

本教材突出实用性和操作性，适用于职业院校水产养殖技术专业、环境监测技术专业、水族科学与技术专业及相关专业的教学和实训，适用于基层水产技术推广人员、水生动物病害防治员、水生动物疫病诊疗乡村兽医（渔业乡村兽医）、养殖水质检测人员、饲料生产企业检测人员和养殖从业人员自学，亦可作为相关领域与行业的培训教材。

本教材共分十个模块，其中绪论由林旭吟、黄瑞编修。模块一由王琪、毕蒙蒙编修；模块二由林旭吟编修；模块三项目一、项目二、项目三由吴亮编修，项目四和项目五由林旭吟、黄瑞编修；模块四项目一、项目二第三部分由林旭吟、黄瑞编修，项目二其他部分由庞纪彩编修；模块五项目一、项目二第三部分（曲霉、毛霉、青霉、水霉）及第五部分由许明编修，项目二第三部分（腐霉、壶菌、镰刀菌）及第四部分由林旭吟、黄瑞编修；模块六和模块七由林旭吟编修；模块八由马贵华、黄根勇编修；模块九项目一第一、二、五部分由王会聪编修，项目一第四部分由邢孟欣编修，项目一第三部分和项目二由林旭吟编修；模块十项目一由周小文编修，项目二由郭团玉、张媛编修；技能训练、附录由林旭吟编修。

由于时间和条件的限制，加之编写水平所限，书中不妥和疏漏之处在所难免，敬请广大读者批评指正。

编者

2023 年 11 月

目录

绪　论

模块一　微生物检测实验室安全与基本建设

模块二　消毒与灭菌技术

模块三　细　菌

模块四 放线菌和其他原核微生物

模块五 真菌

模块六　病　毒

模块七　病原微生物的致病性与感染

模块八　水产动物免疫技术

模块九　水与水产生物体的微生物

模块十　微生物在水产养殖与水处理中的应用

附　录

参考文献

绪论

一、微生物概述

微课1—微生物的概述

微课2—微生物的生物学特点

“微生物”不是分类学的概念，而是一类个体微小、结构简单、必须借助显微镜才能观察清楚的生物的总称，包括属于原核生物的细菌、放线菌、支原体、衣原体、立克次体和蓝藻，属于真核生物的真菌（酵母菌和霉菌）、原生动物和微型藻类以及属于非细胞型的病毒和亚病毒等。微生物结构、功能简单，多为单细胞的生物个体。与动、植物相比，微生物具有以下特点。

1. 个体小

微生物是个体微小的生物，其大小通常用微米（μm）或纳米（nm）表示。其中病毒为非细胞结构，普通光学显微镜观察不到，须使用放大百万倍的电子显微镜才能观察清楚。细菌经过染色可以使用光学显微镜观察其形态，水产中常见的弧菌大小为（0.5～0.8）μm×（1.4～2.6）μm。单个的细菌虽然肉眼看不到，但大量的细菌可以形成肉眼可见的菌落。

2. 种类多

微生物种类繁多。据估计，细菌（含放线菌）约有4万种，已知种仅占12%；真菌可能有150万种，已知种只占5%。迄今为止，已确定的微生物有10万余种。随着分离、培养方法的改进和研究工作的深入，微生物的新种还在不断地被发现，如最近几年，每年发现约700个真菌新种。有人估计目前已知的种只占地球上实际存在的微生物总数的20%，微生物很可能是地球上物种最多的一类。微生物资源极其丰富，但在人类生产和生活中仅开发利用了已发现微生物种数的1%。由于微生物种类繁多，因而对营养物质的要求也不相同，它们可以分别利用自然界中的各种有机物和无机物作为营养，使各种有机物分解成无机物，或使各种无机物合成为复杂的碳水化合物、蛋白质等有机物，所以微生物在自然界的物质转化过程中起着重要的作用。

3. 分布广

微生物个体小而轻，可随着气流四处飞扬，在自然界几乎是无处不在。微生物分布在地球空间的每个角落，从海洋深处到宇宙高空，从寒冷的冰川到炎热的赤道，各种各样的环境中都有微生物的存在；微生物还可以生活在动、植物体内外；肥沃的土壤中也含有大量的微生物。河流、溪水可以把微生物带入海洋、湖泊及其他大型水体中。在营养、湿度和温度适宜的地方，微生物生长旺盛。

4. 繁殖快

微生物具有在适宜条件下可高速繁殖的特性，尤其是细菌，其繁殖速度更是惊人。如大肠埃希菌和梭状芽孢杆菌在最合适的条件下，20min可繁殖1代，即每小时可分裂3次，由1个变成8个。如果细菌始终处于最适宜的条件下，一昼夜可繁殖72代，由1个变成4.7×10^{21}个（重约4722t）；经48h后，则可产生2.2×10^{43}个后代，重量约等于4000个地球之重。当然，由于多种因素的限制，这种情况并不存在。正是由于微生物这种繁殖速度，水产养殖生物一旦受到病原微生物感染其危害性也将是十分严重的。

5. 易变异

大多数微生物为单细胞无性繁殖，结构简单，整个细胞直接与环境接触，易受外界环境条件的影响。因此，微生物的形态结构、营养代谢、抗原性、耐药性及对外界环境的抵抗力等，均可发生变异，或者菌种退化或者变异为优良菌种。这一特点使微生物较能适应外界环境条件的变化。

6. 代谢旺

微生物虽小，但代谢作用十分旺盛，有小型“活的化工厂”之称。从单位质量来看，微生物代谢强度比高等动物的代谢强度要大几千倍至几万倍，如1kg酒精酵母一天内能“消耗”几千千克糖，使之转变为乙醇；用乳酸菌生产乳酸，每个细胞可以产生其体重10^3～10^4倍的乳酸。但是如果水产品污染了腐败微生物，则代谢越旺，损失就越大。

微生物的这些特点使得微生物在生物界中占有特殊的位置。微生物和人类关系密切，不仅与人们的日常生活以及水产产业有着千丝万缕的联系，而且微生物还作为生物科学研究的理想材料，推动和加快了生命科学的研究发展。

二、微生物学及其分科

微生物学是研究微生物的形态结构、生命活动规律以及与机体相互关系的科学。微生物学工作者的任务是在不断深入研究的过程中，使对人类有益的微生物服务于社会生产实践，并使对人类和生物有害的微生物得到有效的控制和消灭。微生物学是生物科学中的一门年轻但发展迅速的学科，在现代生命科学中的重要性与日俱增。自19世纪后半期以来，随着研究领域的扩展和其他相关学科知识与技术的渗透，微生物学的研究不断深入，已形成若干分支。例如，着重研究微生物基本生命规律的普通微生物学、微生物分类学、微生物生理学、微生物遗传学、微生物生态学、分子微生物学等。研究微生物的各个应用领域分为工业微生物学、农业微生物学、医学微生物学、兽医微生物学、土壤微生物学、海洋微生物学、食品微生物学、水产微生物学、环境微生物学、石油微生物学等。根据研究的微生物对象又可分为细菌学、病毒学及真菌学等。根据实验方法和技术，可分为实验微生物学、微生物检验学等。各分支学科间相互联系和配合，共同促进整个微生物学不断向前发展。在“生物世纪”的今天，应用微生物必将成为未来可持续发展的重要研究领域之一。水产微生物是以基础微生物学、环境生态学、免疫学、微生物实验技术等学科为基础，同水产养殖及相关水产产业密切结合，在水产生物疾病预防和治疗实践中建立并发展起来的一个分支。水产动物病原学、免疫学、病理学、流行病学、渔药药学以及水产动物疾病控制与养殖安全等领域方面的新技术、新发现、新方法很多是基于微生物学基础上发展起来的。研究水产领域有益微生物的功能开发，有助于促进养殖水域能量循环，有效捕捉和移除二氧化碳，实践“环境友好型”水产养殖，从发展低碳养殖技术到探索实现“零碳养殖”，培养能勇于担当水产养殖可持续发展的新水产人。

三、微生物与水产养殖

微生物与水产养殖业的关系十分密切，微生物在养殖水环境中的营养元素转化、养殖水质改善、水产动植物病害防治、养殖动物的营养与免疫、饲料加工等方面的作用越来越受到重视。随着人们对渔业水域环境保护和水产品质量安全的日益关注，微生物应用技术也将在水产养殖业可持续健康发展过程中发挥重要的作用。

1. 微生物与健康养殖生态

微生物是生态系统中的重要成员。广泛存在于自然界的微生物是生物食物链中的生产者之一，也是有机物质的分解者。微生物在自然界的物质循环中起着重要的作用，在各种微生物的联合作用下，环境中的有机物被逐步分解与转化，最终形成简单的 CO_2、NH_3、SO_4^{2-}、PO_4^{3-} 等而被植物吸收，完成自然界生态系统中的物质循环。微生物直接或间接地作用于水产养殖对象和养殖环境，维持着水产养殖环境的动态平衡，维持着水域生态系统的“自净作用”。

近年来渔业水域生态环境恶化，水域污染事件频频发生，养殖设施破坏了水域自然生态循环，削弱了水体自净能力，养殖残饵、化肥和排泄物、废弃物导致水域污染和富营养化，使水中病原微生物增多，养殖病害蔓延。水产养殖过程中病害的发生，并不完全在于水产生物本身是否带有致病菌，而是由于其生活环境受到污染，生态平衡遭到破坏，水产生物抗病能力下降所致。因此，我们坚持绿水青山就是金山银山的理念，全方位、全地域、全过程加强生态环境保护，污染防治攻坚向纵深推进，绿色、循环、低碳发展迈出坚实步伐，这才是水产养殖的根本和基础。

近几年，循环水养殖系统因其高产、节地、节水、无污染等优势在国内外得到了广泛应用。加快发展方式绿色转型，推动经济社会发展绿色化、低碳化是实现高质量发展的关键环节。微生物水处理技术是循环水养殖系统的核心环节。富集微生物的生物膜在控制水体中的氨氮、亚硝酸氮等有毒物质方面起着关键作用。附着于载体上的微生物将养殖水中的碳水化合物、脂肪、蛋白质、氨氮等污染物，转换成无害的二氧化碳、水、硝酸盐等物质。另外，水产养殖产生的富营养化废水的排放对水域环境造成的影响已引起广泛重视，人们已经认识到治理养殖废水的重要性。党的二十大报告对“推动绿色发展，促进人与自然和谐共生”作出重大安排部署，强调必须牢固树立和践行绿水青山就是金山银山的理念，站在人与自然和谐共生的高度谋划发展。水产养殖尾水处理借鉴城市污水湿地处理的成熟工艺，在池塘养殖废水的处理方面已取得了一定的效果；利用高新水处理技术，实现工厂化水产养殖系统零污水排放，已成为水产养殖业持续发展的主要方向。

2. 微生物与水产养殖动物的健康

水产生物的体表和体内存在着大量的微生物，这些微生物中既有对生物有益的有益菌，也有对生物不利的有害菌，微生物之间、微生物与宿主之间相互制约、相互依赖，彼此之间保持着动态平衡。动物体消化道中存在着数百种微生物，依赖动物体自身营养或分解养殖动物的饵料而生存，这些微生物在水产动物的消化吸收、维持健康、增强免疫等方面起着重要作用，有些维生素如生物素、维生素 B_{12}、维生素 C、烟酸、泛酸、叶酸等可由肠道细菌合成。但有时如应激、环境不良、营养缺陷等因素可能会导致生物体上各种微生物之间的平衡被打破，从而使有害菌大量滋生，一旦有害菌成为优势菌群，就可能引起水产养殖生物疾病，如鱼类出血病、肠炎、神经坏死病等均由致病微生物引起。

随着化学药物在水产病害防治过程中的弊端越来越突出，人们对微生物在改善水产养殖环境方面的应用也进行了较多的研究。微生态制剂就是根据微生态学原理而制成的含有大量有益菌的活菌制剂，具有调整水产养殖生物环境、净化水质和保护环境的功能。有的微生态制剂还含有微生物代谢产物或添加有益的生长促进因子，能够维持动物机体内外环境的微生态平衡，提高养殖动物健康水平。微生态制剂显示了利用微生态防治技术的优越性，必然成为 21 世纪水产养殖业的发展方向。微生物具有繁殖速度快、对环境适应能力强、作用效果明显的特点，与机械清理、化学药物处理等手段相比，操作简单、节省人力物力、无药物残留。

3. 微生物技术与水产动物疾病防治

在水产养殖生产中，弧菌常常带来很大的危害。因此，及时检测养殖水体、育苗用水、饵料生物、种苗中的弧菌种类和数量，可为预防疾病提供直观有效的数据支持，对健康养殖和苗种培育具有重要的意义。目前一些大型水产养殖企业已建立了常规的微生物实验室，弧菌检测成为日常检测工作之一，有效控制了弧菌病的发生。

近年来，水产免疫防治技术的研究与应用越来越受到业界的高度重视，疫苗的研制和应用已成为研究的热点，鱼用疫苗开始走向商品化。至 2012 年全球已有 140 多种鱼用疫苗获得生产许可，挪威、美国、加拿大、日本等国家鱼用疫苗产业化程度高，并已在养殖生产上规模化应用，疫苗接种已成为当今世界海水养殖发达国家地区的规范性生产标准。我国鱼用疫苗研究经过 40 多年的发展，有 9 个疫苗产品获得国家新兽药证书。随着基因工程技术的发展，鱼用新型基因工程疫苗也在实验室中试制成功。我国加入 WTO 后，对绿色食品的需求更加迫切，急需改变水产养殖滥用药物的状况，迫切需要将研制的鱼用疫苗尽快推向市场。

此外，为了达到实时、快速、准确地监测并鉴定病原微生物的要求，免疫学检测技术、核酸检测技术、基因芯片检测技术等病原微生物快速检测技术也得到了迅猛的发展。

4. 微生物与水产饲料

目前，对于水产养殖饲料蛋白源的研究，除了动物性蛋白源之外，还有对植物性蛋白源、单细胞蛋白源等方面的研究。饲料酵母即属于单细胞蛋白，试验表明，适当添加饲料酵母可以替代饲料中的部分鱼粉。饲料酵母还可以作为一种微生物饲料添加剂，它具有促进养殖动物消化和吸收营养物质、强化免疫的功能。同时，酵母可以用于培养轮虫、枝角类等动物性饵料；还可以直接作为育苗饵料，培育对虾、牡蛎和海参幼体。

利用植物蛋白源或其他廉价动物蛋白源替代鱼粉是水产动物营养与饲料的发展趋势，微生物发酵是降低豆粕抗营养作用、提高其营养价值的主要技术手段之一。采用酵母菌、乳酸菌、芽孢杆菌或混合菌种在合适的温度下发酵的豆粕具有较高的蛋白质含量、平衡的氨基酸组成，以及含较低的抗营养因子等特点，用发酵豆粕适量替代饲料中的鱼粉可以显著促进水产动物的生长。

5. 微生物与水产品质量

我国是水产养殖生产大国，养殖产量位居世界第一位，水产品是我国出口的大宗产品之一。为丰富国内水产品市场，近年来远洋捕捞进口的水产品种类和数量均有所增加。水产品营养丰富、含水量大，水产品的养殖、捕获、运输、销售、冷藏过程中很容易因微生物污染而腐败变质，致病微生物引起的食源性疾病不仅会严重危害人们的健康，亦会给国家造成重大的经济损失。低温、冷冻、腌制、干燥和罐头加工就是为了控制腐败微生物的生长繁殖。同时，及时、准确地检出水产品中的致病微生物是水产品安全检测中的重点，世界各国及国际组织对水产品中的微生物检测均提出了日益严格的要求。

四、水产微生物的学习任务

21世纪水产养殖业将向多品种、高投入、高密度、集约式、工厂化的方向发展，水质恶化、养殖生态系统失衡、水产生物病害发生的潜在威胁将更为显著，疾病与环境已成为水产养殖业能否快速、持续发展的主要制约因素。微生物能直接或间接地作用于水产养殖对象和养殖环境，微生物在水产养殖中所起的作用日益受到重视。党的二十大报告指出，“要推进美丽中国建设，坚持山水林田湖草沙一体化保护和系统治理，统筹产业结构调整、污染治理、生态保护、应对气候变化，协同推进降碳、减污、扩绿、增长，推进生态优先、节约集约、绿色低碳发展”，实现这些目标的举措之一，就是利用微生物技术将有益微生物广泛应用于水产养殖行业，促进水产养殖业的绿色发展转型升级。因此，学习水产微生物的任务就是运用微生物的知识，学会检测、监测和防控水产生物病原微生物疾病，保持良好的养殖环境，推广和普及可持续健康养殖技术，使养殖产量达到稳产、高产，使水产养殖业得以快速、健康、可持续发展。

水产微生物是一门理论性和实践性都很强的专业基础课，水产养殖、水族科学与技术、环境监测技术等相关专业的学生学习它将打下牢固的微生物学理论基础。掌握熟练的操作技能，掌握微生物的生长繁殖规律可为水产生物疾病诊断与防治、养殖水环境监测与管理、工厂化循环水养殖系统管理、水产饵料生物培养以及水产动物饲料与营养学等课程的学习打下基础，同时也可运用所学知识直接为控制和消灭水产生物感染性疾病、保障水产养殖的健康服务。

【复习思考题】

1. 简述微生物的概念及特点。
2. 微生物分哪几类？每类试举一例。
3. 简述水产微生物的主要研究内容及进展。

模块一　微生物检测实验室安全与基本建设

知识目标：

熟悉微生物实验室；熟悉无菌室的操作程序和要求；熟悉微生物实验室的常用仪器设备和器具；了解微生物实验室的工作规则；掌握管理微生物实验室的基本要点。

能力目标：

学会并熟练、规范地使用微生物实验室的主要玻璃仪器；熟练操作微生物实验室常用的仪器设备，掌握正确的使用方法和注意事项；掌握微生物实验室安全管理要领。

素质目标：

培养科学严谨、精益求精的工匠精神；培养实验室安全操作意识。

项目一　微生物检测实验室的基本要求

一、了解微生物实验室工作规则

为了微生物实验顺利进行，并保证安全，进入微生物实验室要求遵循以下事宜。

① 为了保证实验室的整洁和实验顺利进行，非必要的物品，请勿带入实验室内。

② 必须换上实验服才能进入实验室。

③ 每次实验前要充分预习技能训练内容，明确技能训练的目的要求和内容，做到心里有数。

④ 实验进行时，应尽量避免在实验室内走动，防止尘土飞扬，同时保持室内安静。

⑤ 实验进行时，应严格遵守实验操作规程，认真观察，及时做好实验记录。

⑥ 实验过程中，切勿使酒精、乙醚等易燃药品接近火焰；如遇火险，要用湿布或沙土掩盖灭火；必要时用灭火器。

⑦ 使用显微镜或其他贵重仪器时，要求细心操作，特别爱护；使用后要登记使用日期、使用人员、使用时间等。对耗材和药品等要力求节约，用毕后仍放回原处。

⑧ 每次实验结束后，必须整理实验台，将所用仪器抹净放妥，擦净实验桌面，经指导老师同意才可以离开实验室。

⑨ 每次实验需进行培养的材料，应标明自己的组别，放在教师指定的地点进行培养。实验室中的菌种和物品等，未经教师许可，不得带离实验室。

⑩ 离开实验室前必须用肥皂将手洗净，注意关闭门窗、灯、火、水等。

⑪ 每次实验的结果，应以实事求是的态度填入实验报告中，及时交给指导教师批阅。

二、微生物检测实验室的生物安全

微生物检测实验室是一个独特的工作环境。微生物实验室生物安全管理是为防止检测实验人员受致病菌感染，防止感染因子外泄而污染环境。为此，我国已经出台了《病原微生物实验室生物安全通用准则》（WS 233—2017）、《实验室　生物安全通用要求》（GB 19489—2008）、《生物安全实验室建筑技术规范》（GB 50346—2011）、《病原微生物实验室生物安全管理条例》（国务院令第 424 号）等相关的实验室安全的标准法律法规，在实验室工作人员、仪器设备、实验室清洁和消毒、废弃物处置等方面，强化和规范微生物检测实验室的生物安全管理。

《实验室　生物安全通用要求》（GB 19489—2008）将实验室生物安全防护水平分为一级、二级、三级和四级（危害程度由低至高）。根据水产生物病害检测、食品（水产品）微生物检测实验室开展工作的性质（基础研究、水产生物健康服务、检测、诊断）、接触病原微生物的危害程度，这些实验室所检测微生物的生物危害等级大部分属于生物安全一级和二级，少数为生物安全三级和四级（如霍乱弧菌、鼠疫耶尔森菌等）。

微生物实验室生物安全要通过设施设备、个人防护、安全操作技术规范以及管理机制来实现。

1. 检测人员要求

从事微生物检测的技术人员必须具备一定的专业理论知识，具备熟练操作仪器设备和实验操作的技能，并经专业考试合格后持证上岗。必须清楚地了解工作中存在的微生物的种类与潜在的危害级别，接受安全教育，遵守生物安全规章制度和操作规程。具备识别和控制生物危害因子的能力，掌握接触病原微生物后预防感染的方法。检测技术人员需要具备高度的责任心和严谨求实的工作态度；还应不断学习，提高业务技术水平，更新和掌握微生物检验的新技术。

2. 建立管理体系

各级别微生物检测实验室应建立系统的、高标准的生物安全管理体系，以保证各项检测实验活动的正常进行。主要内容包括：实验室配置必要仪器设备、设施和个人防护装备，对所从事的病原微生物进行危害评估，制订进行病原微生物分离、培养及鉴定的标准操作程序，建立实验室废弃物处理和消毒规程，制订病原微生物菌（毒）种的保存与使用制度，进行实验室工作人员培训及健康监测，进行实验室的定期污染监测，制订各种应急预案等内容。建立仪器设备明细目录，使用操作规范、使用或维修记录、报废等一系列的仪器设备管理档案，使仪器设备得到合理的维护，延长其使用时间和确保检验结果正确。建立实验室组织机构、各级管理人员和部门职责等质量管理体系，微生物检测只有把握好各个环节的质量控制，才能保证微生物检测结果的准确、公正。

3. 规范实验室建设

微生物检测实验室生物安全的核心在于实验室生物安全防护，即通过实验室设计、建造、个体防护、严格遵从标准化操作规程等方面采取综合措施，确保实验室工作人员不受实验对象的感染，确保周围环境不受实验对象的污染。对应不同的生物安全级别，在实验室基本建设方面采取不同的生物安全措施，例如，一级生物安全实验室只需开放式长形工作台和熟练、规范的微生物操作技术，二级生物安全实验室除了开放式长形工作台还应配置生物安全柜，实验室应有生物危害标记，操作人员应身着防护服，实施规范的微生物操作。

4. 个人安全防护

应根据操作需要穿工作服（或防护服），离开实验室时应脱去工作服并留在实验室内，限制在实验室以外的场所穿工作服。接触感染性物质的操作，应戴防护手套，操作完毕或离开实验室，接触干净区域前应摘手套，以防止污染其他表面或环境，脱掉防护手套后应立即洗手，养成勤洗手的习惯。接触三级以上危险微生物时应穿防护鞋（套），在特定区域操作时应穿特殊的鞋。当微生物的操作不可能在生物安全柜内进行而必须采取外部操作时，应戴口罩、护目镜、面罩或其他个体呼吸防护用品、防溅出的保护装置，保护脸部皮肤和黏膜。不能在实验室储存食品或吃喝，禁止吸烟。个人物品如大衣、帽、鞋和手提包放在实验室外面。禁止手触自己的鼻、眼、脸和头发，以防自我污染。用消毒剂消毒洗手或浸洗可达到消毒效果，不可浸洗到引起皮肤粗糙、脱水或过敏的程度，手上带有皮肤损伤或暴露伤口的人员都不应进行带菌操作。

5. 意外的紧急处理办法

微生物检验室较常见的事故是火灾以及细菌污染桌面、地面、手、衣服等，如发生这些情况，应立即按下述方法进行处理。

(1) 皮肤破损 先除去异物，用蒸馏水或生理盐水洗净后，涂2%碘酒消毒。

(2) 烧伤 局部涂凡士林处理。

(3) 化学药品腐蚀伤 若为强酸，先用大量清水冲洗，再以5%碳酸氢钠溶液中和；强碱腐蚀伤时先以大量清水冲洗后，再用5%乙酸或5%硼酸溶液中和。若受伤处是眼部，经过上述步骤处理后，再滴入橄榄油或液体石蜡1～2滴。

(4) 菌液误入口中 应立即将菌液吐入消毒容器内，并用1∶1000高锰酸钾溶液或3%双氧水漱口；并根据菌种不同，服用抗菌药物预防感染。

(5) 菌液流洒桌面 将适量2%～3%来苏水或0.1%新洁尔灭倒于污染面，浸泡30min后抹去。若手上有活菌，亦应浸泡于上述消毒液3min后，再用肥皂和水清洗。

(6) 火警 如发生火警险情须沉着处理，切勿慌张，应立即关闭电闸和煤气阀门。如酒精、乙醚、汽油等有机溶液起火切忌用水扑救，可用沙土等扑灭火苗。

6. 微生物污染物的处理

① 携带病原微生物的培养基、培养液、菌种、耗材、器材等未经消毒处理，一律不得带出实验室。

② 培养后的污染材料、废弃物应放在严密的容器或铁丝筐内，并集中存放在指定地点，待统一进行高压灭菌后再处理。

③ 带有菌液的吸管、试管，以及污染的培养皿等器具应用5%来苏水溶液浸泡，24h后取出冲洗，再经121℃、30min高压灭菌。

④ 涂片染色冲洗的液体，一般可直接冲入下水道，烈性菌的冲洗液必须冲在烧杯中，经高压灭菌后方可倒入下水道。

⑤ 污染的衣物等须经高压蒸汽灭菌后再洗涤。

三、微生物检测实验室的基本条件

微生物检测实验室的设施与设备是开展水产生物病害检测、水质微生物检测以及食品（水产品）微生物检测的基础条件。微生物检测实验室的常规工作包括器具的洗涤和灭菌、培养基的配制和灭菌、显微镜检查、微生物的分离培养、微生物形态观察和计数、生理生化反应的测定等。微生物检测实验室一般设有准备室、洗涤和灭菌室、无菌室和普通实验室。

1. 准备室

准备室用于配制培养基和样品处理等。一般配有工作台、电炉、冰箱和上下水道、电源等。

2. 洗涤和灭菌室

室内设有试剂柜、存放器具或材料的专柜等。因使用过的器皿已被微生物污染，有时还会存在病原微生物，因此在条件允许的情况下，最好设置洗涤室。室内应备有加热器、蒸锅、洗刷器皿用的盆桶等，还应备有各种瓶刷、去污粉、肥皂、洗衣粉等。

灭菌室主要用于培养基的灭菌和各种器具的灭菌，室内应备有高压蒸汽灭菌器、烘箱等。

非专业化检验或条件不足时，洗涤和灭菌室以及观察室划分并不十分明确，大多数场合都合并为一。在条件允许的情况下，专业化微生物检验或研究最好单独设置。

3. 无菌室

无菌室也称接种室，是接种、分离菌样、纯化菌种等无菌操作的专用实验室。无菌室一般是在微生物实验室内专辟一个小房间，选用彩钢板及钢化玻璃建造，面积 $5\sim10m^2$、高 $2.2\sim2.4m$。专业化微生物检验室的无菌室外需要设一个缓冲间，缓冲间的门和无菌室的门不要朝向同一方向，以免气流带进杂菌；无菌室和缓冲间都必须密闭。无菌室内必须有空气过滤装置，室内的地面、墙壁必须平整，便于清洗。无菌室和缓冲间都装有紫外线灯（其数量取决于无菌室空间的大小），无菌室的紫外线灯距离工作台面 1m。室内放置工作台、凳子、酒精灯及接种针（环），不宜放置过多的物品。一般微生物实验室则使用超净工作台。

4. 普通实验室

微生物的观察、计数和生理生化测定等均在此进行。室内的陈设因工作侧重点不同而有很大的差异，一般均设有实验台、显微镜、柜子及凳子。一级生物安全实验室只需开放式长形工作台和好的微生物操作技术；二级生物安全实验室除了开放式长形工作台还应配置生物安全柜，实验室须有生物危害标记。

除以上要求外，微生物检测实验室一般还要求：

① 室内光线明亮、空气清新、洁净；

② 地面与墙壁平滑，不积灰尘且便于清洁和消毒；

③ 备有整洁、稳固、适用的实验台，台面为耐酸碱、防腐蚀的黑胶板，日常保持干净；

④ 配有安全、适宜的电源和充足的水源；

⑤ 显微镜等常用的仪器设备及药品等应有相应的存放橱柜；

⑥ 有合理的通风设施，按照各房间的使用要求配置适当的空气净化系统；

⑦ 室内陈设不宜过多，以利于清扫。

项目二　微生物检测实验室常用仪器设备和玻璃器具

一、常用的仪器设备

1. 电热鼓风恒温烘箱

电热鼓风恒温烘箱俗称烘箱（图 1-1），主要由箱体、电热器和温度控制器三部分组成。

图 1-1 电热烘箱

待灭菌的物品洗净、充分干燥，包装或包扎后，将其置烘箱内，闭门、通电，温度上升至 160～180℃后，保持 2h 即可。耐高温而且需要干燥的物品如玻璃器材、陶瓷、金属器具等可用此法灭菌。

2. 冰箱

根据冰箱温度的高低，分为普通冰箱（家用冰箱）及低温冰箱。前者维持温度一般在 0～5℃之间，其冷藏室内可达－20℃；后者的温度可达－90～－50℃。冰箱主要用于保藏菌种、血清、培养基及其他生物制品。

3. 培养箱

电热恒温培养箱适用于一般微生物实验室，用于微生物培养、发酵及温度实验。根据不同微生物的生长特性和要求，还有光照培养箱、二氧化碳培养箱、生化培养箱、霉菌培养箱、厌氧箱、振荡培养箱等（图 1-2）。

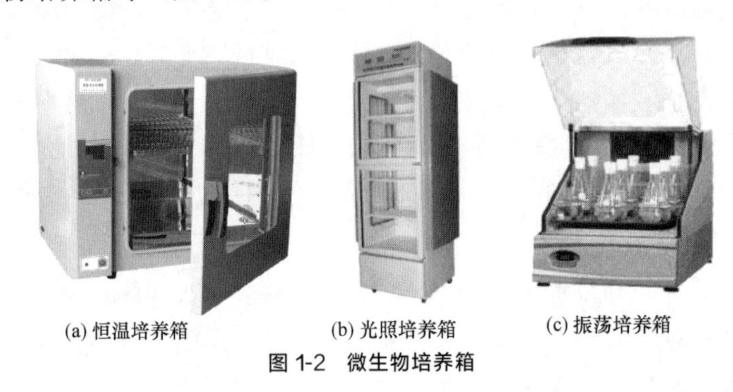
(a) 恒温培养箱 (b) 光照培养箱 (c) 振荡培养箱

图 1-2 微生物培养箱

4. 高压蒸汽灭菌器

高压蒸汽灭菌器是应用最广、效果最好的湿热灭菌器，可用于培养基、生理盐水、废弃的培养物以及耐高热药品、纱布、器械等的灭菌。一般微生物检验、检测室配备高压蒸汽灭菌器有手提式、柜式灭菌器（图 1-3）。现在已有微电脑或自动控制的高压蒸汽灭菌器，下有排气阀，可自动排尽冷气，灭菌时可自动恒压定时，灭菌完毕，自动将已灭菌的物品烘干，使用起来非常方便和安全。高压蒸汽灭菌为最常用的灭菌方法，一般以 121℃处理 15～20min，即可达到对物品进行灭菌的目的。凡耐高温和潮湿的物品，如普通培养基、生理盐水、衣服、纱布、玻璃器材等都可用本法灭菌。

5. 超净工作台

超净工作台（图 1-4）是保证局部环境空气洁净度及无菌度的重要设备，常用于进行无菌操作。其工作原理为：通过风机将空气吸入预过滤器，经由静压箱进入高效过滤器过滤，将过滤后的空气以垂直或水平气流的状态送出，使操作区域达到百级洁净度，保证生产或检测操作对环境洁净度的要求。其构造主要有电器部分、送风机、三级过滤器（初、中、高）及紫外灯等。

6. 离心机

离心机的主要用途是使液体样品达到离心浓缩的目的，如分离血清或使液体样品沉淀后，取沉淀浓缩物接种等。离心机种类很多，如小型台式离心机（图 1-5）、大型离心机、低速离心机、高速离心机、大型高速冷冻离心机等。通常前三种转速在 5000r/min 以下，后两者可高达 10000r/min 以上。

(a) 手提式灭菌锅　(b) 柜式灭菌器

图 1-3　灭菌器

图 1-4　超净工作台

7. 恒温水浴箱（水浴锅）

一般为不锈钢的长方形箱体（图 1-6），箱体为两层壁结构，夹层中充以隔热材料以防散热。箱内盛水，以电热维持温度，可智能控温。通常可自 37℃调节至 65℃（有的可至 100℃）。用于培养基恒温加热和其他温度实验。

8. 滤菌器

滤菌器由孔径极小且能阻挡细菌通过的陶瓷、硅藻土、石棉或玻璃砂等制成。用于除去血清、液体、某些药物等不耐热液体中污染的细菌，也可用于浓缩液体样品中的细菌、酵母菌等。滤菌器种类很多，常用的有赛氏（Seitz）滤器、玻璃滤器、薄膜滤菌器等。

9. 微量移液器

微生物实验中各种试剂及样品的使用量很小，有时甚至只有十分之几毫升，一般的吸管（移液管）达不到此精度。微量移液器俗称移液枪（图 1-7），常用于实验室少量或微量液体的移取，有多种规格，配套使用不同大小的枪头，吸液范围在 1～1000μL 之间。移液枪采用精密自锁微量计数结构，在容量范围内连续可调。移液枪属精密仪器，使用及存放时均要小心谨慎，防止损坏，避免影响其量程。普通移液器的使用方法：将吸液枪头套在移液器上，以右手拇指轻按其按钮使达第一阻力位，将枪头插入液面下 2～3mm，放松拇指，被吸液体即进入枪头，将液体移于另一容器中，轻按按钮使达第二阻力位，停留数秒后即可。退掉枪头放于存放杯内。

图 1-5　台式离心机

图 1-6　恒温水浴箱

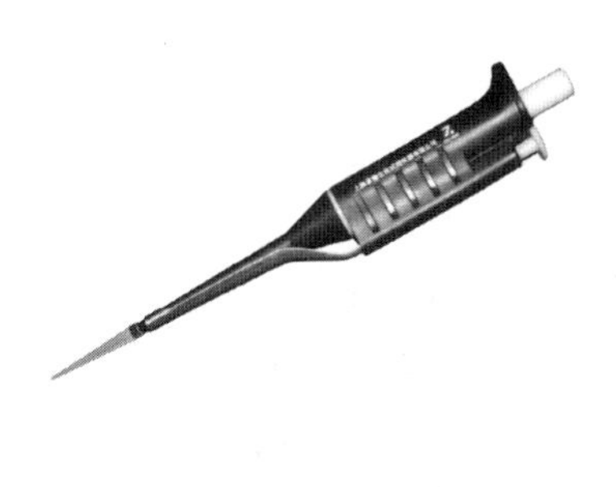

图 1-7　微量移液器

10. 菌落计数器

菌落计数器可帮助操作者计数菌落数量。通过放大、拍照、计数等方式来准确获取菌落的数量。高性能的自动菌落计数器直接连接计算机来完成计数的操作，可方便快捷地计数。

11. 显微镜

由于细菌个体微小，肉眼不能看到，必须借助显微镜放大才能看到。一般形态和结构可用光学显微镜观察，其内部的超微结构则需用电子显微镜才能看清楚。微生物观察用的显微镜有很多种，需要根据实验室的功能和检测要求来配备。

（1）普通光学显微镜 普通光学显微镜以可见光为光源，基本结构包括三大部分：光学系统、机械部件和附加装置。光学系统包括不同倍数物镜、目镜以及由聚光镜和反光镜组成的照明装置。机械部件主要包括调焦系统、载物台和物镜转换器等运动部件以及镜臂、镜筒等支撑部件。一般细菌都大于 0.25μm，使用油镜可将细菌放大 1000 倍使之成为 0.25mm，故可在光学显微镜下清楚地观察细菌等微生物。普通显微镜需要连接显微照相装置才能进行显微摄像。

（2）暗视野显微镜 常用于观察不染色微生物的形态和运动。在普通显微镜安装暗视野聚光器后，光线不能从中间直接透入，使视野背景黑暗，当细菌等微粒接受从聚光器边缘斜射光后可发生散射，反射到镜筒内，故在强光照射下，可在暗视野背景下观察呈现光亮的微生物菌体，如观察细菌或螺旋体等。

（3）相差显微镜 相差显微镜利用相差板的光栅作用，改变直射光的光相和振幅，将光的相位差转换为光强度差。在相差显微镜下，当光线透过不染色标本时，由于标本不同部位的密度不一致而引起光相的差异，可观察到微生物形态、内部结构及其运动方式等。

（4）荧光显微镜 荧光显微镜与普通光学显微镜基本相同，主要区别在于光源、滤光片和聚光器。荧光显微镜常用高压汞灯作为光源，可发出紫外线或蓝紫光。用荧光染料（如酸性品红、甲基绿、吖啶橙等）处理微生物标本，使其选择性地染上荧光染料，标本经紫外线照射后可诱发荧光，在荧光显微镜下能显示出标本中的某些化学成分或细胞组分。荧光显微镜可进行活体观察。

（5）倒置显微镜 倒置显微镜的物镜方向是朝上的，而样品放在物镜上方，即从下面观察样品。适宜于观察培养皿或培养瓶中的样品，广泛应用于细胞培养或组织培养中。

（6）超高倍显微镜 超高倍显微镜集现代光学、光电学、医学影像学和多媒体计算机于一体，放大倍数达 25000 倍，分辨率达到 0.25μm，可直接观察血液、体液及分泌物的细胞，微生物和其他各种有形成分的形态、大小、活性及其微细结构，而标本无须特殊处理，不加任何试剂。

（7）数码摄影显微镜 数码显微镜是由生物显微镜、显微镜摄像头、数码显微镜接口和计算机组合而成的。能将在显微镜看到的实物图像通过数模转换，使其成像在计算机上。采用数码相机拍摄得到的显微图片可以真实地反映观察对象的各种显微特征。该技术快捷方便，容易操作。

（8）电子显微镜 电子显微镜以电子流作为光源，波长与可见光相比差几万倍，大大提高了分辨力，并用磁性电圈作为光学放大系统，放大倍数可达数万倍或几十万倍，常用于病毒颗粒和细菌超微结构的观察。电子显微镜标本在干燥真空的状态下检查，故不能观察活的微生物。电子显微镜常用的有透射电镜（TEM）和扫描电镜（SEM），扫描电镜观察的是样品的表面形态，而透射电镜观察的是样品的结构形态，其标本须制成厚度约50nm的超薄切片。

12. 纯水装置

纯水装置包括纯水机和蒸馏水器。纯水的使用也有不同级别，配制试剂、培养基均需用纯水。

13. 均质器

均质器用于从固体样品中提取细菌。用微生物均质器制备微生物检测样本具有样品无损伤、无污染、不升温、不需要洗刷器皿以及不需灭菌处理等特点。

14. 微波炉

微波炉主要用于溶液的快速加热，以及微生物固体培养基的加热熔化。

15. 电子天平

电子天平以液晶显示面板显示被称物品重量，称量准确可靠、操作简单、显示快速清晰，用于精确称量各类试剂。按精度可分为超微量电子天平、微量电子天平、半微量电子天平、常量电子天平、精密电子天平等。

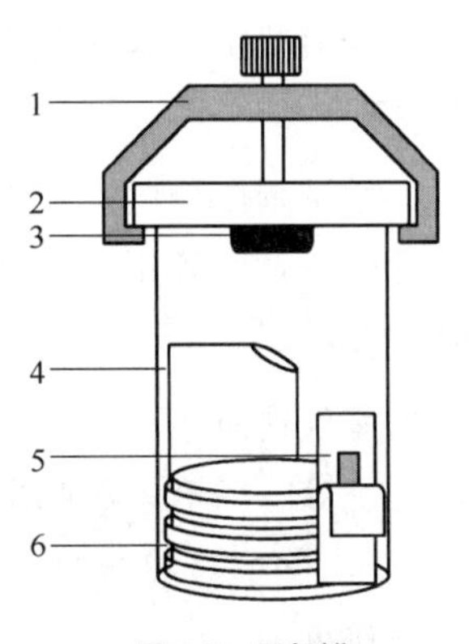

图1-8　厌氧罐

1—夹；2—盖；3—钯催化剂；4—H_2+CO_2发生器；5—氧化还原指示剂；6—平板培养基

16. 其他

微生物实验用的仪器设备还有很多，如普通扭力天平、电炉、振荡机、分光光度计、电动匀浆器、pH计、溶解氧测定仪、摇床、试管架、培养皿架、玻璃笔、记号笔、药匙、托盘、牛皮纸、旧报纸、消毒筐、铝锅、剪刀、镊子、滤纸、棉纱线、橡皮圈、厌氧罐（图1-8）等。

二、常用的玻璃器具

微生物检验室所用玻璃器皿，通常以中性硬质玻璃制成。硬质玻璃能耐受高热、高压，同时，其中的游离碱含量较低，不致影响基质的酸碱度。

1. 试管

试管是一种实验室常用的玻璃器皿，要求管壁坚厚，管直而口平，底部呈U形，能通过火焰加热，一般由硼硅酸玻璃制成。常用试管有以下几种规格。

（1）74mm（试管长）×10mm（管口直径）　适于做康氏试验。

（2）100mm×(10～12)mm　适于做生化反应试验、凝集反应和血清试验，以及其他需要节省材料的试验。

（3）(100～150)mm×(13～15)mm　常用于盛放液体培养基或做琼脂斜面用。

（4）180mm×18mm　用以盛较多量琼脂培养基，做倾注平板用；亦可用于样品的稀释。

2. 培养皿

培养皿主要用于细菌的分离培养、活菌菌落计数等。培养皿盖与底的大小应适合，不可过紧或过松，皿盖高度较皿底稍低，皿底部平整。除玻璃皿盖外，亦可用不上釉的陶制皿盖。后者能吸收培养基的表面水分而有利于细菌样品的分离接种。常用培养皿有 50mm（皿底直径）×10mm（皿底高度）、75mm×10mm、90mm×10mm 和 100mm×10mm 等几种规格。活菌菌落计数原则上用 90mm×10mm 规格的培养皿。

3. 锥形烧瓶

锥形烧瓶底大口小，便于加塞，平稳放置。多用于贮存培养基和生理盐水等溶液，对溶液或培养基进行加热、煮沸、保存、消毒等；也可作为培养容器。容量有多种规格。

4. 移液管

移液管用于吸取和转移少量液体。常用的玻璃移液管容量有 1mL、2mL、5mL、10mL 等；做某些血清学试验亦常用 0.1mL、0.2mL、0.25mL、0.5mL 等容量。

5. 试剂瓶

磨口塞试剂瓶分广口和小口，容量不等，视贮备试剂量而选用不同大小的试剂瓶。有棕色和无色两种，前者用于贮存避光的试剂。

6. 玻璃缸

缸内盛放洗液、石炭酸或来苏水等消毒剂等，用于浸泡用过的载玻片、盖玻片、乳胶吸管、培养基等，以杀灭病原微生物。

7. 载玻片、凹玻片及盖玻片

载玻片供涂片用，凹玻片供制作悬滴标本和血清学检验用，盖玻片用于覆盖载玻片和凹玻片上的标本。

8. 玻璃漏斗

常用的漏斗口径为 60～150mm，用于分装溶液或过滤用。

9. 玻璃棒

玻璃棒直径有 0.5cm、0.8cm、1.0cm 三种，用于搅拌液体或作样本支架用，也可用于制备涂菌棒。

10. 玻璃珠

常用中性硬质玻璃制成，用于血液脱纤维或打碎组织、样品和菌落等，直径有 3～4mm、5～6mm 两种。

11. 滴瓶

有橡皮帽式、玻塞式滴瓶，棕色和无色滴瓶，容量有 30mL 或 60mL，用于贮存染色液。

12. 发酵管

发酵管用于测定细菌对糖类的发酵。培养基高压灭菌前，将杜氏小玻璃管倒置于含糖液的培养基试管内，高压灭菌后，倒置的小玻璃管内充满培养基，如细菌能发酵培养基产气，则小玻璃管内充满气体。

13. L 形涂菌棒

可用玻璃棒经过喷灯高温处理，变软后弯成 L 形，一般用于活菌计数或药物敏感性检验时涂菌。使用前可通过高压蒸汽进行灭菌，或可在酒精灯上反复灼烧灭菌，待温度降低即可使用。

14. 其他

常用的还有量筒、量杯、刻度试管、烧杯、注射器等。

三、玻璃器具的准备

1. 常用玻璃器皿的洗涤

微生物实验对玻璃器皿的清洁程度有较高的要求，各种器材不仅要求达到生物学清洁，还需达到化学清洁。器材如不能达到生物学清洁，常常会发生各种污染，导致结果错误。若不能达到化学清洁，则常可影响培养基的 pH 值，甚至由于某些化学物质的存在可抑制微生物的生长，也可影响血清学反应的结果，如在 pH<3 时可发生酸凝集。因此，玻璃器皿的清洁工作不容忽视。

(1) 洗涤剂的种类及应用

① 水　水是最重要的洗涤剂，但只能洗去可溶解于水的沾污物。油、蜡等不溶于水的沾污物则必须用其他方法处理后再用水洗。对于要求无杂质颗粒或无机盐离子的玻璃器皿，在用清水洗过后，应再用蒸馏水进行漂洗。

② 肥皂　有油污的器皿，通常需用湿刷子涂抹一些肥皂来刷洗，再用水清洗。5%热肥皂水去油污能力也很强。

③ 洗衣粉　洗衣粉有很强的去污、去油能力。用 1%的洗衣粉溶液洗涤玻璃器皿，特别是洗涤带油的载玻片和盖玻片，如果加热煮沸则清洁效果更好。

④ 去污粉　主要作用是摩擦去污，也有一定的去油污作用，用时先将器具湿润，再用湿布或湿刷子沾上去污粉擦拭去污垢，然后用清水洗掉去污粉。

⑤ 洗涤液　重铬酸钾（或重铬酸钠）的硫酸溶液是一种去污能力很强的强氧化剂，常用于玻璃或搪瓷器皿上污垢或有机物的清洗，但不能用于金属器皿。配好的洗涤液可多次使用，每次用完后倒回原瓶中保存，直至溶液变为青褐色时才失去效用。使用洗涤液应尽量避免混入水分稀释。将洗涤液加热至 40～50℃后使用，可以加快作用速度。用洗涤液洗过的器皿，应立即用清水冲洗干净。当器皿上带有大量有机物时，应先将器皿上的有机物尽量清除后，再用洗涤液洗涤，否则洗涤液很快失效。

洗涤液具有强腐蚀性，若溅在桌椅上，应立即用水洗并用湿布擦拭；若皮肤及衣服上沾有洗涤液时，应立即用水冲洗，然后用苏打水或氨水洗去洗涤液。

⑥ 浓硫酸与强碱液　器皿上如沾有煤膏、焦油及树脂类物质，可用浓硫酸或 40%氢氧化钠溶液浸洗，处理所需时间随所沾物质的性质而定，一般只需 5～10min，有的需数小时。

⑦ 有机溶剂　有时洗涤浓重的油脂物质及其他不溶于水也不溶于酸或碱的物质，需要用特定的有机溶剂。常用有机溶剂有汽油、丙酮、乙醇、苯、油镜洗液及松节油等，可根据具体情况选用。

(2) 常用玻璃器皿的清洗方法　玻璃器皿的清洗是微生物培养中工作量最大、质量要求最严格的步骤。清洗后的玻璃器皿不仅要求干净透明、无油迹，而且不能残留任何物质，最终冲洗后器皿内外应无水珠积聚。不同玻璃器皿的清洗方法如下：

① 新玻璃器皿　新玻璃器具因含有游离碱，初次使用前先用洗衣粉或水洗净，然后用 2%稀盐酸浸泡数小时，取出后再用清水冲洗干净。

② 带油污的玻璃器皿　沾有凡士林或石蜡、未曾污染菌的玻璃器皿，应尽可能除去油污，可先在 50g/L 的碳酸氢钠溶液内煮两次，再用肥皂和热水洗刷。

③ 带菌的玻璃器皿　盛过培养物的玻璃器皿，应先将培养物倒入或刮入废物缸中，另行处理。如果器皿内的培养基已经干涸，可将器皿放在水中浸泡数小时或煮沸，将干涸物倒出后再行洗涤。带有对人有致病作用的培养物需经煮沸灭菌或121℃高压蒸汽灭菌20～30min后倒去，随后再用热水和肥皂水刷洗干净，最后用自来水冲洗。

经这样洗涤过的器皿，可用于盛培养基和无菌水等。如盛化学药剂（试剂）或用于较精确的实验，则在用自来水冲洗之后，还要用蒸馏水淋洗3～4次，烘干备用。

④ 移液管的洗涤　吸取过一般液体的移液管，用后浸没在盛有清水的容器内，切勿使管内物干燥。吸过菌液的移液管，先浸入3%来苏水或5%石炭酸溶液内浸泡数小时或浸泡过夜，经高压蒸汽灭菌后，再用自来水及蒸馏水冲净；吸过油脂液体的移液管，应先浸入10%氢氧化钠溶液中，浸1h以上，再进行清洗，如仍有油脂，则需浸入洗涤液内1h以后再洗涤。无菌操作所用过的移液管，应先用钢针将棉塞取出后再洗涤。移液管洗涤后可倒立于垫有干净纱布的容器中，待水滤干后再用，如急用可放电烤箱内于60～70℃烤干备用。

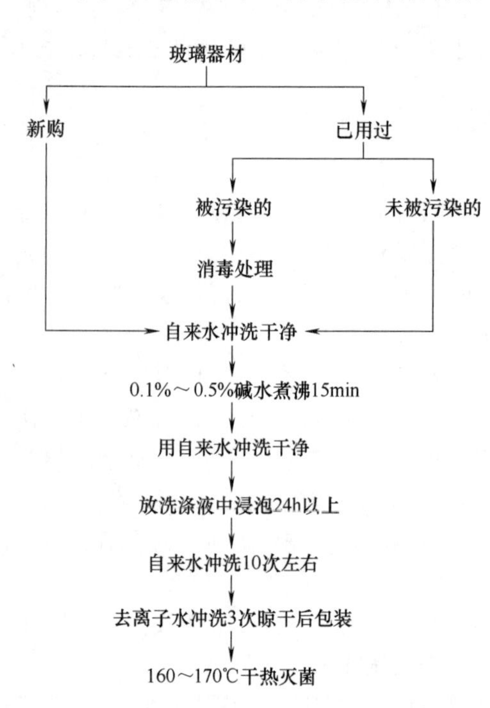

图1-9　玻璃器皿的处理流程

⑤ 载玻片及盖玻片的洗涤　新载玻片和盖玻片，应先在2%的盐酸溶液中浸泡1h，后用自来水冲洗，再用蒸馏水洗2～3次。也可用1%的洗衣粉液洗涤，洗涤时应先将洗衣粉液煮沸，后将载玻片散开放入煮沸液中，持续煮沸10～15min（勿使玻片露出液面以防钙化变质）。冷却后用自来水冲洗，再用蒸馏水洗2～3次。如用洗衣粉液洗涤新盖玻片时则只能在煮沸的洗衣粉中保持1min，待泡沫消失后再煮沸1min，如此反复2～3次（煮沸时间过长，会使玻片钙化，易碎），冷却后再用自来水冲洗。

已用过的带菌载玻片及盖玻片，可先浸入5%石炭酸或5%来苏水溶液中消毒，然后用夹子取出经清水冲净，最后浸入95%酒精中，用时在火焰上烧去酒精即可；或者从酒精中取出用软布擦干，保存备用；也可烘干或晒干后放在干净的容器内或用干净纱布包好备用。

玻璃器皿的清洗应按图1-9所示流程认真执行。

2. 玻璃器皿的干燥

洗净的玻璃器皿通常倒立于干燥架上让其自然干燥，必要时可放入电热烘箱中加热（50℃左右）干燥。

3. 玻璃器皿的包装

在微生物实验中需要无菌的玻璃器皿，如无菌玻璃刻度吸管、无菌培养皿等，这些洗净并干燥后的玻璃器皿在灭菌之前需要进行隔离包装。

微课3—玻璃器皿灭菌前的包装

（1）培养皿的包装　洗净干燥后的培养皿可按6～10套为一组，用牛皮纸或旧报纸包卷，将两端封严（图1-10），待灭菌；也可采用不锈钢培养皿消毒筒，需要消毒的培养皿不用包扎，直接装入培养皿消毒筒即可。若采用一次性塑料培养皿可省却灭菌环节。

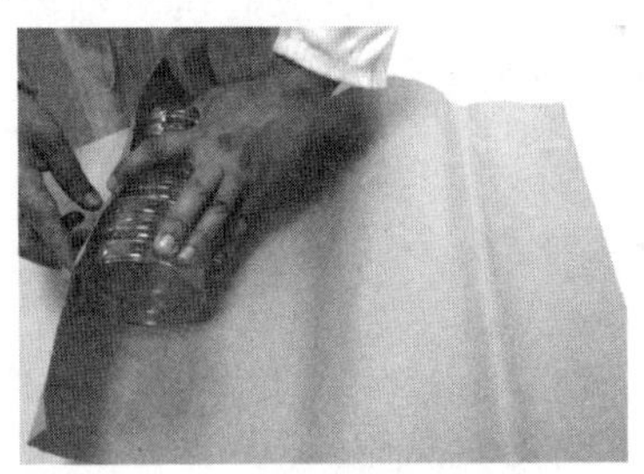

图 1-10 培养皿的包装

(2) 玻璃刻度吸管的包装 无菌操作用的吸管经洗净干燥后，首先在吸管口约 0.5cm 以下之处塞入脱脂棉花少许，棉花柱长度约 1.5cm，作为隔离及过滤杂菌之用。棉花的松紧程度以吸气时通气流畅而不下滑为准。然后将吸管尖端放在 5cm 宽的长条纸（报纸或牛皮纸）的一端，约与纸条成 45°角卷折纸条，将移液管紧紧卷入纸条内，末端剩余纸条折叠打结，如图 1-11 所示，包好后等待灭菌。也可用金属制成的专用圆筒，将塞好棉柱的吸管成批放入，吸管上端向外，盖好圆筒盖，经灭菌后随时抽用，较方便。

(3) 锥形烧瓶和试管的包装 锥形烧瓶和试管包扎前要先做好大小适宜的棉塞，将锥形烧瓶和试管塞好，然后再用纸张包装。目前实验中也常用硅胶塞代替棉塞。

4. 棉塞的制作

(1) 棉塞的作用和制作要求 一般情况下，培养微生物用的试管和锥形瓶口均需加棉塞。其作用是既要保持空气的流通，以保证供给微生物生长所需的氧气，又要滤除空气中的杂菌，避免污染。

制作棉塞的基本要求：松紧适度，太紧影响通气，太松则影响过滤除菌的效果。插入的部分长度要恰当，一般为容器口径的 1.5 倍，过短则易脱落。外露部分应略为粗大些，且比较整齐硬实，便于用手握取。

(2) 棉塞的制作方法 棉塞的制作方法如图 1-12 所示。新做的棉塞弹性比较大，不易定型。插在容器上经过一次加压蒸汽灭菌后形状和大小便基本可固定。为了便于无菌操作，减少棉塞的污染概率，延长棉塞的使用时间，可在棉塞外面包上 1～2 层纱布，并用棉线扎住纱布断口。

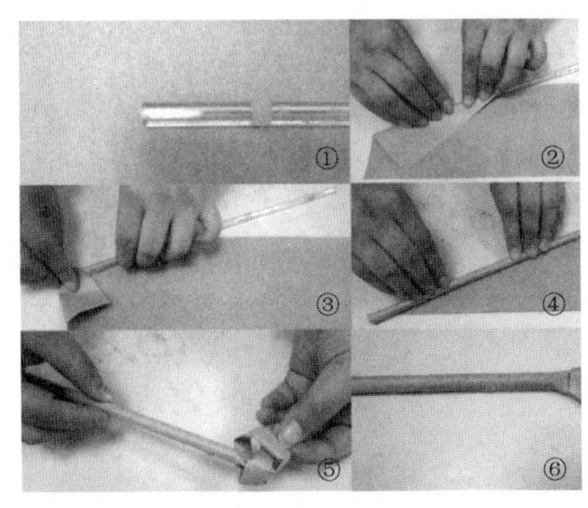

图 1-11 移液管包装

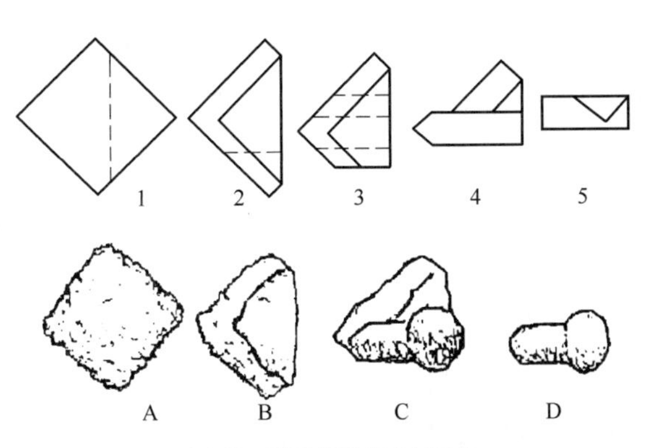

图 1-12 锥形烧瓶棉塞的制作

5. 玻璃器皿的灭菌

玻璃器皿包装好后，可以用干热灭菌箱（170℃，2h）或高压蒸汽灭菌锅（121.1℃，30min）灭菌，如图1-13所示。采用哪种方法，应根据不同情况而定，具体消毒和灭菌操作详见模块二技能训练一。

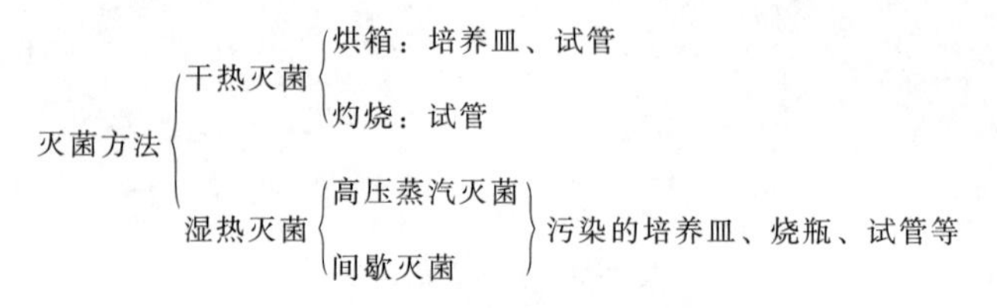

图1-13 常用的玻璃器皿灭菌方法

【复习思考题】

1. 微生物检验员守则有哪些？
2. 无菌室的结构与要求是什么？
3. 怎样进行无菌室无菌程度的测定？
4. 常用显微镜有哪几类？
5. 新购进的玻璃器皿怎样进行处理？
6. 现场观察并列出微生物实验室所需要的大、中型仪器设备和检验器具。
7. 玻璃刻度吸管包装时为什么要加棉塞？灭菌后，无菌的玻璃刻度吸管使用时棉塞要取出来吗？为什么？
8. 进行湿热灭菌时，锥形烧瓶的棉塞外为什么还要包上牛皮纸？

模块二 消毒与灭菌技术

知识目标：

掌握消毒与灭菌的概念；掌握物理法、化学法杀灭和控制微生物生长繁殖的基本原理；能对水产养殖（育苗）场的各种消毒、灭菌工作提出适宜的操作方案。

能力目标：

熟悉干热灭菌的原理和适用器具、材料的应用范围，掌握干热灭菌的操作技术；熟悉高压蒸汽灭菌的基本原理及应用范围，正确掌握高压蒸汽灭菌的操作方法。

素质目标：

培养科学严谨、精益求精的工匠精神；培养实验室安全操作意识。

在水产养殖、食品、制药、轻工及医疗卫生等各行业领域，常需要对某些物品或产品以及使用和生产这些物品或产品所需的场所、器具、设施、包装材料等进行必要的消毒与灭菌，甚至包括操作人员同样需要采取必要的消毒与灭菌措施，以确保经消毒与灭菌后的物品及产品符合规定的质量标准。因此，必须了解消毒与灭菌的各种基本方法及其特点与适用范围，根据杀菌目标物、污染微生物情况及待处理物品和环境的不同，选择合理的方法，确保操作质量。

灭菌是指杀灭或去除外环境中一切微生物的过程，包括病原和非病原微生物及细菌芽孢，使之完全无菌。消毒是指杀灭或去除外环境中病原微生物的过程，使之无害化，不致引起感染或疾病。消毒和灭菌都要求杀灭或去除外环境中的微生物，只是杀灭或去除的目标微生物和程度不同，即消毒处理不一定都能达到灭菌要求，而灭菌一定可达到消毒的目的。消毒与灭菌常用的主要方法有物理法和化学法。

项目一 常用的物理消毒与灭菌技术

一、加热消毒与灭菌法

加热消毒与灭菌是指用加热的方法使微生物体内蛋白质凝固、酶失活，致使微生物死亡。加热消毒法具有简便、经济、效果可靠等优点。可分为干热法和湿热法。

1. 干热消毒与灭菌

干热消毒与灭菌法是指在干燥环境（如火焰或干热空气）下进行消毒与灭菌的技术。

（1）焚烧法 利用点燃燃料或在焚烧炉内燃烧的方法使被处理对象焚为灰烬，主要用于有传染性的废弃物处理，如接触传染源的衣物、食物、动物尸体或疫源地垃圾等。焚烧排出的废气应不污染环境。

（2）灼烧法 即利用酒精灯或煤气灯火焰杀灭微生物，如接种针（环）、涂布棒、剪刀、镊子、试管口和锥形烧瓶口等。该方法灭菌迅速、可靠、简便，适合于微生物实验室小件耐火焰器具的灭菌。

(3) 干热空气灭菌法 即把待灭菌的物品均匀地放入电热烘箱中，升温至160～170℃维持2h，可杀灭包括芽孢在内的所有微生物。该法适用于耐高温的玻璃器皿、瓷器、玻璃质注射器、金属用具等的灭菌；不适用于橡胶、塑料及大部分药品的灭菌。由于在干热状态下热穿透力较差，微生物必须长时间受高温的作用才能被杀灭，如细菌营养体在干燥状态下，80～100℃经1h可被杀死；芽孢则需要160～170℃经2h才被杀灭。因此，干热空气灭菌法采用的温度一般比湿热灭菌法高。为了保证灭菌效果，一般规定135～140℃灭菌3～5h、160～170℃灭菌2～4h、180～200℃灭菌0.5～1h。

干热空气法、红外线法不仅可用于消毒灭菌，更因其具有去除热原的作用而成为干热法中的首选消毒灭菌方法。干热法与湿热法相比，存在需要较高的杀菌温度和较长的作用时间、易损坏物品、温度不易均匀、红外线法只能借助辐射而不能穿透物品、循环的干热空气可能污染已被消毒灭菌的物品等缺点。

2. 湿热灭菌法

湿热灭菌法是用饱和水蒸气、沸水或流通蒸汽进行灭菌的方法。由于蒸汽潜热大，穿透力强，容易使蛋白质变性或凝固，湿热法可在较低的温度下达到与干热法相同的灭菌效果，故灭菌效率比干热灭菌法高。湿热灭菌法可分为：煮沸灭菌法、巴氏消毒法、高压蒸汽灭菌法和间歇蒸汽灭菌法。影响湿热灭菌的主要因素：微生物的种类与数量、蒸汽的性质、药品性质和灭菌时间等。

(1) 煮沸灭菌法 即在常压下使用蒸锅或专用蒸汽消毒器利用流通蒸汽灭菌。将水煮沸到100℃，保持5～10min可杀死细菌细胞；保持1～3h可杀死芽孢。在水中加入1%～2%的碳酸氢钠时沸点可达105℃，能增强杀菌作用，还可去污防锈。该法设备简单、操作方便，广泛用于家庭、餐馆餐具消毒和某些不耐高热物品的消毒。

(2) 间歇蒸汽灭菌法 即采用流动蒸汽、间歇加热的方式灭菌，主要适用于某些不耐高热的培养基或培养液的灭菌。方法为：根据被灭菌物品的耐热程度将其置于间歇灭菌器内，加热至80～100℃，维持30～60min，此时可杀灭细菌营养体；此后放入恒温箱，在37℃左右维持18～20h，然后再次加热灭菌，重复上述过程3次，使其中的细菌芽孢复苏为繁殖体而被杀灭，全过程可将物品上污染的细菌全部杀灭。

(3) 高压蒸汽灭菌法 高压蒸汽灭菌法是把待灭菌的物品放入盛有适量水的可密闭的加压蒸汽灭菌锅中，以大量蒸汽使其中压力增高。由于蒸汽压的上升，水的沸点也随之提高，在蒸汽压达到1.35×10^5Pa，加压蒸汽灭菌锅内的温度可达到121℃。维持15～20min，能达到良好的灭菌效果，微生物（包括芽孢）被杀死。有时为防止培养基内葡萄糖等成分被破坏，也可采用在较低温度（115℃，即68.6kPa）下维持35min的方法。不同的微生物和不同菌龄的微生物对热的敏感性不一样，放线菌、酵母菌、霉菌的孢子比营养细胞抗高温，抗热性最强的是细菌芽孢，各种细菌芽孢的抗热性也不同（表2-1）。灭菌温度与持续时间有关，在pH 6、每毫升玉米浆中含20万个嗜热性芽孢杆菌时，灭菌温度与灭菌时间的关系见表2-2。

表2-1 各种细菌芽孢的抗热性

菌名	湿热灭菌温度/℃	灭菌时间/min	菌名	湿热灭菌温度/℃	灭菌时间/min
炭疽芽孢杆菌	105	5～10	嗜热脂肪芽孢杆菌	120～121	12
蜡状芽孢杆菌	100	6	肉毒梭状芽孢杆菌	120～121	10
枯草芽孢杆菌	100	6～17			

表 2-2 灭菌温度与灭菌时间的关系

灭菌温度/℃	灭菌时间	灭菌温度/℃	灭菌时间
100	22h	120	23min
105	11.5h	125	8min
110	3.5h	130	3.5min
115	84min	135	1.5min

长时间的高温灭菌有时会破坏培养基中的一些热敏性物质，如糖溶液会焦化变色、蛋白质变性、维生素失活、醛糖与氨基化合物反应、不饱和醛聚合、一些化合物发生水解等。为避免有关培养基营养成分的损失，可以选择合适的灭菌条件：①分开灭菌。对易破坏的含糖培养基进行灭菌时，应将糖液与其他成分分别灭菌，待灭菌后再予以合并；含 Ca^{2+} 或 Fe^{3+} 的培养基应与磷酸盐成分分别灭菌，灭菌后再混合，这样就不易形成磷酸盐沉淀；②低温灭菌。对含有易被高温破坏成分（糖类等）的培养基，在 112℃，即 55.9kPa 下进行低压灭菌 15min，必要时缩短灭菌时间，以减少损失。在同样的温度下，湿热灭菌的效果比干热灭菌好，这是因为细胞内的蛋白质含水量高，容易变性；同时，高温水蒸气对蛋白质有高度的穿透力，从而加速蛋白质变性而死亡。高压蒸汽灭菌法适合于一切微生物实验室、医疗保健机构或发酵工厂中对培养基及多种器材或物料的灭菌。

（4）巴氏消毒法 巴氏消毒法是以较低温度杀灭液体中的病原菌，而液体中不耐热物质不受损失的一种消毒方法，因巴斯德首创而得名。消毒时将其加热至 56～65℃，持续 30～60min，可杀灭细菌繁殖体。例如鲜牛乳采用 62.8～65.6℃作用 30min 以杀灭牛结核分枝杆菌；高温瞬时法的处理温度为 75℃，作用 15～30s。该法主要适用于血清、疫苗、牛乳等的消毒。

二、辐射消毒与灭菌法

1. 红外线消毒与灭菌

红外线是波长为 0.77～1000μm 的电磁波，以 1～10μm 波长的热效应最强。红外线有良好的热效应，热能不依赖空气传导，故红外线消毒较电热干烤升温快。红外线热效应只能发生于被照物表面，为使物品受热均匀，可采用多面照射或旋转式单侧照射。热效应强度与物品颜色深浅有关，颜色深的物品吸收红外线较强；此外，受热强度与照射距离成反比。在操作中应注意待消毒物品的摆放，避免相互遮蔽。红外线消毒主要用于餐具、茶具和一般耐热物品。消毒柜内温度控制在 125℃，持续 15min，即可杀灭大肠埃希菌、金黄色葡萄球菌等细菌繁殖体和亲脂性病毒，如肝炎病毒、流感病毒。

2. 紫外线灭菌

紫外线属低能量电磁波，为不可见光，杀菌波长范围为 200～270nm，最有效的波长为 254nm。紫外线具有强大的杀菌能力，直接照射和足够的强度可杀灭各种微生物，使细菌细胞核酸、蛋白质和酶变性而死亡。有些微生物对紫外线具有抗性，其中以真菌孢子为最强，细菌芽孢次之，繁殖体为最敏感。但有少数例外，如胃八叠球菌对紫外线的抗性比枯草芽孢杆菌还强。紫外线穿透力极弱，遇到障碍物，照射强度可明显减弱，当空气中含尘粒 800～900 个/cm^3 时，只能透过 70%～80%；空气中的水分含量也可影响其穿透力，紫外线在水中的穿透力随着水层厚度增加而降低，水中的有机质和无机盐均可影响其穿透力。而且，紫外线照射强度与照射距离的平方呈反比，因而杀菌力随照射距离的增加而减弱。紫外线消毒时应注意消毒环境的温度，20～40℃可发挥其最佳杀菌作用。紫外线灯管应定期清洁，防止尘埃沉积，并注意个人防护，避免紫外线直接照射。紫外线灭菌的照射功率以 $\mu W \cdot s/cm^2$ 来计算：

紫外线照射剂量（$\mu W \cdot s/cm^2$）＝紫外线辐照强度（$\mu W/cm^2$）×照射时间（s）。

紫外线的杀菌作用随其剂量的增加而加强。杀灭细菌繁殖体的剂量为 $10000\mu W \cdot s/cm^2$，杀灭病毒和真菌的剂量为 $50000 \sim 60000\mu W \cdot s/cm^2$，杀灭细菌芽孢的剂量为 $100000\mu W \cdot s/cm^2$，杀灭真菌孢子的剂量为 $350000\mu W \cdot s/cm^2$。紫外线灭菌技术已应用于室内空气消毒、水产育苗用水、水产加工用水、生食牡蛎和扇贝等贝类净化用水、水族馆和游泳池循环过滤水以及生活饮用水处理等方面。

3. 微波消毒

微波是一种波长为 0.1mm～1m 的电磁波。高频率（300～300000MHz）的电磁波作用于物体时，可引起物体内部分子间摩擦运动，在有水分的条件下，这种电磁波产生的热效应足以杀灭所有微生物。常用于消毒的频率为 915MHz 与 2450MHz，家用微波炉的工作频率为 2450MHz。各种材质制成的物品对微波的吸收力不同，如水吸收微波最强，产生的热效应最大；玻璃、塑料仅可吸收少量微波，而大部分被穿透，因而可作为待消毒物品的包装材料；金属则不吸收微波且有强反射作用。由于微波引起物体内部分子摩擦产热，物品内部温度往往高于表面，因此，在有机物消毒时尤应控制照射剂量，防止过热导致炭化。微波消毒具有加热速度快、里外同时加热、不污染环境、不留残毒、节约能源等优点。但微波直接照射对人体有损害作用。

三、过滤除菌法

过滤除菌是指用阻留技术去除气体或液体中的微生物，工业上利用过滤方法大量制备无菌空气，供好氧微生物深层培养。热敏性培养基或培养基的某些成分也采用过滤方法实现除菌处理，例如含酶、血清、维生素和氨基酸等热敏物质的培养基。过滤除菌法的装置多样，常用的滤菌器有微孔滤膜过滤器、陶瓷滤菌器、石棉滤菌器（即 Seitz 滤菌器）、玻璃滤菌器等。实验室常用滤膜为醋酸纤维素酯膜、硝酸纤维素酯膜，孔径有 $0.45\mu m$ 和 $0.22\mu m$，可拦截细菌、放线菌、酵母菌和霉菌等。常用的过滤除菌器无法滤除液体中的病毒和噬菌体，必要时也可使用孔径 $0.04\mu m$ 的过滤器去除病毒。对实验室超净工作台和超净实验室（又称洁净实验室）的空气、发酵过程通入的空气也使用过滤除菌法。

项目二　常用的化学消毒与灭菌技术

有些化学药剂可以抑制细菌的生长或破坏其原生质活性而将其杀死，其中能破坏细菌代谢功能并有致死作用的化学药剂叫作杀菌剂。杀菌剂有时也叫消毒剂，因为在通常情况下，杀菌剂只能杀死细菌营养体而不能将芽孢杀死，只能起到消毒的作用，所以又称为消毒剂。化学药剂对微生物的作用首先取决于浓度，较高浓度可以杀菌，较低的浓度则只能起到抑菌或防腐的作用。消毒剂种类很多，其作用原理为：①使病原微生物蛋白质变性或凝固，发生沉淀；②破坏菌体的酶系统，影响病原体的代谢；③降低微生物表面张力，增加细胞膜的通透性，使细胞发生破裂或溶解。按照消毒剂杀灭微生物作用的水平，消毒剂可分为灭菌剂、高效消毒剂、中效消毒剂和低效消毒剂（表 2-3）。

表 2-3 消毒剂的类型

类型	杀灭对象	消毒剂
灭菌剂	杀灭一切微生物（包括细菌繁殖体、细菌芽孢、真菌和病毒等）	甲醛、戊二醛、二氧化氯、过氧乙酸、过氧化氢、过氧戊二酸、环氧乙烷等
高效消毒剂	杀灭一切致病性微生物（包括细菌繁殖体、真菌和病毒），对细菌芽孢有一定作用	含氯消毒剂（卤素类）、臭氧、甲基乙内酰脲（海因）类化合物和双链季铵盐类等
中效消毒剂	杀死除细菌芽孢外的各种致病性微生物	含碘消毒剂、醇类消毒剂和酚类消毒剂等
低效消毒剂	杀灭细菌繁殖体和亲脂病毒，不能杀灭细菌芽孢和亲水病毒	苯扎溴铵（新洁尔灭）等季铵盐类消毒剂，氯己定（洗必泰）等二胍类消毒剂，汞、银、铜等金属离子消毒剂等

如同细菌对抗生素的耐药性一样，长时间接触同一种（类）消毒剂的细菌会对该类消毒剂产生抵抗力，即产生抗性。消毒剂的滥用、使用剂量不规范以及处理方法不当，提高了细菌的耐药性，这是目前普遍认为消毒剂抗性产生的主要原因。

一、常用的化学消毒剂

常用的化学消毒剂按其化学性质不同可分为几大类。

1. 卤素类

卤素类消毒剂目前常用的是含氯、溴和碘元素的消毒剂。

（1）氯消毒剂 指溶于水后主要产生具有杀灭微生物活性的次氯酸的消毒剂，其杀灭微生物有效成分常以有效氯表示。次氯酸易扩散到细菌表面，并穿透细胞膜进入菌体内，使菌体蛋白氧化导致细菌死亡。含氯消毒剂可杀灭各种微生物，包括细菌营养体、病毒、真菌、结核杆菌和抗力最强的细菌芽孢。这类消毒剂包括：无机氯化合物，如漂白粉、漂粉精、次氯酸钠、二氧化氯；有机氯化合物，如二氯异氰尿酸钠（优氯净）、三氯异氰尿酸（强氯精）、氯铵 T 和二氯海因（属有机氯胺类，简称 DDH）等。无机氯性质不稳定，易受光、热和潮湿的影响，丧失其有效成分，有机氯则相对稳定，但是溶于水之后均不稳定。含氯消毒剂的杀灭微生物作用明显受使用浓度以及作用时间的影响。一般说来，有效氯浓度越高、作用时间越长，消毒效果越好；pH 越低，消毒效果越好；温度越高，杀灭微生物作用越强。但是当有机物存在时，消毒效果可明显下降，此时应加大消毒剂的使用浓度或延长作用时间。高浓度含氯消毒剂对人呼吸道黏膜和皮肤有明显刺激作用，对物品有腐蚀和漂白作用，大量使用还可污染环境。因此，使用时应详细阅读说明书，按不同微生物污染的物品选用适当的浓度和作用时间。氯消毒剂广泛用于工业水、自来水、生活污水、游泳池消毒，水产养殖清池、生产用水、器具、环境的消毒杀菌以及预防病害中。许多国家都采用二氧化氯进行贝类和直接食用的色拉蔬菜净化及自来水和食品器具的消毒，1989 年我国的食品卫生监督所批准其为食品消毒和保鲜剂。研究表明，二氧化氯的含量 10×10^{-6}（质量分数）作用 5min 能完全杀灭大肠埃希菌、作用 10min 能完全杀灭金黄色葡萄球菌，100×10^{-6}（质量分数）作用 10min 能杀灭细菌芽孢，500×10^{-6}（质量分数）作用 2min 就能破坏乙型肝炎病毒。在海水养殖废水中投放二氧化氯 8mg/L，作用 10min，可使海水养殖废水中异养菌数下降至小于 1CFU/mL。

视频 1—二氧化氯泡腾片的使用

（2）溴消毒剂 目前主要有二溴海因和溴氯海因。其中，溴氯海因在水中能够释放出活性 Br 和活性 Cl 两种离子，形成次溴酸和次氯酸。主要作为杀菌、灭藻剂，可有效杀灭各种细菌、真菌、病毒、藻类、肝炎病毒、大肠埃希菌、金黄色葡萄球菌、霍乱弧菌、鼠伤寒沙门菌等；广泛用于防治水产动物的各种细菌性、真菌性疾病。

（3）碘消毒剂 常用的游离碘杀菌消毒剂有碘酊（也叫碘酒，碘和碘化钾的酒精溶液）和碘液（碘和碘化钾的水溶液，一般有效碘含量约为2%）、碘甘油（复方制剂，由碘、碘化钾及甘油配制而成，常用浓度为1%～3%）。碘伏是以表面活性剂为载体和助溶剂的不定性络合物，又称碘络合物。国内外市场上的碘伏品种很多，目前常用的是聚维酮碘（PVP-I），为聚乙烯吡咯烷酮与碘的络合物。PVP-I是一种高效、广谱、低毒的外用消毒杀菌剂，与皮肤或黏膜等接触后，能逐渐释放出活性碘而产生与碘相似的强大抗菌活性；与碘相比，具有挥发性小、水溶性好、作用缓和持久、使用安全、无刺激性、无过敏性等优点。碘伏对大多数细菌、芽孢、真菌、部分病毒等均有杀灭作用，对真菌孢子与细菌芽孢的作用较弱，因此使用浓度应增大、作用时间也应相应延长。碘伏杀菌作用受温度、pH值、有机物含量、作用时间、有效碘浓度、病原微生物的种类以及碘伏的载体等因素影响。碘伏杀菌能力随有机物的增加而下降；温度的影响较小，在低温下也同样具有良好的杀菌作用；碘伏在很宽的pH值范围内有杀菌活性，一般认为在中性或酸性环境下，杀菌作用增强。在水产养殖中，碘消毒剂常用于受精卵、鱼虾亲体、生物饵料的消毒，以预防细菌病、水霉病和病毒病。如在石斑鱼的苗种培育生产中，用聚维酮碘处理受精卵、饵料轮虫、桡足类等；聚维酮碘5～10mg/L浸泡受精卵20min、浸泡轮虫和桡足类30min，聚维酮碘5mg/L＋盐酸吗啉胍3mg/L浸泡受精卵20min、浸泡轮虫和桡足类30min可有效灭活所携带的神经坏死病毒活性，有效提高育苗成活率。

视频2—碘液消毒（案例1）

视频3—碘液消毒（案例2）

2. 氧化剂类

氧化剂类有高锰酸钾、过氧乙酸、过氧化氢（水溶液俗称双氧水）和臭氧等。氧化剂类消毒剂消毒后在物品上不留残余毒性，但是，氧化剂化学性质不稳定，须现用现配，使用不方便；且因其氧化能力强，高浓度时可刺激、损害皮肤黏膜，腐蚀物品。

视频4—聚维酮碘的应用

（1）高锰酸钾 高锰酸钾通过氧化细菌菌体内的活性基团而达到杀菌作用，其杀菌力比过氧化氢强，还原后的二氧化锰与蛋白质结合成复合物，在低浓度时有收敛作用、高浓度时有刺激腐蚀作用。0.01%～0.1%的水溶液作用10～30min，具有杀灭细菌繁殖体、病毒与破坏肉毒杆菌毒素的作用；2%～5%的水溶液作用24h可杀死细菌芽孢。高锰酸钾原来常用于水产养殖生产工具、育苗池等的消毒，目前因为是管制药品，使用受到限制。

（2）过氧乙酸 过氧乙酸为无色透明或淡黄色液体，市售品为20%水溶液，能迅速地杀死细菌、真菌及病毒。0.001%浓度的过氧乙酸水溶液能在10min内杀死大肠埃希菌，0.04%浓度的过氧乙酸水溶液在1min内可杀死99.99%的蜡状芽孢杆菌。0.01%或0.005%的过氧乙酸消毒污水1～2h，可杀死总菌数98%～99.5%的细菌。过氧乙酸具有强腐蚀性和刺激性，适宜于玻璃、塑料、地面、墙壁的消毒。

（3）过氧化氢 过氧化氢（双氧水）具有较强的氧化能力，与有机物作用时能释放新生态氧，具有杀菌和增氧的双重效果，并且分解后无有害物质残留，是一种无公害、绿色消毒剂。过氧化氢作为一种环境友好型水产用药，现已被美国食品药品监督管理局（FDA）批准为杀灭真菌药物。在白点鲑受精卵至发眼期间，浓度1200mg/L双氧水的消毒效果最佳。

(4) 臭氧 臭氧（O_3）属强氧化剂，具有杀菌、除藻、氧化氨氮、改善水质的功效。臭氧杀菌效率优于氯气和次氯酸钠，对细菌、芽孢、真菌、病毒、病原虫等都具有杀灭作用。臭氧能与细菌细胞壁脂类双键反应，穿入菌体内部，作用于蛋白质和脂多糖，改变细胞的通透性，从而导致细菌死亡。臭氧在淡水中的终产物主要是氧气，几乎不存在有毒有害副产物，在海水中会与溴、氯等卤族元素形成次溴酸盐、溴酸盐等，对养殖生物具有一定的毒性，必须通过充分曝气或活性炭吸附予以去除。近年在石斑鱼苗种繁育中，使用臭氧对多精卵消毒的越来越多，但使用不当则会导致胚胎发育畸形、孵化率低。臭氧杀菌在水产养殖工厂化封闭循环水处理系统中具有良好的应用前景。据报道，在淡水循环水养殖系统中，臭氧/紫外线（UV）组合联用方式可提高氧化速率，杀菌效率近100%，并且UV可有效去除残余臭氧，使得臭氧杀菌更加安全可靠。臭氧用于净化贝类的优点在于不会改变贝类的风味和外形，但经臭氧消毒后贝类的生理活动会受到一定程度的影响。

3. 醛类

醛类能破坏蛋白质氨基酸中的多种基团氢键或氨基而使其变性，包括甲醛和戊二醛。

甲醛是具有强烈刺激性臭味的无色气体，35%～40%的甲醛水溶液称为福尔马林，加热后易挥发，对细菌、繁殖体、病毒、真菌均有灭菌作用。甲醛可用于接种箱、养殖棚、室内空间的熏蒸消毒。甲醛熏蒸虽无死角，杀菌力也较紫外线强，但气味浓烈，对人的刺激性强，长期接触对身体十分不利，不可用于食品加工生产环境、食具等的消毒。甲醛能够明显降低虹鳟的水霉病的死亡率，但在用甲醛防治水产动物疾病时，应考虑其负面影响，我国农业行业标准《无公害食品 水产品中有毒有害物质限量》（NY 5073—2006）中也规定水产品中不得检出甲醛。甲醛是被美国FDA批准并推荐的防治鱼卵水霉病的药物。

戊二醛是目前杀菌效力较高的一种化学药剂，刺激性较小，杀菌作用强。偏碱性（pH=8）的2%的戊二醛溶液可在10min内杀死细菌、结核分枝杆菌和病毒，在3～10h内杀死细菌芽孢。常用于医用器械和用具的消毒；也用于水产养殖水体、器具的消毒灭菌，防治水产动物细菌性疾病。

4. 醇类

最常用的是乙醇和异丙醇，它们可凝固蛋白质，导致微生物死亡，属于中效水平消毒剂。可杀灭细菌营养体，破坏多数亲脂性病毒，如单纯疱疹病毒、乙型肝炎病毒、人类免疫缺陷病毒等。醇类杀灭微生物作用亦可受有机物影响，因其易挥发，应采用浸泡消毒或反复擦拭以保证其作用时间。醇类常作为某些消毒剂的溶剂，而且有增效作用。乙醇常用消毒浓度为75%（体积分数），主要用于微生物实验室消毒，皮肤表面、接种工具、试管及锥形瓶表面消毒，以及温度计消毒等。在水产养殖中，醇类应用较少，主要用于亲鱼及一些爬行类、两栖类的体表消毒。

5. 酚类

酚类包括苯酚、甲酚、卤代苯酚及酚的衍生物，常用的煤酚皂又名来苏水，其主要成分为甲基苯酚。卤化苯酚可增强苯酚的杀菌作用，例如三氯羟基二苯醚可作为消毒剂广泛用于临床消毒。

6. 杂环类气体

常用的有环氧乙烷、环氧丙烷等。环氧乙烷又名氧化乙烯，室温下为无色气体，在

10.8℃为无色透明溶液（贮于安瓿或钢瓶中）。环氧乙烷能使蛋白质分子的氨基、羟基、羧基烷化，酶失活，是目前广泛采用的一种空气及器械气态杀菌剂和表面消毒剂。环氧乙烷气体穿透力强，5min 可穿透 0.1mm 厚的聚乙烯、聚氯乙烯薄膜和玻璃纸等，这类材料因此可用作灭菌物品的包装材料。环氧乙烷能在 4～18h 内杀死微生物细胞与芽孢，广泛用于不能经受高温灭菌的物品，如塑料培养皿、塑料制品、一次性卫生用品、纺织品、皮毛、光学器材、精密器械、贵重物品及书籍文字档案资料等的消毒灭菌。其缺点是有毒性和纯品易爆，当空气中含量超过 3%时，遇火爆炸，必须加以注意。使用时常与 CO_2、N_2 等气体混合。

7. 酸类

视频 5—盐酸浸泡消毒

视频 6—盐酸喷洒消毒

常用的酸类消毒剂有乳酸、乙酸、硼酸、水杨酸、盐酸等。乳酸、乙酸多用于室内熏蒸或喷雾。山梨酸、苯甲酸钠、丙酸及丙酸盐、富马酸及其酯类等可做配合饲料的防霉剂。水产养殖用的水泥池可用稀释的盐酸消毒，最后需用清水冲洗干净。

8. 碱类

视频 7—碱类消毒剂的应用

碱类包括生石灰、氢氧化钠等。生石灰可用于地面消毒，水产养殖生产中用于清塘、日常消毒、调节 pH 值及水质等。

9. 表面活性剂

表面活性剂分子结构主要部分是一个五价氮原子，所以也称为季铵化合物。其特点是水溶性大，在酸性与碱性溶液中较稳定，具有良好的表面活性作用和杀菌作用。常用品种有苯扎氯铵（洁尔灭）和苯扎溴铵（新洁尔灭）等。苯扎溴铵还用于杀灭虾蟹类固着性纤毛虫。

10. 重金属盐类

高浓度重金属盐有杀菌作用，低浓度重金属盐具有抑制酶系统活性基团的作用，表现为抑菌效果。在过去的很长时期，硫酸铜在水产上应用较多，用于寄生原虫病的治疗和杀灭藻类，也有杀菌作用。但副作用较大，应规范使用。

11. 染料类

染料类消毒剂有亚甲基蓝、结晶紫、龙胆紫、吖啶黄、利凡诺（雷夫奴尔）等。亚甲基蓝、吖啶类等可与菌体蛋白的羧基或氨基结合而影响菌体代谢。其中亚甲基蓝、吖啶黄、利凡诺在水产上都有应用。

亚甲基蓝用于防治水霉病、小瓜虫病、车轮虫病、斜管虫病等，近年研究发现亚甲基蓝及代谢物对动物有致畸等不良作用，水产动物中的亚甲基蓝残留对其他动物及人体存在潜在的危害，其在水产品中的药物残留检测也受到广泛的重视，一些国家已不允许用于水产养殖。孔雀石绿是以前常用的渔药，由于毒副作用大，已列为禁药。

二、影响消毒剂作用的因素

消毒与灭菌效果会受到诸多因素的影响。

1. 微生物的种类和数量

微生物对不良环境的抗性是灭菌和消毒处理强度的重要参考依据。微生物对消毒剂的抗性因不同种类而异，芽孢抵抗力最强，幼龄菌比老龄菌敏感。微生物污染程度越严重，消毒难度越大，菌体重叠，可阻挡化学和物理因子的穿透。污染微生物量大并伴有大量有机物时，要求增加消毒作用强度和延长作用时间等。

2. 浓度

大多数消毒剂在高浓度时起杀菌作用，低浓度时则只有抑菌作用。但乙醇例外，浓度高达 100%时，其杀菌效果反不及 70%～80%浓度的好。有的消毒剂浓度过高，容易损坏消毒物品及伤害皮肤，反而对消毒对象不利。因此，消毒时应根据化学消毒剂的杀菌能力及各消毒物品的性质，选择合适的消毒浓度。

3. 温度

一般消毒剂在较高温度下效果较好。由于温度高，可加快消毒剂对微生物的反应速度，使消毒时间缩短。若温度低，反应速度迟缓，甚至在低温下许多化学消毒剂不能发挥其杀菌作用。

4. 有机物

有机物能消耗或抑制化学消毒剂的杀菌能力。例如，残饵、粪便、分泌物、血液等都能减弱或抑制化学消毒剂的杀菌作用。消毒时应增加消毒剂用量或延长作用时间。

5. 相对湿度

空气中相对湿度的高低，对各种气体消毒剂的杀菌效果有明显影响。各种气体消毒剂需要的相对湿度各不相同。一般相对湿度高对气体消毒剂有利；但也不能过高，否则会使气体消毒剂稀释而降低消毒剂的浓度，反而使消毒效果减弱。因此，采用气体消毒剂之前，应检查相对湿度，若不合适时，应该用人工方法将相对湿度调整到合适程度。空气的相对湿度对熏蒸消毒影响最显著。

6. 酸碱度的影响

pH 对消毒剂的杀菌作用影响很大，例如对于含氯消毒剂，pH 值越高，氯的杀菌作用越弱；相反，pH 值降低，其杀菌作用增强。戊二醛则与之相反，碱性戊二醛要比酸性戊二醛具有良好的杀菌效果；但是，若 pH 值超过 9 时，戊二醛则迅速聚合而失去杀菌效果。

技能训练一　消毒与灭菌

【训练器材】

(1) 原料　营养琼脂培养基（未灭菌）、2%的葡萄糖溶液、营养琼脂平板。

(2) 仪器或其他用具　培养皿、吸管、棉花、旧报纸、注射器、0.22μm 滤膜、镊子、玻璃涂布棒、微孔滤膜过滤器、电热恒温烘箱、高压蒸汽灭菌器（手提式或直立式）等。

【技能操作】

微课 4—干热空气灭菌法

一、干热灭菌

1. 知识要点

干热灭菌法是利用高温使微生物细胞内的蛋白质凝固变性而达到灭菌的目的。细胞内的蛋白质凝固性与其本身的含水量有关。在菌体受热时，内环境和细胞内含水量越大，则蛋白质凝固就越快；反之含水量越小，凝固越缓慢。干热灭菌所需温度高（160～170℃）、时间长（2～4h）。

2. 操作步骤

① 将包扎好的待灭菌物品（培养皿、吸管等）放入电热恒温烘箱内，关好箱门。物品不要摆得太挤，以免妨碍空气流通，降低灭菌效果；灭菌物品不要接触电热恒温烘箱内壁的铁板，以防包装纸烤焦起火。

② 接通电源，打开电热恒温烘箱排气孔，设置所需温度，升温。

③ 当温度升到 160～170℃时，由恒温调节器的自动控制保持此温度 2h。

④ 切断电源，自然降温。

⑤ 待电热恒温烘箱内温度降到 70℃以下后，打开箱门，取出灭菌物品。

电热恒温烘箱使用时须注意：a. 待灭菌的玻璃器材必须充分干燥，否则耗电多、灭菌时间长，且玻璃器材有破裂的危险；b. 灭菌温度不宜超过 180℃，否则棉花及纸将被烧焦；c. 灭菌后必须等箱内温度下降至 70℃以下时方可打开箱门，否则冷空气突然进入，玻璃器材易破裂，且有引起纸和棉花起火的危险，若箱内的热空气溢出则易导致操作者皮肤烧伤。

二、高压蒸汽灭菌

1. 知识要点

高压蒸汽灭菌法是将待灭菌的物品放在密闭的加压灭菌锅内，通过加热，使灭菌锅隔套间内的水沸腾而产生蒸汽。待水蒸气急剧地将锅的冷空气从排气阀中驱尽，然后关闭排气阀，继续加热，蒸汽不能溢出，增加了灭菌器内的压力，从而沸点增高，得到高于 100℃的蒸汽温度，导致菌体蛋白质凝固变性而达到灭菌目的。灭菌时，灭菌锅内冷空气的排出是否完全极为重要，因为空气的膨胀压大于水蒸气的膨胀压，所以，当水蒸气中含有空气时，在同一压力下，含空气蒸汽的温度低于饱和蒸汽的温度。灭菌锅的压力、温度及与空气排出量的关系见表 2-4。

表 2-4 灭菌锅空气排出量及压力和温度的关系

压力数/MPa	全部空气排出时的温度/℃	2/3 空气排出时的温度/℃	1/2 空气排出时的温度/℃	1/3 空气排出时的温度/℃	不排空气的温度/℃
0.03	108.8	100	94	90	72
0.07	115.6	109	105	100	90
0.10	121.3	115	112	109	100
0.14	126.2	121	118	115	109
0.17	130.0	126	124	121	115
0.21	134.6	130	128	126	121

一般培养基用 0.1MPa，于 121.5℃维持 15～30min 可达到彻底灭菌的目的。灭菌的温度及维持的时间随灭菌物品的性质和容量等具体情况而有所改变。例如含糖培养基用 0.06MPa、112.6℃灭菌 15min，但为了保证效果，可将其他成分先行于 121.3℃维持 20min 灭菌，然后以无菌操作方法加入灭菌的糖溶液。又如盛于试管内的培养基以 0.1MPa，于 121.5℃灭菌 20min 即可，而盛于大瓶内的培养基最好以 0.1MPa，于 122℃灭菌 30min。

微课 5—立式压力蒸汽灭菌器的使用

2. 操作步骤

① 将内层锅取出，再向外层锅内加入适量的水，使水面与金属搁架相平

为宜。切勿忘记加水，同时加水量不可过少，以防灭菌锅烧干而引起炸裂事故。

② 放回内层锅，并放入待灭菌物品。注意不要装得太挤，以免妨碍蒸汽流通而影响灭菌效果。锥形烧瓶与试管口端均不要与桶壁接触，以免冷凝水淋湿包口的纸而透入棉塞。

③ 加盖，并将盖上的排气软管插入内层锅的排气槽内；再以两两对称的方式同时旋紧相对的两个螺栓，使螺栓松紧一致，勿使漏气。

④ 接通电源，并同时打开排气阀，使水沸腾以排除锅内的冷空气。冒蒸汽 5～8min，待冷空气完全排尽后，关上排气阀，让锅内的温度随蒸汽压力增加而逐渐上升（灭菌的主要因素是温度而非压力）。当锅内压力升到所需压力时，控制热源，维持相应温度至所需时间。该技能训练操作采用 0.1MPa、121.5℃、20min 灭菌。

⑤ 达到灭菌所需时间后，切断电源，使灭菌锅内温度自然下降。当压力表的压力降至“0”时，打开排气阀，旋松螺栓，打开盖子，取出灭菌物品。

压力计读数一定要降到“0”时，才能打开排气阀，开盖取物。否则就会因锅内压力突然下降，使容器内培养基由于内外压力不平衡而冲出烧瓶口或试管口，造成棉塞沾染培养基而发生污染，甚至烧伤操作者。

⑥ 将取出的灭菌培养基摆斜面和倒平板，然后放入 37℃恒温箱培养 24h，经检查若无杂菌生长，即可待用。

【复习思考题】

1. 消毒和灭菌有什么区别？

2. 常用的物理消毒与灭菌有哪些方法？分别有哪些优缺点？举例说明水产养殖生产中的消毒和灭菌。

3. 化学消毒剂有哪些类型？使用中应注意哪些问题？举例说明水产养殖生产中的应用。

4. 简述微生物实验室中常用器皿、器材的消毒灭菌方法。

5. 在干热灭菌操作过程中应注意哪些问题？为什么？

6. 为什么干热灭菌比湿热灭菌所需要的温度高、时间长？

7. 高压蒸汽灭菌时，为什么要将锅内冷空气排尽才能关闭排气阀？灭菌完毕后，为什么待压力降低到“0”时才能打开排气阀，开盖取物？

8. 为什么要对灭菌物品进行无菌检验？

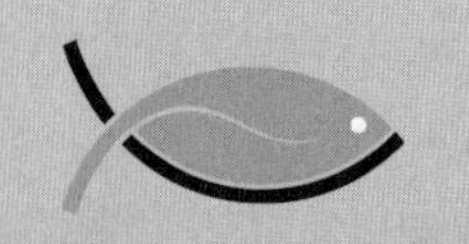

模块三 细 菌

知识目标：

掌握细菌的形态构造、群体生长特征以及繁殖方式；了解细菌的营养需要和培养基的类型；掌握细菌生长繁殖的条件，了解细菌的群体生长曲线；掌握细菌分离与纯培养的概念；掌握水产生物体（或水产品）的实验室细菌检测和鉴定的操作流程。

能力目标：

熟悉待检菌样中细菌的形态及染色特性；能熟练地制作待检细菌标本片，并进行常规染色；熟练掌握培养基制备技术；熟练掌握细菌的接种方法和获得细菌纯培养的技术；熟练掌握常用的细菌生化鉴定技术。

素质目标：

培养科学严谨、精益求精的工匠精神；培养绿色渔业的可持续发展理念；培养勤于思考、勇于创新的精神。

项目一 细菌的形态和结构

细菌是属于原核型细胞的一类单细胞微生物。广义泛指的原核细胞型微生物包括细菌、放线菌、支原体、衣原体、立克次体、螺旋体；狭义则专指其中数量最大、种类最多、最具代表性的细菌。细菌细胞微小，结构简单，形态多样，繁殖迅速；细菌无细胞核，无核仁和核膜，除核蛋白体外无其他细胞器。认识细菌的形态和结构，在诊断与防治水产生物疾病、检测水质以及食品安全监测等方面，具有重要的理论和实际意义。

一、细菌的大小与形态

1. 细菌的大小

细菌因种类不同大小差异很大（表 3-1）。细菌大小的测定单位通常是微米（μm）。球菌以直径来测量，大小为 0.5～2.0μm，最大的是纳米比亚硫黄珍珠菌，细胞直径达到 0.32～1.00mm，肉眼可见。杆菌和螺旋状菌以长×宽测量。杆菌的大小依种而异，较大的杆菌长 3～8μm、宽 1.00～1.25μm；中等大的杆菌长 2～3μm、宽 0.5～1.0μm；小杆菌长 0.7～1.5μm、宽 0.2～0.4μm；大多数杆菌长 2～5μm、宽 0.3～1μm。螺旋状菌以其两端的直线距离作长度，一般在 2～20μm 之间，宽 0.2～1.2μm。菌体大小与菌龄和培养条件等有关，除少数外，幼龄细胞比老龄细胞或成熟的细胞大得多，培养 4h 的枯草芽孢杆菌细胞比培养 24h 的大 5～7 倍，而菌体宽度的变异不显著。

由于细菌细胞微小而透明，需经染色才能进行显微观察和测量，固定和染色细菌也可造成细菌大小上的差异。当干燥和固定时，细菌细胞大大地收缩。若采用负染色法（使背景着色而菌体不着色），染色前要进行干燥固定，衬托菌体，则标本会大于活菌体。观察细菌最常用的仪器是光学显微镜，其大小可用显微测微尺测量，也可通过显微摄像系统投影或照相制成图片后按放大倍数测算。

表 3-1 细菌的大小

细菌名称	大小（长×宽）/（μm×μm）
柱状黄杆菌	(4~48)×0.5
荧光假单胞菌	(2.3~2.8)×(0.5~0.8)
点状气单胞菌	(1.0~1.3)×(0.4~0.5)
嗜水气单胞菌	(0.6~1.1)×(0.9~6)
鳗败血假单胞菌	0.5×(1~3)
杀鱼巴斯德菌	(0.6~1.2)×(0.8~2.6)
迟缓爱德华菌	(0.5~1)×(1~3)
嗜冷黄杆菌	(2~7)×(0.3~0.75)
大肠埃希菌	0.5×(1~3)
乳链球菌	0.5~0.8
金黄色葡萄球菌	0.8~1
鳗弧菌	(0.5~0.7)×(1~2)
副溶血弧菌	(0.3~0.7)×(1~2)(大的可达2~6)
创伤弧菌	(0.5~0.8)×(0.8~3.2)

2. 细菌的基本形态与排列

细菌在适宜的培养基和温度条件下，生长旺盛时常保持一定的形态和排列状况。根据其细胞外形，大致将细菌的形态分为球状、杆状和螺旋状，据此把细菌分为球菌、杆菌和螺旋菌（图 3-1）。所有细菌在正常或其他的条件下，在一定程度上或多或少地表现为多态型。但一个细菌的种，在特定条件下，当生长在标准的培养基上时，一般仍然保持一定的细胞形态，故形态可作为分类鉴定的依据之一。

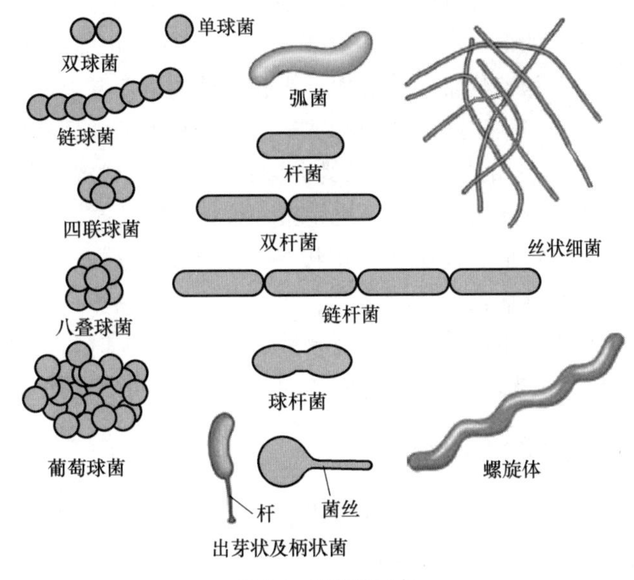

图 3-1 细菌的形态

（1）球菌 单个球菌呈球形或椭圆形。分裂后产生的新细胞常保持一定的空间排列方式，这在分类鉴定上具有重要的意义。按细菌细胞分裂方向和分裂后菌体之间粘连程度及排列方式可分为：单球菌、双球菌、链球菌、葡萄球菌、四联球菌、八叠球菌。

① 单球菌 新细胞分裂后分散单独存在，如脲微球菌。

② 双球菌 在一个平面分裂，分裂后新细胞成对排列，如肺炎双球菌。

③ 链球菌 在一个平面分裂，分裂后多个菌体粘连成链状，如卵形鲳鲹停乳链球菌和溶血性链球菌。

④ 葡萄球菌 在多个不规则的平面上分裂，分裂后菌体不规则地聚集在一起似葡萄状，如金黄色葡萄球菌。

⑤ 四联球菌 细胞分裂沿两个互相垂直的平面进行，分裂后 4 个菌体相连呈田字形，

如四联小球菌。

⑥ 八叠球菌　细胞沿三个互相垂直的平面进行分裂，分裂后 8 个菌体叠成一立方体，如甲烷八叠球菌。

(2) 杆菌　各种杆菌的大小、长短、弯度、粗细差异较大。杆菌多呈直杆状，也有的菌体微弯。多数菌体两端钝圆，少数两端截平，如炭疽杆菌；也有两端尖细，如坏死梭杆菌，或末端膨大呈棒状，如白喉杆菌。有的菌体短小，近椭圆形，称为球杆菌，如美人鱼发光杆菌杀鱼亚种，大小约 2.08μm×1.56μm；有的菌体一端分叉，如两歧双歧杆菌。多数杆菌单独存在，也有分裂后呈链状，如念珠状链杆菌，或分枝状排列，如海洋分枝杆菌。

(3) 螺旋菌　菌体弯曲或呈螺旋状，两端圆或尖突状。根据菌体弯曲的程度可分为弧菌和螺菌。弧菌菌体只有一个弯曲，长 2～3μm，呈弧形或逗点状，如霍乱弧菌、鳗弧菌等。螺菌菌体较坚硬，有 2～3 个弯曲，大小为 (0.5～0.7)μm×(1～2)μm，如紫硫螺旋菌和红螺菌。

球菌、杆菌和螺旋菌是细菌的三种基本形态。球菌不一定都是正圆形，双球菌可能呈三角形、豆形、肾形，八叠球菌可能近于方形或长方形，即将分裂的球菌也可能呈椭圆形。此外，还有其他形态的细菌，如柄杆菌属的细菌，细胞杆状或梭形，具一细柄，在水环境中有利于牢固地附着在藻类、石头等物体表面。自然界的细菌，以杆菌最为常见，球菌次之，而螺旋菌最少。此外，还有丝状细菌，如感染虾蟹幼体的毛霉亮发菌、发硫菌等。

细菌的形状可因温度、pH、培养时间、培养基成分和浓度等各种理化因素的影响而发生改变。细菌通常在具有适宜生长条件的培养基上、幼龄时表现其特征性的形态；当一种或多种环境因素变化时，与标准形态相差很大的类型称为"退化型"。一般在生长条件适宜时，培养 8～18h 的细菌形态较为典型；细菌衰老时或在陈旧培养物中，或环境中有不适合于细菌生长的物质（如药物、抗生素、抗体、高盐等）时，细菌常呈现不规则的形态，表现为多形性或呈梨形、气球状、丝状等；而当重新处于正常的培养环境中，则可以恢复为正常形状。海豚链球菌呈链状排列，链之长短与菌株和培养基有关，一般在液体培养基中链长，在固体培养基中链短。观察细菌形态和大小特征时，应选择在适宜条件下生长的对数期细菌，还应注意来自机体或环境中各种因素所导致的细菌形态变化。

二、细菌的细胞结构

细菌的结构按分布部位大致可分为：表层结构，包括细胞壁、细胞膜、荚膜；内部结构，包括细胞质、核蛋白体、核质、质粒及芽孢等；外部附属物，包括鞭毛和菌毛。习惯上又把一个细菌生存不可缺少的，或一般细菌通常具有的结构称为基本结构，而把某些细菌在一定条件下所形成的特有结构称为特殊结构。

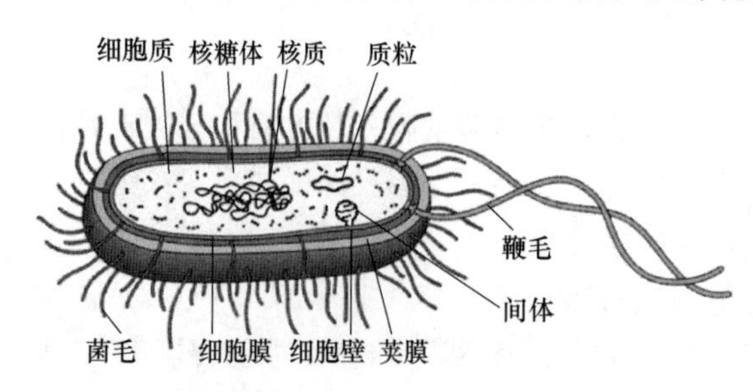

图 3-2　细菌细胞结构模式图

1. 细胞表层结构及其附属物

细菌细胞的表层结构及其附属物主要包括细胞壁、荚膜、菌毛及鞭毛等（图 3-2）。

(1) 细胞壁　细胞壁是细菌细胞最外层的一层坚韧而略具弹性的结构。细胞壁具有固定菌体外形，保护脆弱的原生质体（细胞膜及其内含物）以免在低渗透压环境中引起破裂，并与细胞内外物质交换有关；细胞壁还与细菌的抗原性、致病性和对噬菌体的敏感性密切相关。通过特殊染色法和质壁分离法可在光学显微镜下观察细胞壁。用电子显微镜观察细菌超薄切片等方法，更可确证细胞壁的存在。

细菌细胞壁的主要化学成分是肽聚糖。肽聚糖是由 *N*-乙酰胞壁酸（*N*-acetyl muramic acid，NAM）和 *N*-乙酰葡萄糖胺（*N*-acetyl glucosamine，NAG）以及短肽聚合而成的多层网状结构的大分子化合物，氨基酸侧链之间形成交联，构成了一种网状分子，使肽聚糖获得了很高的机械强度。各种细菌的细胞壁厚度不等，化学成分也不完全相同。按细胞壁的结构和组成将细菌分为革兰氏阳性菌和革兰氏阴性菌两大类。

革兰氏阳性菌细胞壁较厚（20～80nm），肽聚糖含量丰富，多层肽聚糖骨架通过四肽侧链、五肽交联桥组成坚韧的三维立体框架，结构致密。磷壁酸是革兰氏阳性菌的特殊组分，大量的磷壁酸以长链形式穿插于肽聚糖中，一端结合在细胞壁上（称壁磷壁酸）和结合在细胞膜上（称膜磷壁酸或脂磷壁酸），另一端游离于肽聚糖层外。磷壁酸抗原性强，是革兰氏阳性菌重要的表面抗原，有类似菌毛样的黏附特性，与细菌致病性有关。溶菌酶可破坏肽聚糖的聚糖骨架，引起菌体裂解。青霉素能干扰五肽交联桥与四肽侧链 D-丙氨酸之间的连接，导致细菌死亡。某些细菌表面还存在有特殊蛋白质。

革兰氏阴性菌细胞壁较薄（10～15nm），分为内壁层和外壁层，内壁紧贴细胞壁，厚 2～3nm，主要成分为肽聚糖，肽聚糖含量少，无五肽交联桥，由不同聚糖骨架上的四肽侧链进行交联，呈疏松的二维结构。外膜（外壁层）厚 8～10nm，主要由脂多糖和脂蛋白组成，为革兰氏阴性菌特有。脂多糖（LPS）是革兰氏阴性菌的内毒素。革兰氏阳性菌和阴性菌细胞壁结构显著不同（表 3-2，图 3-3），导致这两类细菌在染色性、抗原性、致病性、对药物敏感性等方面差异很大。

表 3-2　革兰氏阳性菌和革兰氏阴性菌细胞壁特性的比较

细胞壁	革兰氏阳性菌	革兰氏阴性菌
强度	较坚韧	较疏松
厚度	较厚，20～80nm	较薄，10～15nm
肽聚糖层数	可多达 50 层	1～2 层
肽聚糖含量	占细胞壁干重的 50%～80%	占细胞壁干重的 5%～20%
磷壁酸	有	无
外膜（外壁层）	无	有
脂多糖（LPS）	无	有
类脂和脂蛋白含量	低（仅抗酸性细菌含类脂）	高
产毒素	以外毒素为主	以内毒素为主
抗溶菌酶	弱	强
对青霉素和磺胺	敏感	不敏感
对链霉素、氯霉素、四环素	不敏感	敏感
对干燥	抗性强	抗性弱
产芽孢	有的产	不产

革兰氏染色法是丹麦病理学家创立的，现仍为细菌学中一种重要的常用染色法。染色过程如下：先用草酸铵结晶紫液染色，再加碘液，使细菌着色，继而用乙醇脱色，最后用番红复染。如果用乙醇脱色后，仍保持其初染的紫色，称为革兰氏染色反应阳性；如果用乙醇处理后迅速脱去原来的颜色，而染上番红的颜色，称为革兰氏染色反应阴性。革兰氏染色结果与细菌的细胞壁成分和结构有关。通过结晶紫初染和碘液媒染后，在细胞膜内形成了不溶于水的结晶紫与碘的复合物。G^- 菌的细胞壁中含有较多的易被乙醇溶解的类脂质，而且肽聚糖层较薄、交联度低，故用乙醇或丙酮等脱色剂脱色时，溶解了类脂质，增加了细胞壁的通透性，使初染的结晶紫和碘的复合物容易渗出，结果细菌细胞就被脱色，再经番红复染后细胞就呈红色。G^+ 菌细胞壁中肽聚糖层厚且交联度高，类脂质含量少，经脱色剂处理后反而

使肽聚糖层的孔径缩小，通透性降低，因此细菌仍保留初染时的颜色，呈现蓝紫色。革兰氏染色的结果有时会因菌龄等因素而发生改变，例如海豚链球菌为革兰氏阳性菌，但有时老龄菌呈革兰氏阴性。

动画1—革兰氏染色原理

S层（S-layer）是某些细菌的一种特殊的表层结构，完整地包裹着菌体，是由蛋白质或糖蛋白亚单位构成的四角或六角形的格子状晶体结构（图3-4）。S层蛋白具有抗吞噬、抗补体等作用，是重要的黏附因子，在嗜水气单胞菌、杀鲑气单胞菌自我保护和入侵过程中起着重要作用。

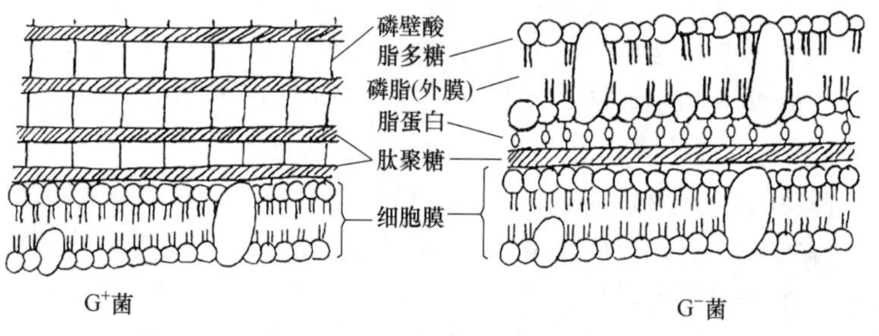

图3-3 革兰氏阳性菌和革兰氏阴性菌细胞壁结构模式图

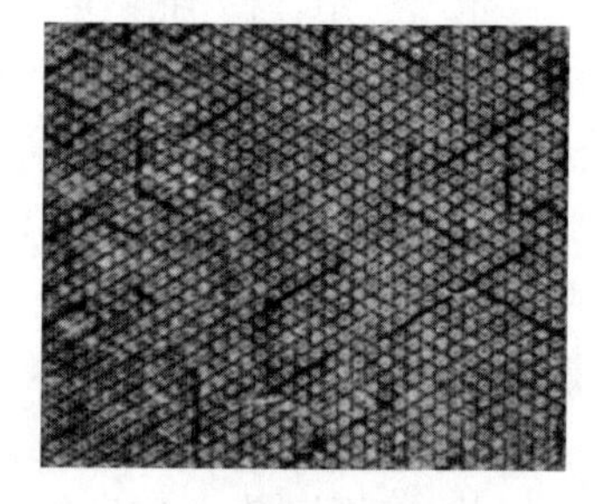

图3-4 细菌的S层结构

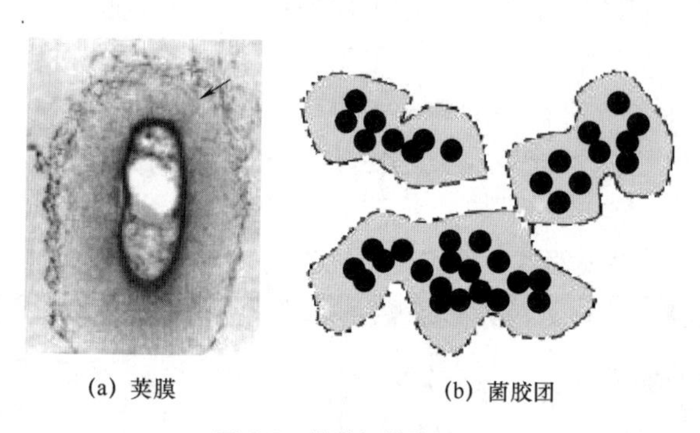

(a) 荚膜　(b) 菌胶团

图3-5 荚膜与菌胶团

(2) 荚膜 荚膜是某些细菌在新陈代谢过程中形成的、分泌于细胞壁外的黏液状物质。按荚膜覆盖细胞壁的厚度以及形状，可分几类：①具有一定外形，相对稳定地附着于细胞壁外，厚度≥0.2μm，称为荚膜或大荚膜（图3-5）；②厚度≤0.2μm的称为微荚膜；③无明显边缘，疏松地向周围环境扩散的，称为黏液层；④有些细菌菌体外面的荚膜物质相互融合，连成一体，组成共同的荚膜，多个菌体包埋于其中，即成为菌胶团。荚膜的含水率为90%～98%，其化学组成因菌种而异，主要为多糖，少数细菌的荚膜成分为多肽，如炭疽杆菌、鼠疫杆菌等。荚膜不易着色，可用荚膜特殊染色法或负染法染色观察。

荚膜有保护细菌的功能，可保护细菌细胞免受干燥等不良环境的影响，而且荚膜作为细胞外的碳源和能源性的贮藏物质，还能增强某些病原菌的致病能力。由于荚膜的保护，有些致病菌能抵御宿主吞噬细胞的吞噬和消除抗体的作用，有利于病原菌在寄主体内大量生长繁殖。产荚膜的细菌在琼脂培养基上形成的菌落，表面湿润，有光泽，黏液状，称为光滑型或黏液型（S型）菌落。不产荚膜的细菌所形成的菌落，表面较干燥、粗糙，称为粗糙型（R型）菌落。产生荚膜是细菌的一种遗传特性，为种的特征，荚膜是细菌分类鉴定的依据之一。但形成荚膜的细菌并非在整个生活期内都有荚膜，荚膜的形成与环境条件密切相关，一般在动物体内或含有血清或糖的培养基中容易形成荚膜，在普通培养基上或连续传代则易消失，例如，肠膜状明串珠菌只在含糖量高、含氮量低的培养基中，才产生大量的荚膜物质；炭疽杆菌等只在被其感染的动物体内才形成荚膜。荚膜可经处理或因突变而失去，失去荚膜并不影响细菌的生长繁殖，但致病菌失去荚膜后，其致病力大大降低。

(3) 鞭毛 生长在某些细菌细胞膜上的、穿过细胞壁伸展到菌体细胞之外的长丝状、波曲状的蛋白质附属物称为鞭毛，少者仅1～2根，多者达数百根，具有运动功能。在各类细菌中，弧菌、螺旋菌普遍着生鞭毛；杆菌中，假单胞菌都长有端生鞭毛，其余的有周生鞭毛或不长鞭毛；球菌一般无鞭毛，仅个别属（如动球菌属）才长有鞭毛。细菌鞭毛长5～20μm，直径12～30nm，需用电子显微镜观察，或采用特殊方法观察（表3-3）。鞭毛的有无、着生方式和数目是种的特征，是细菌分类和鉴定的重要指标之一。此外，人们可以根据菌体抗原（O抗原）和鞭毛抗原（H抗原）的种类，对大肠埃希菌和沙门菌进行血清型的鉴定。

表3-3　鞭毛的观察方法

方法		观察内容
扫描电子显微镜	按电镜制片方法	电镜直接观察
光学显微镜	特殊染色法使鞭毛增粗	显微镜直接观察
	水浸片或悬滴	暗视野，显微镜直接观察
相差显微镜	直接观察鞭毛束	显微镜直接观察
肉眼观察	①半固体琼脂培养基（0.3%～0.4%琼脂）	穿刺法；若在穿刺线周围有呈浑浊的扩散区，说明该菌具有运动能力
	②平板培养基	菌落形状大、薄且不规则，边缘极不圆整，说明该菌运动能力很强

因鞭毛着生部位不一，可分为4类（图3-6）：

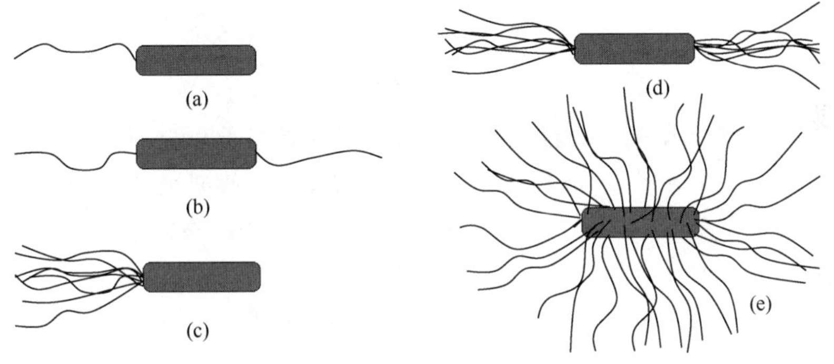

图3-6　细菌的鞭毛类型

① 单毛菌　只有一根鞭毛（极端单生），位于菌体一端，如霍乱弧菌、创伤弧菌、哈维弧菌、蛭弧菌等［图3-6（a）］。

② 双毛菌　菌体两端各有一根鞭毛，如空肠弯曲菌［图3-6（b）］。

③ 丛毛菌　菌体一端或两端有一丛鞭毛，［图3-6（c）、（d）］。如具一端（极端）丛毛的铜绿假单胞菌、绿针假单胞菌、荧光假单胞菌、红螺菌。

④ 周毛菌　菌体周身遍布许多鞭毛，如伤寒沙门菌、枯草芽孢杆菌、雷氏普罗威登斯菌［图3-6（e）］。

鞭毛的基体与菌体细胞膜相连，去除细胞壁，鞭毛仍留存，但却失去运动能力。鞭毛着生情况与生长阶段和培养条件有关。例如，亚硝化细菌接种于新鲜培养液，以不运动的短杆菌形态存在；营养快耗尽时，菌体出现鞭毛，变为运动形态；当营养耗尽时，菌体失去鞭毛，沉降在底部。根瘤菌、气单胞菌等细菌在液体培养基中时，鞭毛常端生，在固体培养基上却易长周生鞭毛。副溶血弧菌液体培养时产生极端单鞭毛，在0.7%以上琼脂固体培养基上常可形成周生鞭毛。李斯特菌生长温度37℃时，90%的菌株无鞭毛，但于20℃培养时，80%的菌株有1～3根鞭毛。

鞭毛除了作为细菌的运动器官，它还在细菌的黏附定居和侵入组织细胞等环节中起重要作用。某些有鞭毛的细菌在培养基表面培养时，在菌落边缘的短的繁殖体细胞可分化成很长的、多核质和高鞭毛密度的群集细胞，这些分化了的细胞沿其长轴紧密排列形成群体，依赖鞭毛以群体方式在培养基的表面群体迁移，这种迁移过程称为细菌的群集运动，如变形杆菌、弧菌、芽孢杆菌和梭菌等能产生典型的群集运动。细菌的群集运动能力与细菌的侵袭力有关，研究表明，奇异变形杆菌分化成高鞭毛密度的群集细胞后，不仅能使群体快速迁移，也增强了细菌对宿主细胞的入侵能力。

（4）菌毛 许多革兰氏阴性菌和少数革兰氏阳性菌表面生长着一种纤细（直径 7～9nm）、中空、短直、数量较多（250～300 根）的丝状物，称为菌毛，其成分为蛋白质。菌毛必须用电子显微镜观察。细菌的菌毛可分为普通菌毛和性菌毛两类（图 3-7）。

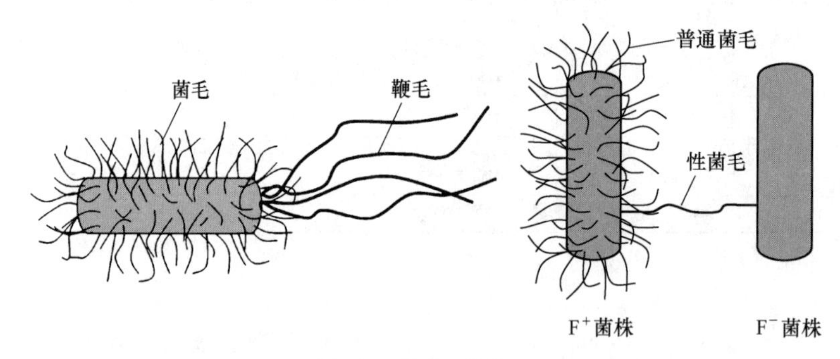

图 3-7 菌毛和性菌毛

① 普通菌毛 普通菌毛具有黏附细胞的能力，细菌借此可定居于局部，菌毛与细菌的致病力有关。菌毛有两种形态：W（wavy）菌毛细长，易弯曲呈波浪状，菌毛数量少，与细菌的黏附及血凝作用有关，是一种黏附素；R（ragid）菌毛短而硬，与细菌的自凝作用有关，但与血凝作用无关，不是黏附素。

② 性菌毛 性菌毛是革兰氏阴性菌表面、长约 20nm 的柔韧的丝状结构，呈中空的细管状，每个细菌表面仅有 1～4 根，比普通菌毛长而粗。它是由大质粒上携带的一种致育因子基因编码，故而又称作 F 菌毛。带有性菌毛的细菌称为 F^+ 菌或雄性菌，无性菌毛者称为 F^- 菌或雌性菌。F 菌毛具有细菌间传递遗传物质的功能，当 F^+ 菌和 F^- 菌相遇时，通过性菌毛传递遗传物质，F^+ 菌将质粒或染色体 DNA 输入 F^- 菌，此过程称为接合。细菌的毒力因子和耐药性等性状可通过此方式传递。性菌毛也是某些噬菌体吸附于菌细胞的受体。

2. 原生质体

原生质体由细胞膜、细胞质和核（物）质组成。

（1）细胞膜 细胞膜也叫胞浆膜，是紧贴细胞壁内侧的一层由磷脂和蛋白质组成的柔软、富有弹性的半渗透性生物膜（图 3-8），厚约 8nm。细菌细胞膜的成分为蛋白质 60%～70%，脂质 20%～30%，并含少量的糖蛋白和糖脂。

细菌不含线粒体与叶绿体之类的细胞器，但许多革兰氏阳性菌、光合细菌、硝化细菌、甲烷氧化细菌以及固氮菌等的细胞膜内凹延伸或折叠成为形式多样的管状、层状或囊状的内膜结构，称为间体或中介体（图 3-2），多见于革兰氏阳性菌。中介体常位于菌体侧面或靠近中部，一个或多个。中介体扩大了细胞膜的表面积，相应地增加了呼吸酶的含量，可为细菌提供大量能量，有拟线粒体之称。

（2）细胞质 细胞质为一种黏稠的透明胶体，其化学组成随菌种、菌龄、培养基成分而有所不同，基本成分是水、蛋白质、核酸、脂类及少数糖和盐类。细胞质是细菌的内环境，

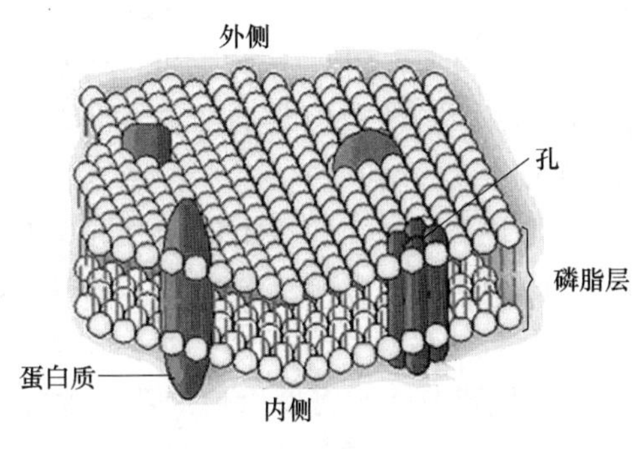

图 3-8 细胞膜构造模式图

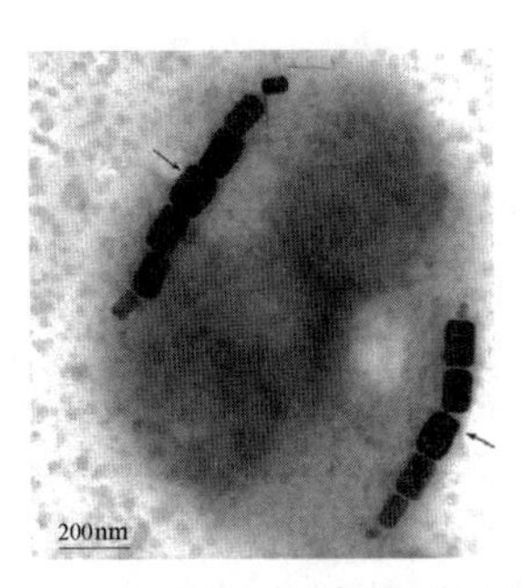

图 3-9 趋磁球菌（含有 2 条磁小体链）

含有许多酶系统，是细菌进行新陈代谢的主要场所，可将由外界环境中摄取的营养物质合成并转化为复杂的自身物质，同时进行异化作用，不断更新菌体内部的化学组成，以维持细菌细胞新陈代谢的相对稳定。

细胞质内还含有核糖体和其他内含物，需用电子显微镜才能看到，或也可经特殊染色后，用光学显微镜观察。

① 核糖体　核糖体是细菌合成蛋白质的场所，游离存在于细胞质中，每个细菌体内可达数万个。每个完整的核糖体沉降系数约为 70S [$S=10^{-13}$cm/(s·达因)]，70S 核糖体是由两个亚单位（50S 和 30S）组成的复杂结构，每个亚单位都含有一定数量的多肽和核糖体 RNA 分子（rRNA）。核糖体负责将信使 RNA（mRNA）的核苷酸碱基序列中的遗传信息翻译成多肽的氨基酸序列。

② 质粒　质粒是染色体外的遗传物质，存在于细菌细胞质中。质粒为闭合环状的双链 DNA，带有遗传信息，控制细菌某些特定的遗传性状，如毒力（在宿主内寄生、增殖并导致疾病的能力）、菌毛、细菌素、毒素和耐药性的产生等，利用质粒消除的诱导技术证明了质粒为海水鱼类病原菌鳗弧菌的毒力因子。质粒能独立自行复制，可以被传递到所有子代细胞中。质粒除决定该菌自身的某些性状外，还可通过性菌毛接合或转导作用等将有关性状传递给另一细菌，接合过程使得基因在细菌群落中扩散，而且有时导致基因转移到其他菌种。质粒不是细菌生长所必不可少的，失去质粒的细菌仍能正常存活。

③ 胞质颗粒　胞质颗粒又称为内含物，是细菌在光学显微镜下，尤其是使用相差技术或特殊染料处理后，可以看到的一种微小结构。内含物由有机或无机物质的颗粒组成，包括糖原、淀粉等多糖以及脂类、磷酸盐等，用于能量的储存或作为结构成分。同一种菌的内含物在不同环境或生长期亦可不同。胞质颗粒中有一种主要成分是 RNA 和多偏磷酸盐的颗粒，其嗜碱性强，用亚甲蓝染色时着色较深呈紫色，称为异染颗粒。某些细菌的异染颗粒非常明显，有助于细菌鉴定。

④ 磁小体　1975 年美国生物学家在分离海底泥样中的折叠螺旋体时发现。趋磁细菌是一类能够沿地磁场方向定位，并向着它们最适宜的生存环境迁移的细菌。其形态各异，有杆状、弧状、球状、螺旋状等。不同种类的趋磁细菌都是革兰氏阴性菌，多数为厌氧或微好氧菌；有端生或双生鞭毛，能够运动；对大气中的氧呈负趋向性；拥有一定数量的磁小体（2～20 颗）。趋磁细菌具趋磁性，正是因为其细胞内含有一定数量的磁小体。磁小体（图 3-9）在细胞内排列成链状，是由双层膜包裹的磁铁矿（Fe_3O_4）或硫铁矿（Fe_3S_4）晶体，大小

为 20～100nm。磁小体有不同的形状，如平截八面体状、平行六面体状、子弹状或箭头状、泪滴状、牙齿状等。趋磁细菌广泛存在于盐沼和其他的海洋沉积物中。目前所知的趋磁细菌主要为水生螺旋菌属、趋磁螺菌属和趋磁细菌属等。趋磁细菌在磁性材料的开发、生物工程技术、临床医药的研制和废水处理等领域有一定的应用前景。

⑤ 羧酶体　羧酶体大小约 10nm，是自养细菌的一个内膜系统。主要由以蛋白质为主的单层膜组成，内含固定 CO_2 的酶，是自养细菌固定 CO_2 的场所。在排硫硫杆菌、那不勒斯硫杆菌、贝日阿托菌属、硝化细菌和一些蓝细菌中均可找到羧酶体。

⑥ 气泡　气泡为充满气体的泡囊状内含物，其功能是调节细胞密度以使细胞漂浮在合适的光照水层中，以获取光能、O_2 和营养物质。气泡在许多光合营养型、无鞭毛的水生细菌中存在，每个细胞含几个至几百个。如鱼腥蓝细菌属、顶孢蓝细菌属、盐杆菌属、暗网菌属和红假单胞菌的一些种类中都有气泡。

⑦ 伴孢晶体　少数芽孢杆菌，如苏云金芽孢杆菌在形成芽孢的同时，会在芽孢旁形成一颗菱形或双锥形的碱溶性蛋白晶体（即 δ-内毒素），称为伴孢晶体。伴孢晶体对 200 多种昆虫尤其是鳞翅目的幼虫有毒杀作用，故可将苏云金芽孢杆菌制成细菌性生物杀虫剂（简称 Bt 杀虫剂）。

(3) 核质　核质或称拟核，是细菌的遗传物质。因其功能与真核细胞的染色体相似，故习惯上亦称为细菌的染色体（图 3-2）。核质集中于细胞质的某一区域，多在菌体中央，无核膜、核仁和有丝分裂器。核质是由单一密闭环状 DNA 分子回旋卷曲盘绕组成松散网状结构，一个菌体内一般含有 1～2 个核质。化学组成除 DNA 外，还有少量的 RNA（以 RNA 多聚酶形式存在）和组蛋白样的蛋白质。细菌经 RNA 酶或酸处理，使 RNA 水解，再用富尔根法染色，核质在普通光学显微镜下可以看见，一般呈球状、棒状或哑铃状。

细菌的致病性是由其毒力因子决定的，而控制毒力因子（如菌毛、毒素、酶）等的基因是染色体上某些特殊的位点，即有一个原核基因组的特殊编码区，这个区域被命名为毒力岛。毒力岛最初是在人致病性大肠埃希菌中发现的，与细菌的致病性密切相关。细菌基因组通过转移，从一种病原菌转移到另一种细菌中，细菌的遗传物质亦随之从这种基因组转移到另一种细菌，并构成新的基因岛或毒力岛，使细菌在短期内发生质和量的变化，产生新的变种。毒力岛推进了细菌的演变，直接或间接地增强了细菌的适应性，是细菌演变和进化的关键，毒力岛可能在新病原性细菌出现的过程中发挥着作用。研究毒力岛，在人们认识细菌的进化规律、阐述病原菌致病机制、预测新发传染病等方面具有重要的意义，也为研制有效的减毒疫苗或基因工程疫苗和治疗药物开辟了新途径。

3. 细菌在特殊条件下的形态结构

某些细菌在特定的条件下可以形成芽孢或失去细胞壁，失去细胞壁的细菌称为 L 型细菌。芽孢和 L 型细菌均是细菌在特殊条件下的形态结构。

(1) 芽孢　某些细菌生长到一定阶段，当其处于特定的环境条件时细胞质浓缩凝集，在细胞内形成一个圆形、椭圆形或圆柱形的抗逆性休眠体，称为芽孢（图 3-10）。芽孢在菌体成熟后，随菌体崩解而脱出，称此为游离芽孢。带有芽孢的菌体为芽孢型，未形成芽孢的菌体称为繁殖型或营养型。芽孢含水量 38%～40%，含水量低，芽孢壁厚而致密，通透性差，酶含量少，代谢活力低，折射性强，不易着色，对高温、干燥、辐射、酸、碱和有机溶剂等杀菌因子具

微课 6—细菌芽孢

有极强的抵抗能力。一个细菌的繁殖体只能形成一个芽孢，在芽孢阶段不能进行生长繁殖，是细菌抵抗外界不良环境条件延续生命的一种手段。一般认为，芽孢是细菌的休眠状态，其代谢处于相对静止阶段。一旦环境条件合适，芽孢便可以萌发生成新菌体。

两种革兰氏阳性菌属可产生芽孢，为芽孢杆菌属（需氧）和厌氧芽孢梭菌属（厌氧）。还有少数螺旋菌、弧菌和八叠球菌等属的种类，弧菌中只有芽孢弧菌属能产芽孢。许多产芽孢细菌是强致病菌，例如，炭疽杆菌、肉毒梭菌和破伤风梭菌等。芽孢抵抗力强，可在自然界中存在多年，是重要的传染源。但芽孢并不直接引起疾病，只有转变成为繁殖体后，才能迅速大量繁殖而致病。

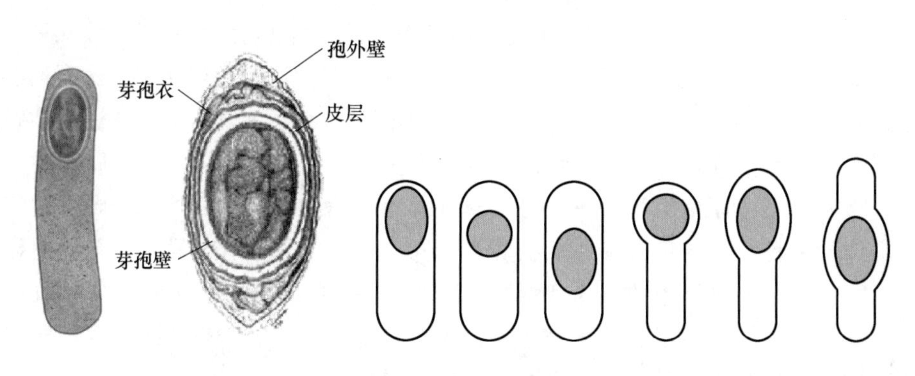

图 3-10　细菌芽孢构造、各种形状和着生位置

芽孢具有很强的折射性，在光学显微镜下容易观察（采用相差显微镜直接观察或芽孢染色观察）。研究细菌芽孢有着重要的实践意义：①芽孢是细菌种的特征，芽孢的有无、形态、大小和着生位置是细菌分类鉴定的重要依据；②芽孢对不良环境有很强的抵抗力，可用于长期保藏菌种；③芽孢的耐热性有助于芽孢细菌的分离和筛选；④可以将杀灭某些代表菌芽孢的条件作为制订灭菌标准的主要依据。

(2) L 型细菌　某些细菌细胞壁受损后，仍能够生长和分裂，这类细菌称为 L 型细菌，亦称为细菌的细胞壁缺陷。L 型细菌在体内或体外、人工诱导或自然情况下均可形成。某些 L 型细菌仍具有一定致病性，常引起慢性感染。

三、细菌的分类与命名原则

微生物的分类和鉴定是微生物学的基础性工作。不论对象属于哪一类，其工作步骤有以下三步：①获得该微生物的纯培养物；②测定一系列鉴定指标；③查找权威性鉴定手册。目前国际上流行采用多相分类方法对细菌进行分类学研究，主要是从细菌表型、遗传型和系统发育等方面确定细菌的分类地位以及较全面地反映细菌的生物多样性。多相分类包括传统分类、数值分类、化学分类、遗传学分类等。

传统分类法又称经典分类法，是根据微生物的形态特征、培养特征及生理生化特征等表型分类学特征进行分类鉴定的方法。《伯杰氏鉴定细菌学手册》的细菌分类单位名称大都建立在传统分类基础上，一般传统分类指标常用于初步分类。因细菌个体小而结构简单，仅依据简单的指标不足以区分它们，还需要利用生理生化特征或其他非形态特征来进一步比较和区分。

数值分类法又称统计分类法，该法可以对众多菌株进行大量表型性状数据的比较分析，并运用数学方法和计算机进行处理，使其分类结果更加客观、明确和可重复。在细菌分类和多样性研究中广泛应用。

化学分类法是按照细菌的化学组成成分指标进行细菌分类研究的方法。主要采用光谱、质谱、高效液相色谱和气相色谱等化学和物理学技术来研究细菌细胞壁和细胞膜上具有稳定遗传特性的化学物质组成，根据细菌细胞组分、代谢产物组成与图谱等化学分类特征进行分类。

分子分类法主要是根据细菌细胞所包含的遗传信息，从分子水平解释了细菌之间的亲缘关系，确定待测细菌的系统发育地位。目前常用的分子分类方法有 16S rRNA 基因序列分析、DNA 分子指纹分析、DNA-DNA 杂交、DNA-RNA 杂交及核酸序列分析。

由于细菌分类鉴定工作是一个系统而复杂的过程，很难用现有的一种或少数几种方法，把未知菌株分门别类或建立分类单元。因此，细菌分类鉴定必须同时使用几种方法全面鉴定，采用多相分类的方法从不同的研究水平来描述细菌的不同特征，从而对未知菌株进行准确定位。

细菌属于原核生物界，生物学的细菌分类层次是界、门、纲、目、科、属、种。如大肠埃希菌的分类系统为：原核生物界→细菌门→分裂型细菌亚纲→真细菌目→肠杆菌科→埃希菌属→大肠埃希菌种。同一种细菌，性状基本相同，但某些方面有差异时，差异明显的称为“亚种”或“变种”，差异微小的称为“型”，例如根据抗原结构的差异分为各种血清型；根据对噬菌体和细菌素敏感性不同，可分为噬菌体型和细菌素型等。将不同来源的同一种细菌称为菌株，例如分别从 5 例鱼体内分离得到了 5 株鳗弧菌。

细菌的命名采用拉丁文双名法，每个菌名由两个拉丁字组成，前一字为属名，用名词大写；后一字为种名，用形容词小写，印刷时用斜体字。例如鳗弧菌的拉丁学名为 *Vibrio anguillarum*。

四、常见水产生物病原性细菌

细菌性疾病具有发病快、感染率高等特点，是水产动物养殖中最常见的一类疾病，常常造成严重的损失。我国最早的鱼类细菌性疾病研究是王德铭在 1956 年对由荧光假单胞菌引起的青鱼“赤皮病”的研究。目前已报道的水产动物细菌性疾病病原包括气单胞菌属、弧菌属、链球菌属、爱德华菌属、假单胞菌属、黄杆菌属、屈挠杆菌属、嗜胞菌属、诺卡菌属、耶尔森菌属、巴斯德菌属、乳酸杆菌属、肠球菌属、不动杆菌属、邻单胞菌属和埃希菌属等（表 3-4）。其中有些致病菌为人鱼共患菌，如海分枝杆菌，人破损的皮肤与受感染的鱼类、池水、海水等接触，受此菌感染的机会将增加，感染后皮肤形成脓肿、溃疡，经久不愈；创伤弧菌也是被公认的人鱼共患病的重要致病菌，在医学界和鱼病学界都广为重视。

表 3-4　水产养殖动物主要致病菌、疾病及易感动物类

致病菌	疾病名称	主要易感水产动物
气单胞菌属		
嗜水气单胞菌	出血病、败血病、出血性腹水病、红腿病（虾）	淡水鱼类、牛蛙、鳖、中国明对虾、中华绒螯蟹、三角帆蚌
温和气单胞菌	出血性败血病、烂尾病	草鱼、鲤鱼、鳗鲡、暗纹东方鲀、鳖等
豚鼠气单胞菌	出血性败血症、肠炎病、竖鳞病、打印病	草鱼、鲤鱼、鲢鱼、欧洲鳗鲡、鳖等
杀鲑气单胞菌	疖疮病、溃烂病、红鳞病	鲑科鱼类、鲤科鱼类、石鲽、大菱鲆、比目鱼类
维氏气单胞菌	气单胞菌病	淡水鱼类、鳖、中华绒螯蟹、锦鲤

续表

致病菌	疾病名称	主要易感水产动物
肠型点状气单胞菌	肠炎病	鲤科鱼类、鲶等
弧菌属		
创伤弧菌	弧菌病、溃烂病	鳗鲡、对虾、石斑鱼、罗非鱼等
鳗弧菌	弧菌病、烂尾病、红腿病（虾）	淡水鱼类、海水鱼类、虾蟹类、贝类
鱼肠道弧菌	肠道白浊病	牙鲆仔稚鱼
非 O1 群霍乱弧菌	脱黏病、败血症、瞎眼病（虾）	欧洲鳗鲡、对虾及其幼体
霍乱弧菌	弧菌病	香鱼
河流弧菌	出血性败血症	鲢、鳙、青鱼、青石斑鱼、牙鲆、尖吻鲈等
哈维弧菌	溃疡病	石斑鱼、大黄鱼、鲈、大菱鲆、尖吻鲈、对虾幼体等
杀鲑弧菌	冷水病	鲑鳟、鳕鱼
溶藻弧菌	溃疡病	大黄鱼、斜带石斑鱼
解藻朊酸弧菌	败血病、红腿病（虾）	鲷科鱼类、石斑鱼、大黄鱼、鲈鱼、虾蟹类、九孔鲍、牡蛎
副溶血弧菌	败血病	海水鱼类、虾蟹类、鲍、文蛤
弗氏弧菌	脓疱病（鲍）	文蛤、皱纹盘鲍
最小弧菌	抖抖病（绒螯蟹）、腹水病（鱼）	中华绒螯蟹、黑鲷、真鲷
链球菌属		
海豚链球菌	链球菌病	鲫鱼、牙鲆、条石鲷、罗非鱼、欧洲鲈鱼、眼斑拟石首鱼、尖吻鲈等
无乳链球菌	链球菌病	黄尾鲫、罗非鱼等
漫游球菌属		
鲑鱼漫游球菌	—	鲑科鱼类、鳗鱼
未定种漫游球菌	—	罗非鱼、白鲳、牛蛙
乳球菌属		
格氏乳球菌	—	鲫鱼、虹鳟、大菱鲆、牙鲆、美洲黄盖鲽、鳖等
鱼乳球菌	—	虹鳟
爱德华菌属		
迟缓爱德华菌	鳗（赤鳍病、溃疡病、肝肾病、膨胀病、红头病）、鳖（白板病）	鳗鲡、虹鳟、斑点叉尾鮰、鳖、牛蛙、紫鲫、黑鲷、真鲷、牙鲆、大菱鲆等
鲇爱德华菌	肠炎病	斑点叉尾鮰、紫鲫、鳖
福建爱德华菌	肝肾病	日本鳗鲡
浙江爱德华菌	爱德华菌病	日本鳗鲡
假单胞菌属		
荧光假单胞菌	赤皮病、败血病	海水鱼类、淡水鱼类、皱纹盘鲍
产碱假单胞菌	出血病（鱼）	鲢鱼、黄鳝、中华绒螯蟹
恶臭假单胞菌	烂鳃病（欧鳗）	欧洲鳗鲡、淡水鱼类、海水鱼类
鳗败血假单胞菌	红点病	鳗鲡、香鱼、泥鳅、鲑鱼类、大菱鲆
水型点状假单胞菌	竖鳞病	鲤鱼
黄杆菌属		
嗜鳃黄杆菌	烂鳃病	鲑鳟鱼类
杀鱼黄杆菌	黄杆菌病	海水鱼类
柱状黄杆菌	柱形病	鳗鲡、鲑鱼、鲤鱼、海水鱼类等
脑膜脓性黄杆菌	歪脖子病（牛蛙）	美国青蛙、虎纹蛙、牛蛙、黄鳝、鳖
噬纤维菌属		
柱状噬纤维菌	烂鳃病、烂尾病、白头白尾病	淡水鱼类
嗜冷噬纤维菌	冷水病	鲑鳟鱼类
耶尔森菌属		
鲁氏耶尔森菌	红嘴病	鲑鳟鱼类、鲢、鳙、鳗鲡等

续表

致病菌	疾病名称	主要易感水产动物
巴斯德菌属		
杀鱼巴斯德菌	类结核症、巴斯德菌病	香鱼、鲻鱼、鰤鱼、真鲷、川鲽、牙鲆等
乳酸杆菌属		
鱼乳杆菌	乳杆菌病、假肾病	鲑鳟鱼类
肠球菌属		
杀鰤肠球菌	突眼症	黄条鰤
不动杆菌属		
鲁氏不动杆菌	红头病	欧洲鳗鲡、美洲鳗鲡、胡子鲶、鳜鱼、美国青蛙
鲍氏不动杆菌	—	鳜鱼
琼氏不动杆菌	—	石鲽、牙鲆
乙酸钙不动杆菌	红腿病	牛蛙
邻单胞菌属		
类志贺邻单胞菌	肠炎病	虹鳟等
埃希菌属		
大肠埃希菌	肠炎病、穿孔病（鳖）	虹鳟、鳖等
分枝杆菌属		
海分枝杆菌	—	鲑鱼类、乌醴、大菱鲆、美国红鱼等海水鱼、淡水鱼
肾杆菌属		
鲑肾杆菌	细菌性肾病	鲑鳟鱼类
克雷伯菌属		
肺炎克雷伯菌	—	鳖、龟
普罗威登斯菌属		
雷氏普罗威登斯菌	—	中国明对虾、鲢鱼
柠檬酸杆菌属		
弗氏柠檬酸杆菌	—	鲑鳟鱼、乌鳢、中华绒螯蟹、红螯螯虾、鳖

项目二　细菌的营养和新陈代谢

一、细菌的营养

1. 细菌的化学组成

细菌的化学组成与其他生物细胞相似，主要含有水和固体成分。水占菌体重量的80%，固体成分仅占15%～20%，包括蛋白质、糖类、脂类、核酸和无机盐等。在固体成分中蛋白质占50%～80%，糖类占10%～30%，脂类占1%～7%，无机盐占3%～10%。细菌的核酸包括RNA和DNA。除上述物质外，细菌还含有一些特殊成分，如肽聚糖、磷壁酸等。细菌的组成成分除核酸相对稳定外，其他化学成分的含量常因菌种、菌龄的不同以及环境条件的改变而有所差别。

2. 细菌的营养类型

细菌种类繁多，其营养类型比较复杂。根据细菌所利用的能源和碳源的不同，将其分为自养菌和异养菌两大营养类型（表3-5）。

(1) 自养菌 只能从无机物获得碳源的细菌称为自养菌。自养菌以简单的无机物为原料，如利用CO_2、CO_3^{2-}作为碳源合成含碳有机物；利用N_2、NH_3、NO_3^-、NO_2^-等作为氮源，合成菌体的成分。其中利用光合作用获得能量的细菌称为光能自养菌；以二氧化碳为碳源，利用无机化合物如铵、亚硝酸盐、硫化氢、铁离子等氧化过程中释放出的能量进行生长的细菌称为化能自养菌，主要类群如硝化细菌、硫细菌、铁细菌等。

（2）**异养菌**　能够从有机物中获得碳源的细菌称为异养菌。异养菌必须以多种有机物为原料，如蛋白质、糖类等，才能合成菌体成分和获得能量。光能异养菌能从有机物中获得碳源，并将光能转变为化学能，能进行光照厌氧或黑暗微好氧呼吸，常见种类大多为红螺菌科的种类，目前多用于高浓度有机废水的处理。化能异养菌包括腐生菌和寄生菌，腐生菌以动植物尸体、腐败食物等作为营养物；寄生菌寄生于动植物活体内，从宿主的有机物获得营养和能量。所有的病原菌都是异养菌，大部分属寄生菌。

表 3-5　细菌的营养类型

营养类型		能源	基本碳源	实例
自养菌	光能自养菌	光能	CO_2	蓝细菌、紫硫细菌、绿硫细菌
	化能自养菌	化能	CO_2	硝化细菌、硫化细菌、铁细菌、氢细菌、硫黄细菌
异养菌	光能异养菌	无机物	CO_2 及简单有机物	红螺菌科细菌（即紫色非硫细菌）
	化能异养菌	有机物	有机物	绝大多数细菌

3. 培养细菌的营养物质

对细菌进行人工培养时，必须供给其生长所必需的各种营养物质，包括水、碳源、氮源、无机盐和生长因子等。

（1）**水**　水是生命细胞不可缺少的成分。细菌细胞的 75%～80% 是水，细菌的新陈代谢，包括许多生化反应，必须有水才能进行。此外，水是细菌的营养、代谢过程中不可缺少的物质，又是良好的溶剂，培养基中的许多营养物质均需溶于水中才能被细菌吸收。自来水中常含有钙和镁，能与肉浸液中的磷酸盐起作用，形成不溶性的磷酸钙和磷酸镁，使培养基发生沉淀，因此，配制培养基时用蒸馏水或无离子水比较好。但自来水中含有某些微量元素，有利于细菌的生长繁殖，因此在水质稳定的情况下，亦可用自来水配制培养基。

（2）**碳源**　凡是构成细菌细胞和代谢产物中碳素来源的营养物质称为碳源。细菌利用糖类和有机酸作为主要的碳源，主要是供给细菌新陈代谢活动所需的能量，一部分供合成菌体本身的组成成分。自养型细菌可以以 CO_2 作为唯一的碳源合成有机物，能源来自日光或无机物氧化所释放的化学能。对于为数众多的化能异养微生物来说，碳源是兼有能源功能的双功能营养物。异养型细菌以有机碳为碳源和能源，如单糖、双糖、多糖、有机酸、醇类、芳香族化合物等。不同细菌可利用不同的含碳有机物，因此常用细菌生化反应的特性来鉴定细菌的种属。

（3）**氮源**　凡是构成细菌细胞质或代谢产物中氮素来源的营养物质称为氮源。细菌的菌种不同，对氮源的要求不同，有些细菌（如固氮菌）可直接利用空气中的游离氮，有些细菌（如大肠埃希菌、沙门菌等）可同化无机含氮化合物；绝大部分病原菌只能利用氨基酸、蛋白胨等有机氮化物合成蛋白质。实验室中常用的氮源有牛肉膏、蛋白胨和酵母膏等。细菌不能直接利用蛋白质等高分子化合物，必须经细菌分泌在细胞外的蛋白质分解酶的作用，将其分解为肽或氨基酸后才能利用，而一些腐败芽孢杆菌能向细胞外分泌强大的蛋白质分解酶，可以较好地利用蛋白质作为氮源。

（4）**无机盐**　无机盐是细菌生长所必不可缺的营养物，其中又可分为常量元素和微量元素两大类。常量元素如磷、硫、钾、钠、镁、钙等；微量元素如钴、锌、锰、铜、铁等。磷是 ATP、核酸和辅酶等物质的重要成分。硫是构成细胞蛋白质的一些含硫氨基酸的组成成分，同时巯基也是许多酶类的必要基团。另外，细菌酶类的活化还需要多种离子，如 Na^{+}、K^{+}、Ca^{2+}、Mg^{2+} 等阳离子和 Cl^{-}、SO_4^{2-}、PO_4^{3-} 等阴离子。人工培养时，培养基内物质已含有足够的无机盐类，除加入少量的氯化钠以调节渗透压外，其他无机盐类在一般情况下不特别添加。

(5) 生长因子 大部分细菌在用上述各种营养物质配合的培养基中都能生长繁殖，但有些细菌还必须加入一些其他物质才能生长。这些能促进细菌生长的有机物质称为生长因子，它们主要起辅酶或辅基的作用。生长因子须从外界获得，包括维生素、某些氨基酸、脂类、嘌呤、嘧啶等，血液和酵母浸膏是常用的含有生长因子的物质。各种细菌对生长因子的要求不同，如大肠埃希菌很少需要生长因子，少数细菌需要特殊的生长因子，病原菌生长繁殖过程必须提供复杂的营养物质以便其获得相应的生长因子。

二、细菌摄取营养物质的方式

细菌的代谢能力极强，繁殖很快，因而消耗的营养也很多。有的细菌在 24h 内所消耗的营养物质，可高达其本身重量的 20～30 倍。微生物无专门摄取营养物质的器官，其物质交换过程都是在细胞表面进行的。细胞膜是一个由可移动的膜蛋白和双层磷脂组成的镶嵌结构，为一种半渗透性膜，膜上有许多小孔。细胞膜对周围的物质有选择地吸收，可控制细胞内外物质的交换。大多数复杂的有机物，如蛋白质、淀粉、维生素等，必须先被细菌分泌的酶水解成较简单的可溶性有机物，如氨基酸、葡萄糖、有机酸等才能被吸收。

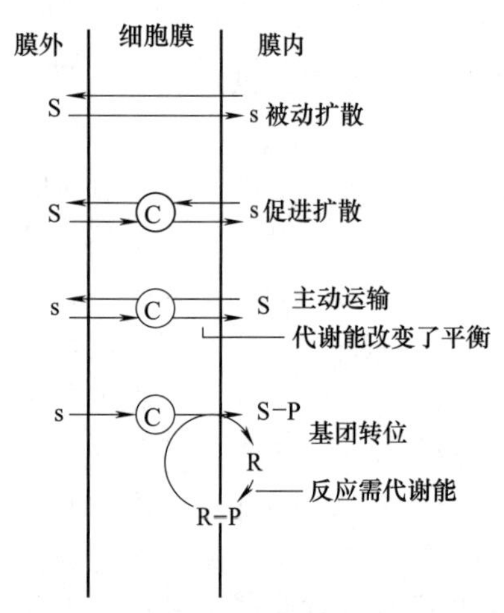

图 3-11 细菌营养物质运输模式的比较
C—载体蛋白；
R—具有高能磷酸载体作用的蛋白质（HPr）；
S 和 s—溶质及其高低浓度； P—磷酸基团

由于营养物质的多样性和复杂性，细菌对营养物质有多种运输方式，其中最重要的几种吸收营养的方式包括单纯扩散、促进扩散、主动运输和基团转位（图 3-11）。

1. 单纯扩散

单纯扩散又称被动扩散或自由扩散，指营养物质通过细胞膜，从高浓度侧向低浓度侧传输的过程，不消耗能量。某种物质通过单纯扩散进行跨膜运输的速率取决于膜内外该物质的浓度差。由于进入细胞的营养物质不断被消耗，使胞内始终保持较低的浓度，故胞外物质能源源不断地进入细胞内。该方式无特异性，速度也较慢。因此，单纯扩散不是细菌获得营养的主要方式。水、甘油、某些气体和一些无机盐等小分子物质可通过单纯扩散而渗入（或渗出）细菌细胞。

2. 促进扩散

在细胞膜上的载体蛋白（也称渗透酶）协助下进行扩散的运输方式称为促进扩散。载体蛋白可与营养基质结合，将其转送至细胞内，不使基质发生变化，也不需能量。促进扩散必须依赖于膜内外营养物质浓度差的驱动，并随着浓度差的消失而停止，运输速率与膜内外物质的浓度差成正比。该过程具严格的专一性，如与乳糖结合的载体蛋白不能与其他基质结合。通过促进扩散进入细胞的营养物质主要有氨基酸、单糖、维生素及无机盐等。促进扩散是可逆的，当胞内基质浓度高于胞外时，亦可通过反向促进扩散而将基质输送至胞外。

3. 主动运输

主动运输是一种可将溶质分子进行逆浓度运输的运输方式，也可将膜外较高浓度的溶质分子运输至胞内，在这一过程需要消耗能量，也具有严格的特异性。主动运输需要载体蛋白，载体蛋白通过构象变化，与被运输物质之间发生可逆性的结合与分离，从而完成物质的跨膜转运。主动运输在某些方面类似促进扩散，两者之间最大的区别在于主动运输需要消耗能量且可进行逆浓度运输，而促进扩散则不能。这是细菌转运物质的一种主要方式，通过这种方式运输的物质主要有丙氨酸、丝氨酸、甘氨酸、谷氨酸、半乳糖、岩藻糖、阿拉伯糖、乳酸、葡糖醛酸及某些阴离子。

4. 基团转位

与主动运输相似，同样靠特异性载体蛋白将营养物质逆浓度差转运至细胞内，需要能量，同时被运输的物质在输送后发生化学变化，正因如此营养物质得以源源不断地进入细胞中。该方式主要存在于厌氧菌和兼性厌氧菌中。这些细菌的细胞质膜上有一种磷酸转移酶系统（PTS），能使糖在进入细胞质膜的同时发生磷酸化，磷酸化的糖可以立即进入细胞进行合成或分解代谢。通过基团转位运输的物质除了葡萄糖、甘露糖、乳糖、果糖、*N*-乙酰葡糖胺和 β-乳糖苷等及其衍生物外，还有嘌呤、嘧啶和脂肪酸等。

微生物经常通过多种运输系统吸收某一种营养物质。细菌摄取营养，基本上通过上述几种方式进行。但不同种类的细菌对同一物质可通过不同的输送方式，例如大肠埃希菌主要利用促进扩散输送乳糖，而金黄色葡萄球菌则主要利用基团转位方式输送。

动画 2—细菌细胞的物质转运

三、细菌的合成代谢产物

细菌的新陈代谢（图 3-12）是指细菌细胞内分解代谢及合成代谢的总和。底物分解和转化为能量的过程称为分解代谢；所产生的能量用于细胞组分的合成称为合成代谢。

细菌利用分解代谢中的产物和能量不断合成菌体成分，如细胞壁、多糖、蛋白质、脂类、核酸等，此外还合成以下物质。

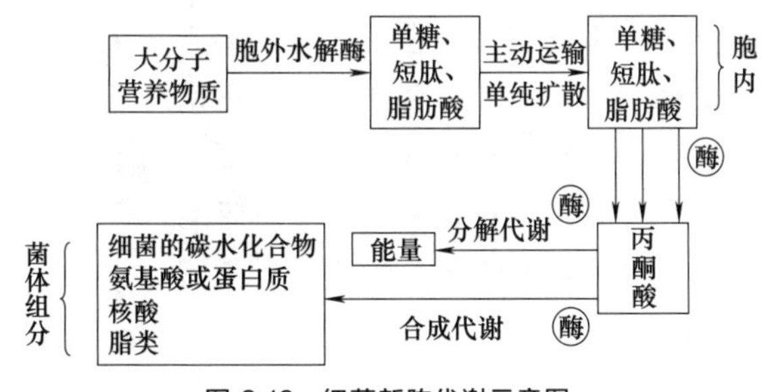

图 3-12 细菌新陈代谢示意图

（1）维生素 某些细菌能自行合成，除供菌体需要外，还能分泌到菌体外。

（2）抗生素 细菌产生的抗生素很少，只有多黏菌素、杆菌肽等。

（3）细菌素 某些细菌产生的一种具有抗菌作用的蛋白质，与抗生素的作用相似，但作用范围狭窄，仅对有近缘关系的细菌产生抑制作用，目前发现的有大肠菌素、绿脓菌素、弧菌素和葡萄球菌素等。

（4）毒素 细菌产生的毒素有内毒素和外毒素两种，毒素与细菌的毒力有关。

（5）热原质 革兰氏阴性菌产生的一种多糖物质（细胞壁的脂多糖），将其注入动物体内可以引起发热反应。

（6）酶类 细菌代谢过程中能产生酶类，如荧光假单胞菌能产生多种酶，如几丁质酶、溶菌酶、木聚糖酶和胞外壳聚糖酶等。产生的酶类除满足自身代谢需要外，还能产生具有侵袭力的酶，这些酶与细菌的毒力有关，如透明质酸酶。

（7）色素 某些细菌在氧气充足、温度和 pH 适宜条件下能产生色素。细菌产生的色素有水溶性和脂溶性两种，荧光假单胞菌能产生水溶性的黄绿色荧光色素，荧光色素能渗入培养基内，使培养基变成黄绿色。铜绿假单胞菌产生的绿脓色素与荧光素是水溶性的，不产气的成团肠杆菌菌株产生的黄色素是脂溶性的，可溶于乙酮和丙酮。色素在细菌鉴定中有一定的意义。

项目三　细菌的生长繁殖和培养

一、细菌的繁殖方式

细菌进行无性繁殖，主要为裂殖，也有芽殖和孢子生殖。少数细菌也有“性”的接合。

1. 裂殖

电镜研究表明，细菌分裂大致经过细胞核的分裂、细胞质的分裂、横隔壁的形成、子细胞的分离等过程。裂殖即一个母细胞分裂成两个子细胞。分裂时，核 DNA 先复制为两个新双螺旋链，拉开后形成两个核区。在两个核区间产生新的双层质膜与壁，将细胞分隔为两个，各含 1 个与亲代相同的核 DNA。

细菌一般为横分裂，在少数细菌中，还存在着其他的繁殖方式，如不等二分裂、三分裂和多分裂等。

（1）二分裂 杆菌的分裂面与长度垂直，螺菌的分裂面依长度方向进行，球菌的分裂面因种类不同而异，链球菌沿一个平面分裂，四联球菌沿两个垂直面分裂，八叠球菌沿三个相互垂直面分裂，葡萄球菌分裂面不定。若细胞分裂后仍有胞间联丝存在时，便排列成一定的方式，如链状、四联、八叠等。细菌分裂产生两个子细胞大小、形态相同的称为同型分裂或对称分裂。少数细菌存在异型分裂或不对称分裂，产生的两个子细胞的形态、构造差异明显，如柄细菌属产生一个有柄、不运动的子细胞和另一个无柄、有鞭毛、能运动的子细胞。

（2）三分裂 暗网菌属细菌大部分细胞二分裂繁殖，也可三分裂呈“Y”分枝状。

（3）多分裂 蛭弧菌具端生单鞭毛，寄生于细菌细胞，形成不规则的长细胞，然后进行均等长度分裂，形成多个蛭弧菌子细胞。

2. 芽殖

细菌母细胞一端形成一个小突起，长大后与母细胞分离，独立生活，称芽生细菌（图 3-13）。芽生细菌有芽生杆菌属、生丝微菌属、生丝单胞菌属、硝化杆菌属、红微菌属、红假单胞菌属等 10 余属。

二、细菌的繁殖速度

细菌分裂时，一个新的菌体分裂为两个菌体的时间称为世代时间（代时），细菌一分为二即为一代，通常用每小时分裂几代来表示细菌繁殖的速度。代时决定于细菌的种类且又受环境条件的影响，一般在充足的营养、合适的酸碱度、适宜的温度和必要的气体环境中，大肠埃希菌的代时为 20～30min，按此速度，一个细菌经过 10h 的繁殖可达到10 亿个。但实际上由于细菌繁殖中营养物质的消耗、代谢产物的积累及环境 pH 的改变，细菌不可能始终保持原速度无限增殖，经过一定时间后，细菌活跃增殖的速度逐渐减慢，死亡细菌逐增、活菌率逐减。

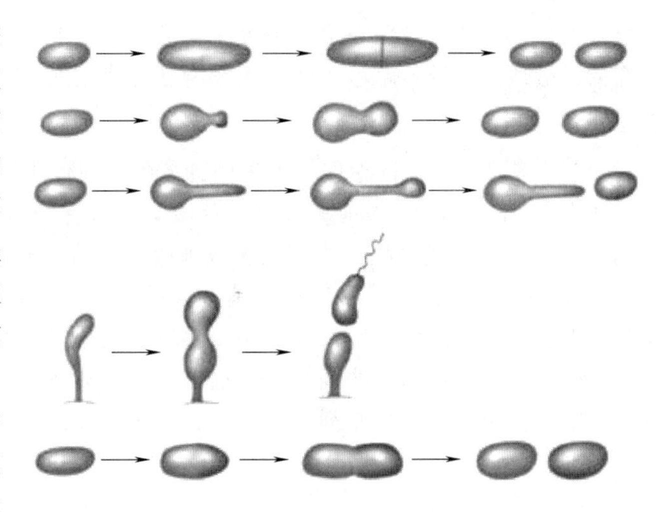

图 3-13　细菌的芽殖模式

对虾育苗和养殖过程中，水中细菌数量每毫升常可高达几万个以上，底泥中的细菌量则更大。当水中残饵和粪便较多、水温达到细菌繁殖的最适水平（25℃左右），水中的细菌甚至可达到每毫升几百万个。在一定范围内，温度越高，细菌繁殖越快，所以对虾养殖过程中的大量残饵和水温升高是促进细菌大量繁殖的最主要因素。草鱼受精卵好氧菌和兼性厌氧菌的数量随受精卵的发育而增多，刚受精时，每个受精卵细菌的数量为 12.4CFU，受精后 7.0h，细菌数量增加为 3.01×10^3CFU，出膜前受精卵表面细菌数急剧增加，为 1.32×10^6CFU。有些细菌在人工培养基上繁殖较慢，如鳗败血假单胞菌为生长缓慢的菌种，25℃培养 3～4 天后，在琼脂培养基上形成直径为 1cm 的菌落；致鱼类肝、肾、脾脏肉芽肿的海分枝杆菌在一般细菌培养基上 20～30℃培养 7 天以上才可见黄色菌落，通常需要 2～3 周才会形成明显的菌落；从患病鱼体分离的鲑肾杆菌在培养基上一般也需要 2～3 周或更长时间才出现针尖大小至直径 2mm 的圆形菌落。

三、细菌培养的条件

培养细菌应根据细菌的种类和培养目的等选择合适的方法、培养基，制订培养条件（温度、pH、时间、气体环境等），掌握细菌生长繁殖的条件、影响因素及规律，对培养和研究细菌的生物学特性具有重要的意义。细菌要进行正常的生长繁殖，必须具备适宜其生理特性的一定条件。

1. 营养物质

要有充足的水分、碳水化合物、含氮化合物、无机盐和生长因子等。

2. 温度

培养温度显著地影响细菌的生长速率，例如在牡蛎养殖过程中在一定的水温范围内，副溶血弧菌的总量和水温呈正相关。最适温度范围一般相当狭窄，而生长的最高温度只比最适温度高几度（2～5℃），相反，生长的最低温度则可比最适温度低 20～40℃。随着温度的降低，细菌的增殖速度减慢，大肠埃希菌在最适温度范围，世代时间只需 21min，而 8℃时则超过 41h。当温度降至微生物的最低生长温度时，细菌的新陈代谢活动将减弱到极低的程度，呈休眠状态，此时细菌的生命活动虽然基本停止，但菌体并未死亡，当温度升高时，仍能恢复活性。不同的细菌种类对温度的要求差异较大，病原菌大多属于嗜温菌，在 15～45℃都能生长，最适生长温度 37℃。通常，细菌生长在略高于最高温度时，不仅生长慢而且很快死亡，因此，细菌在最适温度之上培养时，要严格控制温度。为安全起见，细菌培养物应低于最适温度进行培养。温度还影响新陈代谢途径、营养需要和细菌细胞的组成。

3. pH

细菌生长的 pH 范围很广，但不同细菌的适应性不同，如氧化硫杆菌、嗜酸热硫化叶菌等最适生长 pH 为 2.0～3.0，为专性嗜酸菌；也有的偏碱，如嗜盐碱杆菌、螺旋藻等可在 pH 值为 10.5 的环境中生长。但大多数细菌生长的 pH 范围相当狭窄，多数细菌在接近中性（pH7.0）时生长最好，大多数病原菌生长的最适 pH 为 7.2～7.6。培养基的 pH 对细菌生长影响很大，许多细菌在生长过程中能使培养基变酸或变碱而影响其生长，因此往往需要在培养基中加入一定量的缓冲剂，或通过自动加酸或碱就可完全控制培养物的 pH。细菌生长培养基中最普遍使用的缓冲剂是磷酸盐、柠檬酸和乙酸盐等。

4. 渗透压

细胞的水分吸收和流动主要依赖于渗透压，细菌细胞需在适宜的渗透压下才能生长繁殖。弗氏柠檬酸杆菌在不含 NaCl 和含 5%NaCl 的蛋白胨水中时微弱生长，在含 1.5%的 NaCl 蛋白胨水中生长良好，NaCl 超过 5%时不生长。副溶血弧菌的流行与盐度有关，适合的盐度下，牡蛎中副溶血弧菌的感染量能达到最大值，但盐度太高会降低牡蛎中副溶血弧菌的感染量。细菌对渗透压有一定的适应能力，有些细菌能在较高的盐浓度下生长，但突然改变渗透压会使细菌失去活性。盐渍、糖渍之所以具有防腐作用，即因一般细菌和霉菌在高渗条件下不能生长繁殖。

5. 氧气

细菌对氧气的需要各不相同，据此可将细菌分为好氧菌、微好氧菌、耐氧性厌氧菌、兼性厌氧菌和专性厌氧菌五种类型。

（1）专性好氧菌 必须在有游离氧气的环境中才能生长，如荧光假单胞菌、枯草芽孢杆菌和硝化细菌等。在细菌的液体培养中，需采取措施使氧得以连续供应。

（2）微好氧菌 在较低的氧分压（小于空气中氧含量）条件下生长良好，而对较高的氧浓度比较敏感，如霍乱弧菌、幽门螺杆菌。

（3）耐氧性厌氧菌 这类细菌不利用氧气，但能耐受氧气的毒害。一般的乳酸菌多数为耐氧厌氧菌，如乳酸链球菌、乳酸乳杆菌等。

（4）厌氧菌 只能在无氧或基本无氧的条件下才能生长，分子氧对其有毒害作用或抑制生长，如光合细菌、肉毒梭菌、产气荚膜梭菌、产甲烷菌及少数链球菌等。严格厌氧菌即使短期接触空气也会死亡。用煮沸除氧或其他气体代替氧的方法无法使严格厌氧菌生长。

（5）兼性厌氧菌 在有氧和无氧条件下均能生长，但在有氧条件下生长得更好，大多数水产动物病原菌，如气单胞菌、链球菌、弧菌、爱德华菌等属此类。

四、细菌的人工培养

用人工方法提供细菌在动物体外生长繁殖需要的基本条件，达到培养细菌、进行鉴定及进一步利用的目的。因此细菌的人工培养技术是水产动物细菌病诊断、水产品（食品）微生物致病菌检测以及水质检测等中的十分重要的手段。

1. 培养基

培养基是按照细菌等微生物的生长要求配制成的营养基质，可用于微生物的分离、纯化、鉴定、保存菌种以及研究微生物的生理生化特性、制造菌苗、制造疫苗或其他微生物制剂。

培养基需含有能供给微生物生长繁殖所必需的各种营养、适宜的酸碱度、适宜的渗透压及足够的水分。由于微生物的种类繁多，营养要求各异，因而培养基有许多种，但就其营养种类而言，主要包括碳源、氮源、无机盐及某些生长因子（维生素、辅酶等营养物质）。通常使用的多为天然复合物，也有各种化学药品配制的合成培养基，此外，在鉴别性和选择性培养基中还会有一些鉴别细菌用的糖类、指示剂、抑菌剂等。

以下介绍培养基的类型。

(1) 根据培养基的成分区分

① 天然培养基　天然培养基采用动植物组织或微生物细胞以及其提取物配制而成，如常用的牛肉膏蛋白胨培养基。配制这类培养基常用牛肉膏、蛋白胨、酵母膏、麦芽汁、玉米粉、马铃薯、牛乳和血清等营养价值高的物质。天然培养基的优点是所用物质取材容易，营养丰富，配制方便，价格低廉；缺点是所用物质的成分不清楚、不稳定，实验结果的重复性差。

牛肉膏蛋白胨培养基：牛肉膏 3g　水 1000mL
蛋白胨 5g　NaCl 5g
pH7.4～7.6

② 合成培养基　合成培养基是通过顺序加入准确称量的高纯化学试剂与蒸馏水配制而成的，如高氏 1 号培养基和察氏培养基。合成培养基的优点是化学成分确定并精确定量，实验的可重复性高；缺点是配制麻烦，成本较高。合成培养基一般用于实验室中进行的营养、代谢、遗传育种、鉴定和生物测定等定量要求较高的研究。

高氏 1 号培养基：可溶性淀粉 20g　KNO_3 1g
K_2HPO_4 1g　NaCl 1g
$MgSO_4 \cdot 7H_2O$ 0.5g　$FeSO_4 \cdot H_2O$ 0.01g
水 1000mL　pH7.4～7.6

③ 半合成培养基　半合成培养基是用化学试剂加入部分天然物质配制而成的，如马铃薯蔗糖培养基。

(2) 根据培养基的物理状态区分　可以分为液体培养基、固体培养基和半固体培养基。

① 液体培养基　在发酵生产中，大多数发酵培养基为液体培养基。其广泛用于微生物实验和生产，在实验室中主要用于生理代谢研究和获得大量菌体。

② 固体培养基　根据培养基的固态性质，有加凝固剂后制成的和直接用天然固体状物质制成的两类。常用的固体培养基是在液体培养基中加入琼脂（1.5%～2%）或明胶（5%～12%），加热熔化，然后冷却凝固制成的培养基。琼脂基本无营养价值，不被大多数微生物所分解液化，溶解温度约 96℃，凝固温度约 40℃，质地透明，经过高压灭菌也不被破坏，这些特性使得琼脂成为制备固体培养基时常用的凝固剂。多数微生物能在琼脂培养基表面很好地生长，常形成可见的菌落。琼脂固体培养基被用作微生物的分离、鉴定、计数、保藏和检测等。

天然固体培养基直接用某些天然固体状物质制成，如培养真菌用的麸皮、大米、玉米粉和马铃薯块培养基。这类培养基为生产所常用。

③ 半固体培养基　在液体培养基中加 0.2%～0.7%的琼脂就制成了柔软的半固体培养基，主要用于微好氧细菌的培养或细菌运动能力的确定，有时用于保藏菌种。

(3) 根据培养基的用途区分　可以分为选择性培养基、加富培养基和鉴别性培养基。

① 选择性培养基　选择性培养基是指根据某种微生物的特殊营养要求或其对某化学、物理因素的抗性而设计的培养基，用于将某种或某类细菌从混杂的细菌群体中分离出来。常用的化学抑制物质有染料和抗生素。如添加链霉素、氯霉素等能抑制细菌的生长，结晶紫能抑制革兰氏阳性菌的生长，而制霉菌素、灰黄霉素等能抑制真核微生物的生长。用于分离沙门菌、志贺菌等的SS琼脂培养基，分离真菌的马丁培养基即是选择性培养基。

此外，温度、氧、pH以及盐度等理化因素也可用来选择分离某些特殊类型的微生物，如嗜热和嗜冷微生物、好氧和厌氧微生物、嗜酸和嗜碱微生物以及嗜盐微生物等的分离。

【例】 厌氧培养基　因专性厌氧菌不能在有氧环境中生长，故将培养基与空气隔绝或降低培养基中的氧化还原电势以满足厌氧菌生长。如肝片肉汤培养基、疱肉培养基，应用时于液体表面加盖液体石蜡或凡士林以隔绝空气。另一个做法是在培养基中加入还原性物质（如还原铁粉0.1～0.2g），降低培养基的氧化还原电势，并在培养基表面用凡士林或石蜡封闭，使培养基与外界空气隔绝，本身成为无氧的环境。

② 加富培养基　选择性培养基也可通过在培养基中加入目的细菌特别需要的营养物质以达到选择分离的目的，这种选择性培养基被称为加富培养基。如在基础培养基中加入血液、血清、酵母膏及生长因子等，用于培养营养要求较高的细菌。例如鱼类肠道细菌——鮰爱德华菌难以培养，生长慢，需在脑-心琼脂培养基上才能生成典型的菌落。弧菌 *Vibrio viscosus* 通常在大西洋鲑病鱼的感染组织上很难分离，它常与非致病弧菌 *V. wodanis* 一起生长，后者菌落生长容易覆盖前者的菌落，需用2%的氯化钠血琼脂培养基才能分离。鲑肾杆菌是鲑科鱼类细菌性肾病（BKD）的病原菌，半胱氨酸是生长所必需的，故加入血液或血清才能促进其生长。

③ 鉴别性培养基　鉴别性培养基是添加有某种特定营养物质和化学物质（指示剂或抑制剂）的一类培养基，某种微生物在该种培养基上生长后，所产生的某种代谢产物与特定的化合物或试剂能发生某种明显的特征性反应，根据这一特征性反应可以将该种微生物与他种微生物区别开来，从而快速鉴别该种细菌。如伊红美蓝培养基可用来鉴别大肠埃希菌。

有些培养基具有选择和鉴别双重作用，直接根据菌落颜色就可对待检菌作出鉴定，目前许多市售商品化的快速显色微生物培养基即为此类（如沙门菌显色培养基、大肠埃希菌和大肠菌群显色培养基、弧菌显色培养基等）。

【例】 大肠埃希菌O157：H7显色培养基

主要配方成分：

蛋白胨	6g	酵母膏粉	2g
氯化钠	5g	色素混合物	1.2g
选择性添加剂	0.0005g	琼脂	15.0g
显色底物		pH 7.0±0.2	

该培养基倾注培养皿后呈淡黄色，样品菌株接种后在36℃±1℃、18～24h培养，菌落生长情况如下：

大肠埃希菌O157：H7——蓝绿色-深蓝绿色；

其他大肠菌群——粉红色、蓝色或紫罗兰色；

其他细菌——没有颜色或不生长。

【例】 TCBS 培养基（硫代硫酸盐-柠檬酸盐-胆盐-蔗糖琼脂培养基）

微课 7—TCBS 平板培养基的制备

TCBS 培养基是针对分离、检验弧菌而设计的选择性培养基。绝大多数的致病性弧菌在这种培养基上生长良好，而其他的杂菌则被抑制或不能生长。TCBS 培养基中的蛋白胨、酵母膏提供碳氮源、维生素和生长因子；1%～2%氯化钠有利于海水弧菌的生长；蔗糖为可发酵的糖类；胆酸钠、牛胆粉、硫代硫酸钠和柠檬酸钠及较高的 pH 可抑制革兰氏阳性菌和大肠菌群；硫代硫酸钠与柠檬酸铁反应作为检测硫化氢产生的指示剂；溴麝香草酚蓝和麝香草酚蓝是 pH 指示剂。由于不同弧菌菌株分解代谢的产物不同，使得生长在平板上的菌落颜色各异，蔗糖分解情况也不同，故可初步鉴定分离某些菌株（表 3-6）。

表 3-6 几种弧菌在 TCBS 培养基上的菌落特征

菌种	蔗糖分解	菌落特征
副溶血弧菌	-	2～3mm，蓝绿色
最小弧菌	-	1～2mm，蓝绿色
霍乱弧菌（含非 O1 群）	+	1～2mm，黄色
河流弧菌	+	1～2mm，黄色
弗氏弧菌	+	1～2mm，黄色
解藻朊酸弧菌	+	3～4mm，黄色隆起
鳗弧菌	+	1～2mm，黄色

TCBS 培养基配方：

酵母粉 5.0g　　蛋白胨 10.0g

硫代硫酸钠 10.0g　　柠檬酸钠 10.0g

胆盐 8.0g　　氯化钠 10.0g

蔗糖 20.0g　　溴麝香草酚蓝 0.04g

柠檬酸铁 1.0g　　麝香草酚蓝 0.04g

琼脂 15.0g　　水 1000mL

pH8.6±0.1

【例】 伊红美蓝培养基（EMB）

在伊红美蓝培养基中，大肠埃希菌和产气杆菌能发酵乳糖产酸，并与指示剂伊红美蓝发生结合，结果大肠埃希菌形成较小的、带有金属光泽的紫黑色菌落，产气杆菌形成较大的黑棕色菌落；肠道致病菌因不发酵乳糖则不被着色，菌落呈乳白色，即根据菌落颜色可判断待检样品是否含有致病菌。

伊红美蓝培养基（EMB）配方：

蛋白胨 10g　　K_2HPO_4 2g

乳糖 10g　　2%伊红水溶液 20mL

0.65%美蓝水溶液 10mL　　蒸馏水 1000mL

【例】 麦康凯培养基

麦康凯培养基中含有胆盐、乳糖和中性红，胆盐具有抑制肠道菌以外的细菌的作用，乳糖与中性红（指示剂）能帮助区别乳糖发酵肠道菌（如大肠埃希菌）和不能发酵乳糖的肠道致病菌（如沙门菌和志贺菌）。在该种培养基上，前者菌落为红色，后者菌落为无色（鉴别性）。

麦康凯培养基配方：

蛋白胨 17g	肝蛋白胨 3g
三号胆盐 1.5g	NaCl 5g
乳糖 10g	琼脂 17g
0.5%中性红水溶液 5mL	0.1%结晶紫溶液 1mL
蒸馏水 1000mL	

2. 培养基的制备

（1）配制培养基的基本要求 尽管细菌的种类繁多，所需培养基的种类也很多，但配制各种培养基的基本要求是一致的。具体如下所述。

①配制的培养基应含有细菌生长繁殖所需的各种营养物质；②培养基的 pH 应在细菌生长繁殖所需的范围内；③培养基应均质、透明，便于观察细菌生长性状及生命活动所产生的变化；④配制培养基所用容器不应含有抑菌和杀菌物质，应洁净，无洗涤剂残留，最好不用铁制或铜制容器，所用的水应是蒸馏水或去离子水；⑤由于配制培养基的各类营养物质和容器等含有各种微生物，因此，已配制好的培养基必须立即灭菌，如果来不及灭菌，应暂存冰箱内，以防止其中的微生物生长繁殖而消耗养分和改变培养基的酸碱度所带来不利影响；⑥培养基及盛培养基的玻璃器皿必须彻底灭菌，避免杂菌污染，以获得纯的目标菌。

微生物检验、检测人员配制培养基时要做好培养基制备记录，注明培养基原料收到日期、开封日期、贮存条件及有效期。每批培养基配制时应有配制记录，包括培养基的名称、配制量、配方、配制日期、有效期、灭菌、分装、贴标签等。

（2）配制培养基的基本程序

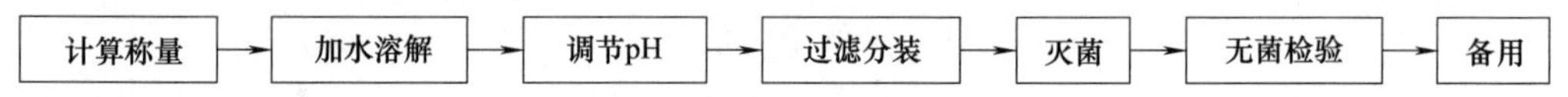

3. 细菌的分离、纯化与培养

（1）细菌的分离和纯化 根据水产生物样品不同及所要分离目标细菌的不同，可以选用稀释倒平板法、平板划线分离法、涂布平板法、亨盖特滚管技术、选择培养基分离法和单细胞（单孢子）挑取法等分离和纯化细菌。

大多数好气性细菌可采用稀释倒平板法和平板划线分离法进行分离，如分离大肠埃希菌等好氧性细菌一般采用涂布平板法，菌体在表面与空气充分接触有利于好氧性微生物生长，分离乳酸菌等兼性厌氧菌时一般选用稀释倒平板法，有利于菌体在培养基底部生长，从而减少与空气中氧气的接触；获得细菌等微生物混合培养物后需要纯化出单菌株时常采用平板划线分离法。

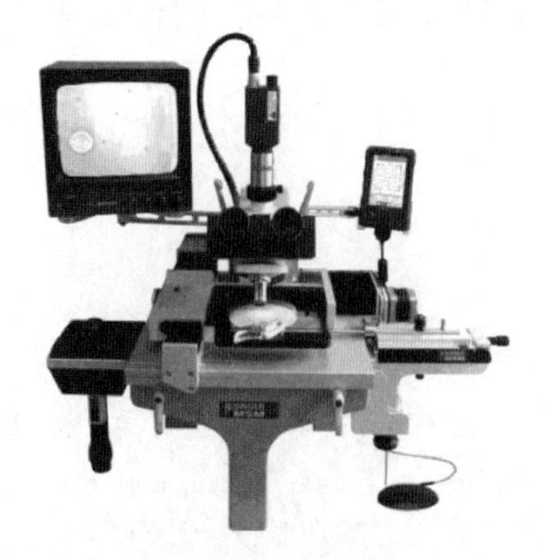

图 3-14 显微操纵器

热敏菌和严格好氧菌可采用涂布平板法；对于暴露于空气中不立即死亡的（兼性）厌氧菌，可以采用涂布法或倾注法进行分离，接种后将其放于密闭的容器中培养，并采用化学或物理的方法去除容器中的氧气；而严格厌氧菌则需采用高层琼脂柱法、亨盖特滚管技术、厌氧培养皿法及厌氧罐法等；对于个体较大而数目少的单细胞和单孢子可采用单细胞（单孢子）挑取法。

单细胞挑取法分离细菌需要借助显微操纵器（图3-14），它是一种与显微镜相联合的装置。在显微镜的视野内可以对细胞或组织进行解剖、细胞核移植、基因注入、胚胎切割等操作，能从视野内运用此器械挑取单细胞或单个孢子，并转移到无菌培养基内。采用此法的优点是能确证所得的培养物是由单细胞发育而成的。缺点是要具备昂贵的设备和熟练的技术，污染杂菌的机会多。

对于有些特殊营养要求或特殊生长条件的细菌需利用选择培养基结合其他方法进行分离。选择性培养基一般用于最初的病原菌分离，实际操作过程中需要严格控制培养时间和温度。

(2) 细菌的接种　细菌的接种是将一种细菌移接到另一无菌的新培养基中，使其生长繁殖的过程。接种方法有斜面接种、液体接种、平板接种、穿刺接种等。无论是从斜面到斜面或到液体或到平板或相反的过程，接种必须采用严格的无菌操作，以确保纯种不被杂菌污染。接种操作方法见技能训练四。

(3) 细菌的培养　培养细菌时，要根据研究目的和细菌生长条件的差异，采用适宜的培养方法。

① 根据培养时是否需要氧气可分为好氧培养和厌氧培养两大类。

a. 好氧培养　好氧培养也称“好气培养”，即这类微生物在培养时，需要氧气，否则就不能良好生长。斜面培养是通过棉花塞从外界获得无菌空气，锥形瓶液体培养多数是通过摇床振荡，使外界的空气源源不断地进入瓶中。

b. 厌氧培养　厌氧培养也称“厌气培养”，这类微生物在培养时，不需要氧气。厌氧培养一般可采用下列方法。

ⓐ 添加还原剂　将还原剂如谷胱甘肽、巯基乙酸盐等加入培养基中，便可达到目的。将一些动物组织如牛心、羊脑加入培养基中，也可适合厌氧菌的生长，庖肉培养基是常用的厌氧培养基。

ⓑ 化合去氧　主要有用焦性没食子酸吸收氧气，用磷吸收氧气，好氧菌与厌氧菌混合培养吸收氧气，用植物组织如发芽的种子吸收氧气，用产生氢气与氧化合的方法除氧。

ⓒ 隔绝阻氧深层液体培养　即用液体石蜡封存或半固体穿刺培养。

ⓓ 替代驱氧　用二氧化碳驱代氧气，用氮气驱代氧气，用真空驱代氧气，用混合气体驱代氧气。

ⓔ 厌氧箱（罐）培养。

② 根据培养基的物理状态可分为固体培养和液体培养两大类。

a. 固体培养　将菌种接至富有营养的固体培养基中，在合适的条件下进行微生物培养的方法。

b. 液体培养　通过液体培养可以使微生物迅速繁殖，获得大量的培养物，在一定条件下，这是进行微生物选择增菌的有效方法。

五、细菌的群体生长形态

细菌人工培养后得到的细菌群体形态（或培养特征）是鉴定细菌的重要内容，也是病原菌检验常规观察的工作。

1. 在液体培养基中的群体生长形态

细菌在液体培养基中生长时，会因其细胞特征、密度、运动能力和对氧气的需求等的不同，而形成不同的群体形态（图 3-15），例如弗

浑浊　絮状　膜状　环状

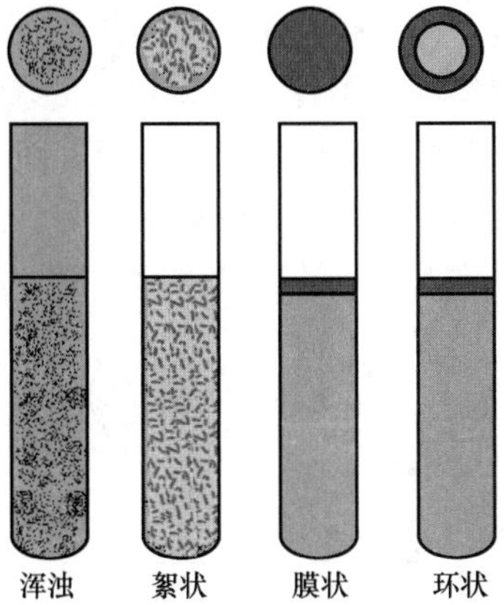

图 3-15　细菌在液体培养基中的群体生长形态

氏柠檬酸杆菌在普通营养肉汤中 28℃培养呈均匀浑浊生长，无菌膜，底部有絮状沉淀物；而肺炎克雷伯菌呈浑浊生长，形成菌膜，底部有黏性沉淀物。大肠埃希菌有的菌株能形成轻度菌环（摇动后易消散）。这些现象均有助于细菌的鉴别。

2. 在半固体培养基中的群体生长形态

半固体培养基琼脂含量少，黏度低，细菌在其中仍可自由运动。用接种针将细菌穿刺接种于半固体培养基中，如该菌有鞭毛，能运动，则细菌由穿刺线向四周游动弥散，培养后细菌沿穿刺线呈羽毛状或云雾状浑浊生长，穿刺线模糊不清。如细菌无鞭毛，不能运动，则穿刺线明显，细菌沿穿刺线呈线状生长，周围培养基仍然透明澄清，故半固体培养基可用来检查细菌的动力（图 3-16）。在明胶半固体培养基中穿刺接种，经培养观察明胶水解液化状况，产生溶解区即表明该菌能产生明胶水解酶。溶解区的形状也因菌种不同而异。细菌生长对氧气的需求不同，在半固体培养基中的生长也表现出不同的状态（图 3-17）。

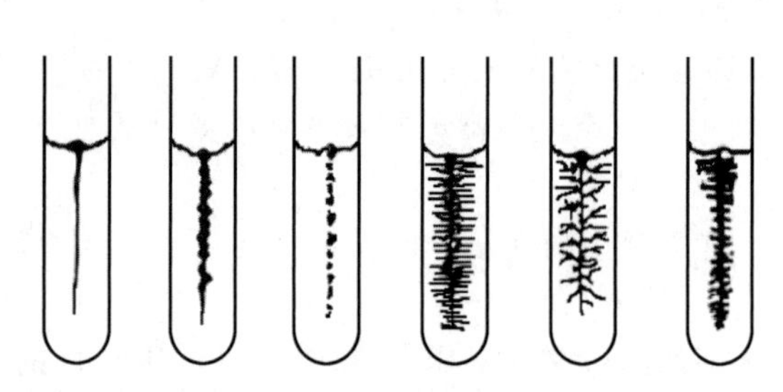

图 3-16 细菌在半固体培养基中群体生长形态图

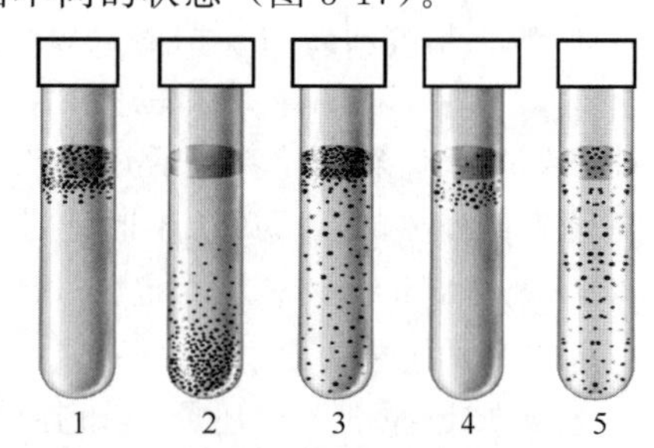

图 3-17 对氧需求不同微生物在半固体琼脂培养基中的生长状态

1—专性好氧菌；2—厌氧菌；3—兼性厌氧菌；4—微好氧菌；5—耐氧菌

3. 在固体培养基中的群体生长形态

将样品或培养物划线接种在固体培养基的表面，因划线的分散作用，使许多混杂的细菌在固体培养基表面散开，可进行分离培养。当细菌处于特定的生长或培养条件下时，会迅速地繁殖生长，大量菌体聚集形成一个肉眼可见的、具有一定形态结构特征的细胞集合体，称之为菌落。有时同一细菌的大量菌落生长旺盛并相互连接成一片，被称为菌苔。

微生物在一定条件下形成的菌落特征具有一定的稳定性和专一性，描述菌落特征时应选择稀疏、孤立的菌落，观察其大小、形态、颜色、隆起、边缘、表面状态、质地、透明度、溶血性等（图 3-18，图 3-19）。多数细菌形成的菌落较湿润、黏稠和光滑，质地均匀，容易挑取，菌落正反面或边缘与中央部分的颜色一致。个体（细胞）形态与群体（菌落）形态之间存在明显相关性，例如，球菌、无鞭毛的细菌通常形成较小、较厚、边缘圆整的半球状菌落；有鞭毛、运动能力强的细菌一般形成大而平坦、边缘多缺刻或呈树根状、不规则形状的

图 3-18 细菌菌落特征（1～6 为俯面观；7～16 为剖面观）

菌落；有糖被（荚膜）的细菌，会长出较大、透明、蛋清状的菌落；有芽孢的细菌长出外观粗糙、“干燥”、不透明且表面多褶的菌落等。有些细菌生长中可产生色素，水溶性色素溶在培养基中，会使培养基着色，如绿脓色素、荧光色素等；而脂溶性色素则使菌落染上色素，如金黄色葡萄球菌的金黄色菌落。由于细菌在一定的培养基、培养条件下生长形成的菌落具有一定的形态特征，故可利用该特征鉴定细菌。

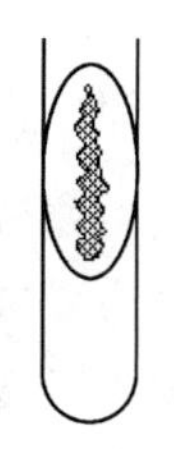
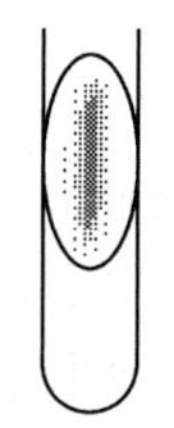
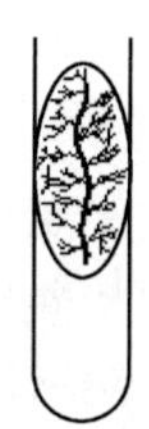
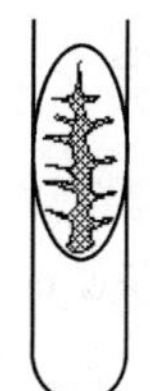
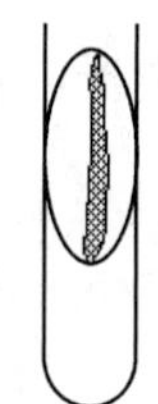
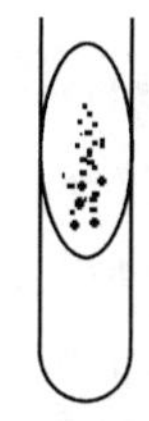

图 3-19　细菌在斜面培养基上的生长状态

4. 气味

有些细菌在生长过程中可产生气味，产生特殊气味的细菌有：假单胞菌属细菌产生的葡萄汁气味；变形杆菌产生烧焦巧克力的臭味；链球菌产生的地窖霉臭味；梭菌的粪臭、腐败味；产黑色素类杆菌属细菌的辛辣味等。气味也有助于鉴定细菌。

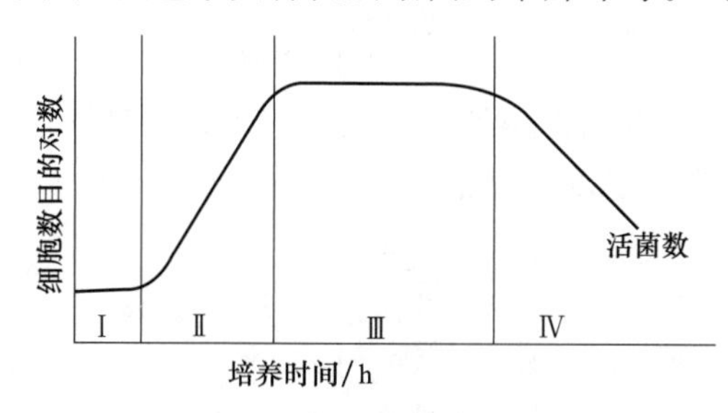

图 3-20　细菌生长的典型曲线

Ⅰ—延缓期；Ⅱ—对数期；Ⅲ—稳定期；Ⅳ—衰亡期

六、细菌的群体生长规律

将一定数量的细菌接种在适宜的液体培养基中，适温培养，定时取样，测定每毫升培养基中的活菌数，可发现细菌生长过程是有规律的。以时间为横坐标、细菌数的对数为纵坐标，可制成生长曲线，显示了细菌生长繁殖的 4 个时期（图 3-20）。

1. 延缓期

延缓期是细菌在新的培养基中的一段适应过程。在这个时期，细菌数目基本不增加，细菌细胞适应培养基、激活新的酶，产生足够量的酶及一些必要的中间产物，体积增大准备分裂。当酶等物质达到一定程度时，少数细菌开始分裂，此时细菌的数量几乎不增加。

2. 对数期

经过延缓期后，细菌数量呈指数生长。一般来说，此阶段病原菌的致病力最强，菌体的形态、大小及生理活性均较典型，对抗菌药物也最敏感。

3. 稳定期

随着细菌的快速增殖，培养基中的营养物质也迅速被消耗，有害产物大量积累，细菌生长速度减慢，死亡菌数开始增加，新增殖的细菌数量与死亡细菌数量大致平衡，进入稳定期。稳定期后期可能出现菌体形态与生理特性的改变，一些芽孢菌可能形成芽孢。

4. 衰亡期

细菌死亡的速度超过分裂速度，培养基中活菌数急剧下降，此阶段的细菌若不移植到新的培养基，最后可能全部死亡。此时细菌菌体出现变形或自溶，染色特性不典型，难以鉴定。由于衰亡期细菌的形态、染色特征可能不典型，故细菌的形态观察和革兰氏染色应以对数期到稳定期的细菌为标准。

七、细菌生长的测定

微生物生长的情况可以通过测定单位时间里微生物数量或生物量的变化来评价。通过微生物生长的测定可以客观地评价培养条件、营养物质对微生物生长的影响，或客观反映微生物的生长规律，在水产品、配合饲料以及水体的微生物检测中，通过测定可以知道产品或水体被污染的程度。因此，微生物生长的测定在理论上和实践上都具有重要的意义。

微生物群体的生长可用其重量、体积、个体浓度或密度等作指标来测定，需要根据不同种类、不同生长状态微生物的生长情况选用不同的测定指标。对单细胞微生物，既可取细胞数，也可选取细胞重量作为生长的指标；而对多细胞（尤其是丝状真菌），则常以菌丝生长的长度或菌丝的重量作为生长指标。所以，根据测定的目的、条件和要求不同，微生物生长测定的方法分为数量测定和生物量测定两类，每一类又可分为直接测量法和间接测量法。

1. 数量测定

（1）直接法

① 显微镜直接计数法　显微镜直接计数法适用于各种单细胞菌体的计数。菌体较大的酵母菌或霉菌孢子可采用血细胞计数板；一般细菌计数则采用彼得罗夫·霍泽细菌计数板。两种计数板的原理和结果相同，但细菌计数板较薄，可以使用油镜观察；血细胞计数板较厚，不能使用油镜，故难以计数一般的细菌。

② 粒子计数器法　粒子计数器（如库尔特计数器）法又称电阻法。将一电极放入一带微孔的小管内，从小管上端抽真空，将会造成含有细胞的电解液从微孔吸入管内。由于电极间有电压，当细胞通过微孔时，电阻增大会引起电流脉冲，脉冲的数目反映了通过的粒子数。因为计数器吸入样品的大小已知，因此可以计算出细胞粒子的浓度。该法的优点是可以同时测出细胞数目的大小，计数器配备有各种大小的微孔，可用于测定不同大小的细胞的数量。缺点是无法区分细胞与其他固体颗粒，因此样品中不能有细胞以外的其他颗粒存在。

（2）间接法

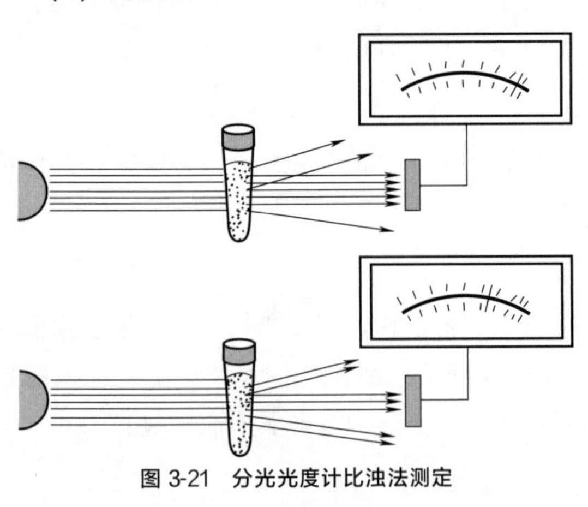

图 3-21　分光光度计比浊法测定

① 比色法（比浊法）　微生物的生长引起培养物浑浊度的增高。根据在一定的浓度范围内，菌悬液中的微生物细胞浓度与液体的光密度成正比、与透光度成反比的原理，使用分光光度计（或紫外分光光度计）测定一定波长下（一般选用 450～650nm 波长）的吸光值，以此测算微生物悬液中细胞的数量（图 3-21）。由于细胞浓度仅在一定范围内与光密度成直线关系，因此待测菌悬液的细胞浓度不应过低或过高，培养液的色调也不宜过深。对某一培养物内的菌体生长作定时跟踪时，可采用一种特制的有侧臂的三角烧瓶，将侧臂插入比色计的比色座孔中，即可随时测定其生长情况，而不必取菌液。

该法常用于观察和控制在培养过程中的微生物的菌数消长情况，如细菌生长曲线的测定和发酵工业菌体生长监测等。该法不适用于多细胞生物的生长测定。缺点是不能区分颗粒杂质。

② 平板菌落计数法　这是一种活菌计数方法，在微生物学理论上认为在高度稀释条件下的每一个活的单细胞均能繁殖成一个菌落，因而通过长出的菌落数去推算菌悬液中的活菌数。水产品、食品、水中细菌总数的测定即按照此法操作。

③ 液体稀释法　亦称最大概率数（MPN），是用统计数学方法来计算水样中某种待测菌的含量的一种方法。此方法适用于那些利用平板培养法不能进行活菌计数，却很容易在液体培养基中生长并被检查出来的微生物。例如，硝化细菌数量的测定，在琼脂培养基上很难进行，但是在液体培养基中富集培养，并进行检测，可以很容易得知其数量多少。

该法适用于测定在一个混杂的微生物群中虽不占优势，但却具有特殊生理功能的类群。常用于硝化细菌、反硝化细菌等的计数以及食品中微生物的检测，例如饮用水和牛乳的微生物限量检查。缺点是只能进行特殊生理群的测定，结果不够精确，操作较烦琐、费时、易污染。

④ 滤膜法　又称薄膜过滤法，测定定量的水或液体样品或空气中的微生物，通过滤膜过滤器，富集其中的微生物，然后将微孔滤膜置于适宜的平板培养基上，待其长出菌落再计算菌落数。该法适用于检测微生物数量很少的水和空气等样品，在微生物限度检查中，应用相当广泛，广泛应用于环境监测、食品及饮料工业、化妆品等领域。滤膜法还可避免培养基温度过高烫死部分受伤或不耐热细菌。

在滤膜法检测微生物中，要根据微生物选择适宜孔径的滤膜，如细菌通常选择 0.45μm 孔径的膜，酵母菌类（真菌类）通常选择 0.8μm 或 0.45μm 孔径的膜。根据菌落颜色的不同，应该选择合适颜色的膜，如菌落颜色为透明、浅白或白色，则应该选择黑膜；如果微生物在培养过程中有色素产生，则应该选择白膜，便于计数。另外，还要考虑到培养基的类型，如果培养基可以导致菌落产生颜色，则应该选择白膜，这样才不至于影响菌落计数。当菌悬液浓度过大时，大量的细菌密集在滤膜上，难以培养和计数。因此，滤膜法宜选平均菌数在 30～300CFU/mL 之间的稀释度。

2. 生物量测定

(1) 直接法　即直接测定细胞的重量。细胞干重测定时，将微生物培养液经离心或过滤后（细菌可用醋酸纤维膜等滤膜过滤）收集，并用水反复洗涤菌体除去培养基成分，再转移到适当的容器中，置于 100～105℃干燥箱中烘干，或真空干燥（60～80℃）至恒重后，精确称量，即可计算出培养物的总生物量。一般细胞干重为细胞湿重的 10%～20%，1mg 干重的细菌含有 $(4\sim5)\times10^9$ 个细胞，可以以此作标准从干重进行需要的转换。每个大肠埃希菌（*E. coli*）细胞的干重为 2.8×10^{-13}g，3mg 的大肠埃希菌团块中所含的细胞数目可达到 100 亿个。若是固体培养物，可先加热溶解琼脂，然后过滤出菌体，洗涤、干燥后再称重。

该法适合于单细胞和多细胞微生物的生长测定，若获取的微生物产品为菌体时，常采用这种方法，如酵母菌。其优点是测量精确，缺点是要求含菌量高，不含或少含非菌颗粒性杂质，否则会产生较大的误差。

(2) 间接法　间接计数法主要是用间接的方法来估算微生物的生长量、生长速率。每种细胞中核酸和蛋白质等组分的含量占有一定的比例，根据样品中这些细胞组分的含量可以间接地估算出细胞含量。但在微生物细胞分批培养的不同生长阶段，这些细胞组成所占的比例可能有变化。在对数期，菌体生长速度稳定，细胞组分也恒定，但在延滞期和衰亡期，细胞组分常有变化，其中 RNA 的变化最大，而 DNA 在各种细胞内的含量最为稳定，它不会因为加入营养物而发生变化。另外还可以根据样品中其他细胞组分的含量来估算出细胞含量。

① 总氮量测定法　蛋白质是生物细胞的主要成分，含量也比较稳定，氮是其重要的组成元素，大多数细菌的含氮量为干重的12.5%、酵母菌为7.5%、霉菌为6.0%。根据含氮量×6.25，即可测定粗蛋白的含量。从一定体积的样品中分离出细胞，洗涤后，采用化学分析法测出待测样品的含氮量，就能推算出细胞的生物量。该法适用于在固体或液体条件下微生物量的测定。缺点是操作程序较复杂，许多培养基的组成中也有蛋白质，需充分洗涤菌体，核酸、类脂等中也有一定的氮元素。

② DNA含量测定法　微生物细胞中的DNA含量不高（如大肠埃希菌占3%～4%），但含量稳定，因而也可以根据一定量的微生物样品中所提取的DNA含量来计算微生物的生物量。DNA测定方法比较烦琐，费用高。

③ 生理指标法　是根据微生物的生命活动强度来估算其生物量。在一定程度上反映微生物生物量的生理指标有很多，如发酵液中的营养消耗、氧的消耗，产酸、产气、产热和培养液黏度等。

3. 快速测定

微生物检测技术的发展方向是快速、准确、简便、自动化，当前很多生物制品公司利用传统微生物检测原理，结合不同的检测方法，设计了形式各异的微生物检测仪器设备，正逐步应用于食品、医学微生物检测和科学研究领域。

(1) 快速测试片技术　快速测试片是指以纸片、纸膜、胶片等作为培养基载体，将特定的培养基和显色物质附着在上面，通过微生物在上面的生长、显色来测定食品中细菌总数的快速检测方法。有以滤纸为载体的测试片、以Petrifilm为载体的测试片、以无纺布为载体的测试片等。

(2) 生物电化学方法　生物电化学方法是指通过电极测定微生物产生或消耗的电荷，从而提供分析信号的方法。微生物在生长代谢过程中，培养基的电化学性质如电流、电位、电阻和电导等会发生变化，通过检测培养基的电化学参量的变化来判定细菌在培养基中的生长、繁殖特性。该法已用于食品中细菌总数和病原菌检测，该法具有测量快速、直观、操作简单、测量设备成本低和信号的可控性等特点。常见的有阻抗分析法、电位分析法、电流分析法等。由于基于阻抗技术的自动检测仪成本昂贵，一般基层单位目前还不能采用。

(3) 细菌放射性测量法　该法是利用放射性核素检测细菌生长、代谢的技术。由于细菌的体外培养几乎在代谢过程中都会释放出CO_2，因此，在培养基中加入^{14}C标记的葡萄糖，经细菌代谢降解作用后生成$^{14}CO_2$气体，用辐射探测器测量$^{14}CO_2$的含量，可定量地检测细菌的数量。

(4) 微热量法　微热量法是通过测定细菌生长时热量的变化，利用灵敏测温元件检测微生物生长热进行细菌的检出和鉴别，快速检测细菌总数。

(5) ATP生物发光技术　在细菌总数的检测中，传统的培养法由于检测时间较长，已经不能满足食品企业实施HACCP体系时实时监控的要求。ATP（三磷酸腺苷）存在于所有生物体中，细菌ATP的量与细菌数成线性关系，该法是以检测生物发光反应为基础的快速技术。使用“ATP荧光法细菌总数快速检测系统”，测定出相对荧光值，依据相对荧光值与细菌总数的标准曲线，几分钟内即可快速得出样品中的细菌总数。可用于乳制品中乳酸菌的测定、啤酒中菌落总数测定。该法不能区分微生物ATP与非微生物ATP。

八、细菌的变异

细菌与其他生物一样，通过遗传和变异生存发展。细菌形态结构、生理代谢、致病性、耐药性、抗原性等性状都是由细菌的遗传物质所决定的。遗传使细菌的性状保持相对稳定，且代代相传，使其种属得以保存。所谓遗传是指亲代与子代的相似性，它保证了物种的稳定性。所谓变异，是子代与亲代之间以及子代与子代之间的生物学性状出现差异，变异可使细菌产生新变种，变种的新特性靠遗传得以巩固，并使物种得以发展与进化，它有利于物种的进化。细菌的遗传物质控制着它们的遗传和变异。

1. 常见的细菌变异现象

（1）形态变异　细菌的大小和形态在不同的生长时期可不同，生长过程中受外界环境条件的影响也可发生变异。如鼠疫耶尔森菌在陈旧的培养物或含30g/L NaCl的培养基上，形态可从典型的两极浓染的椭圆形小杆菌变为多形态性，如球形、酵母样形、哑铃形等。实验室保存的菌种，如不定期移植和通过易感动物，其形态变异更为常见。

（2）结构和抗原性变异　细菌的一些特殊结构，如荚膜、芽孢、鞭毛等也可发生变异。肠道杆菌如沙门菌属、志贺菌属中常发生鞭毛抗原以及菌体抗原的变异。

① 荚膜变异　有荚膜的细菌经变异后可失去。如炭疽杆菌在动物体内和特殊的培养基上能形成荚膜，而在普通培养基上则不能形成。荚膜是致病菌的毒力因素之一，又是一种抗原物质，所以荚膜的丧失也伴随着毒力和抗原性的改变。肺炎链球菌在机体内或在含有血清的培养基中初分离时可形成荚膜，致病性强，经传代培养后荚膜逐渐消失，致病性也随之减弱。

② 芽孢变异　能形成芽孢的细菌，在一定条件下可丧失形成芽孢的能力。如将有芽孢的炭疽芽孢杆菌在42℃培养10～20天后，可失去形成芽孢的能力，同时毒力也会相应减弱。

③ 鞭毛变异　有鞭毛的细菌在某种环境中可失去鞭毛。例如将有鞭毛的变形杆菌培养于含0.075%～0.1%石炭酸的琼脂培养基上，可失去鞭毛。细菌失去鞭毛也就失去了动力和H抗原。

将有鞭毛的普通变形杆菌点种在琼脂平板上，由于鞭毛的动力使细菌在平板上弥散生长，称迁徙现象，菌落形似薄膜，故称H菌落。若将此菌点种在含1%石炭酸的培养基上，细菌失去鞭毛，只能在点种处形成不向外扩展的单个菌落，称为O菌落，通常将失去鞭毛的变异称为H→O变异，此变异是可逆的。

④ 细胞壁成分改变　革兰氏阴性菌如果失去细胞壁上的LPS，则细菌将失去特异性O抗原，出现抗原性的改变。

（3）菌落变异　细菌的菌落主要有光滑（S）型和粗糙（R）型两种。S型菌落表面光滑、湿润、边缘整齐。细菌经人工培养多次传代后菌落表面变为粗糙、干燥、边缘不整，即从光滑型变为粗糙型，称为S→R变异，常见于肠道杆菌。S→R变异同时也伴随着细菌的理化性状、抗原性、代谢酶活性及毒力等发生改变。一般而言，S型菌的致病性强。但有少数细菌是R型菌的致病性强，如结核分枝杆菌、炭疽芽孢杆菌和鼠疫耶尔森菌等。

（4）毒力变异　细菌的毒力变异包括毒力的增强和减弱。有毒菌株长期在人工培养基上传代培养，菌种易发生变异，可使细菌的毒力减弱或消失。研究表明有毒的牛分枝杆菌在含有胆汁的甘油、马铃薯培养基上，经过13年，连续传230代，获得了一株毒力减弱但仍保持免疫原性的变异株，即卡介苗（BCG）。嗜水气单胞菌毒力也是受传代影响的，原代时的

10株菌株均为强毒株，半数致死量在$10^{6.017}$CFU/mL左右，传至第10代时，半数致死量在$10^{7.853}$CFU/mL左右，传至第20代时，半数致死量在$10^{9.509}$CFU/mL左右。说明随着传代次数的增多，有些毒力基因发生变异，导致菌株的毒力逐渐减弱甚至丧失。

毒力因子往往是疫苗的主要组成成分，因此对毒力因子变异的研究对疫苗的研制具有重要意义。将病原微生物长期培养在不适宜的环境中（如含化学物质的培养基中或高温），或反复通过非易感动物时，可促使其毒力减弱。菌种在一段保藏时间后，菌株的毒力也常具有下降趋势，但不同的菌株毒力下降程度并不一致。毒力减弱的菌株可用于制造疫苗。让病原微生物连续通过易感动物，可使其毒力增强。

（5）耐药性变异 细菌对某种抗菌药物由敏感变成耐药的变异称耐药性变异。有些细菌还表现为同时耐受多种抗菌药物，即多重耐药性，甚至还有的细菌变异后产生对药物的依赖性，如痢疾志贺菌耐链霉素菌株，离开链霉素则不能生长。细菌产生耐药性后再用原来的药物治疗疾病时，疗效逐渐降低甚至无效。

（6）酶活性变异 有些细菌的酶活性发生变异，以致出现异常的生化反应，例如大肠埃希菌原来可以发酵乳糖，但发生酶变异后可失去发酵糖的能力，从而与一些不发酵的肠道致病菌难以区别。

2. 细菌变异的实际应用

微生物的变异对传染病的诊断与防治具有重要意义。

（1）诊断 在水产生物细菌学检查中要做出正确的诊断，不仅要熟悉细菌的典型特征，还要了解细菌的变异规律。细菌发生变异后其形态结构、生理特性、菌落特征都与原来的菌种不同，往往出现一些非典型的菌株，在诊断疾病时应注意防止误诊。

（2）预防 为预防传染病的发生，用人工的方法减弱细菌的毒力，用遗传变异的原理使其诱变成保留原有免疫原性的减毒株或无毒株，制备成预防疾病的各种疫苗。

（3）治疗 由于耐药株的不断出现与增加，选用抗菌药物时，针对性要强，必要时必须在细菌药物敏感试验的指导下正确选择用药，不能滥用抗生素。应考虑合理的联合用药原则，掌握正确的用药时机和剂量，做到合理用药。还要考虑使用免疫调节剂。

项目四　水产生物病原菌的分离与鉴定

经过长期的养殖生产实践，人们可以根据患病水产养殖动物不同的外部特征来初步诊断患病情况及判定病原菌，这种诊断技术较为快速、简便，不过其主要是根据长期经验积累的结果，可靠性较低，容易发生误诊。要准确确定病原菌种类和对症治疗，必须采用细菌学的检测方法。水产生物致病菌的检测操作主要有直接涂片镜检、致病菌分离培养、生理生化试验、血清学试验、分离菌株的人工回归感染试验、药物敏感试验，以及分子生物学鉴定技术等过程，即利用细菌的形态结构、生长特性、抗原性、病原性以及核酸测定等方法检测鉴定分离细菌的属、种、型。我国于2006年发布了水产行业标准《鱼类细菌病检疫技术规程》(SC/T 7201.1—2006)，其中分别对柱状嗜纤维菌烂鳃病、嗜水气单胞菌及豚鼠气单胞菌肠炎病、荧光假单胞菌赤皮病、白皮假单胞菌白皮病的诊断方法制订了操作规范。

一、细菌的分离培养和纯化

要研究、检测和鉴定患病水产生物的某种病原菌，首先需获得该菌的纯种培养物，从患病动物的脏器或藻类表面以无菌法取样、划线接种到合适的平板培养基，让其长出单个菌落，取菌落再分离培养，确认为一种细菌后进行纯化，将纯化菌种保存，用于鉴定。如果要鉴定水中的某种细菌，则按上述方法从水体分离获取该细菌的纯培养物。

1. 培养基配制

在进行分离培养之前首先制备培养基，一般所用的细菌培养基是营养肉汤培养基和营养琼脂培养基。制备营养肉汤培养基时需用牛肉膏、蛋白胨、磷酸氢二钾、食盐和水。制好后置于高压灭菌器中灭菌备用。而营养琼脂培养基是在营养肉汤中加入一定量琼脂，制好后先在高压蒸汽器中以120℃灭菌20min，再置于37℃恒温箱内24h后做无菌检验后备用。

2. 病原菌的分离培养

分离最常用的方法有稀释平板法、平板划线法及选择性培养基分离法等。

按照《水生动物产地检疫采样技术规范》(SC/T 7103—2008)(见附录4)，采集具有典型发病症状或濒死鱼(虾蟹等)，按常规无菌操作法取血液、肌肉、鳃、肝、肾、脑、性腺等组织，划线接种于普通营养琼脂培养基(或TCBS或其他适宜的分离培养基)上，28℃恒温培养24h(根据菌种选择适宜的培养温度和培养时间)，对初次分离得到的细菌进行分离纯化培养再得到纯培养的菌株，并转接到斜面培养后于4℃冰箱或低温冰箱保存备用。在分离、检测过程中还要注意：做平行样，以保证结果的可靠性；设立空白对照，以防止其他污染而导致的结果不准确。

不同微生物需要不同的营养物质和环境条件，而且对不同的化学试剂，如消毒剂(酚)、染料(结晶紫)、抗生素及其他物质等具有不同的抵抗力。利用此特性可配制适合于某种微生物生长而限制其他微生物生长的各种选择性培养基，以达到分离纯种的目的。也可以将待分离的样品先进行适当处理，以消除不希望分离到的微生物。因此，可以将从正常菌群存在部位采取的标本接种于选择性或鉴别性培养基上。

对一些生理类型比较特殊的微生物，为了提高分离概率，往往在涂布分离前先进行富集培养，提供一个特别设计的培养环境帮助其生长，而不利于其他微生物的生长。需氧菌一般采用平板分离培养，厌氧菌一般采用焦性没食子酸法或厌氧箱(罐)或二氧化碳培养法。

划线分离接种后置于28℃或37℃培养，一般经16～20h大多可形成菌落。但有些细菌生长缓慢，如诺卡菌需经3～4周或4～8周才长成可见菌落。

二、细菌染色、形态观察

细菌形态观察是细菌检验的重要方法之一，是细菌分类和鉴定的基础，可根据其形态、结构和染色反应等为进一步鉴定提供参考依据。

1. 细菌染色技术

由于微生物个体微小，菌体较透明或半透明，不染色往往不易观察和识别。除了观察活体微生物细胞的运动性和直接计算菌数外，都需要借助染色法使微生物菌体着色，使之与视野背景形成鲜明的对照而易于在显微镜下观察。因此，涂片与染色是微生物的基本操作技术。

微生物染色是借助物理因素和化学因素的作用而进行的。物理因素如细胞及细胞物质对染料的毛细现象、渗透、吸附作用等。化学因素则是细胞物质和染料发生的各种化学反应。染色液的酸碱性会影响染色效果，常用的染色剂多为碱性染料，如美蓝、碱性复红、结晶紫等，使菌体显示出颜色，便于观察与鉴别。酸性染色剂不能使细菌着色，而能使背景着色形成反差，故称为负染。此外，菌体细胞的构造和外膜的通透性（如细胞膜的通透性、膜孔的大小）以及菌龄、培养基组成、染色液的 pH、温度、药物的作用等都能影响菌体的染色。微生物染色常用染料如表 3-7 所示。

表 3-7 微生物染色常用染料

染色剂	性质	用　　途
刚果红	酸性	细菌负染色、酵母菌染色
伊红	酸性	细胞质染色、染细胞的嗜酸性颗粒
酸性复红	酸性	单染色等
碱性复红	碱性	核染色、鉴别结核杆菌
番红（沙黄）	碱性	革兰氏染色、核染色
美蓝	碱性	活体染色、放线菌染色、氧化还原指示剂
孔雀绿	碱性	细菌芽孢染色
亮绿	碱性	细菌、螺旋体的染色，鉴别培养
中性红	碱性	活体染色、指示培养、鉴别肠道细菌等
苏丹红	酸性	脂肪染色
荧光素	酸性	荧光染色
黑素	混合物	负染色

2. 细菌染色形态观察

一般包括涂片、染色和镜检三个基本步骤。

涂片可用液体材料，如血液、渗出液、液体培养物等，也可以选择组织脏器、粪便及菌落，涂抹干燥和固定后进行染色。例如检测鱼病时用镊子取病鱼的脏器在载玻片上连续涂抹；将菌涂片在火上通过 2～3 次固定；然后在涂片上用亚甲基蓝染色 1min；将涂片放水下冲洗；吸干水后以油镜观察。

细菌标本经染色后，在普通光学显微镜下观察细菌的形态特征（如细菌的大小、形状、排列等）和某些特殊结构（如荚膜、鞭毛、芽孢等），并可根据染色反应对细菌进行分类鉴定。染色观察细菌个体形态要根据预先确定的观察项目，选择与之相对应的染色方法。目前常用的染色方法有单染色法、革兰氏染色法、特殊染色法等。

3. 细菌不染色观察

为了观察生活状态下的细菌形态及运动情况，常用压滴法、悬滴法和毛细管法在光学显微镜下直接观察，可以看到细菌大致的外表轮廓和有无动力，有鞭毛的细菌运动活泼，无鞭毛的细菌则呈不规则的布朗运动。操作方法如下。

(1) 压滴法 用接种环取一环菌悬液置于洁净载玻片的中央，轻轻压上盖玻片，注意避免产生气泡并防止菌悬液外溢，静置数秒后置高倍镜下明视野（或暗视野）观察。

(2) 悬滴法 在洁净凹玻片的凹孔四周涂上凡士林，用接种环取一环菌悬液放在盖玻片中央，再将盖玻片反转置于凹玻片凹孔上，使其与凹孔边缘的凡士林贴紧，封闭后置高倍镜下或暗视野观察（图 3-22）。

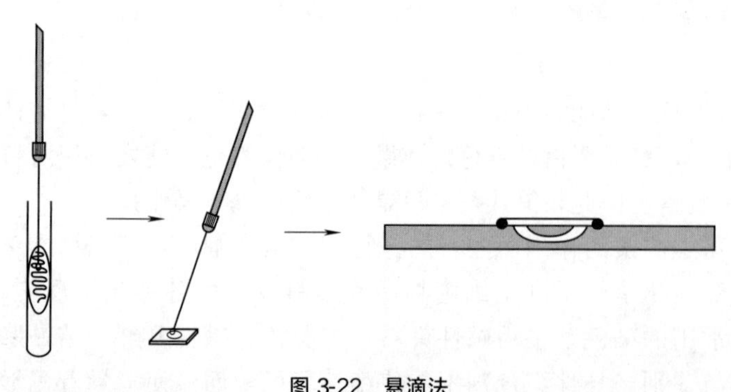

图 3-22 悬滴法

(3) 毛细管法 主要用于厌氧菌动力的检查。通常选用长 60～70mm、孔径 0.5～1mm 的毛细管虹吸厌氧菌悬液后，用火焰将毛细管两端熔封，并用塑胶纸将毛细管固定在载玻片上，置高倍镜下暗视野观察。

4. 荧光染色法观察

经荧光素染色的细菌，或荧光素标记的抗体与相应抗原的细菌、病毒结合形成的复合物，于荧光显微镜下观察，若出现发荧光的菌体就是欲检验的细菌，例如粪便中的志贺菌、霍乱弧菌等可用此技术快速检出。

三、菌落形态观察

细菌培养之后可以按照常规的宏观菌落形态学方法，观察菌落在其适宜培养基上的生长状况，在鉴别培养基上观察结果是否与预期的结果相同。菌落特征与组成菌落的细胞结构、生长特点（好气性、运动性）和培养条件（培养基、培养时间）等有关（表 3-8）；菌落的形态大小也受邻近菌落的影响；生长在平板表面上的菌落与培养基内部的菌落，形态也有不同。

表 3-8　几种水产致病菌的菌落特征

菌名	培养基	培养温度、时间	菌落特征
副溶血弧菌（海产品）	嗜盐菌选择性培养基	37℃，24h	菌落蔓延生长,边缘不整齐,表面隆起,光滑湿润,不透明
	SS 琼脂	37℃，24h	圆形、扁平、边缘整齐、光滑湿润、蜡滴样的黏韧性菌落
	氯化钠蔗糖琼脂	37℃，24h	菌落圆形、边缘整齐、湿润、半透明，蓝绿色
溶藻弧菌（凡纳滨对虾幼体）	2216E 海水平板	30℃，24h	菌落呈蔓延形，大小不定，边缘不规则，光滑、湿润、不透明，浅黄色
	TCBS 平板	30℃，24h	菌落呈圆形，直径 3～5mm，边缘较圆整，中间土黄色、光滑、湿润，周围淡灰黄色、细颗粒状
副溶血弧菌（凡纳滨对虾幼体）	2216E 海水平板	30℃，24h	菌落呈圆形，边缘圆整，直径 1～3mm，光滑、湿润、不透明，浅黄色
	TCBS 平板	30℃，24h	菌落呈圆形，直径 1.5～2mm，边缘圆整，表面较湿润、细颗粒状，草绿色
副溶血弧菌（凡纳滨对虾幼虾）	普通营养琼脂	28℃，24h	菌落呈圆形,半透明,表面光滑,边缘整齐,直径约 2mm
奇异变形杆菌（牛蛙）	普通营养琼脂	28℃，24h	菌落圆形，边缘整齐，表面光滑，中央微凸，浅黄色，半透明，菌落大小 0.5～2.0mm、1.1～3.8mm（48 h）
	肉汤	28℃	均匀浑浊生长，有菌膜
溶藻弧菌（大黄鱼）	TCBS 培养基	28℃，24～48h	菌落黄色圆形，表面光滑，有光泽
	普通营养琼脂	28℃，24～48h	菌落白色圆形,表面无光泽，有皱褶,边缘不规则
嗜水气单胞菌（鲤、鲫、鲢、鳙、鳊）	普通营养琼脂	28℃，18～24h	菌落呈圆形，中央凸起，表面光滑，边缘整齐，直径为 0.5～2.0mm，呈肉色略带淡黄色
弗氏柠檬酸杆菌（河蟹）	普通营养琼脂	30℃，24h	菌落为圆形，直径 1mm 左右，灰白色，表面光滑，湿润
弗氏柠檬酸杆菌（幼鳖）	沙门菌、志贺菌琼脂（SS 琼脂）	37℃，24h	菌落圆形突起，中心黑色，周缘乳白色，直径 1～3mm
弗氏柠檬酸杆菌（红螯螯虾）	普通营养琼脂	37℃，24h	菌落呈圆形，微凸，表面光滑，边缘整齐，肉色
海豚链球菌（斑点叉尾鮰）	血琼脂平板	37℃，24h	菌落圆形，凸起状，表面光滑，边缘整齐，白色，直径 1mm，菌落不透明，在菌落周围出现 1～4mm 宽、界限分明、完全透明的无色溶血环，β 溶血
海分枝杆菌（黑鲟）	罗氏培养基平板	34℃，7～12d	圆形，乳白色，小黄花菜状，形态为 S（光滑型），表面干燥
嗜水气单胞菌（青鱼）	LB 平板	32℃，48h	菌落圆形光滑，边缘整齐，乳白色，直径 0.5mm 左右

续表

菌名	培养基	培养温度、时间	菌落特征
停乳链球菌（西伯利亚鲟）	5%绵羊血琼脂平板	28℃，48h	菌落直径为0.8~1mm，灰色、圆形、突起、湿润，α溶血
	脑心浸出液琼脂（BHI）	28℃，48h	形成淡黄色针尖样大小的菌落
	普通营养琼脂	28℃，48h	平板上生长不良

四、细菌的生化试验

不同的细菌均具有各自独特的酶系统，因而对糖和蛋白质等营养物质的分解利用能力以及产生的代谢产物不同。生化试验是根据细菌培养过程中不同菌种所产生的新陈代谢产物各异，通过生物化学的方法来检测这些物质的存在与否，从而能够得到细菌的鉴定结果。据此设计的用于鉴定细菌的试验，称为细菌的生化试验。细菌生化试验主要用于鉴别细菌，尤其对形态、革兰氏染色反应和培养特性相同或相似的细菌鉴定更为重要。常见的方法有糖类代谢试验、氨基酸和蛋白质代谢试验、有机酸盐和胺盐利用试验、呼吸酶类试验、毒性酶类试验等。简要介绍如下几项。

1. 糖发酵试验

不同种类的细菌含有发酵不同糖类的酶，对各种糖类的代谢能力也有所不同，即使能分解某种糖类，其代谢产物可因菌种而异。检测细菌对培养基中所含糖降解后产酸或产酸产气的能力，可用于鉴定细菌的种类。如沙门菌可发酵葡萄糖，但不能发酵乳糖；大肠埃希菌则可发酵葡萄糖和乳糖。即便是两种细菌均可发酵同一种糖类，其发酵结果也不尽相同，如志贺菌和大肠埃希菌均可发酵葡萄糖，但前者仅产酸，而后者则产酸、产气，故可利用此试验鉴别细菌。

2. V-P 试验

由 Voges 和 ProskaMer 两位学者创建，故得名。大肠埃希菌和产气肠杆菌均能发酵葡萄糖，产酸产气，两者不能区别。但产气肠杆菌能使分解葡萄糖产生的丙酮酸脱羧，生成中性的乙酰甲基甲醇，后者在碱性溶液中被空气中的氧分子所氧化，生成二乙酰，进而与培养基中的精氨酸等含胍基的化合物反应，生成红色的化合物，即为 V-P 试验阳性。大肠埃希菌不能生成乙酰甲基甲醇，故 V-P 试验为阴性。

3. 甲基红试验（MR 试验）

在 V-P 试验中，产气肠杆菌分解葡萄糖产生丙酮酸，后者经脱羧后生成中性的乙酰甲基甲醇，故培养液 pH≥5.4，甲基红（MR）作指示剂呈橘黄色，为 MR 试验阴性。大肠埃希菌分解葡萄糖产生丙酮酸，培养液 pH≤4.5，甲基红指示剂呈红色，为 MR 试验阳性。

4. 柠檬酸盐利用试验

某些细菌（如产气肠杆菌）能利用柠檬酸盐作为唯一氮源，可在此培养基上生长，并分解柠檬酸盐生成碳酸盐，且分解其中的铵盐生成氨，使培养基变为碱性，从而使培养基中的指示剂溴麝香草酚蓝（BTB）由淡绿色变为深蓝色，试验为阳性。不能利用柠檬酸作为唯一碳源的细菌（如大肠埃希菌），在该培养基上不能生长，培养基颜色不改变，为阴性。

5. 吲哚试验

吲哚试验又称靛基质试验。有些细菌如大肠埃希菌、变形杆菌、霍乱弧菌等含有色氨酸酶，能分解蛋白胨水培养基中的色氨酸生成吲哚，若在培养液中加入对二甲氨基苯甲醛试剂后可生成红色的玫瑰吲哚，为吲哚试验阳性，否则为阴性。

6. 硫化氢试验

有些细菌如沙门菌、变形杆菌等能分解培养基中的含硫氨基酸（胱氨酸、甲硫氨酸、半胱氨酸等）产生硫化氢，与培养基中的乙酸铅或硫酸亚铁等反应，则生成黑色的硫化铅或硫化亚铁，使培养基变黑色，为硫化氢试验阳性。

7. 脲酶试验

脲酶又称尿素酶。变形杆菌有脲酶，能分解培养基中的尿素产生氨，使培养基变为碱性，使含有酚红指示剂的培养基由粉红色转为紫红色，为阳性。沙门菌无脲酶，培养基颜色不改变，则为阴性。

8. 氧化酶试验

氧化酶或称细胞色素氧化酶，是细胞色素呼吸酶系统的终末呼吸酶，一般仅存在于需氧菌中。该试验用于检测细菌是否有该酶存在。原理是具有氧化酶的细菌，首先使细胞色素 c 氧化，然后氧化的细胞色素 c 使对苯二胺氧化，生成有色的醌类化合物，出现紫色反应。

9. 触酶试验

触酶又称过氧化氢酶，具有过氧化氢酶的细菌，能催化过氧化氢成为水和原子态氧，继而形成氧分子，出现气泡。取洁净载玻片 1 张，用接种环挑取细菌，加 3% H_2O_2 1mL，立即观察结果。若立即出现大量气泡为阳性，无气泡为阴性。大多需氧和兼性厌氧菌均产生过氧化氢酶，但链球菌科、乳杆菌及许多厌氧菌为阴性。在血琼脂或含血、血清的培养基上生长的菌落不适宜用此试验。

10. 明胶液化试验

将待测菌接种在斜面动物胶培养基，培养 3 天，加入 5～10mL 氯化汞淹盖培养基表面。清澈区表示有胶质水解。也可以将待测菌穿刺接种于明胶高层琼脂培养基，于 20℃培养 7 天，逐日观察明胶液化现象。如室温高，培养基自行溶化时，可于冰箱内放置 30min，然后取出观察结果，不再凝固时为胶质水解。

上述细菌生化试验中，吲哚（I）、甲基红（M）、V-P（Vi）、柠檬酸盐利用（C）四种试验常用于鉴定肠道杆菌，合称为 IMViC 试验。大肠埃希菌对这 4 种试验的结果是＋＋－－，而产气肠杆菌则为－－＋＋。

将分离的致病菌纯培养物，根据细菌理化特性试验的结果，参照《伯杰氏系统细菌学手册》鉴定致病菌，该法在水产生物致病菌分离鉴定中经常得到应用，如表 3-9、表 3-10 例子所示。

表 3-9 大西洋鲑荧光假单胞菌生化检测特征

测定项目	检测荧光假单胞菌菌株	荧光假单胞菌（标准株）	测定项目	检测荧光假单胞菌菌株	荧光假单胞菌（标准株）
氧化/发酵	+ /-	+ /-	接触酶	-	-
氧化酶	+	+	V-P 试验	-	-
甲基红试验	-	-	H_2S 试验	-	-
硝酸盐还原	+	-	吲哚试验	-	-
明胶液化	+	+	精氨酸双水解	-	-
苯丙氨酸转氨酶	+	+	鸟氨酸脱羧	+	+
阿拉伯糖	+	+	甘露醇	-	-
丙酸盐	-	-	柠檬酸盐	+	+
麦芽糖	+	-	山梨醇	W	+
海藻糖	+	+			

注：“＋”为阳性，“－”为阴性，W 为弱性反应。

表 3-10　副溶血弧菌与解藻朊酸弧菌的鉴别要点

项　目	副溶血弧菌	解藻朊酸弧菌	项　目	副溶血弧菌	解藻朊酸弧菌
TCBS 琼脂（菌落）	绿色	黄色	生长（蛋白胨水）：含 0g/L NaCl	-	-
蔗糖发酵	-	+	含 30g/L NaCl	+	+
阿拉伯胶糖发酵	+	-	含 70g/L NaCl	+	+
MR 试验	+	-	含 110g/L NaCl	-	+
V-P 试验	-	+			

注：表中符号含义同表 3-9。

近年来细菌的生化鉴别方法发展较快，目前已有商品化的微量生化检测试剂盒，全自动细菌鉴定仪可实现细菌生化鉴定的自动化操作。

五、血清学试验

采用含有已知特异抗体的免疫血清与分离培养出的未知纯种细菌进行血清学试验，可以确定致病菌的种或型。常用方法是玻片凝集试验，在数分钟内就能得出结果。免疫荧光、协同凝集、免疫电泳、乳胶凝集等试验可快速、灵敏地检测标本中的微量致病菌特异抗原。

六、分离菌株的回归感染试验

回归感染试验主要用于分离、鉴定致病菌等。先选取健康的鱼若干条随机分组，饲养于试验容器中，正常饲喂、正常通气并换水。将分离保藏的纯菌种接种于适宜的斜面培养基上恒温培养，待菌苔长出；用灭菌生理盐水将菌苔振荡洗下，用稀释涂平板法或麦氏比浊管测定菌液的浓度，适度稀释（例如稀释成：10^8CFU/mL、10^6CFU/mL、10^5CFU/mL、10^4CFU/mL），然后分别对健康鱼进行腹腔（或背部肌肉）注射菌悬液，菌液注射量为0.1mL/尾，每天正常饲喂并通气换水。试验期间连续数日观察，随时记录不同菌液浓度各组试验鱼的发病时间、发病症状、死亡症状和死亡数量，解剖检查死鱼内脏器官的病变情况，同时做常规细菌再分离。

七、药物敏感试验

抗生素对细菌性传染病的控制起到了非常重要的作用，但由于水产养殖过程中不科学地、盲目地滥用抗生素，很多致病性细菌产生了耐药性，使得抗生素对细菌性疾病的控制效果越来越差，不但造成药物浪费，而且还延误病情，给养殖户造成了很大的经济损失。随着新型致病菌的不断出现，抗生素的防治效果越来越差，并且各种致病菌对不同抗生素的敏感性不同，同一细菌的不同菌株对不同抗生素的敏感性也有差异。长期以来，各种致病菌耐药性的产生使各种常用抗生素往往失去药效，以致不能很好地掌握抗生素对细菌的敏感度。这就需要利用药敏试验进行药物敏感度的测定，以便准确有效地利用药物进行相应的治疗。

药敏试验对指导选择用药、及时控制水产动物疾病具有重要意义。方法有药敏片法、小杯法、凹孔法和试管法等，以药敏片法和试管稀释法常用。药敏片法是根据抑菌圈有无、大小来判定试验菌对该抗菌药物耐药或敏感。

将待测菌接种于适宜的斜面培养基上，恒温培养至菌苔长出，将菌用灭菌的生理盐水洗下，稀释，涂布于平板培养基上。或者挑取已分离的单个菌落，接种到液体培养瓶，恒温、振荡，培养若干小时后，用无菌生理盐水调整合适浓度，取 0.1mL 于平板上，均匀涂布。无菌操作取药敏纸片贴于平板上，每个平板均匀地贴若干个，放恒温箱培养。随后观察抑菌圈有无，再用游标卡尺测量抑菌圈的直径（mm）（图 3-23）。根据药敏纸生产公司提供的说明书或《现代诊断学》中药敏试验抑菌圈直径判定标准，判断致病菌株对不同药物的敏感程度。

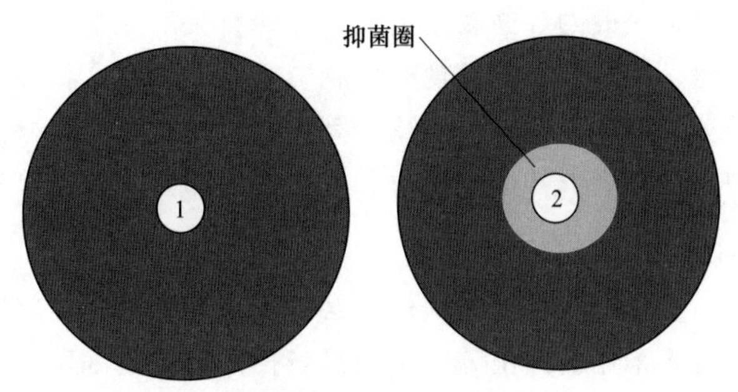

图 3-23 药敏片法检测药物敏感性试验

1—不敏感； 2—敏感

试管法则是以抗菌药物的最高稀释度仍能抑制细菌生长的试管为终点，该试管的含药浓度即为试验菌株的敏感度。

八、细菌种名鉴定

细菌等微生物由于形体小、类型多，在形态、生理生化、免疫学和遗传学特征上存在着极大的多样性，其分类鉴定远比其他生物复杂，鉴定方法多而烦琐。目前较成熟且应用较多的方法如表 3-11 所示，操作流程大致如图 3-24 所示。

表 3-11 细菌鉴定方法

方法	操作方法
经典分类法	应用涂片、染色和显微检测细菌的形态、大小、染色性、基本构造、特殊构造或超微结构以及群体形态（菌体排列、菌落特征等）
生理生化特性和生态条件测定	应用人工培养技术、生理生化反应测定细菌的培养特性、呼吸类型、温度类型，对盐度、pH 的耐受性，对碳源、氮源等营养物质的利用和代谢等
分子生物学检测	核酸杂交检测、PCR 检测、核酸测序、基因芯片等
血清学试验	玻片凝集试验、试管凝集试验、交替扩散试验等
细菌快速鉴定和自动化分析	利用专业仪器设备及软件

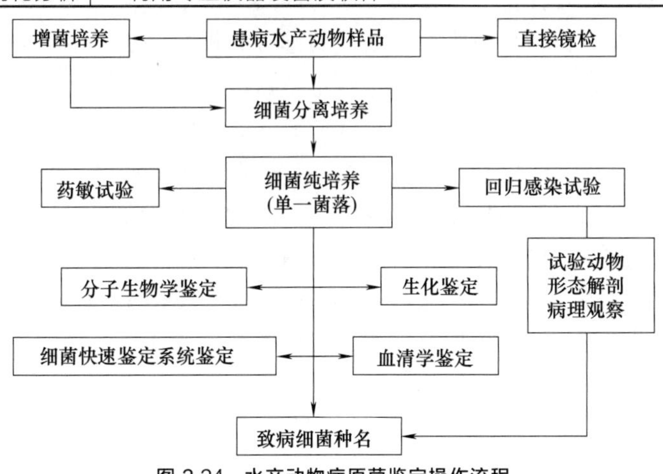

图 3-24 水产动物病原菌鉴定操作流程

选用何种方法进行分类鉴定，应根据菌株的来源，鉴定意义的大小，是否常见种或新种、鉴定费用，鉴定设备、试剂、资料、技术是否具备，鉴定时间长短等多方面综合考虑。

如果是一般的病原菌或菌株，按照有关病原书籍等所列项目用常规方法或自动鉴定系统即可鉴定。如果根据菌株现有性状资料判断可能是新种或涉及其他方面的研究价值，则应遵循细菌分类规则，按权威书籍所列项目对其进行系统检测。在现代分类鉴定中，任何能稳定地反映微生物类群特征的方法和资料都可作为其分类鉴定的依据。

1. 传统分离鉴定

鉴定细菌的分类地位，必须严格在细菌分类鉴定法则的指导下进行检测。目前国际公认和普遍采用的细菌分类系统是《伯杰氏鉴定细菌学手册》，现行版本是《伯杰氏鉴定细菌学手册》第九版（1994）。1984 年，《伯杰氏系统细菌学手册》第一版出版，该书结合细菌形态学、生理生化反应特征进行细菌分类鉴定，常用指标有细菌形态、革兰氏染色、发酵产物、对氧和 pH 的要求和耐受性、生长温度与盐度、营养类型、对抗生素的敏感性以及对各种碳源、氮源等营养物的利用等。细菌形态和生理生化特性的鉴定是最经典、最常用的分类鉴定指标。目前除自动系统检测法外，使用各种鉴定方法都应将检测得到的表型特征对照权威分类鉴定手册进行检索，以确认细菌的分类地位。

传统细菌分类法的优点是分离的菌株可直接用于细菌的观察、培养以及生理生化特征的研究，操作较简便，但仍有不足：①系统工作量大、费时费力，需要进行大量的表型特征分析；②表型特征的分析依赖于研究者的经验，鉴定结果具有一定的主观性，往往对部分细菌鉴定的准确率不高。

2. 免疫学鉴定

免疫学鉴定是依据抗原抗体的特异性亲和反应，开发出了一系列的免疫学病原检测技术。免疫诊断技术具有特异性高、灵敏度高、检测时间短等特点，目前主要包括有凝集技术、免疫荧光技术和免疫酶技术等。

凝集试验是目前常用的快速检测细菌的方法，一般用已知抗体作为诊断血清，细菌等颗粒性抗原在电解质存在下可以与相应的抗体结合，形成肉眼可见的颗粒凝集块即为阳性反应。凝集试验根据抗原的性质和反应方法可分为直接凝集和间接凝集反应。

免疫荧光技术是用荧光标记的抗体或抗原与样品（细胞、组织或分离的物质等）中相应的抗原或抗体结合，以适当检测荧光的技术对其进行分析的方法，也可分为直接免疫荧光技术和间接免疫荧光技术。

免疫酶技术（enzyme immunoassay，EIA）是将抗原抗体反应的特异性与酶的高效催化作用有机结合的一种方法。它以酶作为标记物，与抗体或抗原联结，与相应的抗原或抗体作用后，通过底物的颜色反应作为抗原抗体的定性和定量检测，亦可用于组织中抗原或抗体的定位研究，即酶免疫组织化学技术。目前应用最多的免疫酶技术是酶联免疫吸附实验（ELISA）和斑点酶联免疫吸附技术（Dot-ELISA），其中 ELISA 技术是使抗原或抗体吸附于固相载体，使随后进行的抗原抗体反应均在载体表面进行，从而简化了分离步骤，提高了灵敏度，既可检测抗原，也可检测抗体。

3. 分子生物学鉴定

分子生物学分类鉴定是在核酸水平测定细菌的特异性基因片段，从本质上阐明细菌间的亲缘关系。目前比较流行的主要有核酸检测技术，包括基因测序、指纹图谱技术、基因探针技术、聚合酶链式反应（PCR）等。PCR 技术是一种在体外扩增 DNA 片段的重要技术，具有高度的特异性和敏感性，目前已应用于水产动物病原菌的诊断过程中。16S rRNA 基因存在于所有细菌的染色体基因组中，且具有高度的保守性和特异性，是目前细菌分子生物学鉴定的重要靶标。16S rRNA 检测技术现已成为一种鉴定微生物种、属的标准方法，在水产致病菌鉴定方面也得到运用并快速发展。分子生物学鉴定法专业性较强，费用较昂贵。

4. 自动化技术鉴定

微生物鉴定的自动化技术近十几年得到了快速发展。采用商品化和标准化的配套鉴定和抗菌药物敏感试验卡或条板，可快速准确地对临床数百种常见分离菌进行自动分析鉴定和药敏试验。

鉴定系统的工作原理因不同的仪器和系统而异。不同的细菌对底物的反应不同是生化反应鉴定细菌的基础，而试验结果的准确度取决于鉴定系统配套培养基的制备方法、培养物浓度、孵育条件和结果判定等。大多数鉴定系统采用细菌分解底物后反应液中 pH 的变化，色原性或荧光原性底物的酶解，测定挥发或不挥发酸，或识别是否生长等方法来分析鉴定细菌。各鉴定系统辅以阅读器和计算机分析软件，构成全自动或半自动化微生物分析系统。

自动化鉴定系统是根据数据库中所提供的背景资料鉴定细菌，数据库资料的不完整将直接影响鉴定的准确性。目前为止，尚无一个鉴定系统能包括所有的细菌鉴定资料。对细菌的分类是根据传统的分类方法，因此鉴定也以传统的手工鉴定方法为“金标准”。在众多自动化鉴定系统中，大多数是针对医学病原菌开发的，其应用于水产生物病原菌检测受到了很大的限制。因此，对于细菌的分类鉴定仅靠一种方法是远远不够的，必须同时结合使用几种方法综合鉴定，结合传统生理生化和分子生物学方法可对未知菌株进行准确鉴定，而自动化微生物鉴定系统也将朝着微量、简便、灵敏、快速、低廉、准确的方向发展。

项目五 菌种的保藏

菌种的保藏是微生物学研究的一项重要的基础工作。在进行微生物学的基础研究、应用研究以及病原微生物致病性研究时必须依靠微生物菌种来重复实验结果。随着生物学技术的不断发展，种质资源的利用对生命科学的研究起着越来越重要的作用，对菌种保藏技术也提出了越来越高的要求。无论是分离尚待鉴定的菌株，还是由他人提供的菌种，在保藏中，除保证其存活性、纯培养外，还必须保持其特性的稳定性（包括形态特征、培养特征、生理生化特性、遗传特性以及细胞化学组成等）。如果微生物的特性不能保持稳定，其研究也就失去意义。至今人们还很难控制细菌等微生物所有特性在子代细胞传递过程中不衰退或不发生变异，但可以使这种衰退或变异降到最低限度，使该菌株的主要特性在适宜的条件下保持相应的稳定，这是微生物保藏的重要任务之一。

一、微生物菌种的保藏方法

菌种保藏主要是根据微生物的生理、生化特点，人为创造低温、干燥或缺氧条件，抑制微生物的代谢作用，使其生命活动降至最低程度或处于休眠状态。微生物菌种保藏的方法有很多。

1. 定期移植法

微课 8—菌种的保藏（上）

微课 9—菌种的保藏（下）

定期移植法亦称传代培养保藏法，适用于斜面菌种培养、穿刺培养、液体培养（保藏厌氧细菌用）等。将菌种接种于适宜的培养基，在最适条件下培养，待微生物生长充分后，置于 4～6℃进行保存并间隔一定时间进行移植培养。保藏时间依微生物的种类不同而不同。此法操作简单，但保存时间短，需要经常移种，易于变异。此法只能作为菌种的短期保藏。

2. 斜面低温保藏法

将要保藏的菌种接种在适宜的斜面培养基上培养，当菌体长满斜面后，把试管的棉塞换成无菌橡皮塞，并用蜡封好后置于 0～4℃的冰箱中保藏，每隔 2～4 个月移植转管 1 次。但要注意菌种的保藏时间及温度因微生物的种类不同而不同，如霉菌、放线菌等保藏 2～4 个月需移种 1 次，细菌最好每月移种 1 次，而有些高温菌种适宜的保藏温度较高。

此法是国内外常用的保存方法之一，简单易行，便于观察，但经常转代接种易发生变异、污染杂菌、发生差错。

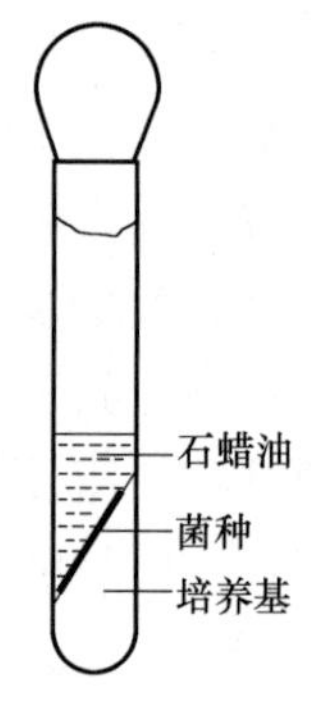

图 3-25 液体石蜡保种

3. 液体石蜡保藏法

液体石蜡保藏法亦称矿物油保藏法。做法是在无菌条件下，将无菌石蜡油注入已长好的斜面试管菌种中，加一层液体石蜡，液体石蜡油用量以高出斜面顶端 1cm 为宜，使菌种与空气隔绝（图 3-25），再将菌种直立置于 0～4℃的冰箱或低温干燥处保藏。液体石蜡可防止培养基失水干燥，可隔绝空气，降低菌种的代谢速率。此方法简便有效，不需经常移种，保藏时间 2～10 年，可用于细菌、放线菌、酵母菌和丝状真菌的保藏。但保藏时必须直立放置，不便携带。某些以石蜡为碳源或对液体石蜡保藏敏感的菌株都不能用此法保藏。

4. 沙土管保藏法

取河沙用 40 目筛绢滤去粗粒后，用 10%盐酸浸泡 2～4h 以除去有机质，倒去盐酸水后用水洗至中性，烘干备用。另取非耕作层的不含腐殖质的瘦黄土或红土，研碎后 100 目过筛并用水洗至中性，烘干备用。将处理好的沙、土按（2～4）∶1 的比例混匀，分装于安瓿或小试管内，高度为 1cm 左右，塞上棉塞，用牛皮纸包好后于高压蒸汽锅内在 147kPa 的压力下灭菌 30～45min，无菌检验合格后方可使用。把制备好的菌悬液分装每支沙土管 0.5mL，放线菌和霉菌可直接挑取孢子拌入沙土管中。塞好棉塞放入盛有干燥剂的容器内，用真空泵抽去水分。抽检合格后用石蜡封口，存放于低温（4～6℃）干燥处保藏，每隔半年验证 1 次。

此法简便，设备简单，适用于产孢子和有芽孢的菌种保藏，可保存 2 年，但对营养细胞不适用。

5. 生理盐水保藏法

将真菌菌种接入马铃薯葡萄糖培养液中，振荡培养 5～7 天后，将形成的菌丝球移入装有 5mL 无菌生理盐水的试管中，每管接 4～5 个菌丝球，塞上橡皮塞并用蜡封好，置于冰箱里保藏。由于食盐溶液具有高渗透性，对杂菌孢子的萌发有较强的抑制和杀灭作用，从而能够减少或避免保藏期间菌种被污染。此方法操作简便，不需特殊设备，适合于液体深层培养菌株的保存。

6. 冷冻真空干燥保藏法

冷冻真空干燥保藏法（图 3-26）是把加了一定保护剂的菌悬液冷冻，然后在冻结状态下真空冷冻，使微生物细胞处于半永久休眠状态，而达到长久保种的目的。保护剂可选择血清、脱脂牛乳和海藻糖等。冷冻真空干燥保藏法应用广泛，是国际菌种保藏机构通常采用的方法之一，此法兼具了低温、干燥及缺氧几方面的条件，几乎所有的微生物均可采用此法保藏，适用于菌种长期保存，保藏期一般可达 5～15 年。冷冻干燥管无需低温保藏，运输方便，微生物菌株分发时不用事先开启，便于包装和长途运输，降低运输过程泄漏的危险，但此法所需设备要求高，操作复杂，设备昂贵。

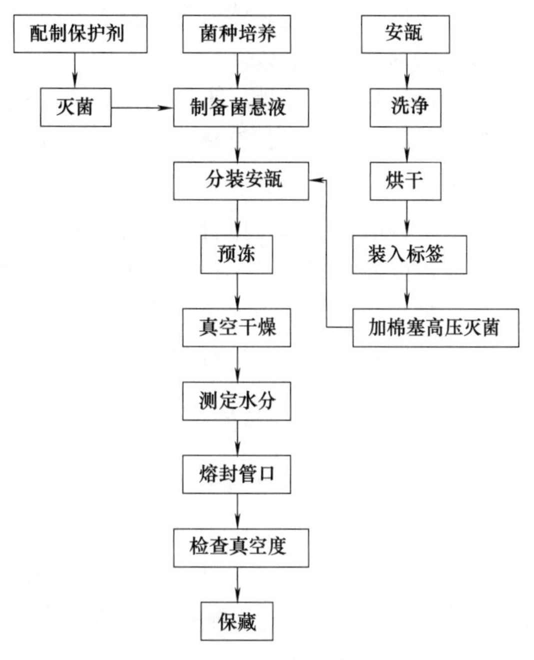

图 3-26 冷冻真空干燥操作流程

7. 冷冻保藏法

将生长至对数生长中后期的微生物细胞，加入新鲜培养基使其悬浮，然后加入等体积的 20%甘油或 10%二甲基亚砜作为冷冻保护剂，混匀后分装入冷冻管或安瓿中，于－80～－60℃的超低温冰箱中保藏。若干细菌和真菌菌种可通过此保藏方法保藏 5 年而活力不受影响。

8. 液氮超低温保藏法

液氮超低温保藏法是将微生物菌种置于液氮超低温（－196℃）条件下保藏的方法。该法先将菌液降温到 0℃，再以每分钟降低 1℃的速度，一直降低到－35℃，然后才把装有菌液的安瓿放入液氮罐的气相中。控速降温能使细胞内的自由水通过细胞膜外渗出来，以免膜内因自由水凝结成冰晶而使细胞损伤。液氮超低温保藏需要保护剂，保护剂可起稳定细胞膜的作用，一般是选择甘油、二甲基亚砜、糊精、血清蛋白等，最常用的是甘油（10%～20%）。不同微生物要选择不同的保护剂，再通过试验加以确定保护剂的浓度。

此法是目前公认的最有效的菌种长期保藏技术之一。除了少数对低温损伤敏感的微生物外，该法适用于各种微生物菌种的保藏，特别适用于难以用冷冻真空干燥保藏等方法保藏的菌种，如支原体、衣原体、噬菌体以及霉菌等。液氮保种存活率高，稳定性强，很少或不会引起细胞中遗传物质的变化，是长期保藏菌种的最好方法，保藏期一般达 20 年之久。但液氮保藏系统成本高，一般保藏中心不能单独依靠这一保藏技术。

9. 甘油管冷冻保藏法

在细菌培养物中加入适量甘油（使甘油终浓度为 15%），分装至保存管内，置于－20℃或－70℃冰箱中保藏。此法可保藏 1～10 年。

10. 穿刺保藏法

常用于保藏各种需气性细菌。方法是将培养基制成软琼脂（琼脂含量为斜面的 1/2，一般为 1%），盛入 1.2cm×10cm 的小试管或螺旋口小试管内，高度为试管的 1/3。121℃高压灭菌后不制成斜面，用针形接种针将菌种穿刺接入培养基的 1/2 处。培养后的微生物在穿刺处及琼脂表面均可生长。然后覆盖以 2～3mm 的无菌液体石蜡。避光保藏于 4℃或室温。穿刺法可保藏细菌 2 年之久。

由于微生物的多样性，不同的微生物往往对不同的保藏方法有不同的适应性，对同一菌株采用的保藏方法不同，保藏的效果也不同。影响菌种长期保藏所涉及的因素很多，主要有菌龄、细胞密度、保藏方法、保护剂、降温速率和复温速率等因素，有的由单一因素所致，有的则因多方因素引起。因此，微生物菌种在具体选择保藏方法时必须对被保藏菌株的特性、保藏物的使用特点及实验室具体条件等进行综合考虑，对于一些比较重要的微生物菌株，最好采用几种不同的方法进行保藏，以免因某种方法的失败而导致菌种的丧失，并根据菌种特性定期对保藏菌种进行复活检验。

二、菌种保藏效果的评价

微生物菌种保藏效果的评价，常用的指标是菌株的存活率和接种物的成活率。此外，对保存菌种，经传代数次后应进行一次系统的性状观察，检查菌株是否发生变异。目前，检测一个菌株是否发生了变异还没有成型的技术规程，但仅测定菌株的这两个指标是不够的，一般情况下，可从以下几个方面进行连续观察和检测：①生物学特征，如菌种形态、颜色等；②菌种特性，如致病性、溶血性等；③遗传特征，如相关酶的酶谱、酶活力等，通过检验，不出现任何退化迹象的菌株为未发生变异的菌株。

三、菌种保藏的管理

2009 年我国农业部发布了《动物病原微生物菌（毒）种保藏管理办法》，并于 2022 年 1 月进行修订加强对动物病原微生物菌（毒）种和样本的保藏管理。微生物检测实验室保存菌株要定期传代，并使菌株不受污染、不死亡、不丢失。保存菌株应建册登记，记录项目包括菌种名称、菌株来源、分离日期、传代日期、保存方法、主要性状、保管者、领用者等。致病菌株应设专人妥善保管，菌株保存箱应加锁并放置适宜环境，取出使用应有登记记录。微生物检验标准参考菌株可以从国际菌种保存中心（如美国菌种保藏中心，ATCC）或有关高校、科研院所获得，准确鉴定过的分离株也可使用。微生物检测实验室要准备好足够种类和数量的参考菌株，满足培养基、试剂盒和试剂质量测试的需要。

四、水产病原菌菌种保藏的意义

随着我国对水产生物病害防治研究的深入，有关科研院所、高校从不同种的生物体内分离得到了大量新的病原菌，并且以这些病原菌作为研究对象，通过生物、药物和免疫三大防治手段在水产动物疾病防控方面取得了显著的成效。这些病原菌是基础科学研究和相关产业开发的基础。1998 年 11 月我国农业部批准在上海海洋大学建立水生动物病原及相应的细胞株（系）保藏中心，这是我国第一家水生动物病原库。研究病原微生物的生物学和流行规律，再利用现代生物技术方法（如药物、疫苗等）找到防治病害的有效方法，维持毒种在规定传代次数内的遗传稳定性是生产疫苗安全性、有效性和高产性的重要保证。因此，妥善保藏、鉴定及深入研究水产动物病原，是建立高效、安全水产动物病害防治技术的关键，也是实现我国水产养殖业持续、稳定、健康发展的前提条件。

技能训练二　显微镜的使用和测微技术

【技能目标】

（1）熟悉普通光学显微镜的构造及各部分的功能，并能正确使用显微镜的油镜观察细菌的形态。

（2）熟悉显微镜镜台测微尺的规格，能够正确标定目镜测微尺每格长度，并能测量出细菌的大小。

（3）熟悉数码显微摄影技术并能对观察到的微生物标本进行拍摄。

【训练器材】

普通光学显微镜、目镜测微尺、镜台测微尺、细菌标本片、香柏油、油镜洗液、擦镜纸等。

微课10—显微镜的使用及细菌永久玻片的观察

【技能操作】

一、普通光学显微镜的使用

显微镜是进行微生物科学研究的重要工具，使用显微镜是微生物工作者必须掌握的实验基本功。显微镜通常包括普通光学显微镜、紫外显微镜、荧光显微镜和电子显微镜等。进行微生物形态观察，通常使用普通光学显微镜。

1. 普通光学显微镜的构造（图 3-27）

（1）机械部分

① 镜座　显微镜的基座，用以支撑整个显微镜。

② 镜臂　握持显微镜的把手，并支撑镜筒。

③ 镜筒　连接接目镜和接物镜，是光线通过的通道。

④ 物镜转换器　具有螺旋口的金属圆盘，位于镜筒的下方，可以接多个物镜，通过它的转动，可将不同放大倍数的接物镜与接目镜连接构成一个放大系统。

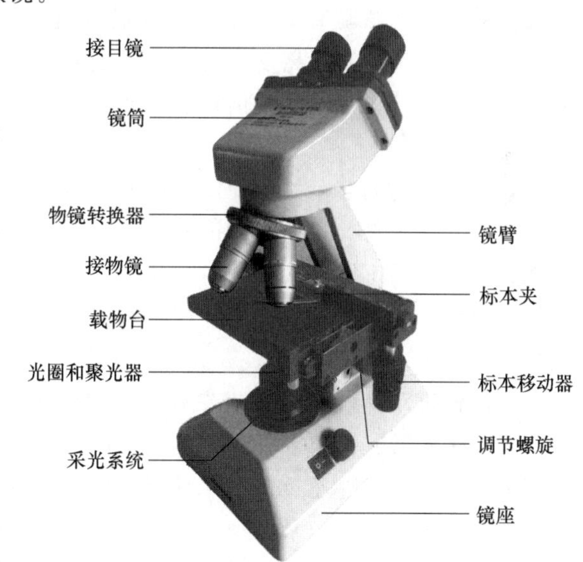

图 3-27　显微镜结构图

⑤ 载物台　位于镜筒的下方，用于放置受检标本，一般为方形，中间有一个较大圆孔，用于透光。台上装有标本移动器，可以固定和移动标本片的观察位置。

⑥ 调节螺旋　位于镜臂下部的两侧，分为粗调节螺旋和细调节螺旋，可通过调节载物台或镜筒的升降来改变物镜与标本之间的距离。一般粗调节螺旋为外圈直径大的，调节幅度较大；而细调节螺旋为内圈直径小的，调节幅度甚微。

⑦ 载物台下还装有聚光器和光圈，能上、下移动。

(2) 光学部分

① 采光系统　传统的普通显微镜一般由反光镜作为采光系统，通过它将外界的光线反射到聚光器透镜上，穿过透镜照明标本。目前也有许多由电光源代替反光镜，直接提供照明标本的光线。通常电光源还具有能调节光线强弱的电源旋钮。

② 光圈　位于聚光器下方，推动光圈把手，可开大或缩小光圈，用以调节射入聚光器光线的多少。

③ 聚光器　可将进入透镜的光线聚为一束，投射到标本上。可以上、下移动来调整光线的明暗。

④ 接物镜　安装在物镜转换器的螺口上，通常根据放大的倍数分为低倍镜（4×～10×）、高倍镜（40×）和油镜（100×）。使用时可通过镜头侧面刻有的放大倍数来辨认。

⑤ 接目镜　安装在镜筒上方。通常有5×、10×和15×等放大倍数的接目镜可供选择使用。为了便于指示物像，有的接目镜中还装有黑色细丝作为指针。

2. 普通光学显微镜的使用方法

(1) 显微镜的安置　显微镜置于平整的实验台上，镜座距实验台边缘3～4cm，调整座位高度以便于操作。

(2) 选择接物镜放大倍数　在接目镜保持不变的情况下，进行显微观察时一般遵循从低倍镜到高倍镜再到油镜的观察程序，因为低倍数物镜视野相对大，易发现目标及确定检查的位置。转动物镜转换器，将低倍物镜（10×）转到中央适宜位置上，对准载物台中央孔，使光线能通过镜筒进入接目镜。

(3) 采光及光源调节　使用电光源显微镜，应当先将光源亮度调至最小，然后接通电源，并根据需要调整光源亮度。而使用反光镜采集自然光或灯光作为照明光源时，应根据光源的强度及所用接物镜的放大倍数选用凹面或凸面反光镜并调节其角度，使视野内的光线均匀，亮度适宜。

(4) 接目镜的调节　如果使用双筒显微镜，则应当调节两个接目镜之间的距离，直到双眼看到单一圆形视野。双筒显微镜左目镜上一般还配有屈光度调节环，可以适应眼距不同或两眼视力有差异的不同观察者。

(5) 放置标本　将标本载玻片用弹簧夹固定，从侧面观察，调节标本移动器上的螺旋，使光线通过标本。

(6) 低倍镜观察　转动粗调节螺旋，上升载物台或下降镜筒，使低倍物镜接近标本，用粗调节螺旋慢慢升起镜筒或下降载物台，使标本在视野中初步聚焦出现图像，再使用细调节螺旋调节至图像清晰。通过标本移动器慢慢移动玻片标本，认真观察标本各部位，找到合适的目的物，仔细观察并记录所观察到的结果。在任何时候使用粗调节螺旋聚焦物像时，必须先从侧面注视，小心调节物镜靠近标本，然后用接目镜观察，慢慢调节接物镜离开标本进行聚焦，以免损坏镜头及玻片。

(7) 高倍镜观察　在低倍镜下找到合适的观察目标并将其移至视野中心后，轻轻转动物镜转换器将高倍镜移至工作位置。对聚光器光圈及视野亮度进行适当调节后微调细调节螺旋使物像清晰，利用标本移动器移动标本，仔细观察并绘图记录所观察到的结果。

在一般情况下，当物像在一种接物镜中已清晰聚焦后，转动物镜转换器将其他物镜转到工作位置进行观察时，物像将保持基本准焦的状态，这种现象称为物镜的同焦。利用这种同焦现象，可以保证在使用高倍镜或油镜等放大倍数高、工作距离短的接物镜时仅用细调节螺旋即可对物像清晰聚焦，从而避免由于使用粗调节螺旋时可能的误操作而损坏镜头或载玻片。

（8）油镜观察 在高倍镜或低倍镜下找到要观察的样品区域后，将要观察的目的物移到视野中央，用物镜转换器将物镜镜头转至呈“八”字形，使载玻片上方出现可滴加香柏油的空间，在待观察的样品区域滴加香柏油，然后将油镜转到工作位置，这时油镜浸在镜油中并几乎与标本相接。同时，将聚光器升至最高位置并开足光圈。调节照明使视野的亮度合适，再用细调节螺旋微调直至视野中出现清晰物像为止。仔细观察标本并绘图记录所观察到的结果。

（9）镜检后显微镜的清洁和复位

① 上升镜筒或下降载物台，取下载玻片。

② 用擦镜纸拭去接物镜镜头上的香柏油，然后再取一张擦镜纸蘸少许油镜洗液擦去镜头上残留的油迹，最后再用一张干净的擦镜纸擦去残留的油镜洗液（注意：只能沿镜头直径朝一个方向擦）；切忌用手或其他纸擦拭镜头，以免使镜头沾上污渍或产生划痕，影响观察。

③ 用干净擦镜纸清洁其他接物镜及接目镜；用绸布清洁显微镜的金属部件。

④ 将各部分还原。将电光源亮度调至最小，然后关闭电源，或将反光镜垂直于镜座；将接物镜转成“八”字形，再使用粗调节螺旋使叉开的接物镜靠近载物台。登记使用情况后送入镜箱或专用柜子中或盖上镜外防尘罩。

3. 普通光学显微镜使用中常见问题及可能的原因

（1）无图像、图像极暗和照明不均匀

① 无电源或反光镜未能旋转至适宜角度；

② 光圈关得太小；

③ 接物镜没有转到工作位置。

（2）图像可见，且聚焦良好，但图像较白不清晰 可能因为光圈太大或光线强度太强，应调节光圈大小或调节聚光器的高度。

（3）图像模糊，不能聚焦

① 接物镜或载玻片不干净；

② 载玻片反置或未放平；

③ 接目镜未能调节适宜；

④ 细调节螺旋旋至尽头。

4. 普通光学显微镜的日常保养

① 显微镜应放置于干燥处，在湿度较大的环境中，显微镜容易霉变，如工作环境湿度较大，建议使用去湿机。

② 显微镜应用防尘罩盖住，接物镜和接目镜要保持洁净；镜筒内无论何时都要插入接目镜，以防止尘埃进入后堆积于物镜的背面；不用的接目镜需要妥善保管，放入干燥器内，避免落上灰尘；若光学显微镜表面及仪器有灰尘和污物，在擦清表面前应当先用吸耳球吹去灰尘或用柔软毛刷去污物。

③ 避免显微镜在阳光下曝晒或靠近电炉、烘箱等温度较高的地方，以防止透镜的胶粘物膨胀或熔化而使透镜脱落或破裂。

④ 显微镜不应与强酸、强碱、氯仿和乙醚等有机溶剂接触，避免去漆或损坏机件。

⑤ 由于有机物和水蒸气可引起镜头长霉，切忌用布片和手指擦拭镜头，夏季防止沾水污染镜头；冬季注意不能有水汽凝结，如已被污染，应及时擦去。

⑥ 如发现光学元件表面有雾状、霉斑等不良情况时，应联系专业人士对显微镜进行专业维护保养。

二、微生物细胞大小的测量

微课 11—微生物大小的测量

1. 知识要点

微生物细胞的大小是微生物基本的形态特征，也是分类鉴定的依据之一。微生物大小的测定，需要在显微镜下，借助于特殊的测量工具——测微尺，包括目镜测微尺和镜台测微尺。

目镜测微尺是一块可放入接目镜内的圆形小玻片（图 3-28），其中央有精确的等分刻度，有等分为 50 小格和 100 小格两种。镜台测微尺（图 3-29）是中央部分刻有精确等分线的载玻片。一般将 1mm 等分为 100 格（或 2mm 等分为 200 格），每格等于 0.01mm（10μm），是专用于校正目镜测微尺每格长度的。测量时，将目镜测微尺放在接目镜中的隔板上。目镜测微尺不是直接测量细菌，而是观测显微镜放大后的细胞物像。由于不同显微镜或不同的目镜和物镜组合放大倍数不同，目镜测微尺每小格所代表的实际长度也不一样。因此，用目镜测微尺测量微生物大小时，必须先用镜台测微尺进行校正，以求出该显微镜在一定放大倍数的目镜和物镜下，目镜测微尺每小格所代表的相对长度。然后根据微生物细胞相当于目镜测微尺的格数，即可计算出细胞的实际大小。

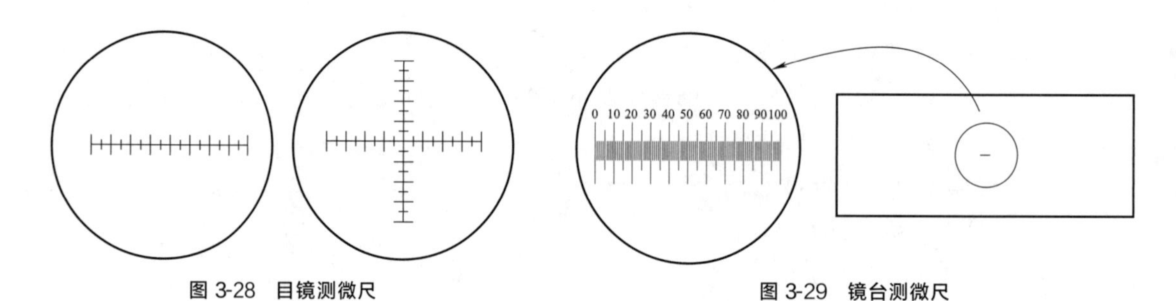

图 3-28 目镜测微尺　　图 3-29 镜台测微尺

2. 操作步骤

(1) 安装目镜测微尺 取出接目镜，把目镜上的透镜旋下，将目镜测微尺刻度朝下轻轻地放在目镜镜筒内的隔板上（图 3-30），然后旋上目镜透镜，再将目镜插入镜筒内。

微课 12—微生物大小的测量（实验）

(2) 校正目镜测微尺

① 放镜台测微尺 将镜台测微尺刻度面朝上放在显微镜载物台上。

② 校正 先用低倍镜观察，将镜台测微尺有刻度的部分移至视野中央，调节焦距，当清晰地看到镜台测微尺的刻度后，转动目镜使目镜测微尺的刻度与镜台测微尺的刻度平行。利用标本移动器移动镜台测微尺，使两尺在某一区域内两线完全重合（图 3-31），然后分别数出两重合线之间镜台测微尺和目镜测微尺所占的格数。按下式算出目镜测微尺每格长度（μm）。

$$目镜测微尺每格长度(\mu m)=\frac{两个重合线间镜台测微尺的格数\times 10}{两个重合线间目镜测微尺的格数} \quad (3\text{-}1)$$

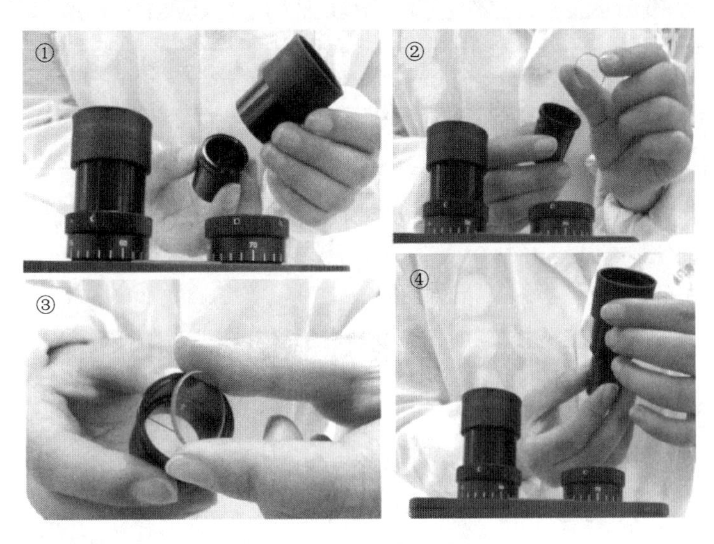

图 3-30 安装目镜测微尺

用同样的方法换成高倍镜和油镜进行校正，分别测出在高倍镜和油镜下，两重合线之间两尺分别所占的格数。

观察时光线不宜过强，否则难以找到镜台测微尺的刻度；换高倍镜和油镜校正时，务必十分细心，防止接物镜压坏镜台测微尺和损坏镜头。

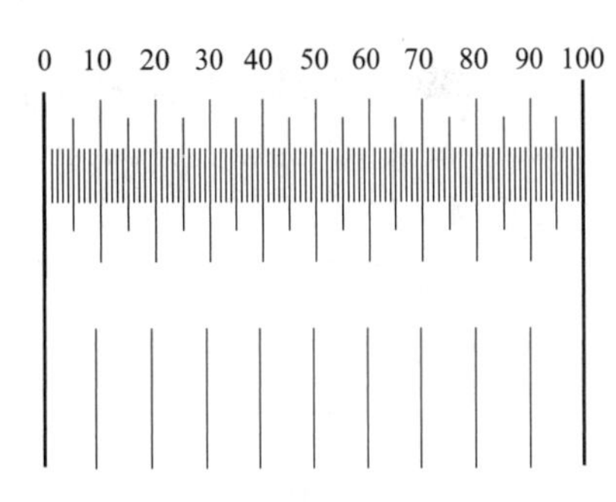

图 3-31 目镜测微尺的校正

③ 计算 已知镜台测微尺每格长 10μm，根据上述公式，将不同放大倍数下“两个重合线间镜台测微尺的格数”乘以 10，再除以“两个重合线间目镜测微尺的格数”，即可分别计算出在不同放大倍数下，目镜测微尺每格所代表的长度。

④ 结果记录 将目镜测微尺的校正结果填入表 3-12。

表 3-12 目镜测微尺校正的结果

物镜倍数	目镜测微尺格数	镜台测微尺格数	目镜测微尺平均每格所代表的长度/μm
10×			
40×			
100×			

(3) **菌体大小测定** 目镜测微尺校正完毕后，取下镜台测微尺，换上细菌染色制片。先用低倍镜和高倍镜找到标本后，换油镜测定球菌的直径和杆菌的宽度及长度。测定时，通过转动目镜测微尺和移动载玻片，测出细菌直径或宽和长所占目镜测微尺的格数。最后将所测得的格数乘以目镜测微尺（用油镜时）每格所代表的长度，即为该菌的实际大小。要多测几个，计算出平均值。将待测菌体的大小测定结果填入表 3-13 中。

表 3-13 菌体的大小测定结果

测定次数	物镜倍数	目镜测微尺每格所代表的长度/μm	宽		长	
			目镜测微尺格数	宽度/μm	目镜测微尺格数	长度/μm

（4）**整理** 取出目镜测微尺后，将接目镜放回镜筒，再将目镜测微尺和镜台测微尺分别用擦镜纸擦拭干净，放回盒内保存。

技能训练三 营养琼脂培养基的配制

【技能目标】

微课 13—培养基的配制

（1）能够根据需要正确选用制备培养基的原料；通过配制营养琼脂培养基掌握通用培养基的制备方法。

（2）能熟练操作培养基配制的相关仪器设备及规范地进行配制操作。

【器材和配方】

（1）营养琼脂培养基配方 牛肉膏 3.0g，蛋白胨 10.0g，NaCl 5.0g，琼脂 15.0～20.0g，蒸馏水 1000mL，pH 7.2～7.4。

（2）材料和试剂 牛肉膏、蛋白胨、NaCl、琼脂、1mol/L NaOH、1mol/L HCl。

（3）仪器和用具 试管、锥形瓶、烧杯、量筒、玻璃棒、培养皿、培养基分装器、天平、牛角匙、高压蒸汽灭菌器、pH 试纸（pH 5.5～9.0）、棉花、牛皮纸、记号笔、棉纱细绳、纱布等。

【技能操作】

1. 称量

按培养基配方比例依次准确地称取牛肉膏、蛋白胨、NaCl 放入烧杯中。牛肉膏常用玻璃棒挑取，放在小烧杯或表面皿中称量，用热水溶化后倒入烧杯；也可放在称量纸上，称量后直接放入水中，这时如稍微加热，牛肉膏便会与称量纸分离，然后立即取出纸片。蛋白胨很易吸湿，在称取时动作要迅速。另外，称药品时严防药品混杂，一把牛角匙用于一种药品，或称取一种药品后，洗净，擦干，再称取另一药品；瓶盖也不要盖错。

2. 溶化

在上述烧杯中先加入少于所需要的水量，用玻璃棒搅匀，然后，在石棉网上加热使其溶解。将药品完全溶解后，补充水到所需的总体积。如果配制固体培养基时，将称好的琼脂放入已溶的药品中，再加热溶化，最后补足损失的水分。在琼脂溶化过程中，应控制火力，以免培养基因沸腾而溢出容器。同时，需不断搅拌，以防琼脂糊底烧焦。

在制备时，如需用锥形瓶盛固体培养基进行灭菌时，也可先将一定量的液体培养基分装于锥形瓶中，然后按 1.5%～2.0%的量将琼脂直接分别加入各锥形瓶中，不必加热溶化，而是灭菌和加热溶化同步进行，节省时间。不可用铜锅或铁锅加热溶化培养基，以免其离子进入培养基，影响细菌生长。

3. 调 pH

在未调 pH 前，先用精密 pH 试纸测量培养基的原始 pH。如果偏酸，用滴管向培养基中逐滴加入 1mol/L NaOH，边加边搅拌，并随时用 pH 试纸测其 pH，直至 pH 达 7.4。反之，用 1mol/L HCl 进行调节。

对于有些要求 pH 较精确的微生物，其 pH 的调节可用酸度计进行。

pH 不要调过头，以避免回调而影响培养基内各离子的浓度。配制 pH 低的琼脂培养基时，若预先调好 pH 并在高压蒸汽下灭菌，则琼脂因水解不能凝固。因此，应将培养基的成分和琼脂分开灭菌后再混合，或在中性 pH 条件下灭菌，再调整 pH。

4. 过滤

需要过滤的培养基要趁热用滤纸或多层纱布过滤。一般无特殊要求的情况下，这一步可以省去（本实验无需过滤）。

5. 分装

按实验要求，可将配制的培养基分装入试管内或锥形烧瓶内。

（1）液体分装　分装高度以试管高度的 1/4 左右为宜。分装锥形瓶的量则根据需要而定，一般以不超过锥形瓶容积的一半为宜，如果是用于振荡培养用，则根据通气量的要求酌情减少；有的液体培养基在灭菌后，需要补加一定量的其他无菌成分，如抗生素等，则装量一定要准确。

（2）固体分装　分装试管，其装量不超过管高的 1/5，灭菌后制成斜面。分装锥形烧瓶的量以不超过锥形烧瓶容积的一半为宜。

（3）半固体分装　试管一般以试管高度的 1/3 为宜，灭菌后垂直待凝。

分装过程中，注意不要使培养基沾在管（瓶）口上，以免沾污棉塞而引起污染。

6. 加塞

培养基分装完毕后，在试管口或锥形烧瓶口上塞上棉塞（或硅胶帽等），以阻止外界微生物进入培养基内而造成污染，并保证有良好的通气性能。

7. 包扎

加塞后，将全部试管用麻绳捆好，再在棉塞外包一层牛皮纸，以防止灭菌时冷凝水润湿棉塞，其外再用一道棉纱细绳扎好。用记号笔注明培养基名称、组别、配制日期。锥形烧瓶加塞后，外包牛皮纸，用麻绳以活结形式扎好，使用时容易解开，同样用记号笔注明培养基名称、组别、配制日期。也可用市售的铝箔代替牛皮纸，省去用绳扎，而且效果好。

8. 灭菌

将上述培养基以 0.103MPa、121℃、20min 高压蒸汽灭菌。

9. 搁置斜面

将灭菌的试管培养基冷却至 50℃左右（以防斜面上冷凝水太多），将试管口端搁在玻璃棒或其他合适高度的器具上，搁置的斜面长度以不超过试管总长的一半为宜（图 3-32）。

10. 倒平板

将灭过菌的培养基冷却至 50℃左右时（以不烫手为宜），按照无菌操作的要求倒平板。

具体操作如下：先用左手持盛培养基的试管或锥形瓶置火焰旁边，用右手手掌边缘或小指与无名指夹住管（瓶）塞，将试管塞或瓶塞轻轻地拔出（如果试管内或锥形瓶内的培养基一次用完，管塞或瓶塞则不必夹在手中，直接用右手持盛培养基的锥形瓶），试管或瓶口保持对着火焰，然后用右手拇指和食指接过试管或锥形瓶。左手拿培养皿并将皿盖在火焰附近打开一缝，迅速倒入培养基 15～20mL，加盖后轻轻摇动培养皿，使培养基均匀分布在培养皿底部，然后平置于桌面上，待凝固后即为平板培养基（图 3-33）。

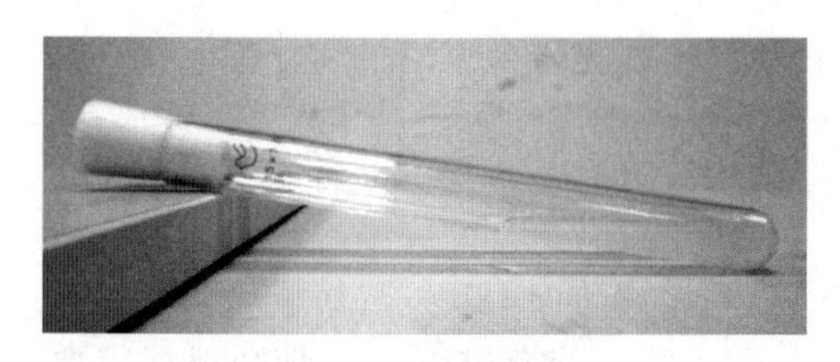

图 3-32 摆斜面

图 3-33 倒平板操作

技能训练四 微生物的接种、分离和培养

【技能目标】

（1）学会并熟练掌握微生物常用的接种技术。

（2）熟练掌握常用的微生物分离和纯化的技术。

（3）能够熟练并规范地进行微生物无菌操作。

【训练器材】

（1）菌种和样品 金黄色葡萄球菌斜面培养菌种、大肠埃希菌的平板培养菌种、待分离水样。

（2）培养基 营养琼脂斜面培养基（已灭菌）、营养琼脂培养基（锥形烧瓶，150mL，已灭菌）、营养琼脂平板培养基、营养肉汤培养基、伊红美蓝琼脂平板培养基。

（3）仪器和用具 玻璃涂布棒、无菌刻度吸管、无菌培养皿、若干支装有 9mL 无菌水的无菌试管、装有若干玻璃珠和 99mL 无菌水的锥形瓶、接种环、接种针、洗耳球或助吸器、酒精灯、标签纸、显微镜、水浴锅、超净工作台、恒温培养箱、冰箱等。

【技能操作】

一、微生物接种

微课 14—微生物实验的接种技术

1. 知识要点

接种技术是培养微生物必须掌握的基本操作技能，是分离微生物获得纯培养物的前提。同时，为了保证纯种微生物在接种过程中不被污染，以及实验操作用的微生物不污染周围环境，接种必须在一个无杂菌污染的环境中进行严格的无菌操作。因此，无菌操作是微生物接种技术的关键。

无菌操作主要是防止外界环境的微生物污染检测材料、破坏检测微生物的纯培养状态，同时也防止检测材料污染环境和感染人体。微生物检验操作以及水产动物病害检测工作人员，必须有严格的无菌观念，防止操作中人为污染样品，才可能实现微生物检测的准确、可靠；防止检出的致病菌因操作不当而造成个人污染和环境污染。无菌是保证微生物检测工作成功的前提条件，要做到就须使用无菌的材料、器皿和实施无菌操作。

由于实验目的、培养基种类及实验器皿等不同，所用的接种方法和接种工具不尽相同。

常用的接种工具有接种环、接种针、涂布棒和移液管（或移液枪）等。接种环和针的部分多由易于传热、不易生锈、经久耐用的铂金或镍制成，接种环是在金属丝前端处卷成一直径 2～3mm 小环（图 3-34），又称白金耳，其一端固定于铝制的金属杆上，金属杆的另一端为隔热柄，柄长度小于 6cm 以减小抖动。接种环主要用于细菌的分离、纯种移种、扩增及涂片制备等，接种针主要用于半固体培养基穿刺接种及菌落的挑选。涂布棒为前端呈三角形或 L 形的玻璃小棒，用于细菌等微生物在固体培养基上进行大面积均匀涂布。移液管和微量加样器（移液枪）可用于菌液的接种或定量接种。

图 3-34 接种环和接种针

接种技术一般分为分离培养接种法和纯种细菌接种法，正确的接种技术是获得典型的生长良好的微生物培养物所必需的。培养基经高压灭菌后，用经过灭菌的工具在无菌的条件下接种含菌材料（如样品、菌苔或菌悬液等）于培养基上，这个过程叫作无菌接种操作。常用的接种技术有斜面接种、液体接种、平板接种和穿刺接种等。

斜面接种是从已生长好的菌种斜面或平板上挑取少量菌种移植至另一支新鲜斜面培养基上的一种接种方法。在菌种扩繁培养和保藏时常采用斜面接种方法。斜面接种使用的接种工具为接种环。对于较少产生孢子或不产生孢子的放线菌常用接种钩接种。

平板接种是微生物实验和研究中最常用的接种技术，包括平板划线接种法、涂布接种法、倾注接种法和三点接种法等。平板划线接种是用接种环挑取微生物样品后在固体培养基表面做多次划线“稀释”而达到分离的目的。涂布接种法是将经过适当稀释的一定体积的菌液（一般为 0.1～0.2mL）加到已凝固的平板培养基表面，然后用无菌涂布棒迅速将其涂布均匀，经过培养而长出单菌落，从而达到分离纯化的目的。倾注接种法是将待分离培养的菌液经过适当稀释后，取合适稀释度的少量菌液（一般为 0.1mL）加到灭菌培养皿中，然后再加入熔化并冷却至 45℃左右的培养基，充分混匀后，凝固，置于适宜条件下培养，经培养后可从平板表面和内部长出许多单菌落。平板三点接种是用接种针蘸取少量霉菌孢子，在平板培养基上点接成等边三角形的三点，培养后，每皿形成三个菌落，它是用于观察霉菌菌落特征的理想接种方法。

液体接种技术是用无菌移液管或无菌吸管将菌液接种到新鲜液体培养基中，或用接种环等将斜面或平板上的菌种接种到新鲜液体培养基中的一种接种方法。穿刺接种是用接种针从菌种斜面蘸取少量菌体并把它穿刺到固体或半固体直立柱培养基中的一种接种方法。它是检查细菌运动性的一种方法，也是一些细菌生理生化反应特性测定的接种方法。

2. 操作步骤

（1）斜面接种

① 消毒 操作前先用 75％酒精棉球擦手，待酒精挥发后才能点燃酒精灯。

② 手持试管　将菌种管和新鲜斜面握在左手的大拇指和其他四指之间，使斜面和有菌种的一面向上。

③ 旋松试管塞　先将菌种和斜面的试管塞旋转一下，以便接种时便于拔出。

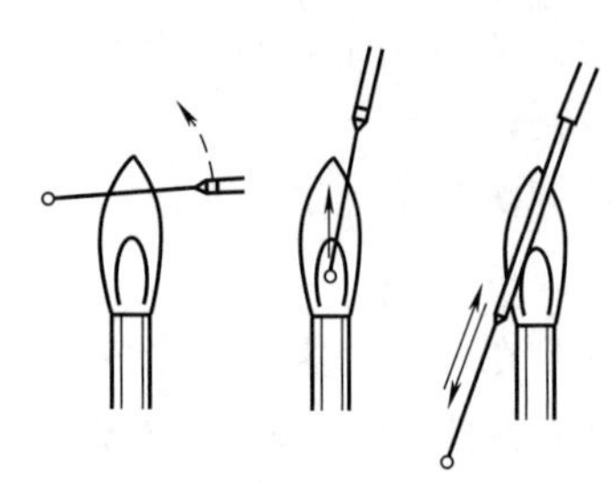

图 3-35　接种环的灭菌

④ 接种环灼烧灭菌　右手拿接种环（同握笔方式），先将环端在酒精灯火焰中烧热，然后将接种环提起垂直放入火焰中，使火焰接触金属丝的范围广一些，待接种环烧红，再将接种环斜放，把要伸入试管内的金属柄灼烧灭菌（图 3-35）。也可使用红外线接种环灭菌器，无明火、不怕风、使用安全，能够避免在明火上加热所引起的感染性物质爆溅。

⑤ 拔试管塞　用右手小指、无名指和手掌边同时拔出菌种管和新鲜斜面的试管塞并握住试管塞，再以火焰烧管口。注意不得将试管塞任意放在桌上或与其他物品相接触。

⑥ 冷却接种环和挑取菌种　将灭菌的接种环伸入菌种试管内，先将环接触试管内壁或未长菌的培养基，使接种环的温度下降达到冷却的目的，然后用接种环挑取少许菌种后将接种环自菌种管内抽出。抽出时勿与管壁相碰，也勿通过火焰。

⑦ 接种　迅速将沾有菌种的接种环伸入待接种的斜面试管，用环在斜面上自试管底部向上端轻轻地曲折划线或划一直线。注意不要将培养基划破，也不要使接种环接触管壁或管口（图 3-36）。

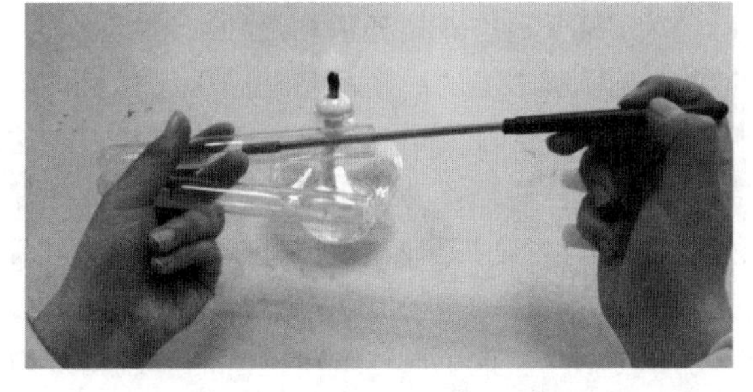

图 3-36　斜面接种

⑧ 塞试管塞　接种环退出斜面试管，再用火焰烧灼管口，并在火焰边将试管塞上。

⑨ 接种环灭菌　将接种环逐渐接近火焰再烧灼，如果接种环上沾的菌体较多时，应先将环在火焰边烤干，然后烧灼，以免未烧死的菌种飞溅出污染环境，接种病原菌时更要注意此点。

接种过程中动作要轻，不能太快，以免搅动空气增加污染；玻璃器皿也应轻取轻放，以免破损并污染环境。

(2) 液体培养基接种　由斜面培养基接入液体培养基时，其操作步骤基本与斜面接种法相同，不同之处是挑取菌苔的接种环放入液体培养基试管后，应在液体表面处的管内壁上轻轻摩擦，使菌体分散从环上脱开，进入液体培养基，塞好试管塞后摇动试管，使菌体在培养液中分布均匀，或用试管振荡器混匀（图 3-37）。如果菌种为液体培养物或液态的样品，则可用无菌刻度吸管定量吸出后加入液体培养基。整个接种过程都要求无菌操作。

(3) 半固体穿刺接种　半固体穿刺接种操作中，接种环的灭菌、试管的手持方式和试管口的消毒如斜面接种的操作。当灭菌的接种环冷却后，用接种针下端挑取菌种（针必须挺直），然后迅速将沾有菌种的接种环自半固体培养基的中心垂直刺入半固体培养基中，直至接近试管底部，但不要穿透（图 3-38）。接种后沿原穿刺线将针退出，灼烧试管口后塞上试管塞，再灼烧接种针灭菌。

(4) 接种后培养　将接种后的所有斜面、半固体和液体培养基试管直立于试管架上，放在设置为37℃的恒温培养箱中培养（一般细菌于36～37℃恒温培养箱中培养，24h后开始观察生长情况；真菌于28～30℃恒温箱中培养，48h后开始观察生长情况）。

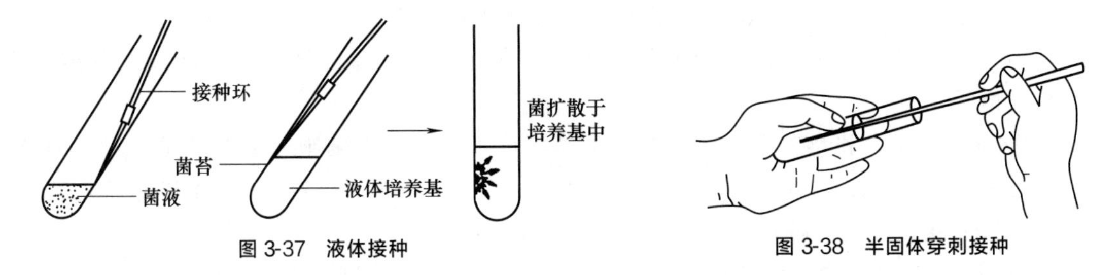

图3-37 液体接种

图3-38 半固体穿刺接种

（5）接种后的整理工作 接种工作结束，收拾好工作台上的样品及器材，涂布棒或移液管（移液枪）等器具应放于消毒液中，最后用消毒液（含1%有效氯的溶液或3%过氧化氢的溶液也可）擦拭工作台。带有菌样的物品分别妥善处理，必要时还需进行紫外线消毒。

二、微生物的分离和培养

微课15—微生物实验的平板分离技术

1. 知识要点

自然界中各种微生物混杂生活在一起，即使取很少量的样品也是许多微生物共存的群体。人们要研究某种微生物的特性，必须获得相应的单菌落或培养物。从混杂的微生物群体中获得只含有某一种或某一株微生物的过程称为微生物的分离与纯化。微生物技术中将在实验室条件下从一个细胞或一种细胞群繁殖得到的后代称为纯培养。在固体培养基上，单个菌体生长繁殖成一个菌落，此菌落即为纯种，获得的纯种再进行移种扩大培养，可以研究该微生物菌体的形态特征和生理特性以及用于鉴定。实验室用菌种或是生产用菌种，若不慎污染了杂菌，也必须重新进行分离纯化。微生物分离、接种需要在无菌条件下操作，使用的物品如培养基、玻璃器具、器械等需要灭菌；必要时在无菌室内或超净工作台内操作。

分离纯化菌种的方法有多种，常用的为平板划线分离法、平板稀释涂布分离法、稀释浇注平板分离法，有时也可用显微操作器单细胞分离法。平板分离法操作简便，不需要特殊的仪器设备，普遍用于微生物的分离与纯化。

2. 操作步骤

（1）稀释涂布分离法 涂布法是利用无菌的涂布棒使样品中的细菌均匀地分散于平板表面，并固定在平板表面上生长形成菌落，从而达到分离的目的。

① 样品稀释 样品经过适当的前处理制成待测水样。取1mL待测水样，加入盛有99mL带有玻璃珠的无菌生理盐水的锥形瓶中，振荡10～20min，使菌样与水充分混匀，将菌样分散，制成稀释10倍的菌悬液。然后用无菌刻度吸管从此稀释10倍的水样中吸取1mL（按无菌操作的要求），加入另一盛有9mL无菌水的试管中（注意吸管尖不要接触到液面），混合均匀，以此类推制成10^{-2}、10^{-3}、10^{-4}、10^{-5}、10^{-6}等一系列不同稀释度的样品溶液。

② 加样接种 取3个新鲜的营养琼脂平板培养基，并在其底面分别用记号笔写上10^{-4}、10^{-5}、10^{-6}三种稀释度，然后用无菌刻度吸管分别由10^{-4}、10^{-5}、10^{-6}三管稀释液中各吸取0.1mL或0.2mL，对号放入已写好稀释度的平板中（菌液要全部滴在培养基

上，若吸移管尖端有剩余的，需将吸移管在培养基表面上轻轻地按一下便可）。

然后用无菌玻璃涂布棒（蘸取酒精后火焰灭菌或包扎后干热灭菌）在培养基表面轻轻地涂布均匀，室温下静置 5～10min，使菌液充分吸附进培养基。

③ 培养　将涂布接种后的平板倒置，置于适宜温度的恒温培养箱中培养 24～48h，观察其生长情况。

④ 挑取单菌落　将培养后长出的典型单菌落分别挑取少许细胞，接种于相应的斜面培养基上，置于适宜温度的恒温培养箱中培养 24～48h，待菌苔长出后，检查其特征是否一致，同时将细胞涂片染色后用显微镜检查是否为单一的微生物。

⑤ 纯化　若发现有杂菌，则需再一次进行分离、纯化，直到获得纯培养。

(2) 稀释浇注分离法　浇注法是借助熔化的琼脂将微生物细胞冲散，待琼脂冷凝后分散的微生物细胞个体就被琼脂固定在原处生长形成菌落，如此能达到分离纯种的目的。具体操作如下：

① 稀释　操作同上。

② 加样　取几个无菌培养皿，分别在其底面用记号笔写上相应的稀释度，用无菌刻度吸管分别从相应稀释度的样品溶液中取 1mL 加入对应的培养皿中。

③ 加培养基　将 15～20mL 灭菌熔化并冷却至 45℃左右的营养琼脂培养基倒入以上加样的培养皿中，迅速混匀，水平放置待凝固。注意混匀时不要用力过大和上下振荡，以免培养基溅到皿盖上或溢出。

④ 培养、挑取单菌落和纯化　操作同上。

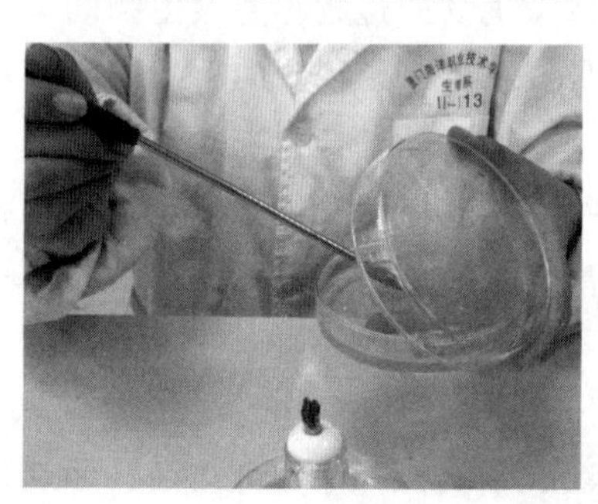

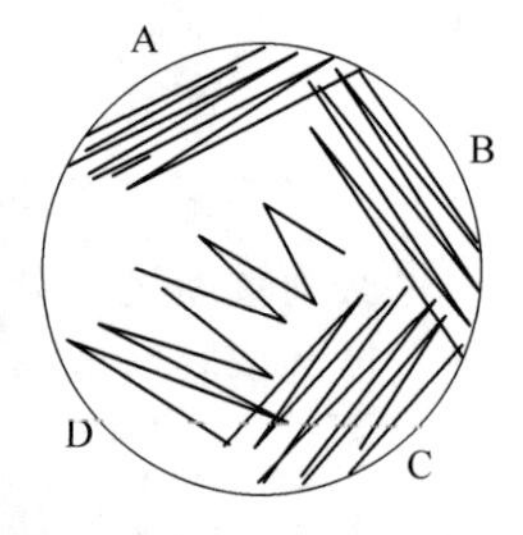

图 3-39　四区划线分离法

(3) 平板划线分离法　平板划线分离法是用接种环将样品在固体平板培养基上划线分离接种，使多种混杂的菌体逐一分散，经培养后形成单个菌落，再将单个菌落移种增殖后即可得到纯的微生物。平板划线法很多，通常可分为分区划线法和连续划线法。但无论采用何种方式划线，其目的都是通过划线将样品在平板上进行稀释分离，使微生物形成单个菌落。四区划线法是按照划线顺序先后依次分为 A、B、C、D 四个区，D 区面积最大，其次是 C 区、B 区，A 区面积最小。划线时 A 区划 3～5 平行线或“之”字形线即可，D 区划线最多。

以下按四区划线法操作（图 3-39）。

① 接种环火焰灭菌　操作同斜面接种。

② 挑菌　在近火焰处，左手拿皿底，右手拿接种环，待接种环冷却后以无菌操作挑取少量菌种或样品；挑取一环样品或待分离的菌。

③ 划 A 区　左手水平持皿，用无名指和小手指托住皿底，大拇指和中指夹住皿盖，抬动大拇指打开皿盖，将接种环上的菌种先在 A 区划 3～5 条“之”形线，A 区的线条可以密些，但所占区域不能太大。然后在火焰上烧死接种环上残留的菌。

④ 划 B 区　盖上皿盖，将平板转动一定角度，待接种环冷却后（或在上皿内表面冷却），用无菌的接种环由 A 区向 B 区划线，然后再次对接种环灭菌。

⑤ 划 C 区和 D 区 按以上方法依次划线。

⑥ 培养 将划线分离后的平板贴好标签后，置于 37℃的恒温培养箱中倒置培养，24h 后开始观察划线分离的效果。

平板划线分离法操作的注意事项：①划线动作要迅速准确，打开皿盖的时间要尽量缩短，划线时培养皿盖也不能大开，仅允许上下盖适当开缝，划线接种时要在酒精灯火焰旁操作，以防止空气中杂菌污染平板琼脂培养基；②接种环要圆滑，划线时，接种环与培养基表面呈 15°～20°倾斜角，避免用力过大划破琼脂表面；③沾有细菌的接种环不得接触其他物体；④初次挑取菌种量不宜过多，划完一区后要把接种环上残留的菌体烧死。

(4) 滤膜分离法 滤膜技术是水的微生物学质量分析中常用的方法。远洋海水、矿泉水等液体样品中细菌数往往很少（细胞 10^{-3}～10^{-2} 个/L 或更少），为了进行有效的分离或定量地计数菌数，须将一定量样品通过滤膜过滤，将水样中的微生物截留在滤膜上，再将滤膜转移到合适的培养基上进行培养分离或计数（图 3-40）。

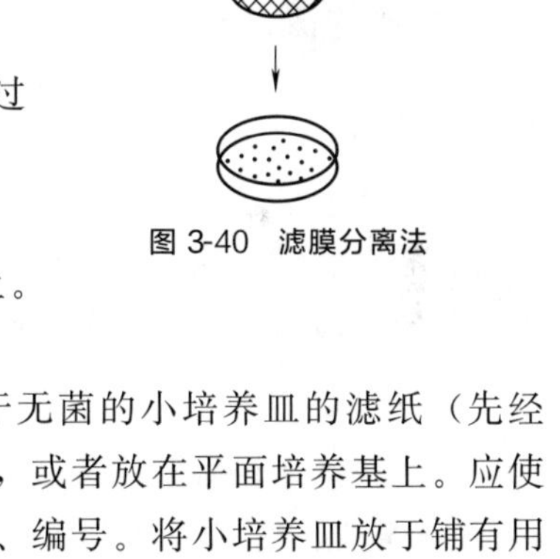

图 3-40 滤膜分离法

滤膜分离法和前述的过滤除菌法的操作类似，二者的区别在于，过滤除菌是为了获得无菌的过滤溶液，而滤膜分离法是将要培养的微生物留在滤膜上，然后再进行培养分离。

分离操作过程如下：

① 滤膜在使用前先经灭菌处理，取待用的滤膜数张，放入装有 150～200mL 蒸馏水的 300mL 烧杯中，加热煮沸 15～20min，直到蒸汽中无丙酮气味为止。

② 用无菌的镊子取出滤膜，仔细地装于滤膜器上，将过滤器与真空泵连接。

③ 以无菌移液管吸取一定量的水样放入滤器。

④ 开动真空泵抽滤，使水样中的微生物浓缩在滤膜上。抽滤到滤膜上的最后一滴水恰好滴下时，应立即停止抽滤。

⑤ 打开滤器，用无菌镊子轻轻取下滤膜，滤面向上放于无菌的小培养皿的滤纸（先经选择性培养基浸透、烘干、灭菌，使用前用无菌水湿润）上，或者放在平面培养基上。应使滤膜和滤纸或培养基紧贴、无气泡，盖好培养皿，写上日期、编号。将小培养皿放于铺有用水浸透了脱脂棉的大培养皿（直径 15mm）中。盖好大培养皿，借以保持皿内的湿度。

⑥ 放入恒温箱中培养数日，待长出明显菌落时，挑选典型菌落，接种于合适的斜面培养基上，或直接在适宜的平板培养基上划线再分离。滤膜上长出的菌落也可供计算菌数用。

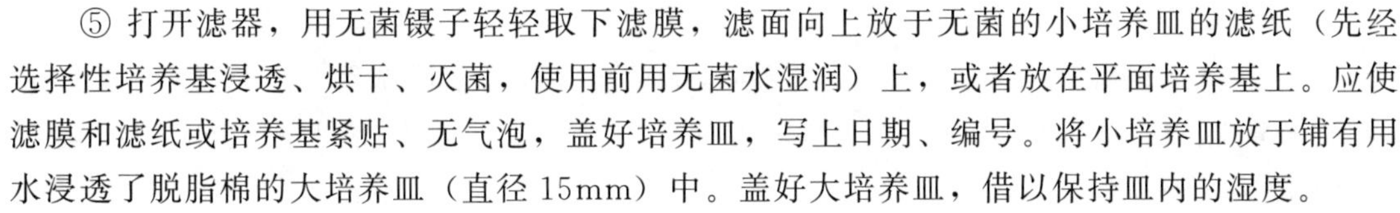

技能训练五 细 菌 鉴 定

【技能目标】

（1）学会细菌的涂片方法，掌握细菌简单染色的方法，并利用简单染色观察细菌的菌体形态特征。

（2）熟练掌握细菌革兰氏染色的原理和操作步骤，并能对染色结果做出正确判断。

（3）学习并掌握细菌芽孢染色、荚膜染色和鞭毛染色的原理及方法，观察细菌的特殊结构的特征。

（4）熟悉细菌的培养特征并能对观察到的细菌培养物进行正确的描述。

（5）掌握细菌分类鉴定中常用的生理生化反应的原理、测定方法和结果判定。

【训练器材】

（1）菌种 乳酸链球菌、大肠埃希菌、枯草芽孢埃希菌、金黄色葡萄球菌、红螺菌、圆褐固氮菌、荧光假单胞菌、普通变形杆菌、产气肠杆菌。

（2）培养基 营养琼脂培养基（平板和斜面）、营养肉汤培养基（分装于试管中）、糖发酵培养基（葡萄糖、乳糖和蔗糖）、蛋白胨水培养基、葡萄糖蛋白胨培养基、Simmons 柠檬酸盐培养基。

（3）试剂和溶液 吕氏美蓝染色液、草酸铵结晶紫染色液、鲁戈碘液、沙黄染色液、95%酒精、孔雀绿染色液、结晶紫染色液、20%硫酸铜溶液、1%氢氧化钠溶液、单宁酸、三氯化铁、甲醛、硝酸银、氢氧化铵、吲哚试剂、甲基红试剂、40%氢氧化钾溶液、5% α-萘酚溶液、乙醚、1.6%溴甲酚紫溶液。

（4）仪器设备 普通光学显微镜、电子天平、恒温培养箱、超净工作台、高压蒸汽灭菌器。

（5）器皿及其他器具 载玻片、接种环、酒精灯、香柏油、油镜洗液、擦镜纸、记号笔、烧杯、玻璃棒、吸管、蒸馏水等。

【技能操作】

一、细菌的简单染色

微课 16—细菌涂片的制备及简单染色法

1. 知识要点

简单染色法是利用单一染料对细菌进行染色的一种方法，常用结晶紫、美蓝、石炭酸复红等碱性染料。此法操作简便，适用于菌体一般形状和细菌排列的观察，但不能鉴别细菌的结构与染色特性。

2. 操作步骤

（1）涂片 在洁净的载玻片中央加一小滴无菌水，以无菌操作用灭菌的接种环取少许（大肠埃希菌、枯草芽孢杆菌或金黄色葡萄球菌）培养物置于水滴中并与水充分混匀，涂成极薄的菌膜（图 3-41）。

（2）干燥 涂片在空气中自然干燥，必要时，可将标本面向上，在火焰高处烘干，切勿靠近火焰，以免标本干焦、菌体变形。

（3）固定 手执载玻片的一端（涂有标本的远端），将已干燥的标本片有菌的一面向上，使背面在酒精灯火焰外层尽快地来回通过 3～4 次，使固定后的标本载玻片触及皮肤时稍感烫为度，但绝不能在火焰上烧烤，否则菌体形态毁坏。固定的目的是：①杀死涂片中的微生物；②使菌体蛋白质凝固附着在载玻片上，以防染色过程中被水洗掉；③改变细菌对染料的通透性，因为死的蛋白质比活的蛋白质着色力较强。

（4）染色 在已干燥、固定好的涂片上，滴加适量的（足够覆盖菌膜即可）美蓝染色液，染色 1～2min。

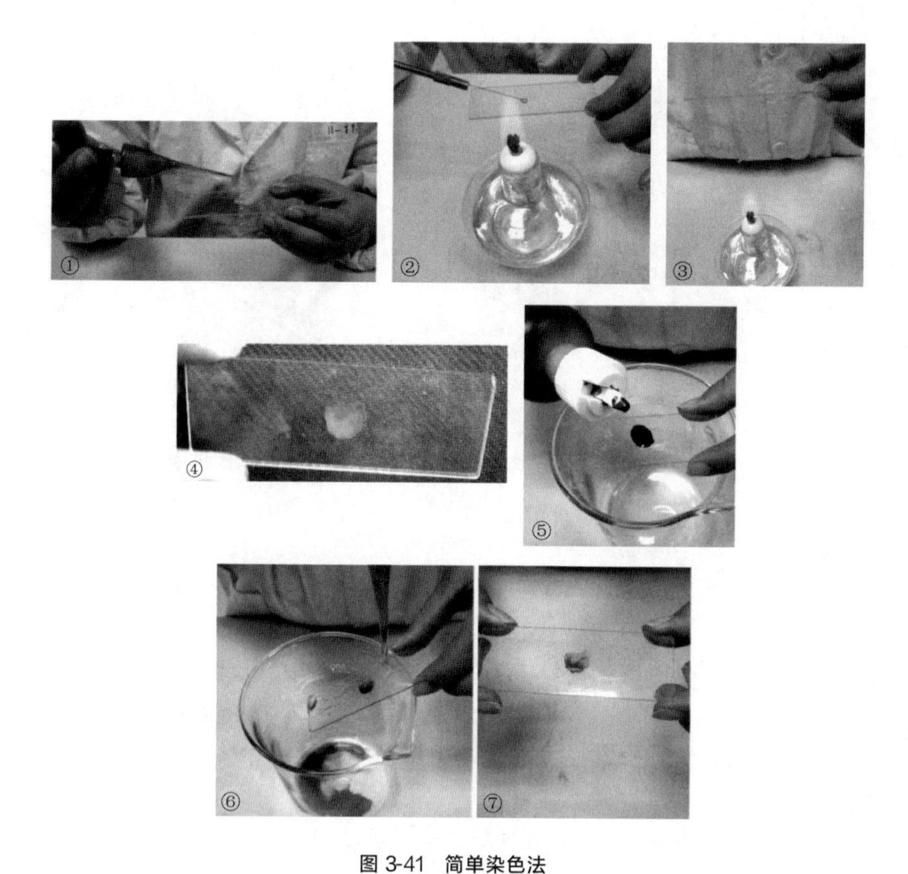

图 3-41　简单染色法

① 滴无菌水；② 涂菌；③ 干燥；④ 菌涂片；⑤ 染色；⑥ 水洗；⑦ 染色后的菌涂片

(5) 水洗　斜置涂片倾去染色液，用无菌水自玻片上端缓慢冲洗，直到流下的水无色为止。注意切勿使水流直接冲洗菌膜处。

(6) 干燥　自然干燥，或用吸水纸轻轻吸去多余水分，再微微加热加快干燥速度。

(7) 镜检　按普通光学显微镜操作。

(8) 结果记录　将显微镜观察到的菌体的形态特征以生物绘图的方式记录下来或用显微摄影记录下来。

二、细菌的革兰氏染色

微课 17—细菌的革兰氏染色技术

1. 知识要点

革兰氏染色法是细菌学中最重要的鉴别染色法。革兰氏染色法的基本步骤：先用初染剂结晶紫进行染色，再用碘液媒染，然后用酒精（或丙酮）脱色，最后用复染剂（如沙黄）复染（图 3-42）。经此方法染色后，细菌保留初染剂蓝紫色的为革兰氏阳性菌；如果细菌的初染剂被洗脱而使细菌染上复染剂的颜色（红色），则该菌属于革兰氏阴性菌。

2. 操作步骤

(1) 涂片　在一洁净的载玻片偏左和偏右各加一小滴水。以无菌操作用接种环挑取少许大肠埃希菌与左边的水滴混匀，再以相同的操作挑取少许金黄色葡萄球菌与右边的水滴混

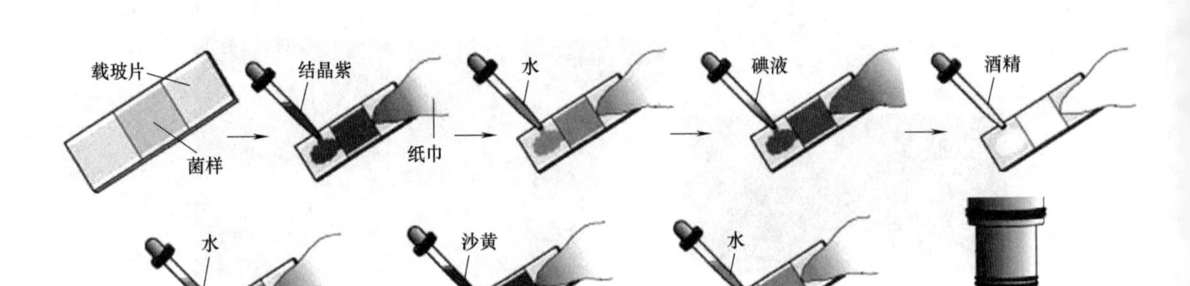

图 3-42 革兰氏染色法

匀，然后将左、右两滴菌液延伸至玻片中央，使两种菌在玻片中央区域混合，形成含有两种菌的混合区。

(2) 干燥、固定 操作同上。

(3) 初染 在已干燥、固定好的涂片上，滴加草酸铵结晶紫染色液，以覆盖菌膜为宜，染色 1～2min 后，水洗。水洗后将残留在玻片上大的水滴甩掉。

(4) 媒染 滴加鲁戈碘液覆盖菌膜部位，染 1～2min 后，水洗同上。

(5) 脱色 滴加 95%酒精 2～3 滴，微微摇晃 3～5s，使酒精能均匀布满菌膜，斜持玻片使酒精流出，再滴加酒精，直至流下的酒精无色或稍呈淡紫色为止，之后马上水洗。脱色的时间可根据涂片的厚度灵活掌握，通常在 15～40s 之间。

(6) 复染 滴加沙黄染色液复染 1～2min 后，水洗。

(7) 镜检 彻底干燥后置油镜观察。干燥的操作同简单染色法。革兰氏阴性菌呈红色，革兰氏阳性菌呈紫色。以分散开的细菌的革兰氏染色反应为准，过于密集的细菌，常常呈假阳性。

(8) 结果记录 将观察到的革兰氏染色结果以正确的方式报告。

三、细菌的特殊染色

1. 知识要点

对细菌的特殊结构进行染色的方法统称为特殊染色法，包括细菌的芽孢染色、荚膜染色和鞭毛染色等染色法。

芽孢壁厚、透性低、不易着色，当用石炭酸复红、结晶紫等进行单染色时，菌体和芽孢囊着色，而芽孢囊内的芽孢不着色或仅显很淡的颜色，游离的芽孢呈淡红或淡蓝紫色的圆或椭圆形的圈。芽孢染色法是利用细菌的芽孢和菌体对染料亲和力的不同，用不同的染料进行着色，从而使菌体和芽孢呈现不同的颜色。由于细菌的芽孢壁厚而致密、透性低，着色和脱色均较困难。通常芽孢染色用孔雀绿在加热条件下染色。因孔雀绿是弱碱性染料，与菌体结合较差，染色完毕以水冲洗，则进入菌体的染料经水洗可脱去，而进入芽孢内的孔雀绿难以溶出，水洗后再经复染后菌体与芽孢即可分别呈现不同的颜色。染色结果是芽孢仍保留初染剂的颜色（绿色），而菌体和芽孢囊被染成复染剂的颜色（红色），使芽孢和菌体更易于区分。

荚膜是包围在细菌细胞外的一层黏液状或胶质状物质，其成分为多糖、糖蛋白或多肽。荚膜与染料的亲和力弱、不易着色，且可溶于水。荚膜观察通常用负染色法染色，即使菌体和背景着色而荚膜不着色，所用试剂常为石炭酸复红染色液和墨汁，使荚膜在菌体周围形成一透明圈。由于荚膜的含水量在 90%以上，故染色时一般不加热固定，以免荚膜皱缩变形。

细菌鞭毛纤细，直径常为 10～20nm，一般光学显微镜无法直接观察，只能用电子显微镜观察。要用普通光学显微镜观察细菌的鞭毛，必须用鞭毛染色法。鞭毛染色法是在染色前先用媒染剂处理，使它沉积在鞭毛上，使鞭毛直径加粗，然后再进行染色。鞭毛染色须用新鲜的染色液和清洁的载玻片，才能保证染色的质量。欲观察鞭毛的菌种以新培养的幼龄菌种为好，一般用新制备的斜面接种后培养 10h。如所用菌种已长期未移种，则最好用新制备的斜面连续移种 2～3 次后再使用。

2. 操作步骤

(1) 芽孢染色法

微课 18—细菌的芽孢染色法

① 菌涂片的制作　按常规操作涂片、干燥、固定。

② 染色和加热　先撕一小片滤纸放在菌涂片区域，再加几滴孔雀绿染液于滤纸片上，用木夹夹住载玻片一端，在微火上加热至染料冒蒸汽时开始计时，让染液维持冒蒸汽 5～10min。加热过程中，要及时补充染液，切勿让染液干涸，也不能使染液沸腾。

③ 水洗　用镊子取下滤纸片，待玻片冷却后，用缓流自来水冲洗，直至流下的水无色为止。

④ 复染　用沙黄染色液复染 1min。

⑤ 镜检　水洗干燥后镜检。结果为芽孢被染成绿色，营养体被染成红色。

⑥ 结果记录　将显微镜下观察到的菌体、芽孢囊和芽孢特征用生物绘图的方式或显微摄影的方式记录下来。

(2) 荚膜染色法　注意事项：荚膜含水量高，制片时通常不用热固定，以免变形影响观察，同时也要避免激烈的冲洗。

① 在洁净的载玻片的一端加 2～3 滴结晶紫染色液，用无菌操作挑取 1 环菌种与玻片上的结晶紫染色液充分混匀。

② 用一块洁净的载玻片的窄边将带菌的染色液刮开涂成极薄的菌膜（图 3-43）。

③ 在空气中自然干燥。注意切勿用酒精灯加热。

④ 用 20%硫酸铜溶液冲洗脱色，然后在空气中干燥或用吸水纸吸干。

⑤ 油镜观察，荚膜浅蓝色或灰白色，菌体深蓝紫色。

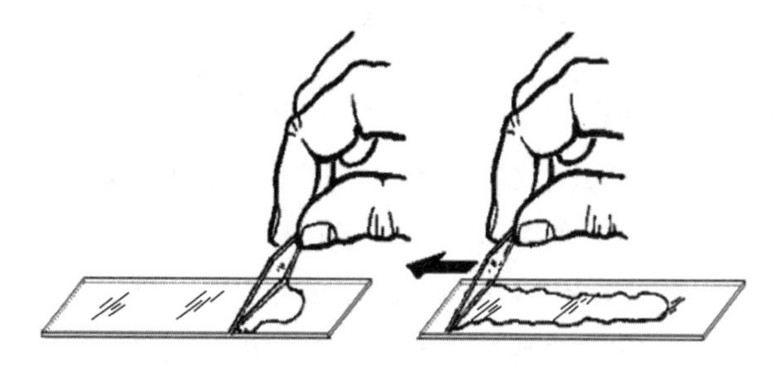

图 3-43　荚膜染色涂片的制作

⑥ 将显微镜下观察到的菌体和荚膜的形态特征绘图表示，并对颜色进行描述。

(3) 鞭毛染色法　鞭毛染色方法很多，以下介绍硝酸银染色法。

注意事项：鞭毛染色中所用的载玻片、染色液以及菌种是决定染色成败的关键因素。

① 载玻片的准备　选择新的光滑无划痕的载玻片，将其放在洗洁精充分溶解的水中煮

沸约 20min，稍冷后取出用清水充分洗净，沥干水后置 95%酒精中，用时取出在火焰上烧去酒精即可。

② 硝酸银染色液的配制

A 液：单宁酸 5.0g，三氯化铁 1.5g。

用蒸馏水溶解后加入 1%氢氧化钠溶液 1mL 和 15%甲醛溶液 2mL，再用蒸馏水定容至 100mL。

B 液：硝酸银 2.0g，蒸馏水 100mL。

B 液配好后先取出 10mL 做回滴用。往 90mL B 液中滴加浓氢氧化铵溶液，当出现大量沉淀时再继续滴加浓氢氧化铵溶液，直到溶液中沉淀刚刚消失变澄清为止。然后将留用的 10mL B 液小心逐滴加入，直到出现轻微和稳定的薄雾为止。注意边滴加边充分摇动，此步操作尤为关键，应格外小心。配好的染色液在 4h 内使用效果最佳，现用现配。

③ 菌种的准备和菌液的制备　用于染色的菌种（荧光假单胞菌或普通变形杆菌）预先在营养琼脂培养基（琼脂用量 0.8%）连续转接培养 4～5 代，每代培养 18～22h。将分装于试管中的无菌水缓慢地倒入经 4～5 代转代培养的斜面培养物中，不要摇动试管，让菌在水中自行扩散。注意蒸馏水预先在恒温培养箱中保温，使之与菌种同温。置于恒温培养箱中保温 10min。目的是让没有鞭毛的老菌体下沉，而具有鞭毛的菌体在水中松开鞭毛。

④ 涂片　用吸管从菌液上端吸取菌液于洁净的载玻片一端，稍稍倾斜玻片，使菌液缓慢地流向另一端。

⑤ 干燥　在空气中自然干燥。

⑥ 染色　滴加 A 液，染 4～6min。用蒸馏水轻轻地充分洗净 A 液。然后用 B 液冲去残水，再加 B 液于玻片上。用酒精灯微火加热至有蒸汽冒出，维持 1min 左右。注意加热时应随时补充 B 液，不可使玻片的 B 液蒸干。用蒸馏水冲洗并干燥。

⑦ 镜检　菌体和鞭毛呈深褐色至黑色。

⑧ 结果记录　将显微镜下观察到的鞭毛菌的菌体形态、鞭毛着生方式和数量以生物绘图的方式描绘出来或用显微摄像记录下来。

四、细菌培养特征的观察

1. 知识要点

不同的微生物在固体、半固体和液体培养基中能表现出各自特有的培养特征，这些特征可以作为不同种类微生物的鉴别特征之一，并能为识别纯培养是否被污染作为参考。微生物的培养特征是指微生物在固体培养基上、半固体和液体培养基中生长后所表现出的群体形态特征。固体培养基又分平板与斜面两种形式。

2. 操作步骤

(1) 在琼脂平板上的培养特征观察

① 接种。

② 主要观察内容

大小：以 mm 表示。

形态：圆形，不规则形（根状、树叶状）。

边缘：整齐，不整齐（锯齿状、虫蚀状、卷发状）。

表面：光滑，黏液状，粗糙，荷包蛋状，漩涡状，颗粒状。

隆起度：隆起，轻度隆起，中央隆起，平升状，扁平状，脐状（凹陷状）。

颜色：无色，灰白色，白色，金黄色，红色，或粉红色等。

透明度：透明，半透明，不透明。

溶血性：β溶血（完全溶血），α溶血（不完全溶血），不溶血。

（2）在琼脂斜面上的培养特征观察　将各种细菌分别以接种针直线接种于琼脂斜面上（自底部向上划一直线），培养后观察其生长表现，包括生长好坏、形状（丝状、有小刺、念珠状、扩展状、假根状、树状）、光泽等生长特征。

（3）在液体培养基中的培养特征观察

① 接种。

② 观察表面生长（如膜、环等），浑浊程度，沉淀的形态，有无气泡，以及颜色等情况。

（4）培养特征观察记录

① 将观察到的大肠埃希菌、枯草芽孢杆菌、金黄色葡萄球菌、乳酸链球菌和红螺菌在营养琼脂平板培养基上的培养特征填入表3-14。

表3-14　几种细菌在营养琼脂平板培养基上的培养特征

菌种	大肠埃希菌	枯草芽孢杆菌	金黄色葡萄球菌	乳酸链球菌	红螺菌
菌落大小					
菌落颜色					
菌落形态					
表面情况					
边缘情况					
隆起情况					
透明情况					

② 将观察到的大肠埃希菌、枯草芽孢埃希菌、金黄色葡萄球菌、乳酸链球菌和红螺菌在营养琼脂斜面培养基上的培养特征填入表3-15。

表3-15　几种细菌在营养琼脂斜面培养基上的培养特征

菌种	大肠埃希菌	枯草芽孢杆菌	金黄色葡萄球菌	乳酸链球菌	红螺菌
生长情况					
菌苔的颜色					
光泽					
形状					

③ 将观察到的大肠埃希菌、枯草芽孢杆菌、金黄色葡萄球菌、乳酸链球菌和红螺菌在肉汤培养基中的培养特征填入表3-16。

表3-16　几种细菌在肉汤培养基中的培养特征

菌种	大肠埃希菌	枯草芽孢杆菌	金黄色葡萄球菌	乳酸链球菌	红螺菌
生长性状					
颜色					
气泡					
生长分布情况					

五、细菌生理生化检验

细菌的生理特性和生化反应包括：营养要求（碳源、氮源、能源和生长因子等）、代谢产物特征（种类、颜色和显色反应等）、酶（产酶种类和反应特性等）、生长温度、需氧的程度等。细菌分类鉴定中常用的生理生化反应是糖发酵试验和 IMViC 试验。

1. 糖发酵试验

（1）知识要点 绝大多数微生物能利用糖类作为碳源和能源，但是它们在分解糖的能力上有很大的差异，有些细菌能分解某种糖并产酸（如乳酸、乙酸、丙酸等）和气体（如氢、甲烷、二氧化碳等）；有些细菌只产酸不产气。因此，将细菌能否利用糖以及利用糖表现出是否产酸产气作为细菌分类鉴定的依据。酸的产生可利用指示剂来判断，在配制培养基时，预先加入溴甲酚紫（pH5.2 呈黄色，pH6.8 呈紫色），当发酵变酸时可使培养基由紫色变为黄色。气体的产生可由发酵管中倒置的杜氏小管中有无气泡来判断。

（2）操作步骤

① 取分别装有葡萄糖、蔗糖和乳糖发酵培养液试管各 5 支，分别标记大肠埃希菌、产气肠杆菌、普通变形杆菌、枯草芽孢杆菌和阴性对照。

② 以无菌操作技术接种少量上述各菌至各自对应的试管中，阴性对照不接菌。摇匀后于 37℃静置培养 24h、48h、72h，观察结果。

③ 观察结果时与阴性对照比较。若接种培养液中没有细菌生长或有细菌生长但培养液保持原有颜色，反应结果为阴性，记为“－”，表明该菌不能利用该种糖生长或虽然可利用该种糖但发酵不产酸；若培养液变成黄色，但培养液中杜氏小管内无气泡，反应结果为阳性，记为“＋”，表明该菌能分解该种糖，只产酸不产气；若培养液变成黄色且杜氏小管内有气泡，为阳性反应，记为“＋＋”，表明该菌分解该种糖产酸又产气。

④ 结果记录于表 3-17。

表 3-17 几种细菌糖发酵的实验结果

菌种	葡萄糖	乳糖	蔗糖
大肠埃希菌			
产气肠杆菌			
普通变形杆菌			
枯草芽孢杆菌			

2. IMViC 试验

（1）知识要点 IMViC 试验是由吲哚试验（I）、甲基红试验（M）、V-P 试验（Vi）和柠檬酸盐利用试验（C）组成的一个系统，主要用于鉴别肠杆菌科各个菌属，尤其用于大肠埃希菌和产气肠埃希菌的鉴别。

① 吲哚试验 有些细菌含有色氨酸酶，能分解蛋白胨中的色氨酸产生吲哚。吲哚与对二甲基氨基苯甲醛结合，就会形成红色的玫瑰吲哚。大肠埃希菌吲哚反应呈红色为阳性，产气肠杆菌无变化为阴性。

② 甲基红试验 某些细菌（如大肠埃希菌、志贺菌、产气肠杆菌等）在糖代谢过程中，分解葡萄糖产生丙酮酸，丙酮酸再进一步分解为乙酸、乳酸、琥珀酸等。酸类增加愈多，则

使培养基中的 pH 值愈下降，当降至 pH4.5 以下时，指示剂甲基红则呈红色，即为阳性反应。如 pH 值高于 4.5 时则指示剂呈黄色，即为阴性反应。大肠埃希菌为阳性反应，产气肠杆菌为阴性反应。

③ V-P 试验 某些细菌（如产气肠杆菌）在糖代谢过程中，利用葡萄糖，产生丙酮酸，再将丙酮酸缩合、脱羧而成为中性的乙酰甲基甲醇。该物质在碱性条件下能被空气中的氧气氧化生成二乙酰。二乙酰能与培养基中含胍基的化合物发生反应，立刻或于数分钟内生成红色化合物，即为 V-P 实验阳性；无红色化合物则为阴性。产气肠杆菌 V-P 反应阳性，大肠埃希菌 V-P 反应阴性。

④ 柠檬酸盐利用试验 有些细菌能利用柠檬酸钠作为碳源，例如产气肠杆菌；而另一些细菌不能利用柠檬酸钠，例如大肠埃希菌。细菌在分解柠檬酸盐及培养基中的磷酸铵后，产生碱性化合物，使培养基的 pH 升高，在有 1%溴麝香草酚蓝指示剂的情况下，培养基由绿色变为深蓝色。因此，柠檬酸盐试验培养基上有细菌生长，并且培养基变为深蓝色为阳性，而无细菌生长，培养基仍为绿色者为阴性。

(2) 操作步骤

① 取分别装有蛋白胨水培养液、柠檬酸盐斜面试管各 4 支和葡萄糖蛋白胨水培养液 8 支，分别标记大肠埃希菌、产气肠杆菌、普通变形杆菌和阴性对照。其中，葡萄糖蛋白胨水培养液每种菌要标记两支，一支做甲基红试验，另一支做 V-P 试验。

② 以无菌操作技术接种少量上述各菌至各自对应的试管中，阴性对照不接菌。摇匀后于 37℃静置培养 48h。

③ 吲哚试验 向培养后的蛋白胨水培养物内加入 3～4 滴乙醚，摇动数次，静置 1～3min，待乙醚上升后，沿管壁缓慢加入 2 滴吲哚试剂。若在乙醚和培养物之间产生红色环状物的为阳性反应，记为“+”；若无变化则为阴性，记为“－”。

④ 甲基红试验 向培养后的 4 支葡萄糖蛋白胨水培养物（包含了三种菌和阴性对照）内沿试管壁缓慢加入甲基红指示剂，仔细观察培养液上层，注意不要摇动试管。若培养液上层变为红色为阳性反应，记为“+”；若仍为黄色则为阴性反应，记为“－”。

⑤ V-P 试验 取另 4 支未做实验的葡萄糖蛋白胨水培养物加入 40%氢氧化钾溶液 5～10 滴，然后加入等量的 5% α-萘酚溶液，用力振荡，再置于 37℃水浴锅中保温 15～30min，以加快反应速度。若培养物呈现红色为阳性反应，记为“+”；若无变化则为阴性，记为“－”。

⑥ 柠檬酸盐利用试验 柠檬酸盐斜面培养物在培养期间每日进行观察。与空白对照比，若斜面上有细菌生长，且培养基变为深蓝色为阳性，记为“+”；若无细菌生长，培养基颜色不变仍保持绿色则为阴性，记为“－”。

⑦ 结果记录 将各个试验的结果记录在表 3-18。

表 3-18 几种细菌 IMViC 试验的结果

菌种	吲哚试验	甲基红试验	V-P 试验	柠檬酸盐利用试验
大肠埃希菌				
产气肠杆菌				
普通变形杆菌				
枯草芽孢杆菌				

技能训练六　微生物数量的测定

【技能目标】

（1）熟悉血细胞计数板的构造与原理，掌握利用血细胞计数板进行微生物直接计数的方法。

（2）掌握平板菌落计数法的原理，熟练应用平板菌落计数法测定样品中的微生物数量。

【训练器材】

（1）菌种　酿酒酵母斜面培养物、大肠埃希菌菌悬液。

（2）培养基　平板计数琼脂培养基。

（3）仪器及用品　普通光学显微镜、恒温培养箱、水浴锅、血细胞计数板、计数器、无菌培养皿、无菌滴管、10mL 无菌刻度吸管、1mL 无菌刻度吸管、无菌生理盐水、洗耳球或助吸器、试管架、酒精灯等。

【技能操作】

一、显微镜直接计数

动画 3—显微镜直接计数法

1. 知识要点

显微镜直接计数法是将小量待测样品的悬浮液置于一种特别的具有确定面积和容积的载玻片上（又称计菌器），在显微镜下直接计数的一种简便、快速、直观的方法。目前国内外常用的计菌器有：血细胞计数板、Peteroff-Hauser 计菌器以及 Hawksley 计菌器等，本实验进行血细胞计数板的计数操作。

用血细胞计数板在显微镜下直接计数是一种常用的微生物计数方法。该计数板是一块特制的载玻片，其上由四条槽构成三个平台；中间较宽的平台又被一短横槽隔成两半，每一边的平台上各刻有一个方格网，中间的大方格即为计数室，血细胞计数板构造如图 3-44 所示。计数室的刻度一般有两种规格，一种是一个大方格分成 25 个中方格而每个中方格又分成 16 个小方格；另一种是一个大方格分成 16 个中方格，而每个中方格又分成 25 个小方格，但无论是哪一种规格的计数板，每一个大方格中的小方格都是 400 个。每一个大方格边长为 1mm，则每一个大方格的面积为 $1mm^2$，盖上盖玻片后，盖玻片与载玻片之间的高度为 0.1mm，所以计数室的体积为 $0.1mm^3$（万分之一毫升）。

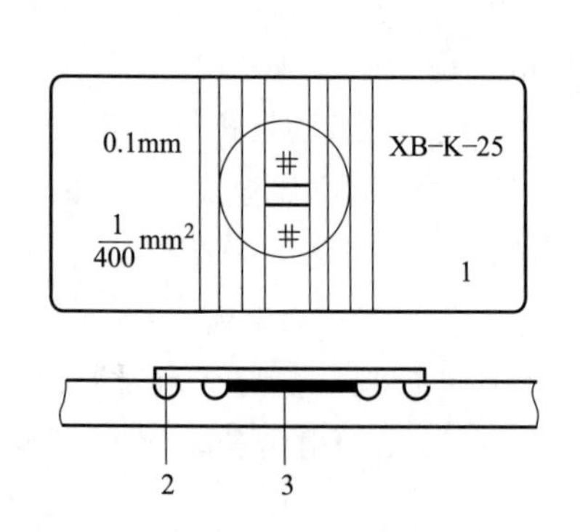

图 3-44　血细胞计数板构造

1—血细胞计数板；2—盖玻片；3—计数室；4—放大后的方格

以每个大方格被分为 25 个中方格的计数板为例：计数时，通常数五个中方格的总菌数，然后求得每个中方格的平均值，再乘上 25，得出一个大方格中的总菌数，然后再换算成

1mL 菌液中的总菌数。设五个中方格中的总菌数为 A，菌液稀释倍数为 B，如果是 25 个中方格的计数板，换算公式则为：

$$1\text{mL 菌液的总菌数}=(A/5)\times 25\times 10\times 1000\times B \quad (3\text{-}2)$$

血细胞计数板计数时用于测数的菌悬液浓度一般不宜过低或过高，活跃运动的菌细胞应先用甲醛杀死或适度加热以停止其运动。本法适用于单细胞微生物的测定，不适用于多细胞微生物的测定。其优点是快捷简便、容易操作；缺点是难于区分活菌与死菌以及细胞悬液中形状与微生物类似的其他颗粒。

为了区分活菌与死菌，可以借助染料对菌体进行适当的染色，方便在显微镜下进行活菌计数。如酵母活细胞计数可用美蓝染色液，染色后在显微镜下观察，活细胞为无色，而死细胞为蓝色。又如细菌经吖啶橙染色后，在紫外光显微镜下可观察到活细胞发出橙色荧光，因而也可作活菌和总菌计数。

2. 操作步骤

微课 19—显微镜直接计数法

（1）菌悬液制备　以无菌生理盐水将酿酒酵母制成浓度适当的菌悬液。

（2）镜检计数室　在加样前，先对计数板的计数室进行镜检。若有污物，则需清洗，吹干后才能进行计数。

（3）加样品　将洁净的盖玻片置于清洁干燥的血细胞计数板的两条嵴上，再用无菌的毛细滴管将摇匀的酿酒酵母菌悬液由盖玻片边缘滴一小滴，让菌液沿着血细胞计数板和盖玻片之间的缝隙，靠毛细渗透作用自动进入计数室，并充满计数室平台。注意加样时计数室不可有气泡产生。两个平台都要加样。

（4）显微镜计数　加样后静置 5min，然后将血细胞计数板置于显微镜载物台上，先用低倍镜找到计数室所在位置，然后换成高倍镜进行计数。注意调节显微镜光线的强弱。

在计数前若发现菌液太浓或太稀，需重新调节稀释度后再计数。一般样品稀释度要求每小格内有 5～10 个菌体为宜。每个计数室选 5 个中格（可选 4 个角和中央的一个中格）中的菌体进行计数。位于格线上的菌体一般只数上方和右边线上的。如遇酵母出芽，芽体大小达到母细胞的一半时，即作为两个菌体计数。计数一个样品要从两个计数室中计得的平均数值来计算样品的含菌量。

（5）结果记录　将酿酒酵母菌悬液的计数结果填入表 3-19 中，并计算出菌液浓度。

表 3-19　酵母菌液计数结果的记录

次数	各中格的细胞数					5个中格总细胞数	菌液稀释倍数	菌液浓度/(个/mL)	平均菌液浓度/(个/mL)
1									
2									

（6）清洗血细胞计数板　使用完毕后，将血细胞计数板用水龙头的流水冲洗干净，切勿用硬物洗刷，洗完后自行晾干或用吹风机吹干。干燥后镜检，观察每小格内是否有残留菌体或其他沉淀物；若不干净，则必须重复洗涤至干净为止。

二、平板菌落计数

1. 知识要点

平板菌落计数法是测定样品中活菌量的常用方法。将待测样品经适当稀释之后，其中的微生物充分分散成单个细胞，取一定量的稀释样液接种到培养基中，经过培养每个单细胞生长繁殖而形成肉眼可见的菌落，即一个单菌落相当于原样品中的一个单细胞。统计菌落数，根据其稀释倍数和取样接种量即可换算出样品中的活菌量。但是，由于待测样品往往不易完全分散成单个细胞，所以，长成的一个单菌落也可能来自样品中的2～3个或更多个细胞。因此平板菌落计数的结果往往偏低。为了清楚地阐述平板菌落计数的结果，现在已倾向使用菌落形成单位（CFU）/mL，而不以绝对菌落数来表示样品的活菌含量。

2. 操作步骤

以检测贝类软体部微生物为例。

(1) 样品前处理 采取贝类，先用流水洗刷贝壳，洗净后放在铺有灭菌毛巾的清洁搪瓷盘或工作台上，操作者将双手洗净并用75%酒精棉球涂擦消毒后，用灭菌小刀从贝壳张口缝隙处切入，撬开贝壳，再用灭菌镊子取出软体部，称取25g置于灭菌研钵中，用灭菌剪刀剪碎，放置适当数量的灭菌玻璃球研磨（有条件可用灭菌均质器，以8000～10000r/min的速度处理1min），检样磨碎后加入225mL灭菌生理盐水，混匀制成10^{-1}的稀释液。

(2) 稀释 用1mL无菌刻度吸管吸取1mL已充分混匀的10^{-1}的样品稀释液，放入标记为10^{-2}的含有9mL无菌水的试管中，此即为100倍稀释。将10^{-2}试管置试管振荡器上振荡或在掌心中充分振摇，使菌液充分混匀。也可以另取一支1mL吸管插入10^{-2}试管中来回吹吸菌悬液三次，将菌体分散、混匀。用此吸管吸取10^{-2}菌液1mL，放入10^{-3}的试管中，此即为1000倍稀释。其余依次类推，整个过程如图3-45所示。注意每次放菌液时吸管尖不要碰到液面，即每支吸管只能接触一个稀释度的菌悬液，否则稀释不精确，结果误差较大。

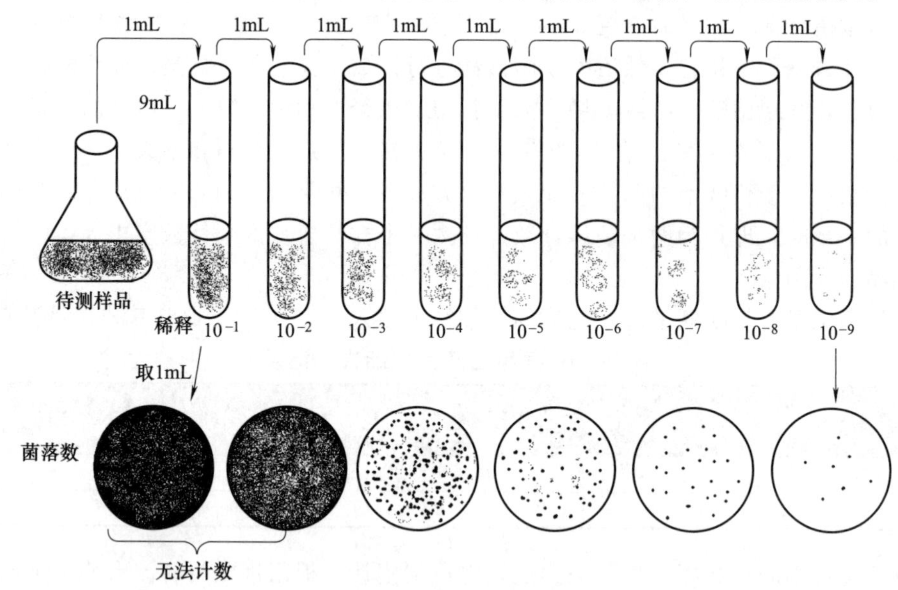

图3-45 平板菌落计数法

(3) 取样 用三支1mL无菌吸管分别吸取10^{-4}、10^{-5}和10^{-6}的稀释菌悬液各1mL，对号放入编好号的无菌培养皿中，每个培养皿放1mL，每个稀释度做2个平行样。

(4) 倒平板 尽快向上述盛有不同稀释度菌液的每个培养皿中倒入熔化后冷却至45℃左右的营养琼脂培养基15～20mL，迅速旋动培养皿，使培养基与菌液混合均匀，而又不使培养基荡出培养皿或溅到培养皿盖上。摇匀后水平放置。待培养基凝固后，将平板倒置于

(30+1)℃恒温培养箱中培养。

(5) 计数　培养72h后，取出培养平板，算出同一稀释度两个平板上的平均菌落数。

一般选择细菌总数在30～300CFU之间的平板作为细菌总数测定的标准。每个稀释度使用2个平板菌落的平均数作为该稀释度的菌落数，若其中一个培养皿有较大片状菌苔生长时，则不应采用，而应以无片状菌苔生长的培养皿作为该稀释度的平均菌落数。若片状菌苔的大小不到培养皿的一半，而其余的一半菌落分布又很均匀时，则可将此一半的菌落数乘2以代表全培养皿的菌落数，然后再计算该稀释度的平均菌落数。稀释度的选择和细菌总数报告方式见表3-20。

① 首先选择平均菌落数在30～300CFU之间的，当只有一个稀释度的平均菌落数符合此范围时，则以该平均菌落数乘其稀释倍数即为该样的细菌总数。

② 若有两个连续稀释度的平板菌落数在适宜计数范围内时，按下式计算：

$$N=\frac{\sum C}{(n_1+0.1n_2)d} \tag{3-3}$$

式中　N——样品中菌落数；

$\sum C$——平板（含适宜范围菌落数的平板）菌落数之和；

n_1——第一稀释度（低稀释倍数）平板个数；

n_2——第二稀释度（高稀释倍数）平板个数；

d——稀释因子（第一稀释度）。

③ 若所有稀释度的平均菌落数均大于300CFU，则应按稀释度最高的平均菌落数乘以稀释倍数。

④ 若所有稀释度的平均菌落数小于30CFU，则应按稀释度最低的平均菌落数乘以稀释倍数。

⑤ 若所有的稀释度均没有菌落生长，则以<1乘以最低稀释倍数来报告。

⑥ 若所有稀释度的平均菌落数均不在30～300CFU之间，则以最近300CFU或30CFU的平均菌落数乘以稀释倍数。

表3-20　稀释度的选择和细菌总数报告方式

例次	不同稀释度的菌落数/CFU						计算结果	菌落总数/(CFU/mL)
	10^{-1}		10^{-2}		10^{-3}			
1	多不可计	多不可计	124	138	11	14	13100	13000或1.3×10^4
2	多不可计	多不可计	232	244	33	35	24727	25000或2.5×10^4
3	多不可计	多不可计	多不可计	多不可计	442	420	431000	430000或4.3×10^5
4	14	15	1	0	0	0	145	150或1.5×10^2
5	0	0	0	0	0	0	<10	<10
6	312	306	14	19	2	4	3090	3100或3.1×10^3

(6) 菌落总数的报告

① 菌落数小于100CFU时，按“四舍五入”原则修约，以整数报告。

② 菌落数大于或等于100CFU时，第3位数字采用“四舍五入”原则修约后，取前2位数字，后面用0代替位数。

③ 也可用10的指数形式来表示，按“四舍五入”原则修约后，采用两位有效数字。

④ 若所有平板上为蔓延菌落而无法计数，则报告菌落蔓延。

⑤ 若空白对照上有菌落生长，则此次检测结果无效。

⑥ 称重取样以 CFU/g 为单位报告，体积取样以 CFU/mL 为单位报告。

（7）结果记录 将计数的结果记录在表 3-21 中，并结合上述的数据处理方法进行换算，并报告最后结果。

表 3-21 样品细菌总数的计数结果记录

样品种类	稀释度	平板菌落数		平均菌落数	该样品的细菌总数/（CFU/g 或 CFU/mL）

技能训练七 药敏试验

【技能目标】

微课 20—药敏试验（纸片扩散法）

熟悉并掌握应用药敏试验检测病原菌对各种抗生素的敏感性。

【训练器材】

（1）菌种 大肠埃希菌的琼脂培养物、金黄色葡萄球菌的琼脂培养物。

（2）培养基 MH 琼脂平板培养基、营养琼脂平板培养基。

（3）仪器及用品 药敏纸片（自制或购买市售的）、恒温培养箱、麦氏比浊管、游标卡尺、无菌镊子、接种环、无菌棉拭子、酒精灯、印有黑色横纹的白纸、记号笔等。

【技能操作】

本训练以药敏片法为例进行操作。

1. 准备

（1）自制药敏纸片的准备

① 用打孔机将定性滤纸打成 6mm 直径的圆形小纸片。取 50 片圆形小纸片放入清洁干燥的青霉素空瓶中，瓶口以单层牛皮纸包扎，经高压蒸汽灭菌后，放在 37℃ 恒温箱数天，使完全干燥。

② 在上述含有 50 片小纸片的青霉素瓶内加入药液 0.25mL（药液要按治疗使用剂量的比例来配制），并翻动纸片，使各纸片充分浸透药液，翻动纸片时不能将纸片捣烂。同时在瓶口上记录药物名称，放 37℃ 恒温箱内过夜，干燥后即密封，如有条件可真空干燥。切勿受潮，置阴暗干燥处存放，有效期为 3～6 个月。目前也有市售的药敏片可直接使用。

（2）采用市售的麦氏比浊管

2. 药敏试验

① 将待检菌划线接种于普通营养琼脂平板，37℃ 培养 16～18h，然后挑取普通营养琼脂平板上的纯培养菌落，置于 3mL 生理盐水中，菌液混匀后与 0.5 麦氏比浊管比浊。以有黑字的白纸为背景，调整菌液的浊度与 0.5 麦氏比浊管相同。

② 用无菌棉拭子蘸取菌液，在管壁上挤压去掉多余菌液。用棉拭子涂布整个 MH 琼脂培养基表面，每个培养皿涂抹 3 次，每次将平板旋转 60°，最后沿周边绕两圈，保证涂布均匀，使细菌呈融合的菌苔生长。

③ 待平板上的水分被琼脂完全吸收后再贴纸片。用无菌镊子取药敏纸片贴在平板表面，纸片一贴就不可再拿起。每个平板贴 5 张纸片，每张纸片间距不少于 24mm，纸片中心距培养皿边缘不少于 15mm。在菌液接种后 15min 内贴完纸片。培养皿培养时不宜堆放，以两个相叠为宜。

④ 将平板倒置于 35℃恒温培养箱中培养 16～18h 后取出，用精确至 1/10mm 的游标卡尺测量抑菌圈直径（图 3-46）。抑菌环的边缘以肉眼见不到细菌明显生长为限。

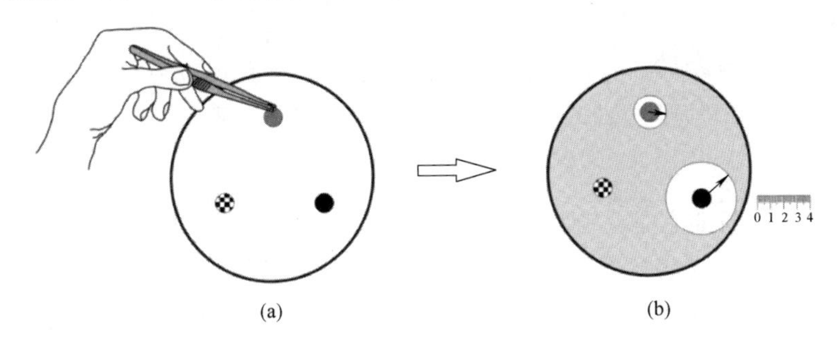

图 3-46　药敏试验

将测量的抑菌圈直径记录于表 3-22。

表 3-22　几种抗生素对敏感菌药敏试验结果的记录

抗生素名称	纸片抗生素含量/μg	大肠埃希菌抑菌圈/mm	金黄色葡萄球菌抑菌圈/mm	未知菌抑菌圈/mm

3. 药敏试验结果判定

参考表 3-23 的内容，分析本试验的结果。

表 3-23　药敏试验结果判定标准

抑菌圈直径/mm	20 以上	15～20	10～14	10 以下	0
敏感度	极敏	高敏	中敏	低敏	不敏

【知识卡片】 扩散速度慢的多黏菌素抑菌圈在 9mm 以上为高敏，6～9mm 为低敏，无抑菌圈为不敏。

技能训练八　鱼虾贝类病原菌的分离与培养、初步鉴定

微课 21—水产动物病原菌的分离

【技能目标】

（1）掌握分离、培养鱼虾贝类的细菌性病原的技术，并进一步纯化病原菌种。

（2）熟悉对已分离的病原菌进行初步鉴定的方法。

【训练器材】

（1）仪器设备　恒温培养箱、干热灭菌箱、高压蒸汽灭菌器、微生物鉴定系统、API 鉴定系统、天平、超净工作台、冰箱、电炉等。

（2）培养基 营养琼脂培养基或相应病原菌的选择性培养基、增菌培养基。

（3）其他器材 患细菌性疾病的水产动物、试验水产动物（鱼、蛙等）、接种环、解剖刀、剪刀、镊子、滴管、纱布、白瓷盘、酒精棉球、灭菌试管、酒精灯、记号笔、培养皿（直径 9cm）、注射器、水族箱等。

【技能操作】

本训练内容参照国家标准《水生动物产地检疫采样技术规范》（SC/T 7103—2008）和《水生动物检疫实验技术规范》（SC/T 7014—2006）的要求进行。

1. 采集样品

分离病原菌的材料要求是具有典型患病症状的活的或刚死不久的患病水产动物。

（1）从体表分离 先将病灶部位表面用 70%酒精浸过的棉球擦拭消毒或取病灶部分小片或用经酒精灯灼烧的解剖刀烫烧消毒，再用接种环刮取病灶深部组织或直接挑取部分深部患病组织，直接在普通琼脂平板上划线分离。

（2）从内脏器官组织分离 用 70%酒精浸过的纱布覆盖体表或用酒精棉球擦拭，进行体表消毒，无菌打开病鱼的腹腔，以肝、肠、心脏等脏器为材料，先将拟分离病原的部位表面用 70%酒精浸过的棉球擦拭或用经火焰上灼烧后的解剖刀烫烧，以杀死表面的杂菌，随即在灼烧部位刺一小孔，用灭菌的接种环（待冷 2～5s）伸向灼烧部位小洞中，用手指将接种环轻轻旋转两次，借以达到取足材料的目的。

（3）从鳃部分离 用无菌接种环刮取鳃上的分泌物划平板。

（4）从血液或体液分离 用无菌注射器吸取病鱼血液或体液，滴于平板涂布；或用灭菌后的接种环挑取血液和体液后于平板上划线，分离细菌。

2. 划线分离

左手持握普通琼脂平板，并靠近火焰，右手持取材后的接种环在琼脂平板上分区划线接种。划线时接种环面与平板表面成 30°～40°的角轻轻接触，在平板表面轻快地移动，接种环不可嵌入培养基内，且不要重复，否则形成菌苔。划线完毕，盖上皿盖，接种环灭菌后放下，并在培养皿底部用记号笔注明接种材料、日期及操作者代号。

3. 培养和菌落观察

接种后的平板经 30℃ 左右培养 24～72h 后，检查菌落生长情况。根据菌落数量和特征，挑选可能的病原菌菌落进一步划线纯化 1～2 次后，将经纯化的可能病原菌用于感染试验。

【以下“4.”“5.”项视试验情况、实验室条件而实施】

4. 确定病原菌（人工感染试验）

将从患病材料中分离的所有可能病原菌经纯化和扩大培养后分别进行人工感染实验。常用的人工感染接种方法有浸泡（皮肤创伤和皮肤不创伤）、口服和注射法等，选用哪种方法需要根据不同的疾病类型和可能的侵入途径而定。本项目以注射法实施操作。

将分离的纯培养菌株在适宜的温度培养若干小时后（视病原菌的特性而定），用生理盐水将菌苔洗下，制成菌悬液，以平板倾注法或比浊法计算菌悬液浓度的结果，分别制备 3 个浓度梯度菌悬液。健康试验鱼（蛙）于室内暂养 1 周后随机分组，每组 20～30 尾，用不同浓度梯度的分离菌纯培养菌悬液以每尾 0.1mL 或 0.5mL（注射量视个体大小）剂量腹腔注射感染，设置注射生理盐水对照组与空白对照组。控制适宜的水温、充氧、投饵、定时换水（或循环水），试验期为7～20天。观察感染发病的病鱼（蛙）症状，发现死鱼（蛙）及时捞出，每天观察记录死亡情况，解剖检查其内脏器官病变情况，最后结果填入表3-24。同时作细菌分离。

表3-24 病原菌分组感染试验情况记录

组别	菌液浓度/(CFU/mL)	剂量/mL	试验尾数	感染后死亡时间/d	死亡数/尾	死亡率/%
试验组1						
试验组2						
试验组3						
生理盐水组4						
空白对照组5						

5. 病原菌鉴定

观察病原菌的形态以及检测其各种生理生化指标，通过查阅《伯杰氏细菌鉴定手册》确定病原菌的种类；也可直接用API鉴定系统或细菌鉴定仪测定病原菌的种类。

【知识卡片】 2022年中华人民共和国农业农村部公告第573号文件对原《一、二、三类动物疫病病种名录》进行了修订，其中包括了水产动物疫病。

37种二类动物疫病——其中鱼类病（11种）：鲤春病毒血症、草鱼出血病、传染性脾肾坏死病、锦鲤疱疹病毒病、刺激隐核虫病、淡水鱼细菌性败血症、病毒性神经坏死病、传染性造血器官坏死病、流行性溃疡综合征、鲫造血器官坏死病、鲤浮肿病；甲壳类病（3种）：白斑综合征、十足目虹彩病毒病、虾肝肠胞虫病。

126种三类动物疫病——其中鱼类病（11种）：真鲷虹彩病毒病、传染性胰脏坏死病、牙鲆弹状病毒病、鱼爱德华氏菌病、链球菌病、细菌性肾病、杀鲑气单胞菌病、小瓜虫病、粘孢子虫病、三代虫病、指环虫病；甲壳类病（5种）：黄头病、桃拉综合征、传染性皮下和造血组织坏死病、急性肝胰腺坏死病、河蟹螺原体病；贝类病（3种）：鲍疱疹病毒病、奥尔森派琴虫病、牡蛎疱疹病毒病；两栖与爬行类病（3种）：两栖类蛙虹彩病毒病、鳖腮腺炎病、蛙脑膜炎败血症。

【复习思考题】

1. 简述细菌的基本结构和特殊结构，绘制细菌结构模式图。
2. 比较革兰氏阳性和阴性细菌细胞壁的结构和化学组成的异同。
3. 简述细菌芽孢的特点，为什么芽孢对外界环境的抵抗力强？
4. 简述细菌荚膜的概念及主要功能。
5. 简述鞭毛、菌毛的本质、分类和功能。
6. 细菌生长需要哪些营养物？
7. 细菌摄取营养的方式有哪些？
8. 细菌的生长繁殖与哪些因素有关？
9. 细菌群体生长繁殖可分为几个时期？简述各时期特点。
10. 什么是革兰氏染色？有何意义？其染色机制如何？

11. 细菌染色方法有哪些?
12. 细菌的鉴定依据主要有哪些?
13. 常用培养基的类型有哪些?
14. 制备培养基的基本原则有哪些?
15. 细菌培养方法及其条件是什么?
16. 细菌在各种培养基上的生长情况有哪些?
17. 简述水产动物病原菌分离、纯化的培养过程。
18. 简述实验室检测、鉴定水产动物病原菌的主要操作流程。
19. 细菌的分类方法有哪些?
20. 在进行镜检时，为什么要先用低倍镜观察?
21. 培养基配好后，为什么必须立即灭菌? 如何检查灭菌后的培养基是否为无菌?
22. 在配制培养基操作过程中应注意哪些问题? 为什么?
23. 接种前后为什么要灼烧接种工具? 为什么要待接种工具冷却后才能与菌种接触?
24. 若接种的培养物出现染菌情况，试分析染菌的原因。
25. 为什么平板培养时要倒置?
26. 根据你的分离结果，比较平板划线分离法、稀释涂布分离法和稀释浇注分离法的优缺点。
27. 根据已学的知识，如何确定平板上某单个菌落是否为纯培养? 请写出确定其是否为纯培养的实验方案。
28. 你认为制备细菌染色标本时，尤其应注意哪些环节?
29. 为什么要求制片完全干燥后才能用油镜观察?
30. 当你对一株未知菌进行革兰氏染色时，怎样才能正确判断你的染色技术是否操作正确以及结果是否可靠?
31. 你认为哪些环节会影响革兰氏染色结果的正确性? 其中最关键的环节是什么?
32. 芽孢染色加热的目的是什么? 若不加热是否可以?
33. 通过荚膜染色法染色后，为什么被包在荚膜里面的菌体着色而荚膜不着色?
34. 鞭毛染色中，为什么用鞭毛染色液 A 液染色后要用蒸馏水充分洗净 A 液? 能否直接用鞭毛染色液 B 液冲洗?
35. 根据你的实验结果和所掌握的知识，细菌菌体特征和菌落特征有何关系?
36. 细菌生理生化反应实验中为什么要设阴性对照?
37. 试比较平板菌落计数法和显微镜直接计数法的优缺点及应用。
38. 根据你的体会，说明用血细胞计数板计数的误差主要来自哪些方面? 应如何减少误差、力求准确?
39. 要使平板菌落计数法的结果尽量准确，需要掌握哪几个关键环节? 为什么?
40. 抗菌药物抑菌圈的直径大小与哪些因素有直接的关系?
41. 待测的菌液为什么需要控制它的浊度?
42. 菌种斜面传代低温保藏法有何优缺点?
43. 为什么液体石蜡保藏法不适合能利用石蜡的微生物保藏?
44. 产孢子的微生物常用哪一种方法保藏?

模块四　放线菌和其他原核微生物

知识目标：

认识放线菌和支原体、立克次体、衣原体的形态、结构；了解放线菌的繁殖方式及其孢子丝、孢子的鉴定意义；掌握放线菌菌落的生长特点；了解立克次体、衣原体对水产养殖动物的危害；了解噬菌蛭弧菌的繁殖特点。

能力目标：

能认识待检菌样中放线菌的形态及染色特性。

素质目标：

培养科学严谨、精益求精的工匠精神；培养勤于思考、勇于创新的精神。

项目一　放线菌

放线菌广泛存在于不同的自然生态环境中，种类繁多，代谢功能各异，其特有的形态和生物学特性使其成为研究生物形态发育和分化的良好材料；许多放线菌能产生生物活性物质，是一类具有广泛实际用途和巨大经济价值的微生物资源。随着人类认知放线菌的能力和手段的不断提高，越来越多的放线菌种类被发现和描述。在历次出版的《伯杰氏细菌鉴定手册》中，放线菌的种类不断增加，由最初的 3 个属增加到 145 个属，尤其是近十年来，放线菌属的数量增加了近 2 倍。迄今有效描述的种约达 2000 个，其中链霉菌属的种有 500 多个，因此链霉菌也被称为常见放线菌，常规检出率占放线菌的 95%左右，而其他种类放线菌的常规检出率仅占 5%左右，被统称为稀有放线菌。尽管新的放线菌属、种不断被发现，但估计目前分离到的自然界中放线菌的种类仅为实际存在种类的 0.1%～1%。因此，放线菌还有极其丰富多样的未知种群等待人们去发现。放线菌最突出的特点是产生抗生素。到目前为止，已知的抗生素中约有 2/3 是由放线菌产生的，而 90%是由放线菌的链霉菌属所产生。有的放线菌还能用来生产维生素和酶类，有的也被用在污水处理、石油脱蜡等方面。有少数放线菌能引起动植物病害，能使食物变质。

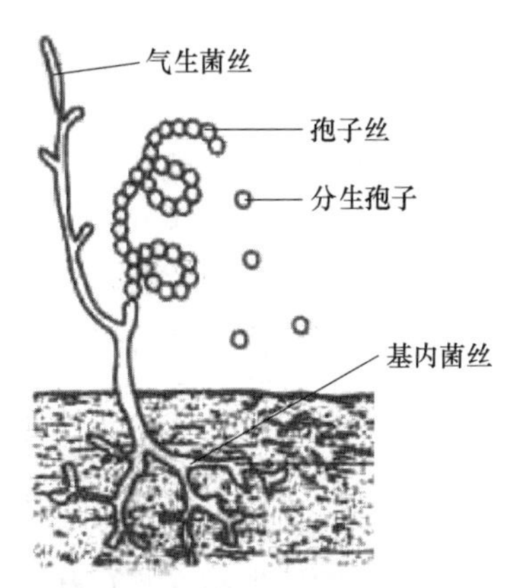

图 4-1　放线菌形态构造示意图

一、放线菌的形态与结构

放线菌的菌体属于单细胞，大多数放线菌菌体由分枝状菌丝组成，许多菌丝交织在一起，构成菌丝体。分枝菌丝大多无隔膜，菌丝直径小于 1μm。放线菌的菌丝细胞基本上与细菌相似，无明显结构的细胞核，因此属于原核微生物。

以放线菌中发育较高等的链霉菌属为例，根据菌丝形态和功能的不同，放线菌的菌丝可分为营养菌丝（又叫基内菌丝）、气生菌丝和孢子丝三种（图 4-1）。但在液体培养基中，没有基内菌丝和气生菌丝的分化。

1. 基内菌丝

在固体培养基中，有一部分菌丝伸入培养基内部，称为基内菌丝。它起着固着和吸收营养的作用，故又有营养菌丝之称。基内菌丝一般无隔膜，直径为 0.2～1.2μm，长 50～600μm。有的营养菌丝无色，有的则产生水溶性或脂溶性色素，而呈现黄、绿、橙、紫、蓝、红、黑等颜色。若是水溶性的色素，则可渗入培养基内，将培养基染上相应的颜色；若是脂溶性色素，则只使菌落呈现相应的颜色。

2. 气生菌丝

气生菌丝即营养菌丝发育到一定时期，长出培养基外并伸向空气中的菌丝。大多数放线菌的气生菌丝体比营养菌丝粗大，直径为 1～1.4μm，直形或弯曲状，有分枝，在显微镜下观察时，可见一般气生菌丝颜色较深。幼龄气生菌丝多为白色，成熟及形成孢子丝后，则被孢子丝和孢子所覆盖，很难单独分辨出气生菌丝。

3. 孢子丝

气生菌丝发育到一定程度，尖端的菌丝分化成具有繁殖功能的孢子丝，又称繁殖菌丝，其孢子丝再分裂形成孢子。孢子丝的形状有直、弯曲、螺旋、轮生之分（图 4-2）。这些形状以及在气生菌丝上的排列方式，随不同种类而异。这些特征结构都是分类鉴定的重要依据。

图 4-2　孢子丝形态及孢子丝的发育过程示意图

1—孢子丝的各种形态；　2—孢子丝的发育过程

孢子落入适宜的培养环境中就可以萌发形成新的菌体，又经大量繁殖成为新的菌丝或菌落。放线菌孢子的形成方式有两种：一种方式是孢子丝生出横隔，孢子凝缩，由合并在一起的旧壁相连成链，然后断开形成单个孢子；另一种方式是菌丝分节后通过断节形成孢子。孢子有球形、椭圆形、杆形和瓜子形等；孢子颜色多样，有灰色、粉红色、天蓝色或浅绿色、黄色、淡绿灰色、灰黄色、浅橙色、淡紫色等。成熟孢子的颜色在一定培养基与培养条件下比较稳定，孢子颜色常作为菌种命名的依据，也是鉴定放线菌菌种的重要依据之一。孢子表面的结构因种而异，在电子显微镜下可见有光滑，或有褶皱、疣状、刺状、毛发状、鳞片状，刺有粗细、大小、长短和疏密之分。

二、放线菌的生长与繁殖

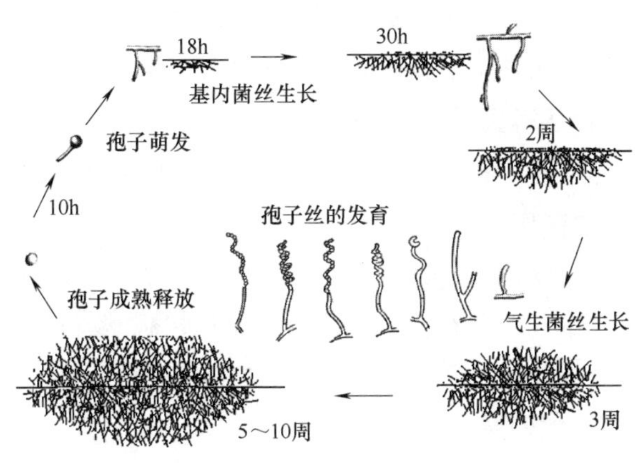

图 4-3　放线菌的生活史

放线菌主要通过形成无性孢子和菌丝片段的方式进行无性繁殖。电子显微镜和超薄切片的研究表明，放线菌通过产生横隔膜的方式使孢子丝分裂成一串分生孢子；孢子在适宜的环境中萌发，长出芽管，形成新的菌丝体（图 4-3），当伸出多数分枝以后，许多放线菌分枝的菌丝就形成孢子丝。在液体振荡培养中，放线菌每一个脱落的菌丝片段，在适宜条件下都能长成新的菌丝体。少数放线菌能在基内菌丝上形成孢囊梗和孢子囊（图 4-4），其内形成孢囊孢子，孢子囊成熟后释放出的孢囊孢子可萌发成菌丝体。放线菌生长较慢，卵形鲳鲹结节病病原菌接种于脑心浸液培养基（BHI）、胰酪胨大豆培养基（TSA）、罗氏培养基（L-J）和小川培养基，于 22℃下培养，经 8～12 天后才长出淡黄色菌落。

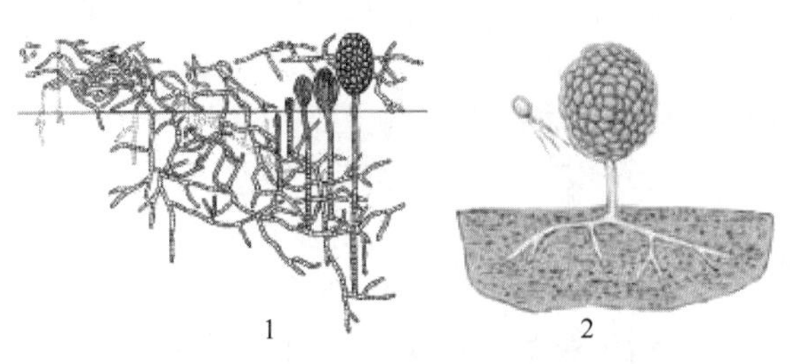

图 4-4　游动放线菌属的形态

1—孢子囊的发育；　2—孢囊孢子成熟并释放

三、放线菌的菌落形态

放线菌菌落因种类不同而分为两类。一类是由产生大量分枝气生菌丝菌种形成的菌落，如链霉菌的菌落。气生菌丝较细，生长缓慢，分枝的菌丝相互交错缠绕，形成质地致密的小菌落，表面呈紧密的绒状或坚实、干燥、多皱；基内菌丝长在培养基内，故菌落与培养基结合较紧，不易被挑起，或整个菌落被挑起而不破碎；当大量孢子覆盖于菌落时，菌落表面呈现绒毛状、粉末状或颗粒状，为典型的放线菌菌落。有的放线菌孢子能产生色素，如与基内菌丝颜色不同时，则菌落的正反两面呈现不同的颜色。幼龄菌落因气生菌丝尚未分化成孢子丝，与细菌菌落相似，故不易与细菌菌落相区分。另一类菌落由不产生大量菌丝体的种类构成，如诺卡菌属的大多菌种无气生菌丝，只有基内菌丝，其形成的菌落小、致密干燥、粉质状，用接种针挑起易粉碎。放线菌菌落常具土腥味。

四、放线菌的培养条件

放线菌主要营异养生活，培养较困难，厌氧或微需氧。加 5%的 CO_2 可促进其生长。多数放线菌的最适生长温度为 30～32℃，致病性放线菌为 37℃，最适 pH 值为 6.8～7.5。

五、放线菌的主要类群

1. 链霉菌属

具有发达的基内菌丝和气生菌丝，菌丝有分枝，无隔膜，菌丝不断裂。孢子丝多种多样，有直立、波曲、螺旋、轮生等，呈现多种颜色；形成分生孢子；腐生。已知的链霉菌属的菌有千余种，很多种能产生抗生素，是工业发酵生产抗生素的主要菌种资源。

2. 孢囊链霉菌属

菌丝与链霉菌属类似。孢子丝盘卷形成球状孢囊，内有无鞭毛的孢囊孢子。

3. 诺卡菌属

诺卡菌属中大多数种无气生菌丝，只有基内菌丝；有的则在基内菌丝体上覆盖着极薄一层气生菌丝。菌丝纤细，多数弯曲如树根状，菌丝有横隔，能断裂繁殖。菌落比链霉菌的小，表面多皱，致密干燥，或平滑凸起不等，有黄、黄绿、红橙等颜色。

4. 小单孢菌属

该菌属基内菌丝发育良好，多分枝，无横隔，不断裂，无气生菌丝；孢子单生，无柄，直接从基内菌丝上产生，或在基内菌丝上长出短孢子梗，顶端着生一个球形或卵圆形的分生孢子；一些种能产生抗生素；好氧腐生。

六、水产动物放线菌病

诺卡菌是一种革兰氏阳性丝状杆菌，广泛分布在土壤、活性污泥、水、动植物和人的组织中，以腐生为主。在养鱼池水体及底泥中共测到放线菌的 4 个属，即链霉菌属、孢囊链霉菌属、小单孢菌属和诺卡菌属。对水产养殖动物造成危害的放线菌主要是诺卡菌。

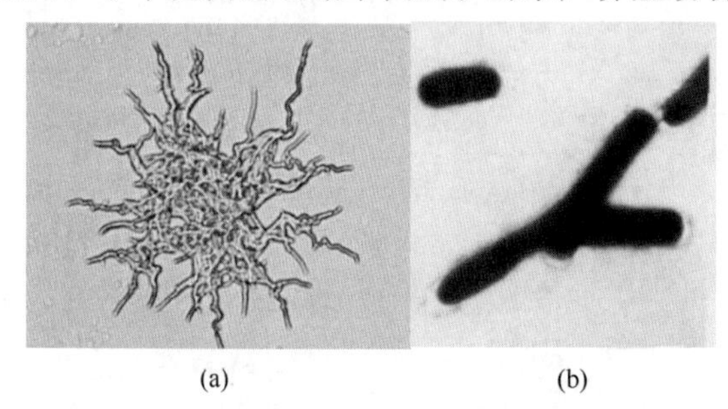

(a) (b)

图 4-5 大黄鱼诺卡菌病（结节病）病原体

（a）病原菌的菌丝体（1000×）；（b）病原菌的个体形态（1200×）

诺卡菌病是感染多种养殖鱼类的一种慢性疾病，病鱼主要症状为体表和心、脾、肾等内脏出现白色结节。大黄鱼诺卡菌病病原菌革兰氏染色阳性，好氧，菌丝体呈长或短杆状或细长分枝状，常断裂成杆状至球状体，直径 0.2～1.0μm，长 2.0～5.0μm，丝状体长 10～50μm（图 4-5）。在 TSA、L-J 和小川培养基上于 28℃、经 7～10 天长出菌落，菌落呈白色或淡黄色沙粒状，粗糙易碎，边缘不整齐，偶尔在表面形成皱褶；生理生化特性（诺卡菌属特有）为过氧化氢酶阳性、氧化酶阴性，还原硝酸盐，不水解酪素、黄嘌呤、酪氨酸、淀粉和明胶，能以柠檬酸盐为唯一碳源生长。卵形鲳鲹结节病致病菌株在液体培养基中形成菌膜，浮于液面，液体澄清；插片法观察到该菌基内菌丝发达，分枝繁多，形成长短不一的孢子链。诺卡菌是一种机会致病菌，对石斑鱼、红笛鲷、黄鳍鲷、鰤鱼等海、淡水养殖鱼类具有同样致病性（表 4-1），当养殖鱼类体质虚弱、免疫力低下时，通过口腔、鳃或创伤而感染。

表 4-1 主要养殖鱼类的诺卡菌病

致病菌	感染鱼种	流行地
星状诺卡菌	虹彩脂鱼	阿根廷
	虹鳟	美国
	斑鳢	中国台湾
	大口黑鲈	中国
	河鳟	加拿大

续表

致病菌	感染鱼种	流行地
鰤鱼诺卡菌	黄尾鰤	日本
	鲈鱼	中国台湾
	大黄鱼	中国大陆
	卵形鲳鲹	中国大陆
	乌鳢	中国大陆
粗形诺卡菌	长牡蛎	美国
杀鲑诺卡菌	红鲑鱼	美国

项目二　其他原核微生物

一、鞘细菌

鞘细菌是指许多细胞呈丝状排列而被包围在同一鞘内的细菌。这类细菌栖居在淡水和海洋环境中，主要分布在污染的河流、滤水池、活性污泥等含有机质丰富的流动淡水中，因而在活性污泥法处理污水中有重要作用。因为鞘细菌是不同类群的细菌，其系统发育还不很清楚，其分类地位还有待于研究。

单个鞘细菌为杆状，两端钝圆，大小为（1～2）μm×（3～8）μm，偏端丛生鞭毛，每丛通常 8～10 根，粗约 0.2μm，长达 80～90μm，能活跃运动，革兰氏染色阴性。这些细菌个体在鞘内往往呈链状排列成一行，有时两行或三行。鞘内细胞以裂殖方式繁殖，新产生的细胞往往被推向菌丝顶端。虽然细菌个体与鞘接触较紧密，但它仍能移出鞘外，间或可见空鞘或鞘中空位。游离出鞘的单个细菌在固着后便开始生长，形成新的带鞘菌丝体。鞘细菌的鞘是由细胞分泌物质而形成的，初期薄而透明，随之加厚。鞘的形成具有生态学和营养学的重要意义。它能防御原生动物和某些细菌的攻击，例如未形成鞘的游离细胞，可被原生动物捕食，水中蛭弧菌的分泌物也可将其消解；同时，一般鞘上有固着器，可附着于固形物上，当水中营养不足时，鞘可随水流动而富集营养。

鞘细菌能在葡萄糖、蛋白胨浓度很低的培养基上生长，能以各种氨基酸和某些无机氮化物作氮源，但不能利用铵态氮和硝态氮，大多数鞘细菌生长需要维生素 B_{12}；在中性 pH、温度 28～30℃，经 3 天培养便可形成菌落。菌落扁平、昏暗、白色绒毛状，边缘极不规则，有很多卷曲的丝状体长出，像霉菌尚未产生孢子时的菌落，但较湿润，不粗糙。

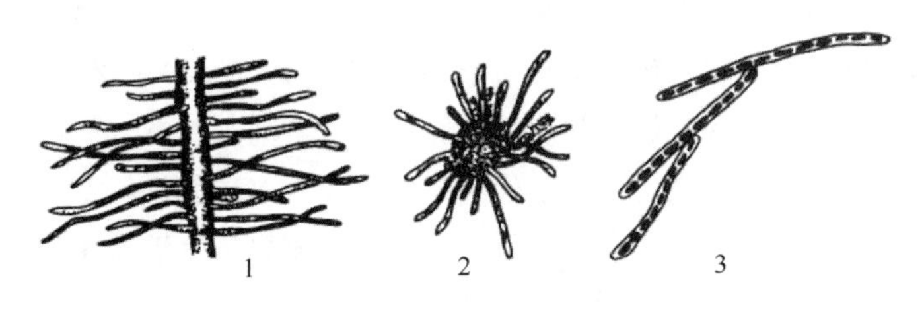

图 4-6　污水处理中常见细菌形态

1—发硫细菌（菌丝一段吸附在植物或其他残片上）；
2—发硫细菌（从活性污泥菌胶团伸出的菌丝）；　3—球衣细菌

鞘细菌专性好氧，适应流水中的生活。鞘细菌是活性污泥中的主要菌群，对于污水中的有机物和毒物有很强的降解作用，活性污泥中常见的鞘细菌有浮游球衣菌（图 4-6）、纤发菌等。该类细菌可应用于污水处理和城市饮用水净化方面，而且可形成含有微量元素的铁、锰沉积物，对于回收贵重金属和有毒金属也有重要的意义。

二、噬菌蛭弧菌

微课 22—蛭弧菌

噬菌蛭弧菌（以下简称蛭弧菌）是一类能寄生于其他细菌并能致其裂解的革兰氏阴性菌，它比一般细菌小，能通过细菌滤器。蛭弧菌是 1962 年从菜豆“叶烧病”假单胞菌中分离噬菌体时首次发现的，以后相继发现其广泛存在于自然界土壤、河水、沿海水域及下水道污水以及动物体的肠道中，一般土壤中含菌数 10^3～10^5 个/g，污水中每毫升含菌数万个，但不存在于干净的井水、泉水中。一般来说，凡是有细菌的地方都有蛭弧菌的存在。寄生和裂解细菌是蛭弧菌独特的生物学特性，因此引起了国内外研究人员的广泛关注和研究，研究发现噬菌蛭弧菌能在农业、工业和医学等领域中进行生物防治、环境保护以及多方面应用，并被誉为“活抗生素”。按照《伯杰氏系统细菌学手册》第二版（2005 年出版）中将蛭弧菌列为变形菌门 δ-变形菌纲蛭弧菌目蛭弧菌科。

1. 蛭弧菌的形态与结构

蛭弧菌具有细菌的一切形态特征，单细胞，菌体呈弧形，杆状或点状，有时也呈螺旋状。蛭弧菌的形状，因不同菌株而有差异。革兰氏染色阴性，长 0.8～1.2μm、宽 0.3～0.6μm，为一般杆状细菌的 1/4～1/3，菌体一端具一带鞘的端生鞭毛，但也有少数菌株有 2～3 根鞭毛；水生蛭弧菌的鞭毛还具有鞘膜。蛭弧菌的鞭毛比其他细菌的鞭毛粗，直径为 21～28nm，长一般为菌体的 10～40 倍，通常呈波状。与鞭毛相对的另一端（头部）有钉状的纤毛，通常为 2～3 根，最多达 6 根，纤毛直径为 4.5～10nm，长为 0.8～1.5μm。蛭弧菌细胞中蛋白质含量可高达 60%～70%，DNA 含量为 5%。

2. 蛭弧菌繁殖及营养

动画 4—蛭弧菌的繁殖

蛭弧菌的整个生活周期可分为识别与定位、侵入、细胞内繁殖和成熟释放阶段（图 4-7）。自由生活阶段的蛭弧菌运动速度极快，蛭弧菌与宿主细胞激烈碰撞后以无鞭毛的一端吸附到宿主细胞上，菌体高速转动，通过释放聚糖酶、脱乙酰酶和肽酶等来穿透宿主菌的外膜和肽聚糖，进入宿主菌的周质空间（细胞壁与细胞膜的间隙），侵入过程只需要几秒。噬菌蛭弧菌进入宿主菌细胞周质空间后，会黏附在宿主细胞内膜上，鞭毛脱落。由于蛭弧菌的侵入，宿主菌被蛭弧菌入侵后胀大成圆球状并立刻死亡，这个阶段叫蛭质体阶段。蛭弧菌在周质空间中生长并复制其 DNA。蛭弧菌通过从宿主细胞分解并摄取营养成分以合成自身所需的核酸、脂肪酸、外膜蛋白等物质，菌体生长为长螺旋状。当蛭弧菌在宿主细胞内发育到一定阶段以后，分化成许多单个的游动的细胞并合成鞭毛变成子代蛭弧菌。随后在酶的作用下蛭质体体壁裂解，子代蛭弧菌从中游离出来，遇到敏感宿主又可重新侵染。完成这一生活周期需 4～6h。

蛭弧菌为兼性厌氧菌，生活方式多样，有寄生型和兼性寄生型，极少数营腐生生活。寄生型必须在特异活宿主细胞或在有其提取物中得到营养或生长因子时才能生长繁殖。蛭弧菌一般不直接利用外界碳水化合物，而以多肽、氨基酸作为碳源和能源用以自身的生长。在自然环境中蛭弧菌一般不能直接利用周围的营养物质，而必须依赖进入宿主细胞内进行生长、发育和繁殖，最后导致宿主菌细胞裂解。蛭弧菌对宿主菌的选择范围比噬菌体广，一株蛭弧菌常可感染许多不同科属的细菌，其对大多数革兰氏阴性菌，如志贺菌属、沙门菌属、埃希菌属、欧文菌属、变形杆菌属、弧菌属、假单胞菌属、钩端螺旋体等均有较强的裂解能力，少数革兰氏阳性菌，如乳酸粪链球菌、乳酸菌、枯草芽孢杆菌和金黄色葡萄球菌等能够被蛭弧菌感染。从鳗鲡肠道分离的蛭弧菌菌株在10～35℃均能够生长，最适生长温度为28℃，当温度低于15℃或30℃时其生长速度明显降低，适合的生长pH范围在7～8之间，最适生长pH为7.5左右。从不同环境和物种中分离的蛭弧菌其生长的温度、pH、NaCl浓度等是有差异的。

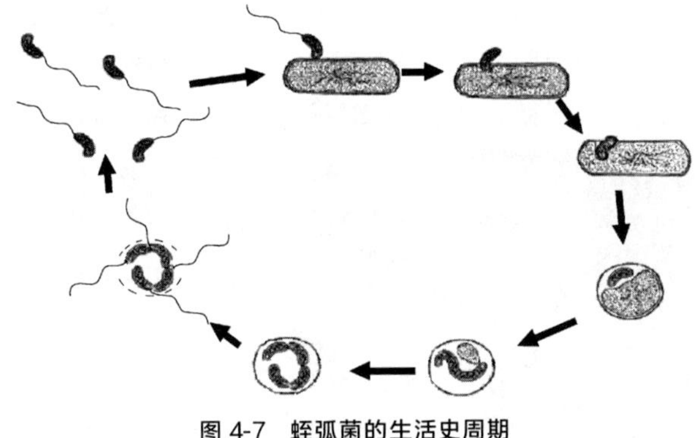

图4-7 蛭弧菌的生活史周期

3. 蛭弧菌培养物的保藏

蛭弧菌在灭菌自来水中、4℃保存，大部分可存活8个月以上，少数菌株存活2个月。4℃温度下，蛭弧菌在自来水宿主软琼脂中存活一定的时间，发现91天时存活菌株占100%，随着保存时间的延长，存活率降低，600天时全部检不出蛭弧菌。以脱脂牛乳作保护剂，冷冻干燥后于4℃冰箱中保存，蛭弧菌培养物2年的存活率为100%。

4. 蛭弧菌在水产养殖生产中的应用

目前，蛭弧菌在鱼虾蟹以及贝类等水产养殖生产中有一定的应用。研究表明，蛭弧菌可以选择性裂解大多数革兰氏阴性菌，其中对溶藻弧菌和副溶血弧菌的裂解率高达98%以上。水产动物细菌性疾病的病原菌主要为气单胞菌属、假单胞菌属、弧菌属，此三属细菌均为革兰氏阴性菌，是噬菌蛭弧菌的裂解对象。另外，蛭弧菌对爱德华菌等常见水产致病菌也有裂解作用；对感染鲤鱼的嗜水气单胞菌有裂解效果，蛭弧菌在5天后使嗜水气单胞菌的浓度下降了10^3CFU/mL，9天后下降了10^7CFU/mL。在凡纳滨对虾育苗生产中，投放蛭弧菌微生态制剂对控制细菌总数有较明显的效果，池水中细菌总数从第3天的5.6×10^4CFU/mL降到第15天的3.7×10^3CFU/mL。同时，蛭弧菌对细菌的裂解作用不受耐药性的影响。有试验表明，蛭弧菌能够裂解各种对牡蛎的致病弧菌，同时也能裂解副溶血弧菌和溶藻弧菌这两种对于人类具有致病性的食源性非弧菌致病菌，有效消除牡蛎中弧菌既是确保牡蛎养殖的成功，也是消除食源性致病菌确保食品安全的重要保证。

此外，由于蛭弧菌大量存在于污水中，对大肠埃希菌和沙门菌属的细菌均有广泛的寄生性，因而有人以蛭弧菌作为水域污染程度的一项最终指标（一般是以大肠埃希菌菌数为指标）。因此，蛭弧菌作为一种微生态制剂在净化水质、消除水生病原菌和预防渔业养殖病害的发生等领域具有一定的应用前景。2015年农业部公告停止生产兽用生物制品“噬菌蛭弧菌微生态制剂（生物制菌王）”。水产用的蛭弧菌仍然存在缺少行业标准等问题。行业主管部门或行业协会应尽快制定水产用噬菌蛭弧菌制剂的行业标准，优化水产用噬菌蛭弧菌制剂的生产工艺，熟化水产用噬菌蛭弧菌制剂的安全应用技术，确保水产用噬菌蛭弧菌制剂安全、有效、质量可控。

三、立克次体、衣原体、支原体

1. 立克次体

立克次体是专性寄生于真核细胞内部的革兰氏阴性的一类原核微生物。立克次体的很多特征介于细菌和病毒之间，在形态结构、化学组成及代谢方式等方面均与细菌类似，具有相似于细菌的细胞结构，具细胞壁，细胞壁外常有一层疏松的黏液层；不产生芽孢，不运动，含蛋白质、多糖、脂类及RNA和DNA两种核酸；以二分裂繁殖。立克次体为多形性，在不同发育阶段及不同寄主体内可出现不同形态，如小杆状、球状、双球菌状或棒状（图4-8），大小为（0.3～0.5）nm×（0.3～2.0）nm。除贝氏柯克斯体（俗称Q热立克次体）外，均不能通过细菌滤器。由于酶系不完整所以需在活细胞内寄生；多数种类在宿主器官上皮组织细胞质中形成嗜碱性包涵体。观察立克次体可用组织切片或组织细胞涂片，常用马基维罗、吉姆萨、碘等染色法（表4-2），多用于病原的快速鉴别。在人工培养时，通常在敏感的动物体内培养，也可进行鸡胚接种和细胞培养。立克次体对低温及干燥的抗性较强，对多种抗生素敏感等。

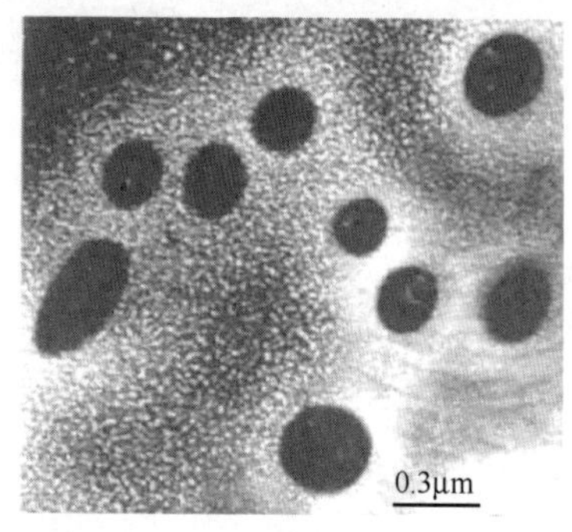

图 4-8 分离纯化的近江牡蛎类立克次体形态（负染电镜）
（张其中等， 2002）

立克次体大多是人畜共患病原体，以节肢动物（虱、蚤、蜱、螨等）为传播媒介，使人和某些动物感染，在水产养殖动物中也能引起疾病，在许多情况下，它们是无害的微生物。自从鲑鱼立克次体被发现以来，已报道立克次体可感染十几种经济鱼类，包括细鳞大麻哈鱼、银鲑、大鳞大麻哈鱼、大西洋鲑、黑点石斑鱼和尼罗罗非鱼等，患病死亡率最高可达90%。我国也有乌鳢感染类立克次体（RLO）的报道，电镜显示细胞内RLO呈圆形或椭圆形，直径0.5～1.5μm；发病率为60%～70%，发病死亡率高达100%。

贝类中发现的立克次体，因尚未确定其具体分类地位，暂称之为类立克次体（RLO），已在大约25种贝类体内发现RLO，其中美洲牡蛎、太平洋牡蛎、硬壳蛤、紫贻贝、海湾扇贝、栉孔扇贝、文蛤、鲍、珍珠贝等都有感染类立克次体发病而大规模死亡的报道。立克次体主要存在于贝类的消化管或消化腺的上皮细胞和分泌细胞中，侵入组织细胞后，可引起感染细胞肿胀、增生、坏死，导致微循环障碍并伴有巨噬细胞、淋巴细胞等浸润和组织坏死；其产生的毒素可使宿主细胞代谢紊乱，血管和肝脏受到破坏，发生广泛的凝血坏死现象。目前尚缺乏控制此类病害的有效药物和方法。由立克次体引起的多种经济鱼类和贝类流行性病害，已严重威胁到水产养殖业并已造成巨大经济损失。

立克次体也可感染甲壳动物，1985年美国得克萨斯州第一次发现对虾感染坏死性肝胰腺炎（NHP），该病原菌在南美洲养虾国家造成了很高的养虾死亡率。研究发现，NHP是由肝胰腺坏死性细菌（NHPB）引发的，NHPB专性细胞内寄生、革兰氏阴性，Loy等人通过16S rRNA分析，把NHPB定义为一种类立克次体的细菌。NHPB可在虾池造成20%～95%的死亡率，还发现NHP可通过冰冻的对虾传播。类立克次体感染还可致海蟹死亡。我国王进科等在患“颤抖病”的中华绒螯蟹病蟹的鳃上皮细胞、肝胰腺细胞及血淋巴细胞中发现存在大量的类立克次体。

表 4-2 立克次体和衣原体的染色方法

染色法	立克次体	衣原体
马基维罗	红色（背景蓝色）	原体、包涵体呈红色；始体（或网状体）呈蓝色
吉姆萨	紫红色（背景蓝色）	原体呈红紫色，包涵体呈深蓝色，始体呈蓝色
碘液	—	包涵体呈褐色
HE 染色	包涵体及单体为深蓝色	

2. 衣原体

衣原体是一类在真核细胞内营寄生生活的原核微生物，具有很多与革兰氏阴性菌相似的特点，能通过细菌滤器。衣原体呈球形或椭圆形，直径 0.2～0.3μm，革兰氏染色阴性，不易着色。衣原体以二分裂方式进行繁殖。在宿主细胞内生长繁殖具有独特的生活周期，即存在原体（EB）和始体（网状体）（RB ）两种形态（图 4-9）。原体细小，呈圆形颗粒状，直径约 300nm，有高度感染性。当原体吸附于易感细胞表面，经胞饮作用进入细胞后，原体逐渐增大成为始体。始体比原体大，直径 800～1200nm，圆形，无感染性，但能在吞噬泡中以二分裂方式反复繁殖，直至形成大量新的原体积聚于细胞质内，形成各种形状的包涵体。当宿主细胞破裂时释放，重新感染新的易感细胞，开始新的发育周期。每个发育周期需 24～48h（图 4-10）。

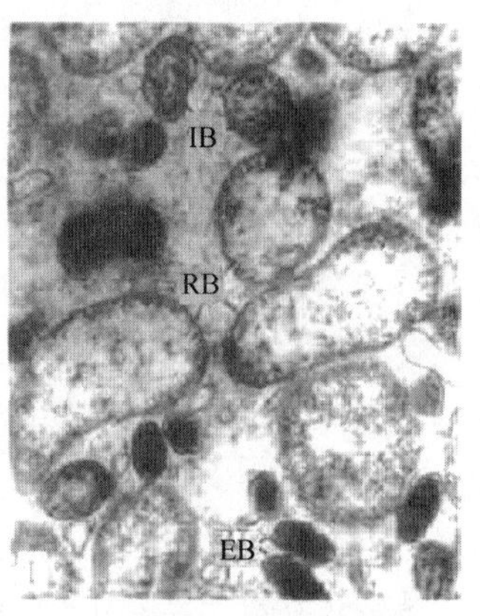

图 4-9 海湾扇贝衣原体样生物（CLO）透射电镜照片
IB—中间体； RB—始体； EB—原体

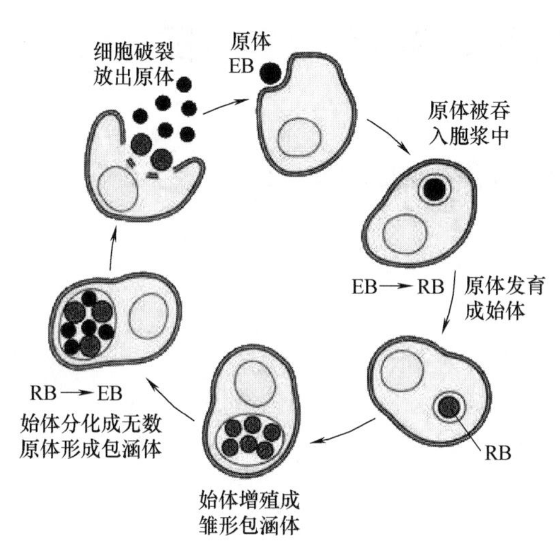

图 4-10 衣原体的发育周期

衣原体对热敏感，56～60℃仅能存活 5～10min。在－70℃可保存数年。0.1％甲醛液、0.5％石炭酸可将其迅速杀死，75％乙醇 0.5min 即可使之死亡。四环素、氯霉素、红霉素、青霉素等可抑制其生长。

衣原体广泛寄生于人类、哺乳动物及鸟类，仅少数致病。与立克次体不同，衣原体引起疾病不需以节肢动物为媒介。1977 年首次在硬壳蛤中发现了寄生在贝类细胞内的衣原体，衣原体寄生于双壳贝类的消化腺上皮细胞内；我国海湾扇贝人工育苗时也发现，因尚未鉴定种类，暂称为类衣原体生物（CLO），类衣原体很可能通过亲贝传染给幼体；衣原体感染可造成幼体和稚贝在短期内大量死亡，死亡率可高达 100％。

3. 支原体

支原体是一类无细胞壁，能在体外营独立生活的最小的单细胞原核微生物。支原体不具细胞壁，因而常呈多形性，基本形状为球形和丝状，尚有环形、星形、螺旋形等不规则形态。丝状形态的支原体常高度分枝，形成丝状真菌样形体（图 4-11），故有支原体之称。支原体小，最小的球形颗粒直径约 0.1μm，一般为 0.2～0.25μm，能通过细菌滤器。革兰氏染色阴性，常不易着色，吉姆萨染色呈淡紫色。

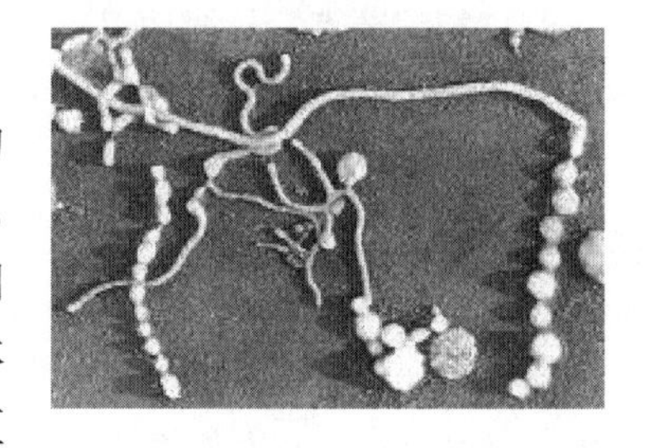
图 4-11 支原体（电子显微照片）

大多数支原体的繁殖方式为二分裂方式。支原体可在人工培养基上生长，但营养要求较高，需在含 10％～20％人或动物血清（提供支原体所需的胆固醇）、腹水、牛心浸汁、酵母浸汁的培养基上才能生长，很多支原体可在鸡胚绒毛尿囊膜上或细胞培养中生长。腐生株营养要求较低，在一般培养基上就可培养。支原体生长缓慢，最快的1～2天，而缓慢株需3个月才形成微小菌落。菌落直径一般为0.1～1mm，最小的仅10～12μm。典型菌落像“油煎荷包蛋”模样，中央较厚，颜色较深，边缘较薄而且透明，颜色较浅，用低倍光学显微镜或解剖镜才能看见。支原体生长后使液体培养基呈轻度浑浊，有的为颗粒状沉于管底或粘于管壁。

支原体对热及干燥抵抗力弱，45℃、30min可被杀灭，对重金属、石炭酸、来苏水等化学消毒剂、各种表面活性剂、脂溶剂敏感，对结晶紫等的抵抗力比细菌大。在分离培养时，培养基中加入少量结晶紫等可抑制杂菌生长。由于支原体无细胞壁，因而对青霉素等抑制细胞壁合成的抗生素不敏感。红霉素、四环素、卡那霉素、链霉素、氯霉素等有杀伤支原体的作用。

支原体在自然界中分布广泛，人类、家畜、家禽、植物甚至土壤、污水中都有发现。支原体大多为腐生菌或无害的共生菌，极少数是动植物的病原菌。至今未见支原体引起鱼类病症的报道。此外，由于支原体可通过除菌滤器，常常造成传代细胞污染，给细胞培养及病毒实验带来困难。为预防此种污染，常需在组织培养中事先加入新霉素或卡那霉素以抑制支原体生长。

技能训练九　放线菌的菌体特征和培养特征

【技能目标】

掌握观察放线菌的实验方法并熟悉放线菌的形态特征及培养特征。

【训练器材】

(1) 菌种　细黄链霉菌、灰色链霉菌。

(2) 培养基配方　高氏1号培养基。

(3) 仪器设备及用品　普通光学显微镜、恒温培养箱、超净工作台、灭菌培养皿、接种环、载玻片、灭菌盖玻片、无菌滴管、镊子、酒精灯、香柏油、擦镜纸、记号笔等。

【技能操作】

一、放线菌菌体特征的观察

1. 插片观察法

(1) 知识要点　放线菌是丝状原核微生物，菌体由菌丝体构成。放线菌的菌丝分为基内菌丝、气生菌丝和孢子丝及孢子三种类型，最后由孢子丝通过横隔分裂等方式形成孢子。不同放线菌孢子丝和孢子的形态多样，孢子丝有直、波曲、钩状、各种螺旋形成的轮生等多种形态。在油镜下观察，放线菌的孢子有球形、椭圆、杆状、圆柱状和瓜子状等。此外，孢子表面特征也因种而异，有光滑、刺状、毛发状等。放线菌的菌体形态特征是放线菌分类鉴定的重要依据。

插片法：将放线菌接种在琼脂平板上，插上灭菌盖玻片后培养，使放线菌菌丝沿着培养基表面和盖玻片的交接处生长而附着在盖玻片上。观察时，轻轻取下盖玻片，置于载玻片上直接镜检。这种方法可观察到放线菌自然生长状态下的特征，而且便于观察不同生长期的形态特征。

(2) 操作步骤　将高氏1号培养基熔化后倒入灭菌的培养皿内制成平板培养基；将灭菌的盖玻片以45°角插入培养基中，插入的深度为平板培养基厚度的1/2或1/3；将菌种接种在盖玻片和培养基相连接的沿线，于28～30℃培养6～15天；用镊子小心取出盖玻片，放在载玻片上（有菌体的一面朝下），置于显微镜下观察。

2. 印片观察法

（1）知识要点　印片法是将要观察的放线菌的菌落或菌苔，先印在盖玻片上，再将印有菌丝体的盖玻片置于显微镜下观察，这种方法主要用于观察孢子丝的形态、孢子的排列及其形状等。该方法简便，但形态特征可能有改变。

（2）操作步骤　将要观察的菌种用划线接种的方式接种到高氏1号琼脂平板培养基上（要求长出单菌落），于28～30℃培养3～7天；用小刀挑取有单菌落的培养基一小块，放在洁净的载玻片上；用镊子取一块洁净的盖玻片在酒精灯火焰上稍微加热后，将盖玻片盖在有单菌落的培养基小块上，并用镊子轻压，使菌落的菌丝体印在盖玻片上；将印有菌丝体的盖玻片放在干净的载玻片上（有菌体的一面朝下），置于显微镜下观察。

3. 结果记录

将观察到的放线菌形态特征以生物绘图的方式绘制下来。

二、放线菌菌落特征的观察

1. 知识要点

在固体培养基上，多数放线菌有基内菌丝和气生菌丝的分化，气生菌丝成熟时进一步分化成孢子丝并产生成串的干粉状孢子，这些气生菌丝或孢子丝伸展在空气中，从而使放线菌产生与细菌有明显差别的菌落特征。但是，对于缺乏气生菌丝或气生菌丝不发达的放线菌，其菌落特征与细菌相似。因此，不同放线菌其菌落特征具有一定差异，这也是放线菌分类鉴定的重要依据之一。

2. 操作步骤

将细黄链霉菌和灰色链霉菌用划线分离法接种于高氏1号平板培养基上，于28～30℃恒温培养3～7天。待放线菌孢子形成后，观察并描述其菌落的大小、表面菌丝体形状（呈崎岖、褶皱、平滑）、气生菌丝团的形状（绒状、粉状、绒毛状）、有无同心环、菌落颜色等特征。将观察到的放线菌菌落特征记录在表4-3中。

表4-3　放线菌菌落特征的记录

菌落特征	细黄链霉菌	灰色链霉菌	菌落特征	细黄链霉菌	灰色链霉菌
菌落大小			有无同心环		
表面菌丝体形状			菌落颜色		
气生菌丝团形状					

【复习思考题】

1. 简述放线菌菌丝的基本结构。
2. 试举例说明放线菌的生活周期。
3. 什么是噬菌蛭弧菌？其在水产养殖中有什么应用意义？
4. 支原体哪些特点是由于缺乏细胞壁而引起的？
5. 简述衣原体的生活史。
6. 简述衣原体与病毒的区别。
7. 在寄生方面，立克次体与衣原体有何不同？
8. 立克次体可引起水产动物哪些疾病？

模块五　真　菌

知识目标：

掌握酵母菌、霉菌的形态、结构；认识酵母菌、霉菌的繁殖方式，了解酵母菌、霉菌生长繁殖的条件；掌握酵母菌、霉菌的菌落特点，了解真菌的鉴定方法，能初步鉴别青霉、曲霉等霉菌；了解水产生物体或水产品、饲料的实验室霉菌检测方法。

能力目标：

能认识待检菌样中真菌的形态及染色特性；能制作待检霉菌标本片，能进行常规染色；能制备真菌培养基，能进行霉菌、酵母菌的分离培养。

素质目标：

培养科学严谨、精益求精的工匠精神；培养绿色渔业的可持续发展理念；培养学生水产饲料安全管理的意识。

真菌是一类低等的真核微生物。真菌的细胞结构一般包括细胞壁、原生质膜、细胞质及细胞器、细胞核。真菌在生长和发育的过程中，表现出多种多样的形态特征。不仅有多种多样的营养体，还有多种多样由营养体转变而成（或产生）的繁殖体。一般来讲，真菌具备五个特性：①细胞具有真正的细胞核；②通常为分枝繁茂的丝状体，菌丝呈顶端生长；③有硬的细胞壁，大多数真菌的细胞壁为几丁质；④通过细胞壁吸收营养物质，为异养型营养；⑤通过有性和无性繁殖的方式产生孢子延续种群。真菌在自然界分布极广，土壤、水、空气和动植物体中均有其存在，水生种类多数生活在淡水中，少数栖息于海洋。真菌种类多，数量大，分别归于酵母菌、霉菌和产生子实体的大型真菌（蕈菌）。《真菌词典》第10版（2008）记载已被描述的真菌种类达97861种，全球每年发现真菌新种数量为800种左右，目前人类认识的真菌仅占1/10。绝大多数真菌对人和动物是有益的，不少种类是重要的工业真菌和医药真菌。但有些真菌可导致食品、谷物、农副产品发霉变质，少数真菌还可导致动植物疾病，或产生毒素直接或间接危害人和动物的健康。

项目一　酵母菌

酵母菌是一个通俗名称，不是一个自然分类群，在《真菌词典》第10版（2008）分类系统中，属于子囊菌门酵母纲和裂殖酵母纲。酵母菌一般具有以下五个特点：①个体一般以单细胞状态存在；②多数营出芽繁殖，也有裂殖；③能发酵糖类产能；④细胞壁常含有甘露聚糖；⑤喜在含糖量较高、酸度较大的水生环境中生长。酵母菌在自然界分布很广，主要生长在偏酸性的含糖环境中，如在水果、蔬菜、蜜饯的表面，果园土壤中最为常见。在油田和炼油厂周围的土壤中，容易找到能利用烃类的酵母菌。在水生动物的肠道、体表等部位存在着不同种类的酵母菌，酵母菌能与鱼类共生，大量存在于鱼鳃、消化道内壁和体表上，对鱼没有致病性。李明等在刺参中分离出红酵母属、假丝酵母属、德巴利酵母属、有孢汉逊酵母属和毕赤酵母属的菌株。高鹏从大连海域的海参肠道中筛选出两株海参肠道高产胞外多糖酵母菌——胶红酵母和季也蒙假丝酵母；齐琼从凡纳滨对虾养殖环境和养殖生物中筛选出28株红酵母菌株，主要有胶红酵母、黏红酵母、毛果红酵母、南美杉红酵母、斯鲁菲亚红酵母、春秋红酵母等。酵母菌种类繁多，已知的酵母菌有56属500多种；其中，来源于我国的有100多种。

酵母菌是人类应用较早的一类微生物，与人类的生活关系十分密切，在酿酒、食品、医药工业等方面占有重要地位。人们从酵母菌体中提取核酸、麦角甾醇、辅酶A、凝血质和维生素等生化药物，利用重组酿酒酵母、重组毕赤酵母生产乙肝疫苗以及利用重组毕赤酵母生产人血清蛋白；在遗传工程研究中，酵母菌也常作为外源基因表达、诱变的宿主菌。酵母菌细胞含有丰富的蛋白质和维生素，具有很高的食用价值和饲用价值，近几年来用于药用、食用或饲料单细胞蛋白（single cell protein，SCP）的生产等方面。但也有少数酵母菌具有危害，能感染鱼类、虾蟹类，使之患病；有些酵母菌能使饲料、食品、纺织品和其他原料腐败变质；少数嗜高渗压酵母菌如鲁氏酵母、蜂蜜酵母可败坏蜂蜜和果酱。

一、酵母菌的形态结构

1. 酵母菌的形态和大小

酵母菌是单细胞微生物，大多数酵母菌呈卵圆形、圆形、圆筒形或柠檬形等。有些酵母菌的形状特殊，呈瓶形、三角形和弯曲形等（图5-1）。有的酵母菌细胞与其子代细胞连在一起成为链状，细胞间仅以极狭小面积相连，细胞串为假菌丝（图5-2）。酵母菌形态取决于酵母菌的种属和培养条件，在一定的培养条件下，都具有相对稳定的形态，为菌种的鉴定依据之一。酵母菌的个体比细菌大，高倍显微镜下即可看清，细胞大小为（1～5）μm×（5～30）μm，最长可达100μm。酵母菌的大小也会随菌龄和环境条件而变化，即使在纯培养中，各个细胞的形态、大小也有差异。

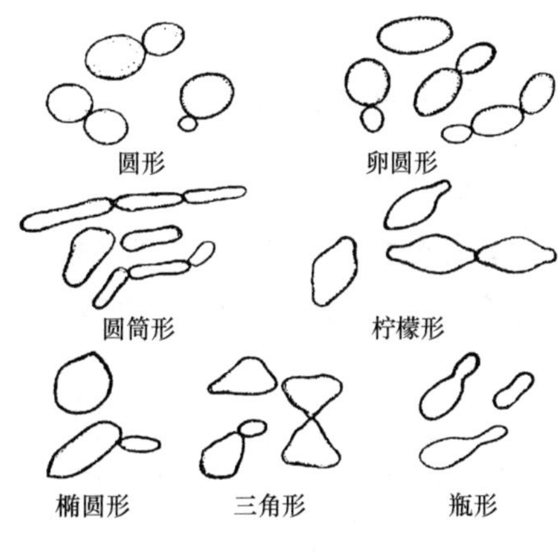

图5-1 各种形态的酵母

2. 酵母菌的细胞结构

酵母菌为真核微生物，具有典型的细胞结构（图5-3）。细胞最外层为细胞壁，其主要成分为葡聚糖和甘露聚糖，此外还含有不等量的蛋白质、脂质和壳多糖（旧称几丁质）。紧贴在细胞壁内的是细胞膜，膜内有细胞质及其内含物、细胞核。幼小细胞的细胞质均匀，其后出现液泡。老年细胞的细胞质中还出现各种颗粒（脂肪滴、异染颗粒等）。酵母菌细胞内具一个明显完整的细胞核，核外包有核膜，核中有核仁和染色体。幼年细胞核呈圆形，常位于细胞中央。成年细胞核由于液泡的逐渐扩大而被挤至一边，常变为肾形。酵母菌细胞质内含有线粒体，为细胞的生命活动提供能源。液泡常靠近细胞壁，其数目和体积随细胞年龄或退化程度而递增，成熟的酵母菌细胞中有一个大型的液泡，内含糖原、多磷酸盐贮藏物和核糖核酸酶、酯酶、蛋白酶等多种水解酶类。除了有溶酶体功能，液泡还有贮存营养物质和维持细胞渗透压的作用；它可以使蛋白酶等水解酶与细胞质隔离，防止细胞损伤。

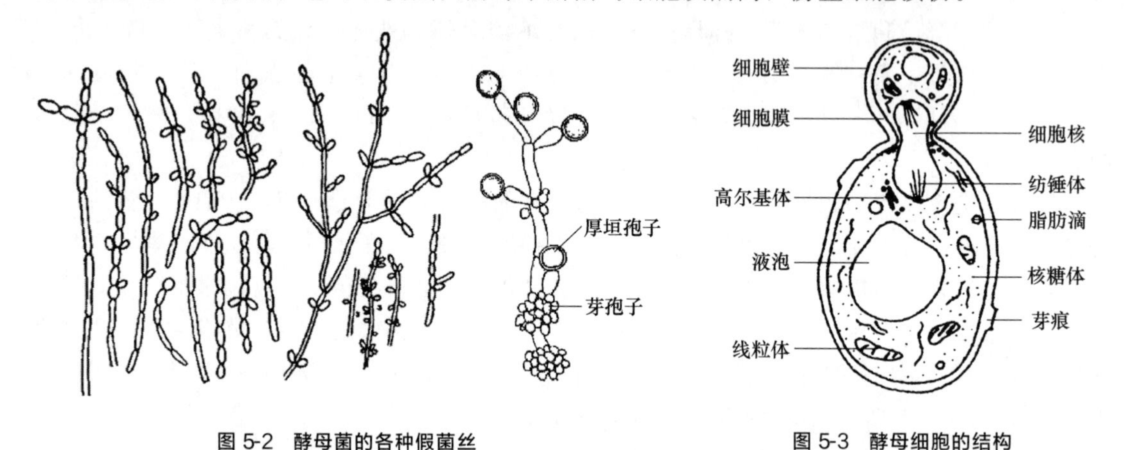

图 5-2 酵母菌的各种假菌丝

图 5-3 酵母细胞的结构

二、酵母菌的生长繁殖

1. 酵母菌的繁殖

(1) 无性繁殖 酵母菌借助裂殖和芽殖两种方式增加细胞数。

① 芽殖 酵母菌细胞以芽生的方式产生子细胞［图 5-4（a)］。

② 裂殖 裂殖是指真菌的营养体细胞一分为二，分裂成两个菌体的繁殖方式。裂殖主要发生在单细胞真菌中，如裂殖酵母菌属［图 5-4（b)］。裂殖方式与细菌的分裂相似。

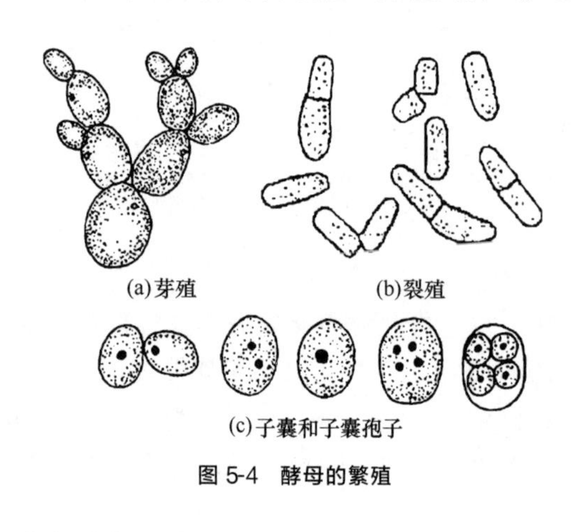

图 5-4 酵母的繁殖

(2) 有性繁殖 酵母菌以形成子囊和子囊孢子的方式进行有性繁殖，即两个临近的酵母细胞各自伸出一根管状的原生质突起，随即相互接触、融合，并形成一个通道，两个细胞核在此通道内结合，形成双倍体细胞核，然后进行减数分裂，形成 4 个或 8 个细胞核。每一子核与其周围的原生质形成孢子，即为子囊孢子，形成子囊孢子的细胞称为子囊［图 5-4（c)］。

2. 酵母菌的生活史

酵母菌的生活史基本有三种类型（图 5-5)，分为单倍体型、双倍体型和单双倍体型。

(1) 单倍体型 单倍体细胞在生活史中占主要地位，称为单倍体型，如八孢裂殖酵母为此类。

(2) 双倍体型 双倍体细胞阶段在生活史中占主要地位，称为双倍体型，如路德类酵母为此类。

(3) 单双倍体型 单倍体营养细胞与双倍体营养细胞在生活史中占的地位相等，即为单双倍体型，如酿酒酵母为此类。

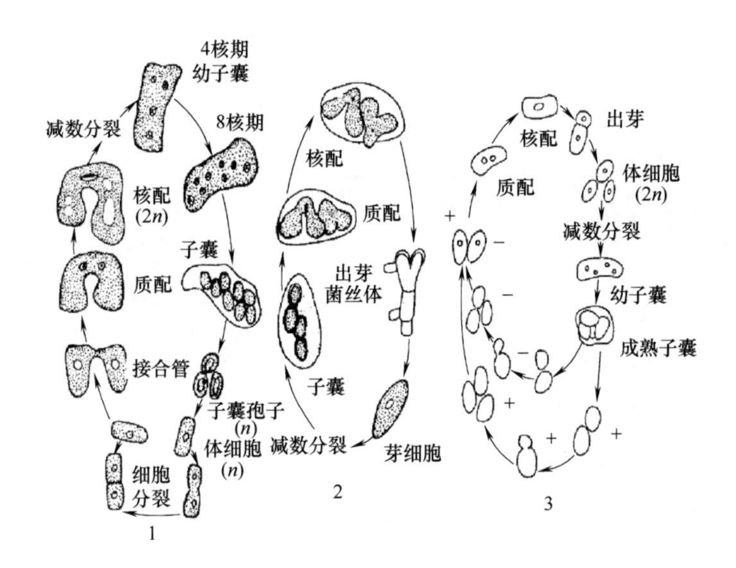

图 5-5 酵母菌的三种生活史

1—单倍体型：八孢裂殖酵母； 2—双倍体型：路德类酵母； 3—单双倍体型：酿酒酵母

3. 酵母菌的群体生长和菌落特征

单独的酵母菌细胞是无色的，酵母菌在固体培养基表面形成的菌落与细菌有些相似，但由于其细胞比细菌大，细胞内颗粒明显、细胞间隙含水量相对较少以及不能运动等特点，因而菌落较大、较厚，表面光滑、湿润、黏稠，用接种环易挑起；菌落多数是乳白色，少数黄色或红色，个别为黑色，菌落正反面和边缘、中央部位的颜色很均匀。有些酵母菌表面是干燥粉状的，有些种培养时间长，菌落呈皱缩状，还有些种可以形成同心环等。不产生假菌丝的酵母菌其菌落更为隆起，边缘十分圆整，而产生大量假菌丝的酵母菌，则菌落较平坦，表面和边缘较粗糙。

酵母菌在液体培养基中的培养特征因菌种不同而有差别，有的在液面上形成菌膜（或称菌醭），有的在培养基中均匀生长，有的在底部形成沉淀，发酵型的酵母菌产生二氧化碳气体使培养基表面充满泡沫。

三、水产常见酵母菌

酵母菌是人类在生产实践中应用较早的一类微生物。近年来，随着水产养殖技术的发展，酵母菌作为蛋白源饵料和微生态制剂得到了广泛应用。

1. 水产养殖饲料酵母

饲料酵母是用酒精废液、味精废液、亚硫酸纸浆废液、石蜡油或糖蜜等作原料，以热带假丝酵母、产朊假丝酵母为菌种，在发酵罐内经培养繁殖而获得的菌体浓缩物。饲料酵母含有 45%～56%的蛋白质，消化率高，并含有 20 多种氨基酸，其中包括 8 种必需氨基酸。按原料来源和生产工艺（图 5-6）不同，饲料酵母分为石油酵母、糖蜜酵母、纸浆酵母、酒精酵母和啤酒酵母等。目前我国用于生产酵母的原料主要来源于食品工业及轻工业的副产品或下脚料，例如酿酒、制糖等过程中的副产品以及亚硫酸纸浆废液等。

海洋酵母是指分离自海洋环境，具有较高的耐盐度，并且在海水里存活时间比在淡水里

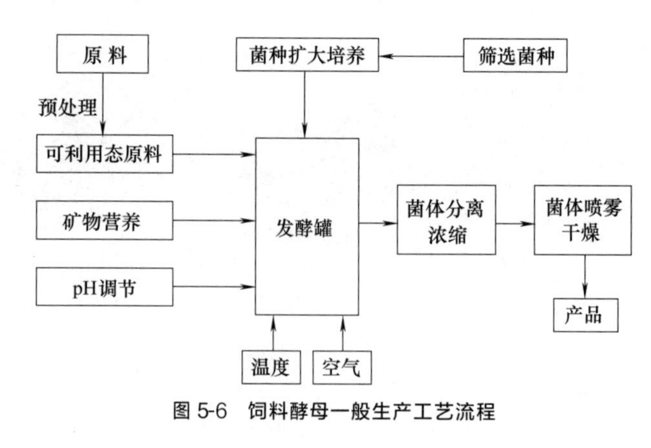

图 5-6 饲料酵母一般生产工艺流程

存活时间长，或者在海水培养基中比在淡水培养基中生长好的酵母。海洋酵母细胞一般呈圆形、椭圆形或圆柱形，个别种类可形成假菌丝。细胞长3～10μm，宽1.5～5.5μm；其形态和大小受培养条件和培养时间的影响常会发生改变；菌落呈乳白色或粉红色。繁殖方式主要为芽殖，少数为裂殖，条件适宜时有些种类可进行有性繁殖。最适生长条件为温度18～28℃、pH值4～6，盐度2%～3%。海洋酵母细胞中含有丰富的营养成分，蛋白质含量占细胞干重的30%～50%，含有鱼类、甲壳类所需的10种必需氨基酸，除甲硫氨酸和色氨酸含量略低外，其他必需氨基酸均很丰富；糖的含量为35%～60%，主要为酵母多糖，是海洋酵母细胞壁的组成成分，还包括糖元等贮存物质，尤其是还含有具有免疫活性的多糖类物质，能增强海产动物的抵抗力；脂类含量为1%～5%；海洋酵母细胞中还富含多种维生素、矿物质和各种消化酶，能促进各种饵料的消化吸收。海洋胶红酵母已被用于海参育苗，可直接为海参幼体提供营养，提高幼体成活率。海洋红酵母在医药、食品、化工和农业等方面得到了越来越广泛的重视。

2. 产虾青素酵母

红发夫酵母为红发夫酵母属的唯一种，也是唯一天然可产虾青素的酵母。红发夫酵母以卵圆形单细胞为主，大小为（3～6）μm×（5～12）μm；也有几个细胞连在一起的成团细胞，用玻璃珠、超声波均难于打散。有时细胞呈假菌丝状，长×宽为（3～5）μm×（10～17）μm。在普通光学显微镜下，红发夫酵母细胞不呈红色，细胞内无红色颗粒；在荧光显微镜下细胞不发荧光，提纯的虾青素结晶颗粒在荧光显微镜下发荧光。红发夫酵母为专性好氧菌，在YM平板培养基上培养一周，菌落直径1～2mm，高0.5～1mm。将平板置4℃冰箱内，菌落继续增大加厚，至2个月菌落直径可达5～6mm、厚1～1.2mm；菌落表面颜色呈橘红色至深红色，但内部的菌群为土白色，这说明细胞产生类胡萝卜素需要大量氧气。菌落表面上凸，菌落边缘整齐；菌落红色色度越深越有光泽，其所含虾青素的量越高。在YM液体表面形成一层红色菌膜，随着表面菌体的增多，部分老的细胞下沉。

红发夫酵母属于兼性嗜冷的低温型微生物，最适生长温度为23～25℃，最高生长温度为26～27℃，最低生长温度≤4℃；最适生长pH为6.0，色素形成的最适pH为5.0。

葡萄糖和蔗糖为培养红发夫酵母的最佳碳源，菌体生长和色素合成量最高。农副产品中以玉米水解液的菌体生长量最高。酵母膏是最佳氮源，既利于菌体的生长也利于色素形成。

目前红发夫酵母的研究主要集中在高产虾青素菌株的选育、廉价培养基的开发和培养工艺的优化方面。

3. 酵母引起的水产动物疾病

近几年发现许多酵母菌可以引起水产动物疾病。许多假丝酵母菌属的种类能感染海洋鱼类；鱼类和虾类也能因感染酵母菌而致病死亡，如从鲑科鱼类胃膨胀病鱼的胃内容物中分离培养出卵圆形的清酒假丝酵母，病鱼因腹部膨胀不能摄食而衰弱死亡。我国也有罗氏沼虾亲虾受莫格球拟酵母感染发生大批爆发性死亡的报道。很多酵母菌是海洋动物的条件致病菌，偶尔会引起鱼虾类疾病，但大部分的酵母菌对于养殖在良好环境中的健康鱼虾是无害的。当鱼虾免疫功能下降，或者鱼虾处在不良的生长环境中，有些酵母菌也会引起有病鱼虾类产生真菌败血症。

项目二 霉菌

霉菌通常是指在基质上长出肉眼可见的绒毛状、棉絮状或蜘蛛网状的丝状真菌，为通俗名称。在潮湿的气候条件下，霉菌大量生长繁殖，长出肉眼可见的菌丝体。霉菌在自然界的分布极广，土壤、水域、空气、动植物体内外均有霉菌的存在，有较强的陆生性。霉菌的种类和数量惊人，腐生型霉菌作为分解者在自然界的物质转化中起着十分重要的作用。霉菌是工农业生产中广泛应用的一类微生物，食品工业上被用于生产各种食品，如酿制酱、酱油、干酪等；在发酵工业中，被广泛用来生产酒精、抗生素（青霉素、灰黄霉素等）、有机酸（柠檬酸、葡萄糖酸、延胡索酸等）、酶制剂（淀粉酶、果胶酶、纤维素酶等）、维生素（维生素 B_2 等）、甾体激素等；在农业上用于发酵饲料，生产植物生长刺激素（赤霉素）、杀虫农药（白僵菌剂）等；在环境治理上，霉菌可应用于污水处理中。霉菌是造成许多食品发霉变质的主要原因，有些霉菌能产生毒素，黄曲霉毒素可引起动物的肝、肾、神经组织、造血组织等受损，致使人和动物发生急性和慢性中毒；有些霉菌是动植物的病原菌，可引起动植物的浅部病变和深部病变，如动物皮肤癣、鱼水霉病、马铃薯晚疫病、小麦锈病和稻瘟病等。

一、霉菌的形态结构

动画 5—霉菌的菌丝及生长

霉菌菌丝生长、分枝，互相交错成团，称为菌丝体。霉菌菌丝可分为基内菌丝和气生菌丝。基内菌丝向培养基或被寄生的组织内生长，吸取和合成营养以供自身生长，故又称为营养菌丝。气生菌丝向空气生长；部分气生菌丝可发育转化成繁殖菌丝，产生孢子。在液体培养基中，霉菌没有气生菌丝和基内菌丝的分化。大多数的霉菌菌丝是透明的，一些霉菌分泌某种色素于菌丝体外，或分泌有机物质呈结晶状附着于菌丝表面。霉菌菌丝的细胞构造基本上亦类似于酵母菌细胞，具有细胞壁、细胞膜、细胞质、细胞核、线粒体、核糖体等（图 5-7）。幼龄时细胞质充满整个细胞，老年细胞则出现较大的液泡，其内贮藏各种物质，如脂肪滴和异染颗粒等。细胞壁厚度为 100～250nm，除少数低等水生霉菌细胞壁中含有纤维素外，大多数真菌细胞壁的化学成分是几丁质。

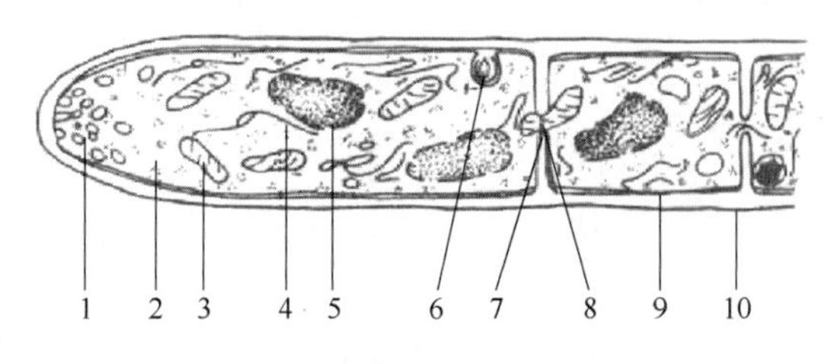

图 5-7 真菌细胞结构示意图

1—泡囊；2—核蛋白体；3—线粒体；4—内质网；5—细胞核；6—膜边体；7—隔膜；8—隔膜孔；9—细胞膜；10—细胞壁

霉菌菌丝在光学显微镜下呈管状（图 5-8），平均宽度为 3～10μm，比一般细菌的宽度大几倍到几十倍，与酵母菌细胞的宽度差不多。在普通显微镜下放大 50～400 倍即可看清。菌丝的直径比细菌、放线菌的菌丝横径宽，菌丝分有隔菌丝和无隔菌丝。有隔菌丝由隔膜分段，将菌丝分成一连串的细胞，隔膜有的无孔，有的有 1 孔或多个小孔，使细胞质互相流通。高等真菌的菌丝有隔膜，如青霉、木霉、镰刀霉和曲霉等的菌丝为有隔菌丝。无隔菌丝呈管状，无隔膜，细胞内有许多核，整条菌丝就是一个多核的单细胞。低等真菌的菌丝为无隔菌丝，如水霉、绵霉、毛霉和根霉的菌丝。不同种类的霉菌有不同形态的菌丝，故可用于鉴别霉菌，但不同种类的霉菌也可有相似的菌丝。

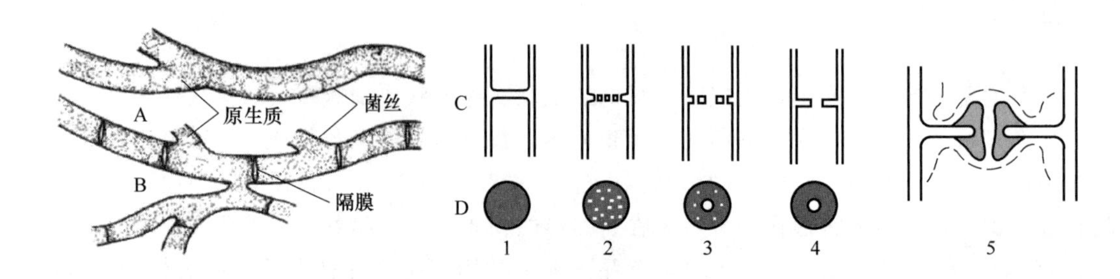

图 5-8 霉菌菌丝和菌丝隔膜类型

A—无隔菌丝； B—有隔菌丝； C—纵剖面； D—横剖面

1—全封闭隔膜（低等真菌）； 2—多孔型（白地霉）； 3—多孔型（镰刀菌）； 4—单孔型（子囊菌）； 5—桶孔型（担子菌）

二、霉菌的生长、繁殖及菌落特征

1. 霉菌的生长

霉菌生长一般是由孢子萌发开始，产生一短的芽管，菌丝从这个中心点向各方向均等生长。菌丝体的生长点是菌丝的顶端，通过顶端延长而生长成丝状体，顶端之后的菌丝细胞壁变厚而不能延长。丝状真菌生长过程中产生繁茂的分枝，在第一次分枝上产生第二次分枝，连续不断，最终形成一个典型真菌菌落的轮廓（图 5-9）。在琼脂平板培养基上生长的霉菌菌落，大多数菌丝的分枝是在菌丝顶端之后的某一距离发生，而且新的分枝总是向前或朝向菌落的边缘，显示了霉菌菌丝的顶端优势。由于分枝的交替，往往使彼此之间交错生长的菌丝发生融合，导致了核和细胞质的交换，所以在单一菌丝中往往可以发现不同的细胞核（异

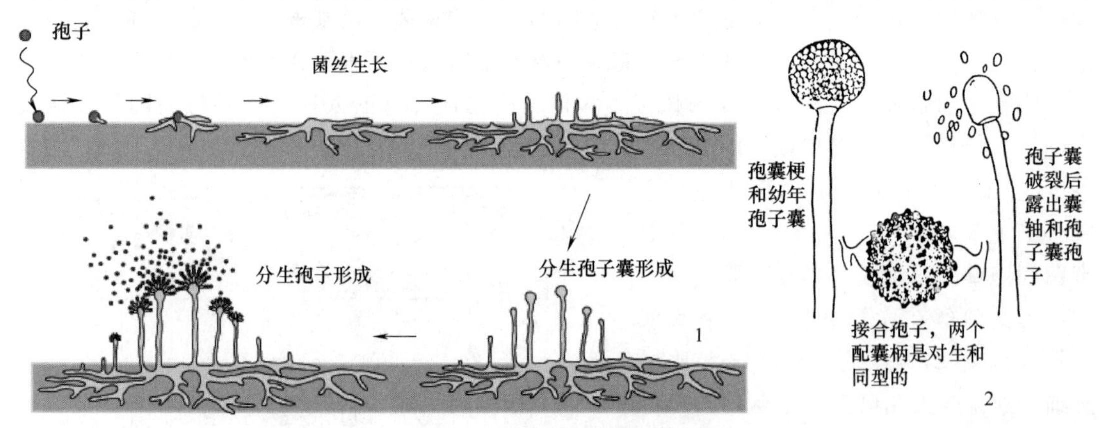

图 5-9 霉菌的生长和繁殖

1—霉菌的生长； 2—毛霉（示孢子囊和接合孢子囊）

核现象）和不同的细胞质（异质现象）。

2. 霉菌的繁殖

大部分真菌都能进行无性与有性繁殖，并且以无性繁殖为主。繁殖形式受遗传、营养物质和环境条件的控制，有些菌种缺少无性繁殖阶段，而有些菌种缺少有性繁殖阶段；环境因素，例如温度、光照、pH、通气情况以及营养条件等对真菌的繁殖形式也会产生影响。

霉菌经过营养生长阶段之后便进入繁殖阶段。霉菌可以通过断裂、出芽和产生孢子的方式进行无性繁殖，同时又可以通过配子的融合和减数分裂产生有性孢子而进行有性生殖。生殖现象包括配子、孢子和它们相应繁殖结构的形成。霉菌繁殖可形成抵御不良环境和有利于传播的孢子，以利于种的延续。霉菌孢子的形态特征是分类的重要依据。孢子具有小、轻、干以及形态色泽各异、休眠期长和抗逆性强等特点，但与细菌的芽孢却有很大的区别（表 5-1）。

表 5-1 真菌孢子与细菌芽孢的比较

比较内容	真菌孢子	细菌芽孢
对热的抗性	弱，60～70℃短时间内即死	强，短时间煮沸常不死
数量	一条菌丝可产生多个孢子	一个细菌只产生一个
作用	为繁殖方式之一	为休眠状态
形态及形成位置	形态多样，可在细胞内（内生孢子）或细胞外（外生孢子）	圆形或椭圆形，在细胞内

(1) 无性繁殖和孢子类型 大多数霉菌借助无性繁殖产生后代。许多低等真菌，如壶菌纲、卵菌纲和接合菌纲均先形成孢子囊，然后分割细胞质形成单核的无性孢子（主要是游动孢子和孢囊孢子）。在高等真菌中，则由菌丝特化形成孢子梗，在梗上产生分生孢子。

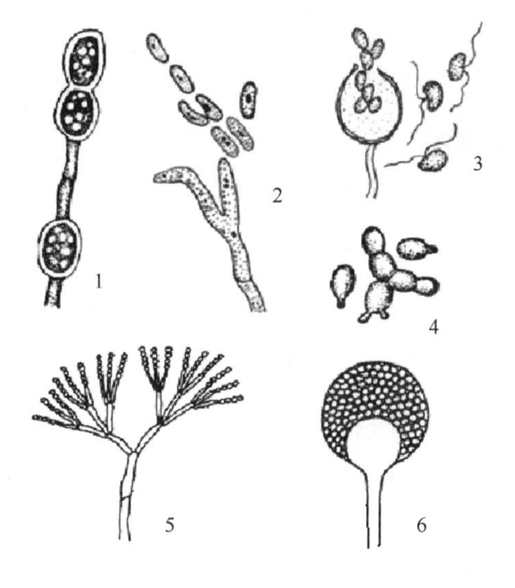

图 5-10 真菌的无性孢子

1—厚垣孢子； 2—节孢子； 3—游动孢子； 4—芽孢子； 5—分生孢子； 6—孢子囊和孢囊孢子

不经过性结合而产生的孢子是无性孢子，包括游动孢子、孢囊孢子、分生孢子、芽孢子和厚垣孢子（图 5-10）等。无性孢子有的产生在一定的结构里，如游动孢子囊、孢子囊、分生孢子器、分生孢子盘等。孢子形态多样，常有球形、卵形、椭圆形、肾形、线形、针形、镰刀形等。孢子的形状、颜色、细胞数目、排列方式、产生形式都有种的特征性，因而可作为鉴定菌种的依据。

① 孢囊孢子 孢囊孢子产生在孢子囊内［图 5-10（6）］，无鞭毛，不能游动，又称静止孢子。孢子囊一般产生于气生菌丝的顶端或在孢囊梗的顶端。孢子囊与孢囊梗间的隔膜一般均凸出成圆形、卵圆形或梨形，凸出的部分即称为囊轴。有些属除有一般的孢子囊外，有时同时产生只有少数孢子的小孢子囊，小孢子囊一般无囊轴。孢囊梗有多种类型，不分枝、双叉分枝或不规则分枝。孢囊梗的类型常作为分类的依据。孢子囊的形状在不同的种属中有所不同，一般呈圆形、梨形或狭圆柱形，不同真菌的孢子囊结构也不完全相同。孢囊孢子通常由孢子囊中的原生质割裂成小块，再在其周围形成壁。孢囊孢子内含有细胞核及细胞质成分的混合物，包括核糖体、线粒体、脂肪粒、液泡等。孢囊孢子的数目一般都相当多，如毛霉、根

霉。孢子囊成熟后遇水即消解，孢囊孢子就自然释放出来。

② 游动孢子　游动孢子产生于一定形式的游动孢子囊内［图 5-10（3）］。孢子囊以割裂的方式将多核的原生质体分割成许多小块，每一小块有一细胞核，小块逐渐变圆，覆以薄膜而形成游动孢子。游动孢子无细胞壁，呈球形、梨形或肾形，1～2 根鞭毛，鞭毛有尾鞭式和茸鞭式两种类型。游动孢子成熟以后从孢子囊特有的管口或孔口释放，或孢子囊破裂释放。游动孢子被动地随水流游动，在水中游动一定时期后，鞭毛收缩，产生细胞壁，转变为休止孢，休止孢萌发时长出芽管而侵染寄主。产生游动孢子的真菌多为水生真菌，如壶菌纲和卵菌纲的一些种类。

③ 分生孢子　分生孢子是真菌中最常见的无性孢子，其形状、大小、结构以及着生的方式多种多样。分生孢子产生于由菌丝分化而形成的分生孢子梗上［图 5-10（5）］，顶生、侧生或串生，形状、大小、结构多种多样，单胞或多胞，无色或有色，成熟后从孢子梗上脱落。分生孢子可以在菌丝上直接产生，但常见产生在由菌丝分化而成的、不分枝或有分枝的分生孢子梗的顶端或侧面，有些真菌的分生孢子梗直接形成在菌丝上［图 5-11（1）］，有些则产生在一定形状的产孢结构上（如分生孢子盘、分生孢子器等）［图 5-11（2）～（4）］。分生孢子是外生无性孢子的统称，包括芽殖产生的芽孢子、芽殖型分生孢子、断裂方式产生的节孢子、裂殖方式产生的裂殖孢子以及其他各种类型的分生孢子。

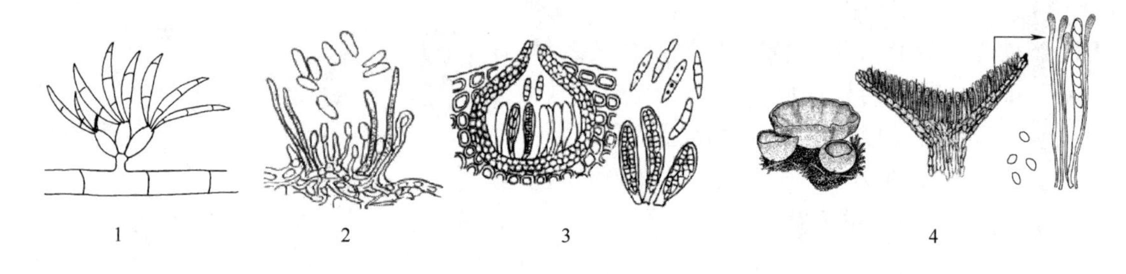

图 5-11　产孢结构

1—分生孢子梗；2—分生孢子座；3—分生孢子器；4—分生孢子盘

④ 厚垣孢子　某些真菌生长到一定阶段，由菌丝体个别细胞膨大、原生质浓缩、细胞壁加厚而成为有休眠功能的孢子，厚垣孢子经常在老化的菌丝中产生。厚垣孢子［图 5-10（1）］产生在菌丝的顶端或菌丝中间，在无隔菌丝中，菌丝中形成全封闭的隔膜而与菌丝其他细胞切断，形成厚垣孢子。在有隔菌丝中，往往在较老的菌丝部位形成厚垣孢子。厚垣孢子通常呈球形或近球形，表面一般具有刺或瘤状突起，单生或多个连在一起。厚垣孢子是一种可抵抗不良环境的休眠孢子，真菌能借以渡过高温、低温、干燥和营养贫乏等不良环境，一旦遇到适宜的环境条件它们便萌发产生菌丝。厚垣孢子在植物病原菌中较常见。

同一种真菌，在各个时期，可能先后或同时存在着各种类型的孢子。除上述繁殖方式以外，有些真菌能产生掷孢子，如掷孢酵母属等少数酵母菌，即在细胞上生小梗，其上再生肾形或镰刀形的孢子。

（2）有性繁殖和孢子类型　霉菌的有性繁殖是指经过两个性细胞（配子）或者两个性器官（配子囊）结合而进行的一种生殖方式，产生的孢子称为有性孢子。有性孢子有 4 种类型。

① 卵孢子　卵孢子为卵菌门（如水霉）的有性孢子的代表。卵孢子是由两个异形配子囊结合后发育而成的。繁殖时在菌丝上生出配子囊，小型的称为雄器，大型的称为藏卵器。

在藏卵器中，原生质在与雄器配合之前收缩成一个或数个原生质小团，称为卵球。当两个异形配子囊配合时，雄器的内容物（核与质）通过受精管进入卵球配合，此后卵球生出外壁，发育成双倍体的厚壁的卵孢子（图 5-12）。

② 接合孢子 接合孢子是接合菌门典型的有性孢子。它由菌丝上生出的形态相同或略有不同的两个配子囊接合而成，有同宗接合（来自一个芽孢子囊内的孢子产生的同宗菌丝）和异宗接合（不能以雌、雄加以区别，而以“+”“-”命名）两种形式，同宗配合是自体可孕的，异宗配合是自体不孕的。当两个临近的菌丝相遇时，各自向对方生长极短的侧枝，称为原配子囊。两个原配子囊接触后，各自的顶端膨大并形成横隔，隔成一个细胞，称为配子囊。两个配子囊之间的隔膜消失后，质与核各互相配合形成双倍体的接合孢子（图 5-13）。

③ 子囊孢子 子囊孢子是子囊菌门的真菌有性生殖所形成的有性孢子。在较高等的子囊菌中，是由两个异形配子囊——雄器和产囊体相结合而产生的。在产囊体上形成许多丝状分枝的产囊丝，产囊丝顶端细胞伸长并弯曲形成产囊丝钩，而后形成一囊状的子囊母细胞。由子囊母细胞发育成子囊（图 5-14），在子囊内形成单倍体的子囊孢子（图 5-15）。子囊是一种囊状结构，形状有球形、棒形、圆筒形等，子囊孢子的形状差异也很大。

④ 担孢子 担孢子是担子菌所产生的有性孢子。

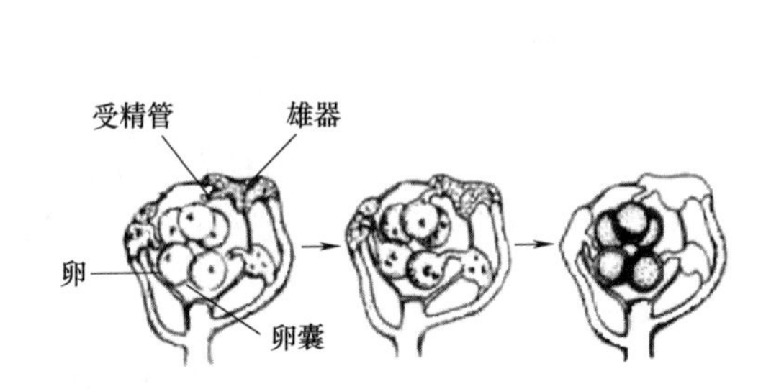

图 5-12 水霉菌的卵式生殖

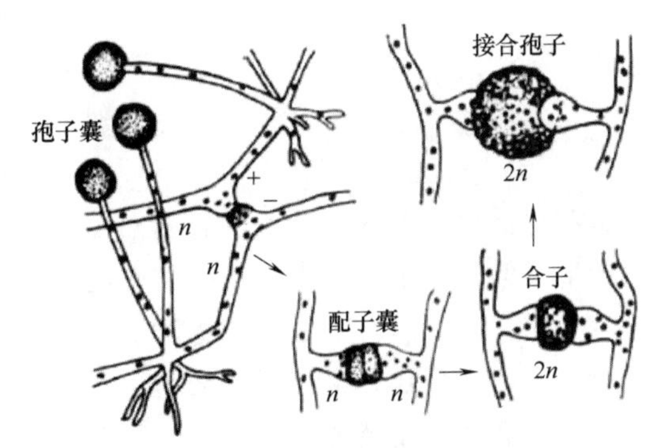

图 5-13 黑根霉的异配生殖

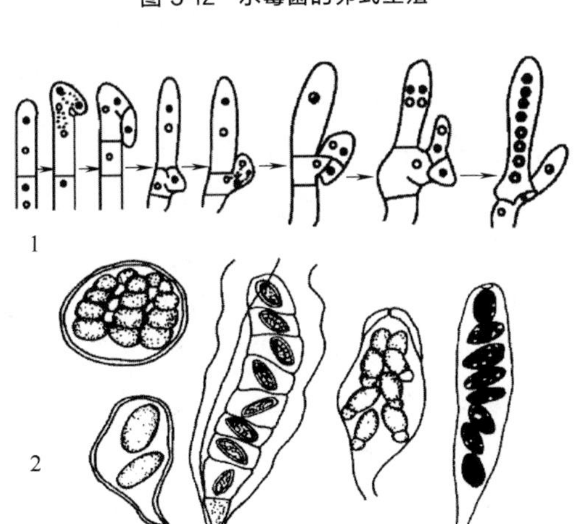

图 5-14 子囊孢子的形成过程及各种形态的子囊

1—子囊孢子的形成过程；2—各种形态的子囊

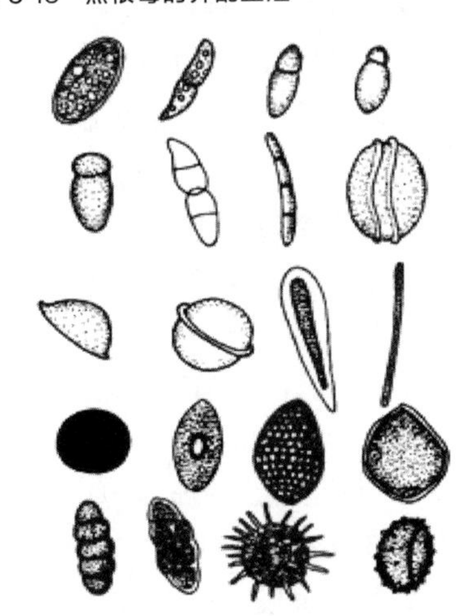

图 5-15 子囊孢子的类型

综上所述，霉菌孢子具有小、轻、干、多以及形态色泽各异、休眠期长和抗逆性强等特点，每个个体产生成千上万的孢子，有时达几百亿、几千亿甚至更多，有助于霉菌在自然界中随处散播和繁殖。孢子的这些特点有利于接种、扩大培养、菌种选育、保藏和鉴定等工作，而对人类生活的不利之处则是容易造成物品污染、霉变和易于传播动植物的霉菌病害。

3. 霉菌的生活史

霉菌的生活史是指霉菌孢子经过萌发、生长和发育，最后又产生同种孢子的整个生活过程。典型的霉菌生活史包括无性阶段和有性阶段（图 5-16），其间各类霉菌产生各式各样的有性孢子和无性孢子。

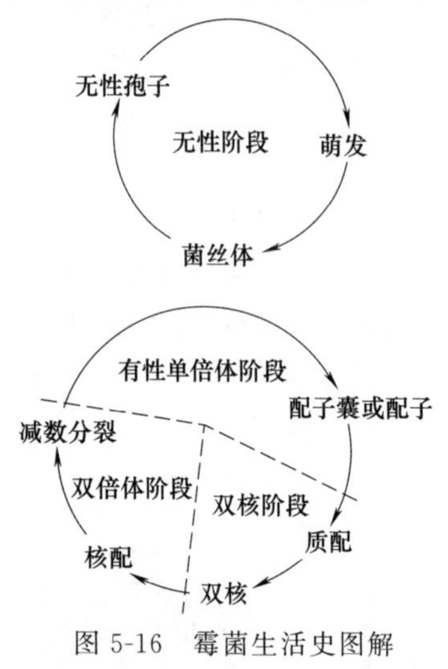

图 5-16 霉菌生活史图解

霉菌经过一定时期的营养生长就进行无性繁殖产生无性孢子，无性孢子在适当的条件下便萌发形成芽管，再继续生长形成新菌丝体，在一个生长季节里还可以再产生若干代无性孢子，产生若干代菌丝体。在适宜的条件下，无性繁殖阶段可以反复独立循环，连续发生多次，经过的时间较短，产生的无性孢子数量大，对动植物病害的传播、蔓延作用很大。

霉菌无性孢子萌发产生的菌丝体通常在营养生长后期进行有性生殖，产生有性孢子，有性孢子萌发产生的菌丝体经一定时期的营养生长后进行无性繁殖，又产生了无性孢子，这就是真菌的一个完整生活史。

霉菌的种类繁多，其生活史表现出复杂的多型性。不同霉菌生活史有差异，有的没有或未发现有性阶段，有的没有无性阶段，有的在其生活史中不产生任何的孢子。水生生物病原霉菌的生活史与病害的侵染循环是密切相关的，只有熟悉其生活史，方能制订有效的病害防治措施。

以下介绍几种代表霉菌的生活史。

动画 6—水霉的生活史

（1）水霉菌的生活史 水霉菌丝体为没有横隔的多核体，无色，多分枝；一种菌丝是短的根状菌丝，穿入寄主的组织中吸收养料；另一种为细长分枝的菌丝，从基质表面向外生长形成分枝繁茂的无色菌丝体。在良好的环境下，菌丝顶端膨大，多数细胞核向此处流动，并在膨大部分的基部产生横隔壁，形成 1 个长筒形的游动孢子囊，其中产生游动孢子，成熟后由孢子囊顶端的小孔释放出大量带有顶生双鞭毛的梨形游动孢子，称初生孢子。初生孢子游动不久后（一般几秒到几分钟不等），鞭毛收缩，变为球形的静孢子。几小时后静孢子又萌发变成具 2 根侧生鞭毛的肾形游动孢子，称次生孢子，次生孢子再次游动于水中。水霉属大部分有两种游动孢子，称双游现象。次生孢子不久又变为静孢子，即在新寄主上萌发再发育为新菌丝体（图 5-17）。

无性生殖若干代后，在不利的环境下，水霉进行有性繁殖，即在菌丝顶端产生藏卵器和雄器（图 5-17）。藏卵器中产生多个卵球，有的可达 30 个。雄器较小，长形，多核，通常和藏卵器在同一菌丝上，紧靠着藏卵器。雄器通过 1 个至数个丝状受精管与卵球进行质配和核配，此后发育成二倍体的合子——卵孢子。卵孢子经过休眠后，从卵囊放出，开始萌发，先减数分裂，然后形成芽管，再形成菌丝体。如此即完成其生活循环。遇环境不适，生长不良时，在菌丝顶端或中间可见球形、长圆形或不规则形的厚壁孢子（芽孢子）。

（2）匍枝根霉的生活史 匍枝根霉无性繁殖是由菌丝形成孢囊梗，其顶端发育成孢子囊，囊内生孢囊孢子。成熟后，孢子囊壁破碎，散出孢囊孢子。孢囊孢子遇适宜环境又萌发

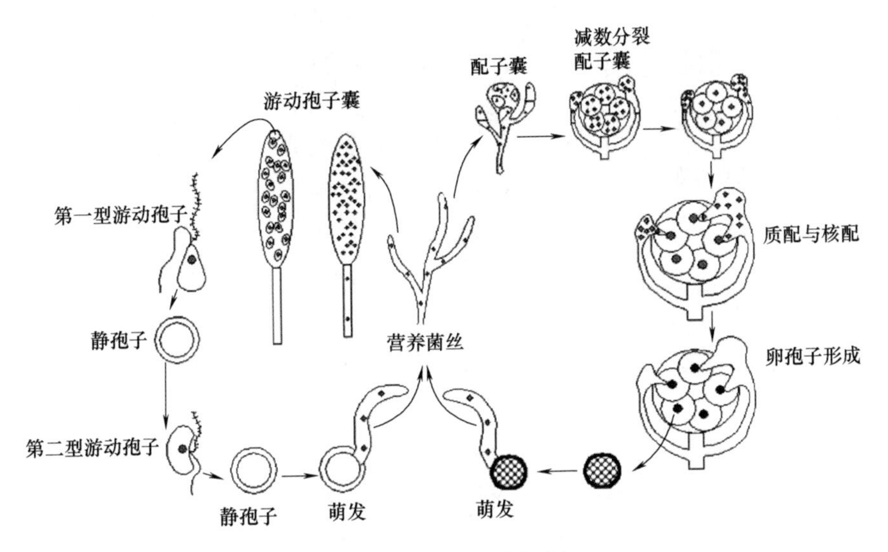

图 5-17 寄生水霉的生活史

成菌丝。有性生殖通过“+”“–”两系菌丝各自所形成的配子囊相互结合后产生接合孢子。在接合孢子萌发过程中行减数分裂，并形成芽管破壁而出，而且芽管伸长后，其顶端可直接形成孢子囊，内生孢囊孢子。孢子萌发又形成菌丝（图 5-18）。

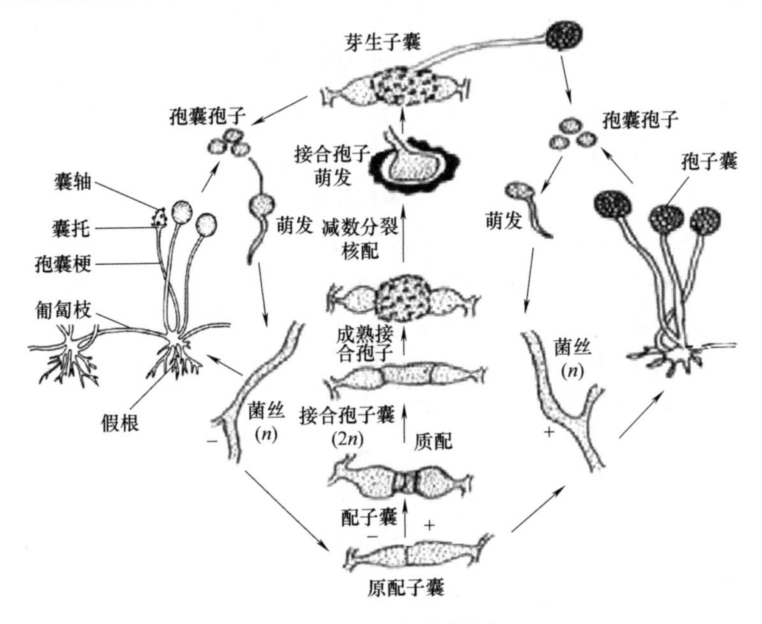

图 5-18 匍枝根霉生活史

（3）**烟色红曲霉生活史** 烟色红曲霉进行无性繁殖时，在菌丝或其分枝的顶端直接产生分生孢子，分生孢子萌发后即形成菌丝。有性生殖是在菌丝顶端或侧枝顶端首先形成一个单细胞多核的雄器。随后雄器下面的细胞生出一个细胞——原始的雌性器官，即产囊器前身。雌性器官在顶部又发生一隔膜，分成两个细胞，顶端的细胞为受精丝，另一细胞即产囊器。当受精丝尖端与雄器接触后，接触点的细胞壁解体产生一孔。雄器内的细胞质和核，通过受精丝而进入产囊器内。此时只进行质配，细胞核则成对排列，并不结合。与此同时，在两

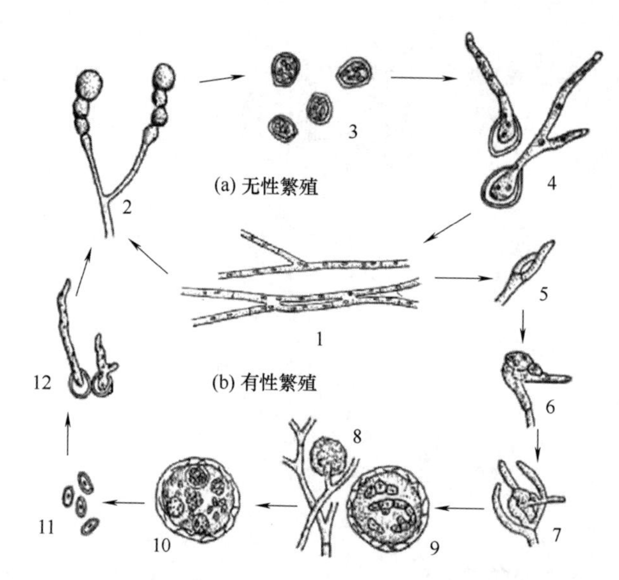

图 5-19 烟色红曲霉生活史

1—菌丝间的联结现象； 2，3—分生孢子梗和分生孢子； 4—分生孢子萌发；
5—雄器与产囊器； 6—受精丝形成； 7—形成不育菌丝将雌雄二器包围；
8—原闭壳囊； 9—原闭壳囊（剖面）； 10—闭壳囊（剖面）；
11—子囊孢子； 12—子囊孢子萌发

性器官下面生出许多菌丝将其包围，形成初期的闭囊壳。壳内的产囊器膨大，并长出许多产囊丝。每个产囊丝形成许多双核细胞，核配于此时发生，经过核配的细胞即子囊母细胞。子囊母细胞中的核经 3 次分裂，形成 8 个核，每核发育成一个单核的子囊孢子。子囊母细胞即变成子囊，内含 8 个子囊孢子。此时闭囊壳已发育成熟，其中子囊壁消解，当闭囊壳破后即散出子囊孢子。子囊孢子萌发后又成为多核菌丝（图 5-19）。

（4）青霉菌的生活史 自然界中已发现的青霉繁衍后代的方式绝大多数为无性繁殖，即分生孢子在适当的环境条件下萌发为菌丝体，然后在气生菌丝上形成分生孢子梗，再在分生孢子梗上串生许多分生孢子，而分生孢子在适宜环境中又萌发为菌丝体（图 5-20），以此循环反复。

4. 霉菌的菌落特征

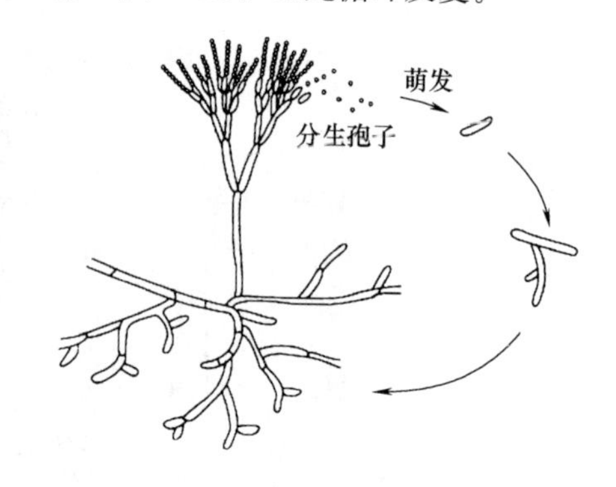

图 5-20 青霉菌的生活史

霉菌菌丝比放线菌菌丝粗，故所形成的菌落比放线菌大。霉菌菌落疏松、干燥、不透明，多呈绒毛状、絮状或网状等。不同霉菌的菌落大小差异较大，有些霉菌生长很快，在一定的培养时间内菌丝可扩展到整个培养皿，常在固体培养基表面蔓延而不形成固定的菌落，如根霉等；有的呈局限性生长，菌落直径仅 1～2cm 或更小。

霉菌孢子具有色素，所以菌落表面可呈红、黄、绿、青绿、青灰、黑、白、灰等多种颜色。菌落最初往往是浅色或白色，当长出孢子后，一个整体的菌落便随种类不同相应地呈现各种颜色。例如许多青霉和曲霉的菌落是绿色的，粗糙脉孢菌是橙红色的，毛霉和根霉是灰色的，很多真菌是白色的。处于霉菌菌落中心的菌丝菌龄比处于菌落边缘的菌丝菌龄大，故菌落中心的颜色比周边的颜色深。大多数霉菌菌丝是透明的，有些能分泌色素于菌丝体外或分泌有机物质呈结晶状附于菌丝表面，故菌落正反面呈现出不同的颜色。各种霉菌在一定的培养基上形成的菌落形状、大小、颜色特征是稳定的，因此，菌落特征是鉴定霉菌的重要依据之一（表 5-2）。

霉菌在液体培养基中，往往生长在液面，培养基不呈现浑浊。如果是静置培养，菌丝往往在液体表面生长，液面上形成菌膜。如果是振荡培养，菌丝可相互缠绕在一起形成菌丝球，亦可形成絮片状，与振荡速度有关。

5. 霉菌总数测定

霉菌总数测定根据《饲料中霉菌总数的测定》(GB/T 13092—2006)方法(详见技能训练十二)。或可用霉菌(酵母菌)总数快速测试片测定。

表 5-2 四类微生物菌落的主要特征比较

微生物类别/菌落特征			单细胞微生物		菌丝状微生物	
			细菌	酵母菌	放线菌	霉菌
主要特征	细胞	形态特征	小而均匀，个别有芽孢	大而分化	细而均匀	粗而分化
		相互关系	单个分散或按一定方式排列	单个分散或假丝状	丝状交织	丝状交织
	菌落	含水分情况	很湿或较湿	较湿	干燥或较干燥	干燥
		外观特征	小而突起或大而平坦	大而突起	大而紧密	大而疏松或大而致密
参考特征	菌落透明度		透明或稍透明	稍透明	不透明	不透明
	菌落与培养基结合度		不结合	不结合	牢固结合	较牢固结合
	菌落的颜色		多样	单调	十分多样	十分多样
	菌落正反面颜色差别		相同	相同	一般不同	一般不同
	细胞生长速度		一般很快	较快	慢	一般较快
	气味		一般有臭味	多带酒香	常有泥腥味	霉味

三、常见霉菌及水产生物真菌病原体

一般认为，对人和动植物有致病性的真菌称为病原真菌。人和大多数动物的真菌病的感染形式多样，包括真正致病性真菌感染、条件致病性真菌感染、真菌过敏、真菌中毒和真菌毒素致癌等。真正致病性真菌感染主要是一些外源性真菌感染，引起的疾病有各种皮肤病、皮下和全身性真菌感染。条件致病性真菌感染主要是由一些内源性真菌引起的，这些真菌的致病性不强，常见于机体抵抗力降低或菌群失调时发生，如念珠菌、曲霉菌和毛霉菌引起的疾病。变态反应中有些是真菌引起的，如着色真菌、曲霉菌、青霉菌和镰刀菌等可污染空气环境，引起荨麻疹、过敏性皮炎、哮喘、过敏性鼻炎等。水产动物真菌病主要有三种类型，第一种是体表受伤后真菌在受损部位寄生，称为肤霉病；第二种是感染的真菌进入机体使内脏器官产生病变，称为内脏真菌病或全身真菌病；第三种是产毒性真菌污染饲料，造成水产动物中毒，称为中毒性真菌病。

危害水产动物的真菌主要有水霉、绵霉、丝囊霉、鱼醉菌、镰刀菌以及链壶菌等。水产动物病原真菌危害较大，危害对象可以是多种水产动物的卵、幼体和成体。传染来源既有外源性也有内源性，其发生与否与动物体的健康状况和温度等环境因素密切相关。由于杀灭真菌的药物对机体有一定的毒副作用，真菌的抗体多数无抗感染作用，目前水产动物真菌病尚无十分有效的治疗方法，主要是进行早期预防和治疗。

1. 曲霉

曲霉属中的大多数种类仅发现了无性生殖阶段，极少数可形成子囊孢子，故在真菌学中仍归于半知菌类。该属菌丝体发达，具隔膜，多分枝，多核，无色或有明亮的颜色。分生孢

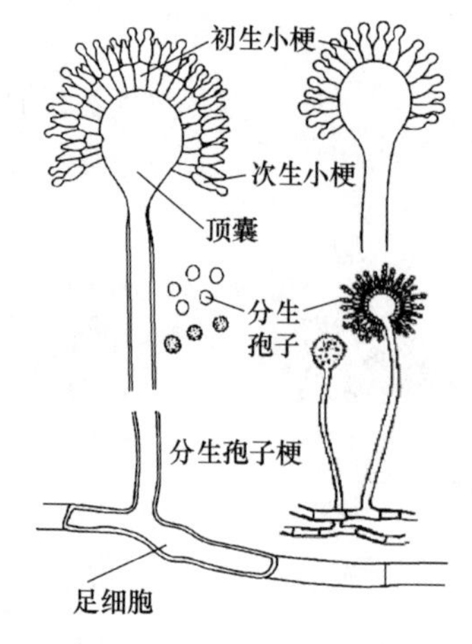

图 5-21 曲霉分生孢子结构

子梗是从特化了的厚壁而膨大的菌丝细胞即足细胞垂直生出，它无横隔，顶部膨大为顶囊。顶囊一般呈球形、洋梨形或棍棒形。顶囊表面长满一层或两层辐射状小梗（初生小梗与次生小梗）（图 5-21），最上层小梗瓶状，顶端着生成串的球形分生孢子。顶囊、小梗以及分生孢子链合称分生孢子头。分生孢子头具有不同的颜色和形状。曲霉中少数种具有性生殖阶段，产生闭囊壳、子囊孢子，但多数种的有性阶段尚未发现。

曲霉与人类的生活有着密切的联系。现代工业利用曲霉生产各种酶和有机酸，农业上用作糖化饲料菌种。黄曲霉群在自然界分布很广，有些能产生蛋白酶、淀粉酶、果胶酶、有机酸等，有些能产生毒素。

2. 青霉

青霉菌菌丝与曲霉相似，营养菌丝体无色、淡色或具鲜明颜色。菌落密毡状或松絮状，大多为灰绿色。菌丝有横隔，分生孢子梗亦有横隔，光滑或粗糙，通常为多核细胞。整个菌丝体分为基内菌丝和气生菌丝，前者伸入营养基质中吸取营养，后者伸向空气中。菌丝基部无足细胞，顶端不形成膨大的顶囊，而是形成特殊的帚状分枝，称为帚状枝（图 5-22）。帚状枝是由单轮或两轮到多轮分枝系统构成，对称或不对称，最后一级分枝称为小梗。小梗上产生成串链状的青绿或褐色的分生孢子。分生孢子球形、椭圆形或短柱形，光滑或粗糙。分生孢子脱落后，在适宜的条件下萌发产生新个体。有少数种产生闭囊壳，内形成子囊和子囊孢子，亦有少数菌种产生菌核。

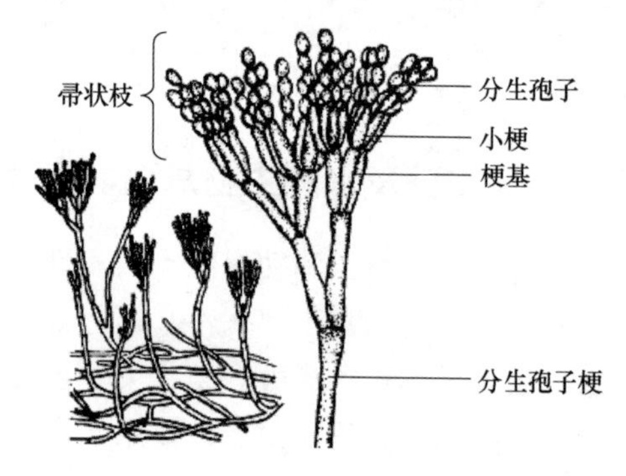

图 5-22 青霉菌

青霉菌种类很多，产黄青霉能产生酶和有机酸，也是青霉素的产生菌；对动植物危害较大的常见有岛青霉、橘青霉、黄绿青霉等。

3. 毛霉

毛霉菌丝体发达，生长繁密，大多无隔多核。菌丝体有营养菌丝体和气生菌丝体。有的菌丝特化为假根和匍匐枝，有的形成厚垣孢子或芽孢子。无性繁殖生成的孢子囊含有多个球形或梨形的孢囊孢子，具有发达的囊轴，有时有囊托，一个孢子囊内的孢囊孢子数目多不固定，通常 50～100 个，多则可达 10 万个。有性生殖由同型或异型配子囊接合形成接合孢子。毛霉科包括毛霉属、根霉属等 18 个属 59 个种。

(1) 毛霉属 毛霉的菌丝体无隔，在培养基上或培养基内能广泛蔓延，不形成假根和匍匐枝。孢囊梗单生或分枝，直接由菌丝体生出。分枝形式有单轴式（即总状分枝）和假轴状分枝两种，孢子囊顶生、球形（图 5-23）。大多数种的孢子囊成熟后其壁易消失或破裂。囊轴形状不一，囊轴与囊柄相连处无囊托。孢囊孢子呈椭圆形或其他形状，单胞，大多无色，无线状条纹，壁薄而表面光滑。有性生殖多异宗配合，也有同宗配合的种类。接合孢子表面有瘤状突起，萌芽时产生芽孢子囊；某些种产生厚垣孢子。

毛霉菌腐生，少数兼性寄生，广泛分布在土壤、植物残体、动物粪便上及其他腐败的有机物质上。毛霉常在果实、果酱、谷物、薯类、蔬菜、糕点、乳制品和肉类等上生长，引起食品变质腐败；毛霉可引起植物病害，也能致人患病。多种毛霉能产生淀粉酶、蛋白酶，在酒曲中为糖化菌，使淀粉糖化，它也是制作豆腐乳、豆豉等食品的主要菌种，如高大毛霉、总状毛霉、鲁氏毛霉等。有些毛霉用于生产酶和有机酸。

在水产养殖中，毛霉菌是一种条件性致病菌，条件适宜就会从腐生转为寄生，进而危害水产动物。毛霉对幼鳖养殖危害较大，俗称鳖的“白斑病”即为毛霉菌病，致病毛霉菌菌丝直径一般为 6～10μm，其上长出许多呈单轴式直立的孢囊梗，孢囊梗顶生孢子囊，孢子囊大，呈球形，直径 20～40μm，浅黄至黄褐色，孢囊孢子一般为椭圆形或卵圆形。养殖暗纹东方鲀亦有毛霉严重感染而致死的报道。

(2) 根霉属 根霉菌丝无隔，只有在匍匐菌丝上形成厚垣孢子时才形成隔膜。无隔菌丝体分化出假根和匍匐丝，与假根相对处向上长出孢囊梗，顶端形成孢子囊。孢子囊球形，成熟后孢囊壁消解或成块破裂。囊轴明显，球形或近球形，囊轴基部有囊托（孢子囊壁的残片）。孢囊孢子球形、卵形或不规则形，或有棱角或有线纹，无色或淡褐色、蓝灰色等。有性生殖时，接合孢子由菌丝体或匍匐菌丝生出两个同形对生的配子囊接合而成，配子囊柄上无附属物。接合孢子表面有瘤状突起（图 5-24）。

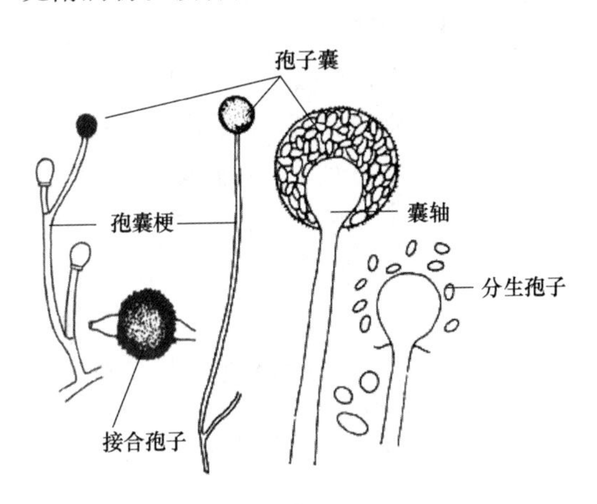

图 5-23 毛霉属的形态特征

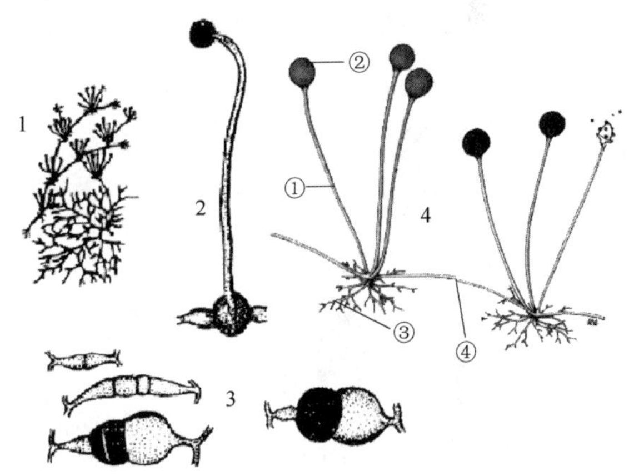

图 5-24 匍枝根霉

1—菌丝的生长； 2—接合孢子萌发； 3—接合过程；
4—部分营养菌丝体（①孢子囊梗；②孢子囊；
③假根；④匍匐枝）

根霉是工业上有名的生产菌种。米根霉具有活力很强的淀粉酶，多用来作糖化菌。近年来在甾体激素转化、有机酸（延胡索酸、乳酸）的生产中被广泛利用。匍枝根霉（又称黑根霉）能产生果胶酶，还常用来发酵豆类和谷类食品。匍枝根霉在农业上还会引起瓜果蔬菜等在运输和贮藏中的腐烂。

4. 卵菌

卵菌纲的真菌分布很广，低等的多为水生腐生菌或寄生菌；高等卵菌多为陆生植物的专性寄生菌；部分是两栖类型，一般腐生于土中，条件适宜时可侵染有机体而进行寄生生活。卵菌纲与其他真菌的区别，在于其游动孢子具有双鞭毛（茸鞭式和后鞭式）；细胞壁为葡聚糖、纤维素，多数种类无几丁质；有性生殖为卵式生殖；减数分裂在配囊配合时进行，体细胞为双倍体。水霉为常见水产动物病原菌。

(1) 水霉 水霉目的种类大多数为腐生菌，有些菌居于土壤中。营养体是双倍体。少数菌体简单，与壶菌相似，大多数的菌丝颇为发达，分枝繁茂，无隔多核，细胞壁为纤维素。水霉目、水霉科共有19属，国外已发现和报道的水霉病致病菌共40余种，已从养殖鱼卵中分离出了水霉属、绵霉属、原绵霉属、丝囊霉属、细囊霉属等真菌。水霉感染的水产养殖动物品种包括草鱼、鲤鱼、鲫鱼、罗非鱼等27种鱼，如异原绵霉是日本鳗鲡“腐皮病”的原发病原体。下面介绍两个代表属。

① 水霉属 水霉属为水霉科的典型属，分布极广。患病淡水鱼体或死鱼、植物残体上，常见到一层发达的毛绒状白色物附着在表面。水霉生活在水中腐烂的动、植物残体上，也可寄生在鱼卵或鱼体上，各种水生动物的卵以及各个生活阶段都会被感染，常给养殖生产带来很大的危害。水霉的动孢子侵入鱼体或卵的初期，外观看不到异样变化，当看到病症时，菌丝体已极度分枝，深入肌肉组织或卵膜，蔓延到组织细胞间隙；向外伸长的菌丝灰白色、绒毛状。如异枝水霉能寄生在鲑科鱼类幼鱼的脾脏、消化道等内脏器官，导致内脏器官被菌丝覆盖呈白色团块，有时菌丝能从鱼体长出体表。菌丝是由细胞壁包被的一种无色透明管状细丝，没有横隔的多核体，宽度一般为3～10μm。水霉对温度的适宜范围很广，在5～26℃均可生长繁殖，水霉、绵霉的繁殖适温为15～20℃，生长繁殖最适pH为7.2，对盐度的反应很敏感。

② 绵霉属 绵霉属的习性与水霉属相似。其形态上与水霉属的主要区别是：a. 水霉属菌丝尖端较柔软，绵霉属则硬；b. 水霉属游动孢子的释放方式有典型的双游现象（图5-25，1），绵霉属虽也是双游式，但第一游动阶段不显著，为时甚短且只限于在孢子囊内，第一游动阶段仅将孢子转移到孢子囊口外为止。孢子停止活动产生孢壁，成团地停留在孢子囊口外（图5-25，2），片刻后萌发，产生具有侧生双鞭毛的游动孢子。此属许多种具有孤雌生殖现象。异丝绵霉对黄颡鱼卵具有致病性，菌丝为透明管状结构，中间无横隔。游动孢子囊多呈圆筒形、棍棒形或穗状，游动孢子发育成熟后不断从孢子囊顶端释放出来，成团聚集在游动孢子囊口，并经过一个时期的静休后，成团脱落或直接分散在水中游动。藏卵器呈球形或梨形，含1～15个卵孢子，大多雌雄异枝。两性绵霉能感染河川沙塘鳢的亲鱼和受精卵，影响其繁育。该菌在马铃薯葡萄糖琼脂平板培养基（PDA）上培养5天后，可见菌丝生长旺盛，呈灰白色，菌丝较粗，分枝少，菌落疏松、柔软，似棉花纤维；菌丝顶端产生棍棒形的游动孢子囊，可产生孢子。

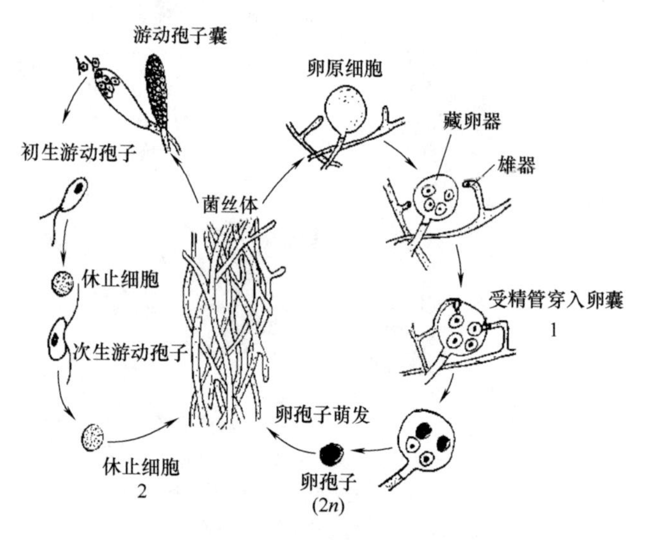

图5-25 水霉与绵霉生殖的主要区别

1—水霉的游动孢子囊；2—绵霉的游动孢子囊

(2) 腐霉 腐霉属真菌存在于土壤以及水环境中，多数为致病菌，紫菜赤腐病是由紫菜腐霉引起的真菌性病害，是造成坛紫菜品质低落和歉收的主要原因之一。该病通过释放具有双鞭毛的孢子进行传播，可以侵染紫菜的成叶和幼苗，发病极为迅速，慢则一周，快则 2～3 天，栽培网帘上的藻体便腐烂脱落流失，并在几天内使寄主细胞死亡。

紫菜腐霉菌丝体无色透明或半透明，一般无隔膜，部分老旧的菌丝体内有隔膜，直径 1.2～3.5μm，菌丝体随着生长会伸长，分枝增多。同一条菌丝体上，发出端菌丝会随生长变粗，伸出端菌丝较细。腐霉菌丝侵染 5～7 天后，部分菌丝体穿入藻体细胞内，其末端在藻体细胞间膨大形成直径为 12.5～18μm 的孢子囊，孢子囊内絮状物质发育成淡青色颗粒，为游动孢子。紫菜腐霉藏卵器一般生于菌丝（或称柄）顶端，与雄器可生于同一菌丝上（同丝生），也可生长在不同菌丝上（异丝生）。游动孢子呈肾状，大小为 (2～3.5)μm×(6～9)μm，在其腹部有一纵沟，由纵沟分别向前、后各伸出一条鞭毛，两条鞭毛等长。游动孢子释放后，遇到紫菜藻体便会附着在其叶片表面，囊化成圆形，两鞭毛随之消失。孢子附着后很快萌发出萌发管，侵染藻体细胞，此为腐霉菌丝的无性生殖过程。在一定的条件下，部分菌丝体在穿入藻体细胞后，可观察到在细胞内膨大成一球状囊体，呈淡青色，直径为 15～20μm，此为菌丝体的有性繁殖器即藏卵器，其外侧有一无色弯曲的半球体即雄器，大小为 (2～3.5)μm×(5.5～7)μm，受精后便发育成一个不动的厚壁卵孢子。在藻体被感染初期，仅有一个细胞被菌体感染。被感染的细胞萎缩，颜色加深，并伸出菌丝侵染临近的细胞。菌丝体随着生长逐渐增长，侵染下一个细胞，一条菌丝体可贯穿多个细胞，呈链珠状；菌丝体上会有分枝形成，分枝亦可侵染临近细胞，加速了侵染速度；各条菌丝纵横交错生长，密布成网，逐渐在该部位形成了病斑；部分菌丝甚至可以伸向藻体外。病斑色泽则由深红色逐渐变为绿色、黄绿色，细胞内容物消失，只残留细胞壁，最后病斑破裂，随即该部位便溃烂形成孔洞。

5. 壶菌

(1) 链壶菌 链壶菌属几乎全部是水生菌，只有少数生于潮湿土壤中；寄生或腐生，寄生于水生藻类和水霉，有的寄生于原生动物、节肢动物以及蠕虫的卵和幼虫上。单细胞或单细胞具假根，若有菌丝体，菌丝密织，在寄主内发展成根状菌丝体，细胞壁为几丁质。孢子囊一种是薄壁的游动孢子囊，另一种是厚壁的休眠孢子囊。无性游动孢子具一后生尾鞭式鞭毛。有性生殖经过配子配合、配子囊或菌丝体接合，形成有性孢子（厚壁的休眠孢子），休眠孢子（囊）萌发产生游动孢子。

链壶菌菌丝弯曲、分枝、不分隔，初生菌丝细小、原生质稀少，成熟菌丝粗大。成熟菌丝末端形成排放管，穿过体表，伸向体外，原生质流向顶端，随着原生质的流入，顶端逐渐膨大形成顶囊，游动孢子在顶囊内形成。在显微镜下，可见游动孢子在顶囊内越来越活跃，数分钟后，孢子破膜而出，放散到水中。刚出顶囊的游动孢子呈梨形，稍后即成小球形的休眠孢子。休眠孢子随着水体的滚动，附着在虾卵或幼体表面，向宿主体内萌发成发芽管，管末端变粗，伸长后成为新的菌丝（图 5-26）。链壶菌主要危害对虾、三疣梭子蟹的卵、幼体，一般在发现疾病后 24h 内卵和幼体就大批死亡，死卵和幼体中长满菌丝，死亡率几乎为 100%。

(2) 海壶菌 海壶菌与链壶菌的区别在于不形成顶囊。海壶菌菌丝分枝，不分隔，成熟菌丝直接向体外伸出排放管，游动孢子通过排放管放散到水中。常见感染越冬亲虾、卵和幼体，对虾幼体感染后几天内几乎全部死亡。密尔福海壶菌能侵入西氏鲍，病鲍外套膜、足部背面出现许多扁平或瘤状突起，突起物内含成团的菌丝，菌丝直径 11～19μm，分枝较少，繁殖时菌

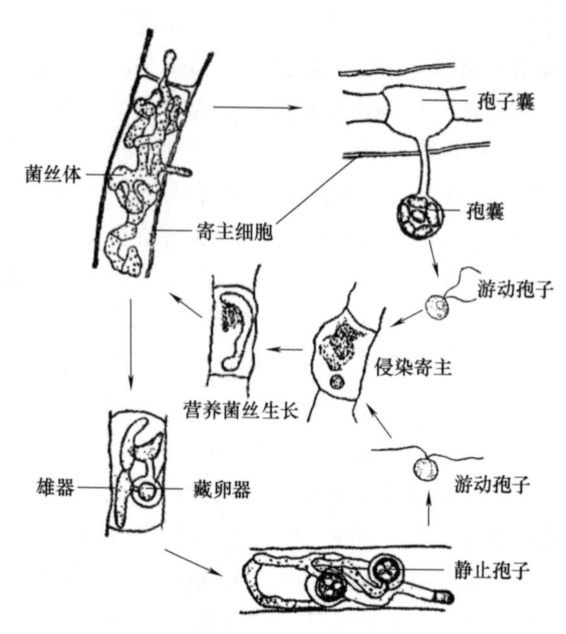

图 5-26 链壶菌的侵染、生长和繁殖示意图

丝的任何部分都可以形成孢子，并从该处菌丝上生出的排放管顶端开口处放出；游动孢子有 2 条侧生鞭毛，休眠孢子为球形，直径 6～10μm，未发现有性生殖。

（3）拟油壶菌 拟油壶菌病是由拟油壶菌引起的一种真菌性紫菜病害，与赤腐病并列为紫菜栽培的两大主要病害，该病是导致网帘掉苗的重要原因之一。拟油壶菌菌体大小不一，直径 5.5～18.2μm，多为 8.1～10.2μm，呈一椭圆形或球形的原生质团完全埋在紫菜细胞内部。游动孢子大小为 2～3.5μm，白色或淡青色，具长短不同的 2 根鞭毛；孢子释放后，在水体里遇到紫菜叶片，便会附着在其表面，并感染健康的紫菜藻体细胞。在病原菌密度较高、生态条件有利于病情发展的情况下，病斑会在短时间内连成一片，患病叶状体迅速碎烂。

6. 镰刀菌

镰刀菌菌丝体细长、分枝。一般产生两种类型的分生孢子，大型分生孢子微弯或弯曲显著，镰刀形，无色，多隔膜（图 5-27）；小型分生孢子椭圆形、卵形、短圆柱形等，无色，单胞或双胞，单生或链生。有的种还可在菌丝或大型分生孢子上形成球形或近球形的厚垣孢子。战文斌等从越冬期中国明对虾分离鉴定出腐皮镰刀菌、尖孢镰刀菌、三线镰刀菌和禾谷镰刀菌。病虾主要症状为甲壳黑斑、黑鳃，镰刀菌寄生的部位变成黑褐色，鳃部萎缩甚至组织破损；严重时可引起人工越冬期对虾的大批死亡。池塘养殖对虾放养密度大，若有虾体受伤、水质不良等，易发生镰刀菌感染，幼体培育阶段尚未发现此菌感染现象。黄文芳等也发现大口黑鲈和尖吻鲈皮肤溃烂病的发生与镰刀菌有着密切的关系。该属中的许多种类是重要的植物病原菌，可危害多种经济作物；镰刀菌可产生毒素，食用霉变的粮食可导致人患病和死亡，串珠镰刀菌为鱼粉中的产毒霉菌。

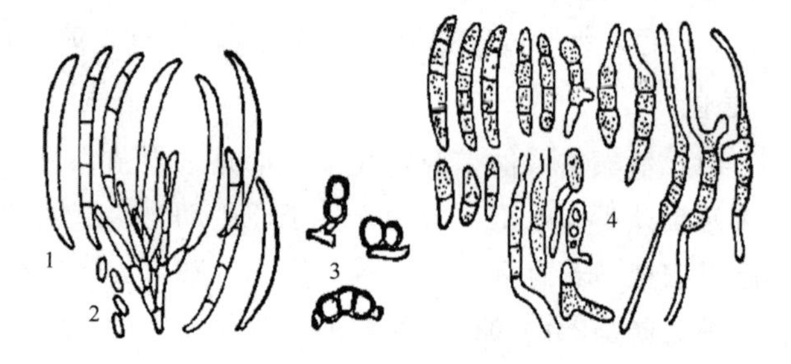

图 5-27 腐皮镰刀菌的分生孢子

1—大分生孢子；2—小分生孢子；3—厚垣孢子；4—孢子发芽

四、水产动物病原真菌的分离鉴定

通过对分离真菌菌株的形态学（细胞形态、菌丝有无分隔）研究、生活史观察（繁殖方式、孢子类型等）、生长条件观察、生化反应以及分子生物学分类等试验，可以鉴定真菌。以日本鳗鲡“腐皮病”病原分离及传统形态学鉴定为例说明。

1. 病原菌分离、纯化

取具典型“腐皮病”症状的病鳗，用无菌蒸馏水冲洗体表三遍，用无菌手术剪剪去病灶表皮后刮取腐烂肌肉组织，接种于加有数粒灭菌麦粒的 150mL 无菌水中，置生化培养箱 20℃培养 72h。选取霉菌生长良好的麦粒，用无菌蒸馏水洗涤三遍，挑取菌丝转接于马铃薯葡萄糖琼脂（PDA）平板上进行纯化，连续多次后得到形态单一、大小一致的菌落。

2. 纯培养物保存

挑取已纯化的菌丝接种于 PDA 平板，于 20℃培养 120h，用无菌水洗下菌苔，用薄层无菌脱脂棉过滤制成孢子悬液，将孢子悬液置于 4℃，或加入 30%～40%无菌甘油，置－80℃下超低温冰箱中保存。

3. 病原菌观察鉴定

以载玻片霉菌菌丝染色法观察霉菌菌丝的形态：观察菌丝形态（菌丝形态、有无隔等），并观察分生孢子穗、分生孢子头等繁殖结构。以载玻片培养观察法和插片培养观察法对分离的真菌进行生活史观察和形态学鉴定：观察菌落（生长、颜色、状态等）、繁殖过程（卵孢子、动孢子、游孢子）等特征。用目镜测微尺测定孢子大小，采用硝酸银鞭毛染色法对游动孢子的鞭毛进行染色和观察。

4. 人工感染试验

将低温保存的纯菌株划线接种于 PDA 平板上，置生化培养箱于 20℃培养 96～120h；用无菌水洗下菌苔，以薄层无菌脱脂棉过滤制成孢子悬液，肌内注射健康鳗鲡；或者用无菌解剖刀刮除试验鳗鲡局部体表黏液并轻微划伤表皮后，以无菌脱脂棉球饱蘸孢子原液涂抹于创伤处，晾置 3～5min 后放入水箱中；18℃（该病发生和流行于越冬及越冬后期低水温时期）暂养，观察、记录试验鳗鲡的状况，回归感染出现自然发病的症状，即证实所分离真菌为腐皮病的致病病原。

五、霉菌毒素

霉菌毒素是由产毒霉菌在适宜的环境条件下产生的具有毒性的次级代谢产物，是能引起人畜各种损害的天然有毒化合物。产毒霉菌主要来源于曲霉菌属（主要分泌黄曲霉毒素、赭曲霉毒素）、青霉菌属（主要分泌橘霉素）、镰刀菌属（主要分泌 T-2 毒素、呕吐毒素、玉米赤霉烯酮、伏马毒素等）、麦角菌属（主要分泌麦角毒素）的多种霉菌。一种霉菌可以产生多种不同的霉菌毒素，不同的霉菌可以产生相同的霉菌毒素。目前已知能产生霉菌毒素的霉菌有 150 多种，产生的霉菌毒素约有 300 种。霉菌毒素为小分子物质，具很强的热稳定性，毒性不会因通常的加热而被破坏，水产动物配合饲料的制粒和膨化过程也无法减少霉菌毒素的量。霉菌毒素可引起动物多器官的损害，其毒性作用偏重于某些器官（表 5-3），而且具有远期致病作用。

表 5-3 霉菌毒素及其毒性作用

毒性作用	霉菌毒素
致癌性	黄曲霉毒素 B_1、赭曲霉毒素 A、烟曲霉毒素 B_1（又称伏马毒素）
类雌激素毒性	玉米赤霉烯酮
神经毒性	烟曲霉毒素 B_1
肾毒性	赭曲霉毒素
皮肤毒性	单端孢霉烯族毒素
免疫抑制性	黄曲霉毒素 B_1、赭曲霉毒素 A 等
造血器官毒性	镰刀菌毒素

1. 霉菌产生的条件

霉菌的生长繁殖依赖于适宜的水分和温度。产生霉菌毒素的霉菌大多数属于中温型微生物，最适宜生长温度一般为20～30℃，最适空气湿度为80%～90%。因此，霉菌的生长繁殖与地区气候条件和季节有密切关系。不同区域占优势的霉菌毒素种类不同，如在亚热带和热带地区，农产品和饲料主要被黄曲霉毒素和某些赭曲霉毒素污染。在高温、高湿的环境条件下，储存方法不当，特别是在梅雨季节，霉菌生长繁殖最为旺盛，渔用饲料原料及产品饲料在这个时期极易发生霉变，如黄曲霉菌可在很多种饲料原料中生长，如玉米、花生、大米、鱼粉、虾粉和肉粉。颗粒饲料的水分一般超过12%，就易发生霉变。饲料原料被霉菌污染致原料霉菌总数超标是渔用饲料发生霉变的直接原因。此外，饲料加工生产机器中残料未清理干净，出现发霉、结块，也会导致在生产时直接造成饲料被霉菌污染。近年来用植物性蛋白源取代动物性蛋白源（如鱼粉）已成为水产饲料生产的趋势，使得水产饲料受霉菌毒素的污染和影响有增加的倾向。饲料贮存环境差，管理不善，空气湿度大，通风不好，产品存放密度大、堆垛较高，饲料中的霉菌孢子会快速生长、繁殖，很容易造成饲料短期出现发热、发霉现象。

2. 渔用饲料霉菌毒素的危害

影响禽畜动物生长发育甚至引起死亡的多种霉菌毒素，绝大多数已被证实能够造成鱼虾等水产动物生长速度减慢、健康状况受损。黄曲霉毒素对水产动物危害大，它能够抑制RNA合成并干扰某些酶的作用，使水产动物发育迟缓，引起中毒直至死亡。黄曲霉毒素B_1是天然的最具致癌性的物质之一。初步研究发现，鱼类与黄曲霉毒素B_1中毒相关的症状是：鱼鳃苍白、血液凝集受损、贫血、生长速率低或体重减轻。鱼长期饲喂低浓度的黄曲霉毒素B_1会导致肝脏肿瘤，呈浅黄色并可蔓延到肾脏。虹鳟是对黄曲霉毒素最为敏感的种类之一，摄入黄曲霉毒素B_1 1μg/kg的饲料就可导致肝脏肿瘤；体重60g虹鳟的黄曲霉毒素B_1半数致死量LD_{50}为810μg/kg。研究还表明，饲喂黄曲霉毒素B_1会影响虾类的生长、饲料转化、表观消化率，并引起生理失调和组织学病变，特别是肝胰腺组织的病变。

3. 饲料中产毒霉菌种类和霉菌毒素的测定

我国于2017年3月颁布了新修订的真菌毒素限量标准，即《食品安全国家标准 食品中真菌毒素限量》（GB 2761—2017），《无公害食品 渔用配合饲料安全限量》（NY 5072—2002）也规定了饲料中黄曲霉毒素含量和饲料霉菌数量的限定。我国饲料卫生标准规定饲料中霉菌总数含量不超过1.0×10^5CFU/g，黄曲霉毒素安全限量为30μg/kg，赭曲霉毒素的允许限量为100μg/kg，呕吐毒素含量不超过1μg/kg。

（1）产毒霉菌种类的检测 一是肉眼观察，各种霉菌的形态结构，尤其是菌丝和孢子的特征，是霉菌分类和鉴别的重要标志；二是根据《食品安全国家标准 食品卫生微生物学检验 常见产毒霉菌的形态学鉴定》（GB/T 4789.16—2016）方法鉴定。近年在真菌种类检测和鉴定方面有常规PCR、多重PCR技术、变性梯度凝胶电泳技术、实时定量PCR技术、DNA微阵列技术、分子标记技术等分子生物学新技术和新方法。

（2）毒素检测 可利用Beacon毒素检测试剂盒（美国）进行鱼粉中毒素含量的快速检测。常用的检测方法还有薄层色谱法、免疫化学分析方法、气相色谱法、高效液相色谱法、色谱与质谱联用技术等。

技能训练十　酵母菌菌体特征和培养特征的观察

【技能目标】

（1）掌握观察酵母菌的实验方法并熟悉酵母菌的形态特征及培养特征。

（2）掌握鉴别酵母死活细胞的实验方法。

【训练器材】

（1）菌种　酿酒酵母、红酵母、产朊假丝酵母。

（2）培养基配方　麦芽汁琼脂平板培养基、麦芽汁琼脂斜面培养基、乙酸钠琼脂培养基。

（3）染色液　0.1%吕氏碱性美蓝染色液、芽孢染色液。

（4）仪器及用品　普通光学显微镜、恒温培养箱、超净工作台、接种环、载玻片、盖玻片、酒精灯、擦镜纸等。

【技能操作】

一、酵母菌的菌体特征观察及死活细胞的鉴别

1. 知识要点

酵母菌的形态特征、无性繁殖方式、有性繁殖能否形成子囊孢子及其形态特征都是酵母菌分类鉴定的重要依据。美蓝是一种无毒性的染料，其氧化型呈蓝色、还原型无色。用美蓝对酵母的活细胞进行染色时，由于细胞的新陈代谢作用，细胞内具有较强的还原能力，能使美蓝由蓝色的氧化型变为无色的还原型。因此，具有还原能力的酵母活细胞是无色的，而死细胞或代谢作用微弱的衰老细胞则呈蓝色或淡蓝色，借此可对酵母菌的死细胞和活细胞进行鉴别。

2. 操作步骤

① 在载玻片中央加一滴0.1%吕氏碱性美蓝染色液，然后以无菌操作方式用接种环挑取少量培养了48h的酿酒酵母菌苔放在染液中，混合均匀后盖上盖玻片。染液不宜过多或过少，否则，在盖上盖玻片时，菌液会溢出或出现大量气泡而影响观察。

② 将制片放置约3min后镜检，先用低倍镜然后用高倍镜观察酵母菌的个体形态和出芽繁殖，并根据颜色来区别死活细胞（活细胞不着色，死细胞为蓝色）。

③ 染色约30min后再次进行观察，注意死细胞数量是否增加。

④ 绘制你所观察到的酵母菌细胞的形态特征及出芽繁殖特点。

⑤ 将美蓝染色液不同染色时间酵母死细胞和活细胞的数量填入表5-4。

表5-4　酵母死活细胞观察结果的记录

染色时间/min	视野1		视野2		视野3		平均死亡率/%	平均存活率/%
	死细胞	活细胞	死细胞	活细胞	死细胞	活细胞		
3								
30								

二、酵母菌培养特征的观察

1. 知识要点

酵母菌是单细胞微生物，在固体培养基表面培养时，其菌落特征与细菌的相似，一般呈

较湿润、较透明、表面较光滑、容易挑起、菌落质地均匀、正面与反面以及边缘与中央的颜色较为一致等特征。菌落特征也是酵母菌分类鉴定的重要依据之一。

2. 操作步骤

将酿酒酵母、红酵母和产朊假丝酵母划线接种于麦芽汁琼脂平板培养基上（要求长出单菌落），于28～30℃培养2～3天。待长出单菌落后，观察、描述酿酒酵母、红酵母和产朊假丝酵母在麦芽汁琼脂平板上的菌落特征。将观察到的酵母菌菌落特征记录在表5-5中。

表5-5 几种酵母菌菌落特征的记录

菌落特征	酿酒酵母	红酵母	产朊假丝酵母
菌落大小			
菌落颜色			
菌落形状			
边缘情况			
隆起情况			
质地			
表面情况			
透明情况			

技能训练十一 霉菌的菌体特征和培养特征的观察

【技能目标】

掌握观察霉菌的实验方法并熟悉霉菌的形态特征及培养特征。

【训练器材】

（1）**菌种** 根霉、曲霉、青霉、毛霉。

（2）**培养基配方** PDA培养基。

（3）**染色液** 乳酸石炭酸溶液、50％乙醇、灭菌的20％甘油。

（4）**仪器及用品** 普通光学显微镜、恒温培养箱、超净工作台、水浴锅、“U”形玻璃棒、滤纸、培养皿、接种钩、接种针、载玻片、盖玻片、无菌镊子、无菌解剖刀、酒精灯、擦镜纸等。

【技能操作】

一、霉菌菌体特征的观察

1. 直接制片观察法

（1）**知识要点** 霉菌为丝状真菌，基本构造是分枝或不分枝的菌丝，可分为基内菌丝和气生菌丝。气生菌丝生长到一定阶段分化产生繁殖菌丝，由繁殖菌丝产生孢子。霉菌菌丝体（尤其是繁殖菌丝）及孢子的形态特征是识别不同种类霉菌的重要依据。霉菌菌丝的宽度通常是细菌菌丝宽度的几倍至十几倍，因此，霉菌制片后可直接用低倍或高倍显微镜观察。观察时要注意菌丝直径的大小、菌丝隔膜的有无、菌丝的特化特征、无性繁殖或有性繁殖时形成的孢子类型、特征及着生方式等。

直接制片观察法是将培养物置于乳酸石炭酸溶液中，制成霉菌制片镜检。用乳酸石炭酸溶液制成的霉菌制片的特点是：细胞不变形；标本不易干燥，能保持较长时间；能防止孢子飞散。必要时，还可用树胶封固，制成永久标本长期保存。直接制片观察法操作简便，但比较容易破坏霉菌自然生长状态下的形态结构特征。

(2) 操作步骤 在载玻片上加一滴乳酸石炭酸溶液，用接种钩从霉菌菌落边缘处挑取少量已产孢子的霉菌菌丝，先于50%乙醇中浸一下以洗去脱落的孢子，再放在载玻片上的染液中，用解剖针小心地将菌丝分散开。盖上盖玻片，置低倍镜下观察，必要时换高倍镜观察。挑菌和制片时要细心，尽可能保持霉菌自然生长状态；加盖玻片时勿压入气泡，以免影响观察。

2. 载玻片培养观察法

(1) 知识要点 载玻片培养观察法是用无菌操作将培养基琼脂薄层置于载玻片上，接种后盖上盖玻片培养，霉菌即在载玻片和盖玻片之间的有限空间内沿盖玻片横向生长，培养一定时间后，将载玻片上的盖玻片直接在显微镜下观察即可。载玻片培养法是研究霉菌形态特征的理想方法，可以观察到菌体的完整特征及其生长全过程。

(2) 操作步骤

① 培养小室的灭菌 在培养皿底铺一张略小于皿底的圆滤纸片，再放一“U”形玻璃棒，其上放一洁净载玻片和两块盖玻片，盖上皿盖、包扎后于121℃灭菌30min，烘干备用。

② 琼脂块的制作 取已灭菌的PDA培养基6～7mL注入另一灭菌培养皿中，使之凝固成薄层。用无菌的解剖刀将琼脂层切成0.5～1cm的琼脂块，并将其移至上述培养室中的载玻片上（每片放两块）。制作过程应注意无菌操作。

③ 接种 用尖细的接种针挑取很少量的孢子接种于琼脂块的边缘上，用无菌镊子将盖玻片覆盖在琼脂块上。注意接种量要少，尽可能将分散的孢子接种在琼脂块边缘上，否则培养后菌丝过于稠密会影响观察。

④ 培养 先在培养皿的滤纸上加3～5mL灭菌的20%甘油（用于保持培养皿内的湿度），盖上皿盖，于28℃培养。

⑤ 镜检 根据需要可以在不同的培养时间内取出载玻片置显微镜下观察。

⑥ 结果记录 将观察到的根霉、毛霉、曲霉和青霉的形态特征以生物绘图的方式绘制下来。

二、霉菌菌落特征的观察

1. 知识要点

霉菌菌落较大，质地疏松，呈现或紧或松的蛛网状、绒毛状或棉絮状，菌落干燥、不透明，菌落与培养基的连接紧密，不易挑取，菌落正反面的颜色和边缘与中心的颜色常不一致。菌落多数有霉味，颜色随霉菌种类不同而有不同。

2. 操作步骤

将根霉、毛霉、曲霉和青霉用三点接种法接种于PDA平板培养基上，于25～28℃恒温培养2～5天。待霉菌孢子形成后，观察其菌落的大小、外观（疏松或致密）、表面菌丝体形状（绒毛状、絮状、蜘蛛网状、毡状）、边缘、菌落颜色（正面和反面）等特征。将观察到的霉菌菌落特征记录在表5-6中。

表5-6 几种霉菌菌落特征的记录

菌落特征	根霉	毛霉	曲霉	青霉
菌落大小				
菌落外观				
表面菌丝体形状				
边缘				
菌落正面颜色				
菌落反面颜色				

技能训练十二　水产饲料霉菌总数的测定

【技能目标】

（1）掌握测定水产饲料中霉菌总数的方法。

（2）掌握水产饲料中霉菌检测结果的数据处理及报告方式。

【训练器材】

（1）仪器设备　分析天平、恒温培养箱、干热灭菌箱、高压蒸汽灭菌器、冰箱、恒温水浴锅、振荡器、微型混合器、超净工作台、电炉等。

（2）培养基　高盐察氏培养基。

（3）其他器材　培养皿（直径 9cm）、1mL 刻度吸管、玻璃珠、试管、精密 pH 试纸、酒精灯、锥形瓶、灭菌广口瓶、灭菌金属刀和勺、放大镜或菌落计数器等。

【技能操作】

1. 样品采集

以无菌操作取有代表性的饲料样品盛于灭菌容器内。如有包装，则用 75%乙醇在包装开口处擦拭后取样。

2. 样品检测

① 以无菌操作称取检样 25g（mL），放入含 225mL 灭菌稀释液的锥形瓶中，振摇 30min，即为 1∶10 稀释液。

② 用灭菌吸管吸取 1∶10 稀释液 10mL，注入带玻璃珠的灭菌试管中，另用 1mL 灭菌吸管反复吹吸 50 次，使霉菌孢子充分散开。

③ 取 1mL 混合均匀的 1∶10 稀释液注入含有 9mL 灭菌稀释液的试管中。另换一支 1mL 灭菌吸管吹吸 5 次，此液为 1∶100 稀释液。

④ 按上述操作顺序做 10 倍递增稀释液，每稀释一次，换用一支 1mL 灭菌吸管。根据对样品污染情况的估计，选择三个合适的稀释度，分别在做 10 倍稀释的同时，吸取 1mL 稀释液于灭菌培养皿中，每个稀释度做两个培养皿。然后将恒温至 45℃左右的高盐察氏培养基注入培养皿中，并转动培养皿使之与样液混匀，待琼脂凝固后，倒置于 25～28℃恒温箱中，3 天后开始观察，共培养观察 5 天。也可以用霉菌（酵母菌）测试片代替高盐察氏培养基接种待测样品进行培养观察。

3. 菌落计数

通常选择菌落数在 10～100CFU 之间的培养皿进行计数，同稀释度的两个培养皿的菌落平均数乘以稀释倍数，即为每克（或毫升）检样中所含霉菌总数。稀释度的选择和霉菌总数报告方式见表 5-7。

表 5-7　稀释度的选择和霉菌总数报告方式

例次	稀释度及霉菌数			两个稀释度菌落数之比	霉菌总数/[CFU/g(mL)]	报告方式/[CFU/g(mL)]
	10^{-1}	10^{-2}	10^{-3}			
1	多不可计	80	8	—	8000	8.0×10^{3}
2	多不可计	87	12	1.4	10350	1.0×10^{4}

续表

例次	稀释度及霉菌数			两个稀释度菌落数之比	霉菌总数/[CFU/g(mL)]	报告方式/[CFU/g(mL)]
	10^{-1}	10^{-2}	10^{-3}			
3	多不可计	95	20	2.1	9500	9.5×10^{3}
4	多不可计	多不可计	110	—	110000	1.1×10^{5}
5	9	2	0	—	90	90
6	0	0	0	—	$<1\times10$	<10
7	多不可计	102	3	—	10200	1.0×10^{4}

菌落计数方法：

① 选择平均菌落数在10～100CFU之间的，当只有一个稀释度的平均菌落数在此范围时，则以该平均菌落数乘其稀释倍数即为该样的霉菌总数。

② 若有两个稀释度的平均菌落数均在10～100CFU之间，则按两者菌落总数之比值来决定。若其比值小于2，应采取两者的平均数；若大于2，则取其中较小的菌落总数。

③ 若所有稀释度的平均菌落数均大于100CFU，则应按稀释度最高的平均菌落数乘以稀释倍数。

④ 若所有稀释度的平均菌落数小于10CFU，则应按稀释度最低的平均菌落数乘以稀释倍数。

⑤若所有的稀释度均没有菌落生长，则以<1乘以最低稀释倍数来报告。

⑥ 若所有稀释度的平均菌落数均不在10～100CFU之间，则以最接近100CFU或10CFU的平均菌落数乘以其对应的稀释倍数。

4. 结果与报告

将测定结果填入表5-8，根据国家规定标准，评判所测饲料样品的质量。

表5-8 饲料样品中霉菌总数的记录表

样品种类	稀释度	菌落数		平均值	该样品的霉菌总数/(CFU/g)

【复习思考题】

1. 简述酵母菌的形态特征。
2. 简述霉菌的形态特征。
3. 简述真菌孢子和细菌芽孢有何不同。
4. 真菌可形成哪几种无性孢子，主要特征是什么？
5. 真菌可形成哪几种有性孢子，主要特征是什么？
6. 试说明三四种常见真菌的主要特征。
7. 比较细菌、放线菌、酵母菌和霉菌菌落的异同点。
8. 简述霉菌毒素及其对水产动物的毒害作用。
9. 吕氏碱性美蓝染色液作用时间的不同对酵母菌死细胞数量有何影响？试分析其原因。
10. 载玻片培养法还适于培养哪类微生物用于形态观察？

模块六 病 毒

知识目标：

认识病毒的形态、结构特点；认识病毒的增殖方式以及包涵体的概念；认识病毒的培养方法和水产动物病毒常用检测方法；了解噬菌体在水产养殖中的应用。

能力目标：

能对水产动物病毒性疾病进行初步的判断，避免对病毒性疾病盲目用药；能科学地选择灭活水产养殖动物病毒的方法；掌握水产动物病毒常用的检测方法。

素质目标：

培养科学严谨、精益求精的工匠精神；培养绿色渔业的可持续发展理念；培养学生勤于思考、勇于创新的精神。

水产动物病毒性疾病研究自 20 世纪 50 年代开始，至今危害鱼虾贝类等水产动物的病毒已发现 70 多种。我国自发现草鱼出血病病毒以来，先后从中华鳖、对虾、虹鳟、鳗鲡等水产养殖动物体内分离到 10 余种病毒，宿主遍及几乎所有养殖种类。已知水生动物病毒分类属于 18 个科，绝大多数动物中都有分布，受到人们广泛关注。

项目一 病毒的基本知识

病毒是一类非常微小、结构极其简单的生物体。病毒具有一定的大小、形状和化学组成，在细胞外以形态成熟的颗粒形式存在——病毒体。病毒体没有细胞壁、细胞膜和核糖体等完整的细胞结构，故称为非细胞生物。病毒体纯化的结晶物像生物大分子一样不表现出任何生命特征，但是病毒体具有感染性，一旦进入宿主细胞，病毒体便会解体，并利用宿主细胞的合成机制进行复制而增殖，并表现出遗传、变异等一系列生命活动特征。由此可见，病毒是一类具有生物大分子特性和生物体基本特征，又存在着细胞外感染性颗粒形式和细胞内繁殖性基因形式的独特的生物类群。病毒种类繁多，按其感染的对象不同，可分为感染细菌的噬菌体；感染植物的植物病毒；感染动物的动物病毒。另外依据病毒核酸类型可分为 DNA 病毒和 RNA 病毒两大类。RNA 病毒占所有病毒种类的 80%以上，其中包括很多形态学和生物学特性截然不同的病毒。RNA 病毒根据 RNA 存在的形式又可分为正链 RNA 病毒、负链 RNA 病毒和双链 RNA 病毒 3 种。

微课 23—病毒的基本知识

一、病毒的大小与形态

病毒极其微小，绝大多数能通过 0.22～0.45μm 的细菌过滤器，病毒大小的测量单位为纳米（nm），其直径在 20～200nm 之间，大多 100nm 左右。不同水产动物病毒的大小差异很大，对虾传染性皮下及造血组织坏死病毒（IHHNV）是已知对虾病毒中最小的病毒，病毒粒子大小为22nm，已知最小的海水鱼类病毒——神经坏死病毒（NNV）直径只有25～35nm；大的病毒直径可超过250nm，如对虾白斑综合征病毒（WSSV），病毒粒子大小为(391～420)nm×(101～119)nm。病毒大小可以用电子显微镜直接、准确地测量，也可通过分级过滤、超速离心、电泳等方法间接地测定。

病毒形态多种多样，多为对称结构，大致有球状、杆状、砖状和蝌蚪状等形态。大多数球状病毒是由核酸和蛋白亚单位构筑成一个立体对称的二十面体，球状病毒主要见于动物病毒和某些植物病毒，如人类脊髓灰质炎病毒、疱疹病毒、腺病毒、鱼类病毒性神经坏死病毒（VNNV）；杆状病毒如对虾中肠腺坏死杆状病毒（BMN）；蝌蚪状病毒目前仅见于微生物病毒——噬菌体。随着电子显微镜技术的发展，人们不断发现新的病毒形态，如子弹状（狂犬病毒、牙鲆弹状病毒、比目鱼出血性败血症病毒）、丝状、砖状、卵圆形病毒；还发现有多形性的病毒，如对虾白斑综合征病毒（WSSV），其形态结构与杆状病毒十分相似，病毒粒子呈卵圆形至短杆状，但在末端有一尾状的附属物。

某些病毒感染细胞后，在宿主细胞内形成可用光学显微镜观察到的大小、形态和数量不等的异常染色斑块，称为包涵体。因病毒种类不同，包涵体有的存在于细胞质中或细胞核内，有的核、质中同时存在。包涵体为嗜酸性或为嗜碱性。包涵体的性质并不完全相同：①有的是病毒增殖留下的痕迹；②有的包涵体就是病毒粒子的聚集体；③有的是病毒感染引起的细胞反应物。包涵体是某些病毒对敏感机体或敏感细胞造成的病理学反应，具有种属的特性，不同病毒感染所形成的细胞内包涵体的形态、数量、存在部位和染色性质都具有某种病毒的特征性。因此，检查包涵体可作为某些病毒性疾病诊断的依据，例如取轻度感染对虾肝胰腺细小病毒（HPV）的病虾组织切片进行观察，可见细胞核膨大，核内有包涵体，其包涵体在形成早期为轻度嗜碱性，苏木精-伊红染色（简称HE染色）呈紫红色；而在后期包涵体为嗜酸性，HE染色呈紫蓝色。

二、病毒的化学组成

绝大多数的病毒都是由核酸和蛋白质组成的。病毒核酸有4种，包括双链DNA（dsDNA）、单链DNA（ssDNA）、双链RNA（dsRNA）和单链RNA（ssRNA）。水产动物病毒这4种核酸型均有，多数是dsDNA或ssRNA（表6-1）；植物病毒的核酸型多为ssRNA。蛋白质是病毒粒子的重要组成部分，占病毒粒子总量的70%以上，构成病毒粒子的蛋白质种类，随病毒种类的不同而异。一般而言，病毒蛋白质的种类与病毒的结构及大小有关，结构简单的小型病毒，只有少数几种蛋白质；而结构复杂的大型病毒，则蛋白质种类达30种以上。蛋白质对核酸起着保护作用；决定着病毒感染的特异性，与易感细胞表面存在的受体具有特异性亲和力，使病毒吸附；还具有抗原性，能刺激机体产生相应的抗体。较复杂的病毒，如痘病毒的包膜上还含有脂质和多糖等物质。

表6-1 水产动物中已发现的病毒

病毒（科）	对称性	核酸类型	囊膜	水产动物宿主
疱疹病毒	二十面体	dsDNA	有	鱼类、贝类、蛙鳖
虹彩病毒	二十面体	dsDNA	有	鱼类、虾类、贝类、蛙鳖

续表

病毒（科）	对称性	核酸类型	囊膜	水产动物宿主
乳多空病毒	二十面体	dsDNA	无	贝类、蛙鳖
杆状病毒	螺旋对称	dsDNA	有或无	虾蟹类
腺病毒	二十面体	dsDNA	无	鱼类、蛙鳖
痘病毒	复合对称	dsDNA	有	鳖
呼肠孤病毒	二十面体	dsRNA	无	鱼类、虾蟹类、贝类、蛙鳖
双 RNA 病毒	二十面体	dsRNA	无	鱼类、贝类
小 RNA 病毒	二十面体	ssRNA	无	鱼类、虾类、贝类
披膜病毒	二十面体	ssRNA	有	虾类、贝类、蛙
反转录病毒	二十面体	ssRNA	有	鱼类、贝类、鳖
副黏病毒	螺旋对称	ssRNA	有	鱼类、贝类、鳖
弹状病毒	螺旋对称	ssRNA	有	虾类、鱼类、两栖类
冠状病毒	螺旋对称	ssRNA	有	鱼类
双顺反子病毒（桃拉病毒）	二十面体	ssRNA	无	对虾
野田病毒	二十面体	ssRNA	无	鱼类

三、病毒的结构

病毒粒子是指一个结构和功能完整的病毒颗粒（图 6-1）。病毒的核酸位于病毒粒子的中心，折叠或盘旋构成病毒的核心（病毒基因组），病毒蛋白质包围在核酸周围，构成所谓的衣壳。衣壳是由大量的衣壳粒（简称壳粒）构成，壳粒按一定排列方式形成了病毒衣壳，使病毒具有特定的对称外形。衣壳包裹着病毒核酸，对其具有保护作用。病毒核酸和衣壳合称核衣壳——简单、成熟而完整的病毒粒子。

动画 7—病毒的结构

有些复杂的病毒在核衣壳外还有一层由类脂、蛋白质和糖类构成的囊膜，囊膜来自宿主细胞的细胞膜或核膜，具有保护核衣壳的作用，也是病毒感染专一性的结构基础。王晓洁等用物理低渗方法使对虾白斑综合征病毒（WSSV）的囊膜破碎后，得到去除了囊膜的核衣壳；螯虾 WSSV 病毒在去除了囊膜之后便失去了感染能力，说明病毒囊膜中的某些蛋白质在病毒入侵宿主过程中起着至关重要的作用。无囊膜的病毒粒子由核衣壳组成，有囊膜的病毒粒子则由囊膜和核衣壳组成。有些病毒囊膜表面具有呈放射排列的突起，称为刺突或纤突。刺突不仅具有抗原性，而且与病毒的致病力及病毒对细胞的亲和力有关。病毒失去囊膜上的刺突，也就丧失了对易感细胞的感染能力。另外，有些病毒虽没有囊膜，但有其他特殊结构，如腺病毒在核衣壳的各个顶角有 12 根细长的尾丝，这与致病作用有关。

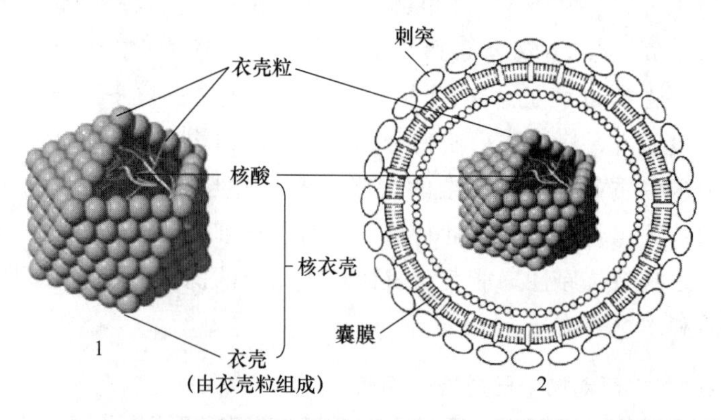

图 6-1　病毒粒子的两种基本类型

1—裸病毒；2—膜病毒

根据病毒衣壳粒的排列方式不同，一般分为三类构型。

1. 螺旋对称

如对虾白斑病毒（图 6-2，1）和弹状病毒（图 6-2，2）。对虾白斑病毒为无包涵体的双链 DNA 杆状病毒，电镜下观察 WSSV，其完整的病毒粒子长 210～380nm、宽 70～167nm。病毒粒子的略细一端有一细长鞭毛状结构（泰国、中国报道的病毒粒子具有一尾状结构）。病毒粒子外被囊膜，为 6～7nm 厚的两层膜结构，两膜之间有较宽阔的间隙。病毒的核衣壳位于囊膜之内，囊膜内可见杆状的核衣壳和核衣壳内致密的髓核，核衣壳表面是由 15 个贯穿其中心的垂直螺旋组成。每一个螺旋是由 13～15 个病毒衣壳粒组成。螺旋带与核衣壳长轴垂直，螺距 30nm，每匝螺旋宽 26nm，螺旋间距 4nm。核酸存在于核衣壳中，核衣壳螺旋由衣壳粒构成。每个衣壳粒直径为 8～10nm。病毒粒子主要存在于对虾的细胞核中。

2. 多面体对称

多面体对称又称等轴对称。最常见的多面体是二十面体。它由 12 个角（顶）、20 个面（三角形）和 30 条棱组成（图 6-2，3）。核酸以尚未明了的方式集装在一个空心的多面体头部内。以腺病毒粒子（图 6-2，4）为例，它由 252 个衣壳粒组成，12 个衣壳粒位于顶点上，每个面上有 12 个衣壳粒；因多面体多角而似圆球形，所以有时也称球状病毒。鱼类病毒性神经坏死病毒即为直径 25～30nm 的二十面体病毒粒子。

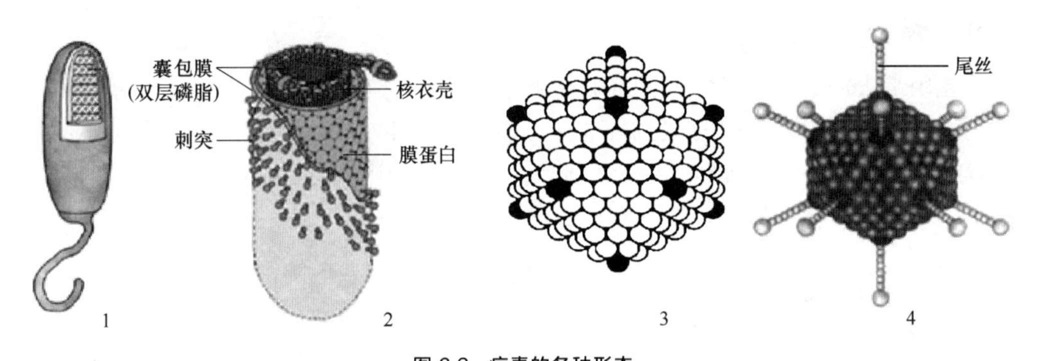

图 6-2　病毒的各种形态

1—对虾白斑病毒；　2—弹状病毒；　3—虹彩病毒；　4—腺病毒

3. 复合对称

此类病毒的衣壳是由两种结构组成的，既有螺旋对称部分，又有多面体对称部分，故称复合对称。如噬菌体、痘病毒。

四、病毒的复制

动画 8—病毒的复制

病毒在活细胞内以其基因为模板，在酶的作用下，分别合成病毒基因及蛋白质，再组装成完整的病毒颗粒，这种方式称为复制。一个完整的复制周期包括吸附、侵入、脱壳、合成、装配和释放阶段，病毒的复制是一个连续不断的过程，直至把细胞成分耗尽后才终止。不同种属的病毒各有其独特的复制方式。病毒的复制周期可概括于图 6-3。

1. 吸附

病毒感染敏感的宿主细胞，首先是通过病毒粒子表面的吸附蛋白与细胞表面的病毒受体

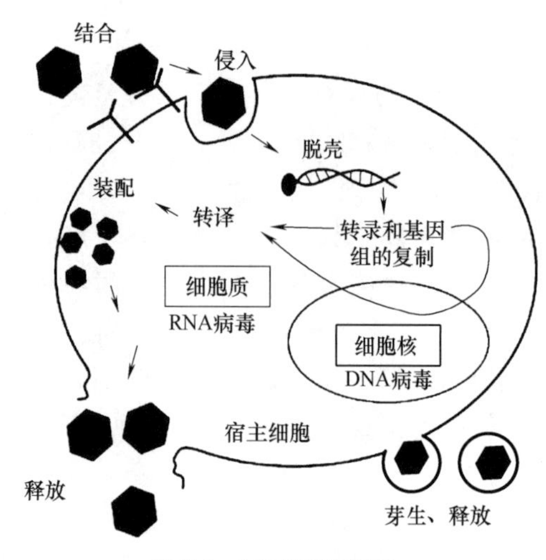

图 6-3 病毒的复制增殖

结合。环境因素对吸附过程起着重要的作用。

2. 侵入

病毒吸附蛋白与宿主细胞表面受体结合后，就会启动病毒粒子或者病毒核酸进入宿主细胞。病毒的种类很多，不同结构类型的病毒进入宿主细胞的方式也有不同，无囊膜的病毒一般经过细胞膜吞入，称为病毒胞饮；有囊膜的病毒，囊膜与宿主细胞膜融合，病毒的核衣壳直接进入细胞质内，或者经细胞膜吞入。

3. 脱壳

不同病毒的脱壳方式不一，多数在宿主细胞溶酶体酶作用下脱壳，释放出基因组核酸。囊膜病毒脱壳包括脱囊膜和脱衣壳两个过程，无膜病毒只脱衣壳。病毒脱壳后，病毒的颗粒形式即消失。脱壳后病毒核酸游离出来并运转至细胞特定部位指导病毒大分子的生物合成。

4. 病毒大分子生物合成

病毒基因组从衣壳中释放后，就利用宿主细胞，在病毒基因控制下，产生参与病毒核酸复制和装配的蛋白质以及构成病毒粒子的结构蛋白，同时病毒核酸进行复制，产生子代核酸。大多数DNA 病毒（除痘病毒外）在细胞核内合成 DNA。RNA 病毒则都在细胞质内增殖。

5. 装配

病毒基因组被识别并包装入衣壳中。无膜病毒装配成的核衣壳就是子代病毒。绝大多数DNA 病毒均在细胞核内组装，RNA 病毒和痘病毒在细胞质内组装。

6. 释放

病毒以一定方式释放到细胞外：①大多数无膜病毒成熟后都聚集在宿主细胞质或细胞核内，当细胞裂解时释放出来，细胞迅速死亡；②有膜病毒，通过宿主细胞质膜出芽时获得囊膜（图 6-4），如疱疹病毒在核膜上获得囊膜、流感病毒在细胞膜上获得囊膜而成熟；③有些病毒通过细胞外吐作用释放病毒粒子。

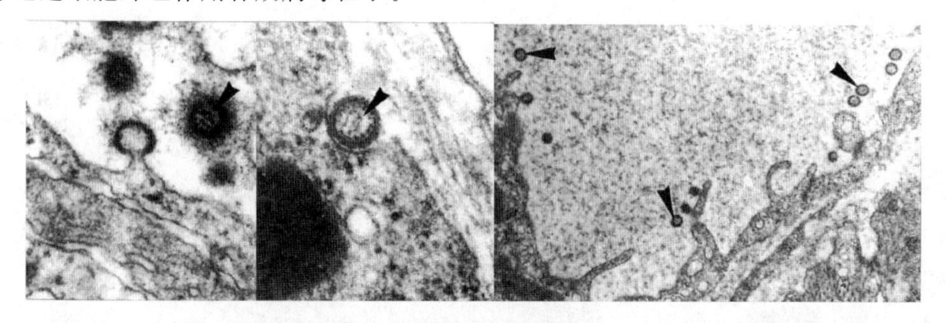

图 6-4 正在从心脏血管内皮细胞出芽的传染性鲑贫血病（ISAV）病毒颗粒和游离在心脏毛细血管中的病毒颗粒（箭头）

五、病毒对理化因子的耐受性及其灭活

热、辐射、干燥、pH和化学消毒剂等能够改变和破坏病毒核酸，或者改变和破坏病毒粒子的蛋白质衣壳，妨碍病毒粒子对敏感细胞的吸附和侵入，阻止病毒核酸进入宿主细胞。许多理化因子同时具有改变和破坏核酸和蛋白质的作用，但不同病毒对各种理化因子的敏感性不同。虹彩病毒可在−20℃以下的保存条件下存活20个月，并耐受反复的冻融处理，对氯仿或乙醚等脂溶性溶剂比较敏感。鱼类神经坏死病毒（VNNV）对氯仿不敏感；黑鲈神经坏死病毒（SBNNV）对2%的福尔马林有一定的耐受性，1600μg/mL的福尔马林不能灭活黄带拟鲹神经坏死病毒（SJNNV）；对虾白斑综合征病毒（WSSV）−20℃冰冻，60天后仍有感染力，WSSV的囊膜破碎后仍对克氏原螯虾具有感染性。

了解理化因子对病毒的灭活作用，对于水产动物受精卵消毒、组织培养、养殖场所消毒以及病理材料等废弃物的处理是很重要的。在实施具体的消毒或灭活工作时，必须针对各种病毒的抵抗力特性，选择最为有效的方法。相反，在保存毒种或病毒材料时，则需注意防止和避免灭活条件。试验表明，热处理、紫外照射、臭氧、pH和化学试剂等理化方法对黄带拟鲹神经坏死病毒（SJNNV）具有灭活的效果（表6-2），SJNNV在紫外线$1.0\times10^5/(cm^2 \cdot s)$、0.1μg/mL臭氧中暴露2.5min或在0.5μg/mL臭氧中暴露0.5min可以被灭活；臭氧处理海水是预防鱼苗感染病毒性神经坏死病毒的有效途径。聚维酮碘浸浴受精卵或消毒剂浸泡生物饵料可降低病毒性神经坏死病的发生率（表6-3）。

表6-2 黄带拟鲹神经坏死病毒灭活消毒剂及其浓度与处理时间

消毒剂	有效浓度	处理时间/min
次氯酸钠	有效氯 50mg/L	10
次氯酸钾	有效氯 50mg/L	10
碘	有效碘 50mg/L	10
乙醇	60%	10
甲醇	5%	10
福尔马林	甲醛＞1600mg/L	10
石炭酸液	10000mg/L	10
氢氧化钠	pH12	1

表6-3 消毒剂对石斑鱼神经坏死病毒的灭活处理

消毒剂	消毒剂浓度与浸泡时间	
	受精卵	轮虫、桡足类
聚维酮碘	5～10mg/L，20min	5～10mg/L，30min
盐酸吗啉胍	3～5mg/L，30min	3～5mg/L，40min
聚维酮碘＋盐酸吗啉胍	5mg/L＋3mg/L，20min	5mg/L＋3mg/L，30min

六、噬菌体

微课24—噬菌体

噬菌体是感染细菌、真菌、放线菌或螺旋体等微生物的病毒的总称，能引起宿主菌裂解。噬菌体具有病毒的一些特征：个体微小，能通过细菌滤器；没有完整的细胞结构，主要由蛋白质构成的衣壳和包含于其中的核酸组成；只能在活的微生物细胞内复制增殖，是一种专性细胞内寄生的微生物。噬菌体共有13个家族，其中大约96%的噬菌体是有尾噬菌体，由二十面体衣壳和尾组成，并且核酸都是双链DNA，衣壳及尾丝的主要成分为蛋白质，极少数的噬菌体衣壳和尾丝中含有

脂类物质。噬菌体分类的主要依据是噬菌体的电子显微镜形态和核酸性质以及宿主菌的类型，其遗传物质是DNA或RNA。噬菌体分布极广，凡是有细菌的活动场所，就可能有相应噬菌体的存在。在人和动物的排泄物或污染的井水、河水中，常含有肠道菌的噬菌体。海洋生态系统中噬菌体的数量高达10^{31}个，在陆地生态系统中每克土壤中含有10^7个噬菌体，每毫升污水中噬菌体的数量约为10^8个，噬菌体在整个生物圈的物质循环以及细菌进化过程中起着极其重要的作用。

1. 噬菌体的形态结构

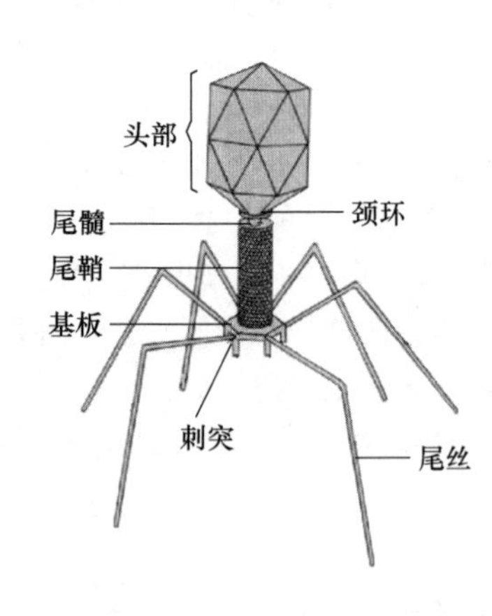

图 6-5 T4 噬菌体结构示意图

噬菌体结构简单，个体微小，需用电子显微镜观察。在电子显微镜下观察噬菌体有三种形态，即蝌蚪形、微球形和丝形。大多数菌体呈蝌蚪形（图 6-5），由头部和尾部两部分组成。头部是多面体对称（二十面体），尾部螺旋对称，外围是层鞘，中为一空髓。有的还有颈环、尾髓、尾鞘、尾丝、基板、刺突等附属物。尾刺和尾丝为噬菌体的吸附器官，能识别宿主菌体表面的脂蛋白受体，利用尾部具有的特异性的酶，穿破细胞壁，注入噬菌体核酸。微球形噬菌体无尾部，依赖其表面结构与性菌毛侧面吸附。有些尾部不能收缩，有些只有短尾，有些无尾，有些则整个呈长丝状。蛋白质构成噬菌体头部及尾部的衣壳，核酸多为单股DNA，少数为单股RNA，噬菌体由此分成DNA噬菌体和RNA噬菌体。衣壳起保护核酸的作用，并决定噬菌体外形和表面特征；衣壳蛋白具有抗原性，可刺激机体产生特异性抗体，能抑制相应噬菌体感染敏感细菌，但对已吸附或已进入宿主菌的噬菌体不起作用，噬菌体仍能复制增殖。在所有噬菌体中，T4噬菌体的结构最复杂、形态最大，遗传结构也复杂，带有复杂的可收缩尾部。

噬菌体分为两种，能在宿主菌内增殖并能裂解宿主菌的称为烈性噬菌体，也称为毒性噬菌体。另一种为温和性噬菌体，当它侵入宿主细胞后，其核酸附着并整合在宿主染色体上，和宿主核酸同步复制，宿主细胞不裂解而继续生长，这种噬菌体也称作溶源性噬菌体（图 6-6），整合到细菌DNA上的噬菌体基因称为前噬菌体，带这种噬菌体的细菌称为溶源性细菌。

噬菌体对理化因子与多数化学消毒剂的抵抗力比一般细菌的营养体强；能抵抗乙醚、氯仿和乙醇，一般于75℃经30min或更久才能被灭活；对紫外线和X射线敏感，一般紫外线照射10～15min即失去活性。

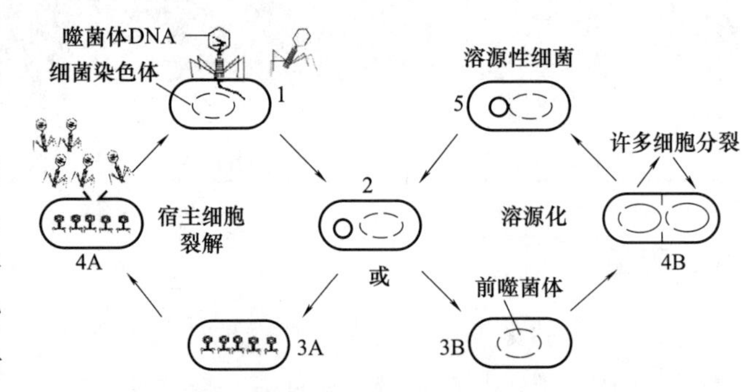

图 6-6 烈性噬菌体和温和噬菌体的增殖过程

2. 噬菌体的增殖

噬菌体的增殖过程与前述的病毒复制过程有些差别。以下以大肠埃希菌T系噬菌体为例，阐述其增殖过程。

（1）噬菌体的吸附与侵入阶段　噬菌体对活敏感菌的吸附具有高度特异性，有尾噬菌体通过尾丝或尾刺吸附于菌细胞的特异受体部位，借助于尾部含有的溶菌酶类物质，水解细胞壁的肽聚糖，使细胞壁产生一小孔，通过尾鞘收缩，将头部的 DNA 经尾髓小孔注入细菌体内，而蛋白质外壳仍留在细胞外。侵入过程时间很短，只需几秒至几分钟。如果在短时间内有大量噬菌体吸附同一细胞，在细胞表面产生许多小孔，则造成细胞立即裂解，而不进行噬菌体的增殖。

（2）增殖阶段　噬菌体进入菌细胞后，宿主细胞即停止合成细菌自身的 DNA，而代之以噬菌体的合成。噬菌体一方面通过其基因转录成 mRNA，再由此转译成各种与噬菌体生物合成有关的酶、调节蛋白及头、尾结构蛋白质的亚单位；另一方面，以噬菌体的 DNA 为模板，通过核酸多聚酶的催化作用，大量复制子代噬菌体的核酸。当噬菌体的核酸和结构蛋白质分别合成以后，装配成为完整成熟的噬菌体。

（3）裂解阶段　噬菌体在菌细胞内增殖到一定数目时，噬菌体的晚期基因可编码合成一种溶菌酶，使宿主菌裂解，释放出大量成熟的新的噬菌体。一个细菌通常可产生数十到数百个噬菌体。噬菌体可使浑浊的细菌液体培养物变得澄清，在固体培养基上可使细菌裂解而呈现无细菌生长的区域，即为噬菌现象。

噬菌体对细菌的感染效率非常高。噬菌体颗粒感染一个细菌细胞后可迅速生成几百个子代噬菌体颗粒，每个子代颗粒又可感染细菌细胞，再生成几百个子代噬菌体颗粒。如此重复只需 4 次，一个噬菌体颗粒便可使几十亿个细菌感染而死亡。

3. 噬菌体的检测方法

烈性噬菌体能使宿主细胞迅速裂解的反应为溶菌反应。在细菌琼脂培养基上可借由噬菌斑的出现而察知噬菌体的存在。在固体琼脂培养基上生长的菌体感染了烈性噬菌体，可因菌体裂解出现噬菌斑（图 6-7）；在液体培养基上生长的菌体感染了烈性噬菌体后，可使原来浑浊的菌液逐渐变为澄清。利用此现象可对噬菌体进行检测，噬菌体计数的经典方法是在长满易感宿主菌的琼脂平板上计数形成的噬菌斑的数目。

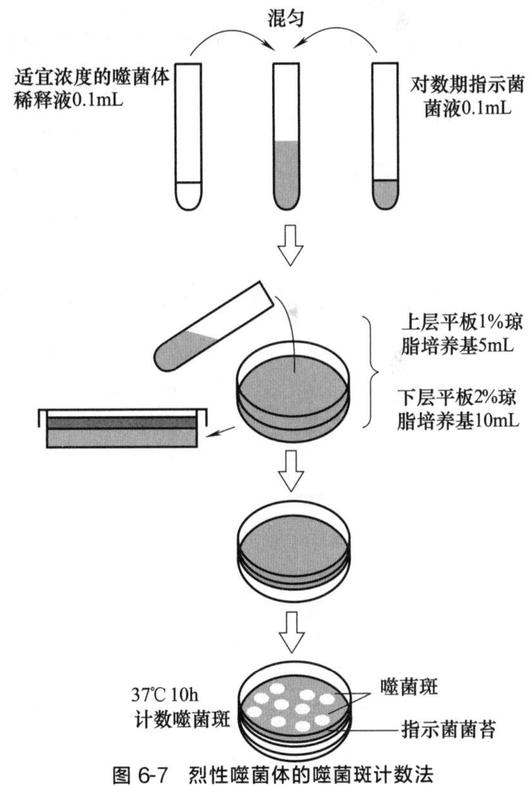

图 6-7　烈性噬菌体的噬菌斑计数法

4. 噬菌体治疗在水产养殖中的应用

噬菌体治疗水产动物疾病是利用噬菌体裂解细菌的特性。1969 年首次将噬菌体用于防治杀鲑气单胞菌。目前，噬菌体已被广泛应用于软体动物、甲壳类和鱼类的细菌性疾病的防控中，其中宿主菌包括创伤弧菌、哈维弧菌、嗜冷黄杆菌、爱德华菌、香鱼单胞菌和鲕鱼格乳球菌。噬菌体在水产疾病防治中也出现了失败的案例，其原因可能是噬菌体投药时间、途径、投药剂量以及噬菌体在动物体内对宿主吸附能力的变化。噬菌体裂解细菌具有严格的宿主特异性，即某一种或型的噬菌体只能裂解相应种或型的细菌，对其他种或型不起作用。可以通过噬菌体混合制剂提高杀菌的广谱性，或者通过筛选裂解谱广的噬菌体，从而提高杀菌效果。

七、常见的水产养殖动物病毒

自 1956 年首次分离到传染性胰脏坏死症病毒（IPNV）以来，至今发现的鱼类致病病毒隶属于 13 科，迄今被报道的鱼类病毒已超过 80 种；虾蟹类、贝类病毒各有 20 多种。例如虹彩病毒科病毒在野生和养殖鱼类中的广泛传播，该科病毒引起的疾病分别是淋巴囊肿病、大菱鲆虹彩病毒病、大黄鱼虹彩病毒病、鲫鱼虹彩病毒病、鲤鱼鳃坏死虹彩病毒病、鲈鱼虹彩病毒病、欧鲶虹彩病毒病、石斑鱼虹彩病毒病及真鲷虹彩病毒病等。弹状病毒是硬骨鱼类病毒中数量较多的群体之一，已经从鱼类和虾类中分离到十几种弹状病毒，如病毒性出血败血症病毒（VHSV）、传染性造血器官坏死病病毒（IHNV）、牙鲆弹状病毒（HRV）、乌鳢弹状病毒（SHRV）、鲤春血症病毒（SVCV）、美洲鳗鲡病毒（EVA）、欧洲鳗鲡病毒（EVE）、胭脂鱼弹状病毒（CSRV）、大菱鲆弹状病毒（SMRV）、鳜鱼弹状病毒（SCRV）、对虾弹状病毒（RPS）等。鱼类病毒性神经坏死病病毒（诺达病毒）分布很广，能感染多种鱼类，30 多种经济鱼类的人工繁殖鱼苗和部分成鱼受到感染而致病，在我国对海水石斑鱼类的育苗和养殖生产危害极大。已发现的养殖贝类病毒如牡蛎肝胰腺病毒、缘膜病毒（属虹彩病毒病）、皱纹盘鲍和九孔鲍球形病毒、海湾扇贝疱疹病毒、杂色蛤杆状病毒和球状病毒、栉孔扇贝急性病毒性坏死症病毒（AVNV）和囊膜病毒等。

水产动物病毒在绝大多数动物病毒科中都有分布，表 6-4 列举了一些对水产养殖业危害较严重的病毒。水产动物病毒在欧洲、美洲、亚洲等地引起海、淡水养殖的多种经济水产动物发生流行性病害，给水产养殖业造成巨大的经济损失和严重威胁。未经检疫的种苗、鲜活水产品远途运输，也会扩大病毒宿主范围和地理分布。

表 6-4 水产养殖动物病毒

病毒类（科）		病毒名称	形状	主要危害对象
虾蟹类	杆状病毒科	对虾白斑综合征病毒(WSSV)	杆状	斑节对虾、日本囊对虾、凡纳滨对虾、刀额新对虾、中国明对虾、长毛明对虾、短沟对虾、印度对虾、墨吉对虾、白对虾、蓝对虾、褐对虾、桃红对虾、拟穴青蟹、中华绒螯蟹、三疣梭子蟹、龙虾、克氏原螯虾
		对虾杆状病毒（BPV）	杆状	凡纳滨对虾、斑节对虾、蓝对虾、长毛明对虾、桃红对虾、白对虾、褐对虾、边缘对虾、缘沟对虾
		斑节对虾杆状病毒（MBV）	杆状	斑节对虾、墨吉对虾、短沟对虾、长毛明对虾、近缘新对虾、刀额新对虾、印度对虾、凡纳滨对虾
		中肠腺坏死杆状病毒(BMNV)	杆状	日本囊对虾
	细小病毒科	传染性皮下组织和造血器官坏死病毒(IHHNV)	二十面体	凡纳滨对虾、蓝对虾、中国明对虾、斑节对虾、日本囊对虾、短沟对虾、印度对虾
		肝胰腺细小病毒(HPV)	球形	中国明对虾、长毛明对虾、斑节对虾、墨吉对虾、短沟对虾、日本囊对虾、印度对虾、凡纳滨对虾、蓝对虾

续表

病毒类（科）		病毒名称	形状	主要危害对象
虾蟹类	双顺反子病毒科（小 RNA 病毒科）	桃拉病毒(TSV)	二十面体	凡纳滨对虾、中国明对虾、斑节对虾、日本囊对虾、刀额新对虾、细角对虾
	呼肠孤病毒科	呼肠孤病毒（REO）	二十面体	斑节对虾、日本囊对虾、凡纳滨对虾、刀额新对虾、中国明对虾、拟穴青蟹、中华绒螯蟹
	弹状病毒	对虾弹状病毒（RV）	弹状	蓝对虾、凡纳滨对虾、斑节对虾
	杆状套病毒	黄头病毒（YHV）	杆状	斑节对虾、印度对虾、墨吉对虾
鱼类、两栖类、爬行类	弹状病毒科	鲤春病毒血症病毒（SVCV）	弹状	鲤鱼、金鱼、锦鲤、鲢鱼、鳙鱼、草鱼、鲫鱼
		牙鲆弹状病毒（HRV）	弹状	牙鲆、香鱼、刺鲷等
		传染性造血器官坏死病毒（IHNV）	弹状	鳜鱼、鲑鱼、鳟鱼
		病毒性出血性败血症病毒（VHSV）	弹状	牙鲆、虹鳟
	呼肠孤病毒科	呼肠孤病毒（GCHV）	二十面体	草鱼
	虹彩病毒科	虹彩病毒	二十面体	大菱鲆、石斑鱼、真鲷、红鳍东方鲀、鳗鲡、鲈鱼、牙鲆、鲶鱼、眼斑拟石首鱼、鰤鱼、鲈鱼、鲟鱼、鳖、龟、牛蛙、大鲵
		淋巴囊肿病毒（LCDV）	二十面体	牙鲆、真鲷、鰤鱼、云纹石斑鱼、鲈鱼、紫红笛鲷等
	疱疹病毒科	疱疹病毒	二十面体	大菱鲆、牙鲆、金鱼、鲫鱼、锦鲤、鲤鱼、鲑鱼、斑点叉尾鮰、鳗鲡、鲟鱼
	双 RNA 病毒科	传染性胰脏坏死症病毒（IPNV）	二十面体	真鲷幼鱼、鲑、鳟鱼
	野田病毒科（诺达病毒科）	病毒性神经坏死症病毒（VNNV）	二十面体	欧洲鳗鲡、花鲈、军曹鱼、红鳍东方鲀、大菱鲆、红拟石首鱼、驼背鲈、牙鲆、圆斑星鲽、高体鰤、真鲷、黑鳍金枪鱼、尖吻鲈、赤点石斑鱼、红鳍东方鲀、七带石斑鱼
	未分类病毒	红鳍东方鲀口白症病毒	二十面体	红鳍东方鲀
贝类	乳多空病毒科	乳多空病毒	二十面体	美洲牡蛎、欧洲扁牡蛎、太平洋牡蛎、澳大利亚大珠母贝、软壳蛤
	疱疹病毒科	疱疹病毒	二十面体	美洲牡蛎、太平洋牡蛎、近江牡蛎、欧洲扁牡蛎、葡萄牙牡蛎、新西兰扁牡蛎、澳大利亚扁牡蛎、菲律宾蛤仔、法国大扇贝、鲍、栉孔扇贝
	虹彩病毒科	虹彩病毒	二十面体	葡萄牙牡蛎、太平洋牡蛎面盘幼虫
	呼肠孤病毒科	呼肠孤病毒	二十面体	美洲牡蛎、樱蛤、太平洋牡蛎、欧洲扁牡蛎、硬壳蛤
	小 RNA 病毒科	—	二十面体	绿唇贻贝、海湾贻贝、硬壳蛤、新西兰扇贝
	双 RNA 病毒	—	二十面体	樱蛤、欧洲扁牡蛎、硬壳蛤
	披膜病毒	—	二十面体	扁牡蛎
	副黏病毒	—	螺旋对称	海螂
	未分类病毒	—	—	栉孔扇贝、皱纹盘鲍、九孔鲍、杂色鲍、文蛤、海湾扇贝、贻贝

有些水生食用贝类存在病毒，是人类肝炎病毒和胃肠性病毒的传播者。贝类受病毒污染一般发生在未捕获前的水体环境中，或是在水产食品加工过程中由于卫生条件差和操作不当所带来的污染，这类贝类传染的病毒主要有甲型肝炎病毒（HAV）、脊髓灰质炎病毒、柯萨奇病毒、诺瓦克病毒、星状病毒及杯状病毒等。毛蚶、牡蛎、贻贝和泥螺等在人甲型肝炎传播过程中起重要作用，它们能富集污染水中的甲型肝炎病毒。多数报道的流行病都与生食或烹煮不熟的贝类有关。因病毒污染水生动物而引起的食源性疾病的报道，还有大马哈鱼和金枪鱼等。柯萨奇病毒和脊髓灰质炎病毒在低温贮存的贝类中能存活很长时间，甲型肝炎病毒可在泥螺中停留 6 周以上。积聚于水生贝类体内的病毒比游离的病毒对热有更大的耐受性，许多因素能削弱热处理灭活病毒的作用，如 pH、阳离子、蛋白质和脂肪。人工接种甲型肝炎病毒的毛蚶煮沸 45min，尚有小部分病毒未被灭活；在蒸、油炸、烤的牡蛎中还有病毒存在。到目前为止尚未有既能保持贝类味道鲜美，又能保证杀灭贝类中病毒的满意方法。

项目二　病毒的培养与检测

一、病毒的培养

病毒培养在病毒学研究中除用于病毒增殖、分离、鉴定以外，还用于研究病毒的复制过程、细胞的病理变化、病毒与宿主的作用关系，以及探讨抗体与抗病毒物质对病毒的作用方式与机制，还可用于病毒抗原的制备、疫苗和干扰素的生产、病毒性疾病诊断和流行病学调查等。病毒的培养方法取决于病毒的宿主范围、嗜组织性等因素。常用的病毒培养方法有动物培养、细胞培养等，噬菌体一般接种于生长的细菌培养物。

1. 动物培养

动物病毒可接种于实验活体动物或鸡胚，接种途径根据不同病毒对组织的亲嗜性而定，如嗜神经病毒可接种于动物脑内；嗜呼吸道病毒可接种于动物鼻腔、鸡胚尿囊或羊膜腔中。接种途径的改变往往导致不同的感染结果。水生动物病毒培养时的实验动物，应首先考虑采用该病毒的易感动物，如某种鱼类、虾类或两栖类等，接种方法有注射、浸浴、口服和涂抹等。

2. 细胞培养

从机体中取出细胞，模拟体内的生理条件在体外进行培养，使之生存和生长称为细胞培养。细胞培养是研究病毒性病原的主要技术之一，选择对病毒敏感的细胞株繁育病毒是进行该病毒的免疫学诊断以及疫苗防治的重要基础。鱼类细胞培养自 20 世纪 60 年代兴起，主要用于病毒学、免疫学以及生理和毒理学研究。目前最常用于诊断鱼类病毒性疾病的方法是将病毒培养在单层细胞中，如鱼的肝、肾、卵巢、胚胎、囊胚、原肠胚、鳃或鳍条细胞。用于鱼类病毒培养的细胞系已有 200 多种鱼类的细胞，我国迄今已建立了超过 40 株细胞系。这类细胞被培养于含有各种盐类、氨基酸、维生素、葡萄糖、血清以及抑制细菌及真菌生长的抗生素类的培养液中，待上述细胞在培养容器内长成单层后，即接种病毒，病毒在单层细胞中生长会产生明显的致细胞病变效应（CPE）。病毒生长增殖是通过称为细胞病变效应的细胞外形病变而认知的，即细胞出现病变（圆形化、皱缩、坏死、形成多核与分离），此法可作为初步的诊断。若收取病毒培养液，经超速离心即可获得提纯的病毒。

二、水产动物病毒常用的检测方法

目前水产动物病毒病尚无有效的治疗方法，只有建立快速鉴定各种病毒的检测方法，进行病毒的早期诊断，及时处理带毒水产动物，并进行养殖环境中病毒的监测，防止病毒病流行扩散才是减少生产损失的最有效手段和途径。目前国内外病毒水产动物病的诊断方法大致可分为5类：组织病理学检测技术；细胞培养技术；免疫学检测技术；分子生物学检测技术；快速检测试剂盒检测技术。

1. 组织病理学检测技术

组织病理学检测技术主要借助于光学和电子显微镜，而电镜技术在病毒学研究中应用最多。把水产动物病变组织经过处理，如切片、涂片、压片后，配合适当的染色技术，再用普通光学显微镜和电镜观察其组织病理变化，检测组织细胞的病理变化以及观察包涵体的存在与否等。斑节对虾杆状病毒（MBV）的感染部位是肝胰腺和肠道上皮细胞核，HE染色可发现细胞核内出现嗜酸性、大小不等的圆形包涵体。其他方法如革兰氏染色法、孔雀石绿液染色亦可快速检验出包涵体，例如将肝胰腺组织涂抹于玻片后，滴上0.05%的孔雀石绿溶液，于400倍光学显微镜下观察肿大的细胞核即可见到包涵体。斑节对虾亲虾粪便样品经过特殊处理后，用0.01%孔雀石绿溶液或0.01%伊红水溶液染色，MBV包涵体呈现2～10μm的蓝绿色圆形或椭圆形颗粒，后者呈现鲜红色，此法可用于检验亲虾是否感染MBV。荧光显微镜是一种具有高灵敏度的显微图像检测技术，在鱼类病毒感染细胞中形成的包涵体经荧光抗体染色后，可在荧光显微镜下观察检出绿色荧光信号。该方法通常是一种辅助诊断手段，不能用于确诊，但它方便、直观，特别能对疾病的发展和致病、致死的机制提供依据。

透射电子显微镜可在感染细胞内观察到体积微小的病毒颗粒，根据颗粒的大小及形态，可初步判断病毒的属种。例如用2.5%的戊二醛及1%的锇酸双重固定组织后，经切片、染色等步骤，即可利用透射式电镜观察病毒粒子的形态特征以及在组织中的分布等；利用负染色法可快速检验是否感染病毒。透射电子显微镜也用于研究病毒的感染和复制机理、病毒的形态发生等。但电镜观察法具有操作复杂、需要较严格的实验条件和较高超的实验技术、样品处理时间过长等缺点，不能用于生产实践中病毒疾病的快速诊断以及大量样品的检测，且只能观察形态，不能鉴定具体属种。

2. 免疫学检测技术

免疫学检测技术是利用抗原抗体反应进行的检测方法，即应用制备好的特异性抗原或抗体作为试剂，以检测标本中的相应抗体或抗原。单克隆抗体（单抗）技术的发展，大大提高了免疫学技术的特异性和敏感性，常用于鱼类病毒检测和鉴定的免疫学技术有：中和实验、免疫沉淀、免疫电泳、血凝试验、免疫荧光、酶联免疫吸附试验技术等（见模块八项目七）。

3. 分子生物学检测技术

分子生物学检测技术是检测病毒核酸的方法。它的主要目标是识别病毒基因片段，包括PCR、实时荧光定量PCR、核酸杂交、依赖核酸序列的扩增技术、LAMP等。

(1) 核酸探针法 核酸探针是指被某种物质标记了的，从而可被探测到的核酸片段，它能特异性地与待检测核酸样品中的特定 DNA 发生反应。核酸探针法具有快速、准确、灵敏、操作简单、不需要昂贵的实验设备、易于大量制备等优点。因标记物的不同，核酸探针可分为放射性核酸探针和非放射性核酸探针。放射性核酸探针含有放射元素（一般是 ^{32}P、^{3}H、^{35}S），非放射性核酸探针则含有非同位素标记物，如地高辛、生物素等。非放射性核酸探针完全克服了放射性核酸探针危险、有效期短等缺点，在灵敏度上也近于放射性核酸探针，因此近年来得到了广泛应用，国内外均已开发出了商品化的地高辛标记核酸探针试剂盒来检测对虾杆状病毒（BP）、斑节对虾杆状病毒（MBV）和对虾白斑综合征病毒（WSSV）等。

（2）聚合酶链式反应（PCR） PCR 技术检测首先是提取样品中的病害动物的 DNA，然后加入特异性的引物，用 PCR 仪大量扩增病毒 DNA 片段，最后通过凝胶电泳检查扩增产物，以判断样品中是否有病毒存在。该技术具有敏感性及特异性高、简单、快速等特点，已广泛应用于对虾白斑综合征病毒（WSSV）的检测。应用反转录多聚酶链式反应（RT-PCR）方法可以检测到组织中极微量的病毒 RNA，这是目前应用最多、最有效的诊断方法。国外已有不少学者运用 RT-PCR 方法建立了病毒性神经坏死病等、鲤春病毒血症病毒（SVCV）的检测技术。

微课 25—PCR 方法检测病原微生物

（3）实时荧光定量 PCR 实时定量 PCR 是指在 PCR 扩增期间通过连续监测荧光信号的强弱来实时测定特异性产物的量。实时荧光定量 PCR 技术已被广泛应用于检测鱼类病毒，如检测石斑鱼病毒性神经坏死病病毒（NNV）、传染性胰脏坏死病毒（IPNV）、传染性造血器官坏死病毒（IHNV）、病毒性出血性败血症病毒（VHSV）等。

（4）随机扩增多态性 DNA 技术（RAPD） RAPD 技术是建立在 PCR 技术基础上的新的分子标记技术。其基本原理是采用随机合成的较短的单个随机引物，对病毒或其他生物基因 DNA 进行 PCR 扩增。将 PCR 产物进行凝胶电泳形成病毒核酸指纹图谱，不仅可以检测同种病毒，还可以进行不同种病毒间 DNA 序列的同源性比较。

（5）LAMP 技术 LAMP 技术是环介导恒温扩增技术的简称，是由 Notomi 等在 2000 年建立的一种新颖的核酸扩增方法。LAMP 操作简便，只要将检测样品（靶核酸）和试剂一起放入 65℃环境中，大约 1h 就可以判断扩增与否，适用于现场快速检测大量样本的水产动物病原体。目前 LAMP 技术应用于检测鱼虾类的各种病原体，如鲤春病毒血症病毒（SVCV）、病毒性出血性败血症病毒（VHSV）、传染性造血器官坏死病毒（IHNV）、病毒性神经坏死病毒（VNNV）和真鲷虹彩病毒（RSIV）、对虾白斑综合征病毒（WSSV）、传染性皮下组织和造血器官坏死病毒（IHHNV）等。

（6）核酸杂交技术 核酸杂交是利用特异性标记的 DNA 或 RNA 作为指示探针，使其与病原体核酸中的互补核苷酸序列进行杂交，以准确检测核酸样品中的特定基因序列，从而确定宿主是否携带有某种病原体。或者直接在取样组织切片上进行原位杂交，确定病原在组织、细胞内外的分布，进而对病原的感染途径进行分析。目前已用于对虾白斑综合征病毒（WSSV）、传染性胰脏坏死症病毒（IPNV）、淋巴囊肿病毒（LCDV）、黄头病毒（YHV）、桃拉病毒（TSV）等水产动物病毒的检测。该法具有高度的特异性和敏感性。但在实际应用中也存在一些问题，如同位素有放射性，操作复杂；每检测一种病原微生物就需要制备一种探针等。

4. 快速检测试剂盒

水产养殖苗种检疫和养殖动物的病毒早期检测和诊断是最重要的防治手段。因此，建立病毒快速检测技术能快速诊断病因，及时预测病毒病的发生，防止病毒传播和减少经济损失。在免疫学和病毒分子生物学技术研究的基础上，国内外有关水产研究单位、企业已经研制、开发了多种常见水产动物病毒的快速检测试剂盒，其中一些已经投入生产应用（表6-5）。水产动物病毒快速检测试剂盒适用于水产养殖场生产现场的动物病毒感染的早期快速诊断，操作简便、快速、实用。

表 6-5　我国已研制、开发的部分水产动物病毒快速检测试剂盒

检测对象	试剂盒	研制单位
对虾类	对虾白斑综合征病毒检测试剂盒 对虾桃拉综合征病毒检测试剂盒 对虾黄头病毒检测试剂盒 对虾肝胰腺细小病毒检测试剂盒 传染性皮下及造血组织坏死病毒检测试剂盒 传染性肌肉坏死病毒检测试剂盒 斑节对虾杆状病毒检测试剂盒	黄海水产研究所 黄海水产研究所 黄海水产研究所 黄海水产研究所 黄海水产研究所 黄海水产研究所 黄海水产研究所
海水鱼类	大菱鲆红体病虹彩病毒检测试剂盒 鱼类虹彩病毒 PCR 快速检测试剂盒 （适用于大黄鱼、真鲷、军曹鱼、石斑鱼、美国红鱼等） 流行性造血器官坏死虹彩病毒检测试剂盒	黄海水产研究所 国家海洋第三研究所 国家海洋第三研究所
海水贝类	扇贝急性病毒性坏死病毒检测试剂盒 鲍肌肉萎缩症病毒检测试剂盒	黄海水产研究所 南海水产研究所

项目三　亚病毒因子

亚病毒因子是一类在构造、成分和功能上不符合典型病毒定义的分子病原体。其分为两类，一是只含核酸或蛋白质一种成分，如只含 RNA 的类病毒和拟病毒；二是虽同时含有核酸和蛋白质两种成分，但因其功能不全而成为缺陷病毒，如卫星病毒和卫星 RNA 等。

微课 26—亚病毒

一、类病毒

类病毒是一类只含 RNA 一种成分、专性寄生在活细胞内的分子病原体。它是目前已知的最小可传染致病因子，只在植物体中发现。

类病毒自 20 世纪 70 年代在马铃薯纺锤形块茎病中发现以来，已在 20 余种植物病害中找到踪迹。其传播方式多样，包括机械损伤、昆虫刺吸、营养繁殖（嫁接等）以及种子和花粉传播等。

二、拟病毒

拟病毒是一类包裹在真病毒粒中的有缺陷的类病毒。与拟病毒“共生”的真病毒又称辅助病毒，拟病毒的复制必须依赖辅助病毒的协助。目前已在许多植物病毒中发现了拟病毒，例如苜蓿暂时性条斑病毒（LTSV）等。

三、卫星病毒

卫星病毒是一类基因组缺损，必须依赖某形态较大的专一辅助病毒才能复制和表达的小

型伴生病毒。1960 年首次发现烟草坏死病毒（TNV）与其卫星病毒（STNV）间的伴生现象。它们是一大、一小两个二十面体病毒，但两者的衣壳蛋白和核酸成分都无同源性。TNV 有独立感染能力；STNV 所含遗传信息仅够编码自身衣壳蛋白，无独立感染能力。

四、卫星 RNA

卫星 RNA 是一类存在于某专一病毒粒（辅助病毒）的衣壳内，并完全依赖后者才能复制自己的小分子 RNA 病原因子。因后来又发现少数种类是 DNA，故有人把卫星 RNA 改称为卫星核酸。

五、朊病毒

朊病毒又称蛋白侵染子，是一类不含核酸的传染性蛋白质分子，因能引起宿主体内现有的同类蛋白质分子发生与其相似的感应性构象变化，从而可使宿主致病。由于朊病毒与以往任何病毒有完全不同的成分和致病机制，故它的发现是 20 世纪生命科学包括生物化学、病原学、病理学和医学中的一件大事。

朊病毒由美国学者于 1982 年研究羊瘙痒病时发现。至今已发现与哺乳动物脑部相关的 10 余种中枢神经系统疾病都是由朊病毒所引起，如羊瘙痒病、牛海绵状脑病（疯牛病），以及人的克-雅氏病（一种早老性痴呆病）、库鲁病（一种震颤病）和 G-S 综合征等。这类疾病的共同特征是潜伏期长，对中枢神经的功能有严重影响，包括引起脑细胞减少、大脑海绵状变性、神经胶质细胞和异常淀粉样蛋白质增多，从而引起神经退化性疾病。近年来，在酵母属真核微生物细胞中，也找到了朊病毒的踪迹。

技能训练十三　斑节对虾杆状病毒病压片显微镜检查

【技能目标】

掌握应用压片显微镜法对斑节对虾是否感染斑节对虾杆状病毒 MBV 进行初步诊断的技术。

【训练器材】

（1）样品　疑似感染 MBV 的斑节对虾样品。

（2）试剂　0.05%孔雀石绿染料、1%焰红贮存液。

（3）仪器及用品　普通光学显微镜、相差显微镜、荧光显微镜（阻挡滤光片波长为 520nm，激发滤光片波长为 450～490nm）、载玻片、盖玻片、医用镊子、解剖刀、水族箱、玻璃试管、吸水纸、塑料虹吸管并接有一段吸管尖头等。

【技能操作】

1. 样品准备

待检的活体样品暂养于实验室水族箱中。

组织样品：幼体取整体，仔虾取头胸部，幼虾和成虾取小块肝胰腺。

粪便样品：将幼虾或成虾暂养于水族箱，直至水族箱底部出现粪便；用干净的塑料虹吸管吸取排泄物，注入玻璃试管中。

2. 压片制备

(1) 直接压片法　将组织或粪便样品置于载玻片上，用解剖刀将样品切碎，盖上盖玻片，用普通光学显微镜调小光圈观察或用相差显微镜观察。

(2) 压片孔雀石绿染色法　将组织或粪便样品置于载玻片上，用解剖刀将样品切碎，滴加 1～2 滴 0.05%孔雀石绿染液，混匀，染色 2～4min，盖上盖玻片，用吸水纸吸取多余的液体，将制备好的压片置于普通光学显微镜下观察。

(3) 压片焰红染色法　将组织或粪便样品置于载玻片上，用解剖刀将样品切碎，滴加 1～2 滴 0.001%焰红染液，混匀，染色 2～4min，盖上盖玻片，用吸水纸吸取多余的液体，将制备好的压片置于普通光学显微镜下观察。

3. 结果判定

(1) 直接压片法　显微镜下可观察到受 MBV 感染的对虾肝胰腺细胞核肿大，核内有单个或多个折射率高的球形包涵体，单个包涵体直径为 0.1～20μm。受 MBV 感染的对虾粪便压片可观察到带折光性的近球形的包涵体，大小约 20μm，在新鲜粪便中，MBV 包涵体常成团聚集，并被核膜包裹着。

(2) 压片孔雀石绿染色法　可观察到包涵体着色发绿，与正常的细胞核、核仁、分泌颗粒或吞噬溶酶体及脂肪滴等其他球形体相比，包涵体着色更深。

(3) 压片焰红染色法　在荧光显微镜下可见到在浅绿色的背景中，核型多角体的包涵体呈明亮的黄绿色荧光，而组织中的其他成分没有荧光。

显微镜观察找到多个有大量或簇集的典型包涵体的视野，则可作为初步确诊的依据，并可用显微摄影技术记录观察的结果。

【复习思考题】

1. 病毒与其他微生物的主要区别是什么？
2. 简述病毒粒子的主要组成结构。
3. 病毒壳体有哪几种对称类型？试举例说明。
4. 简述病毒复制的过程。
5. 在水产养殖方面，常用的病毒灭活方法有哪些？
6. 解释下列名词：烈性噬菌体，温和噬菌体，原噬菌体。
7. 噬菌体在水产养殖中有什么应用意义？

模块七　病原微生物的致病性与感染

知识目标：

了解细菌、病毒、真菌的致病因素；掌握病原微生物的致病性和毒力的概念；掌握感染的概念，了解水产动物疾病发生的条件。

能力目标：

能对水产生物感染疾病的原因进行分析，能初步判断感染发生的来源、类型，并能提出控制感染蔓延的措施。掌握微生物半数致死量 LD_{50} 测定的步骤和计算方法。

素质目标：

培养科学严谨、精益求精的工匠精神；培养科学分析问题的能力；培养勤于思考、勇于创新的精神。

项目一　病原微生物的致病性

一、细菌的致病性

1. 病原菌

细菌侵入机体并在宿主体内定居、增殖且能引起疾病的性质称致病性或病原性，具有致病性的细菌称致病菌或病原菌。在通常条件下不致病，而在某些条件改变的特殊情况下才可致病，此类细菌称为条件致病菌。不能造成动物机体感染的细菌称为非致病菌，非致病菌不是绝对的，条件致病菌在本质上具有致病潜能。有的病原菌是原发性病原体，有的是水产动物处于垂死状态后的入侵者。研究证明，水生生物体正常菌群是其栖居水体菌群的直接反映。不过也有少数细菌似为专一寄生，不能在水产动物体外长期存活。

同种病原菌的不同菌株，其致病性的大小也不同，如嗜水气单胞菌有致病菌株与非致病菌株之分；同一菌株在不同的条件下，其致病性的大小也有不同。同种不同型的病原菌的致病性也有差异（表 7-1）。病原菌的致病性是细菌种的特性之一，相对宿主而存在，不同病原菌对同一宿主可引起不同的感染类型和不同的病理过程，如杀鱼巴斯德菌引起鰤鱼患巴斯德菌病，病鱼脾脏、肾脏及内脏出现白点；诺卡菌引起鰤鱼鳃或躯体患“类结节症”。病原菌的致病作用与其毒力强弱、侵入机体的细菌数量的多少、侵入途径及机体的免疫状态密切相关。环境等因素也对病原菌的致病机制有一定影响，弧菌在某些不利的环境压力下（低温、营养缺乏、药物作用等）可进入活的非可培养状态（VBNC），但其细胞毒力依然存在，一旦在适宜的条件下复苏，仍能引起疾病的发生。

表 7-1　不同型链球菌的致病性

链球菌菌株	溶血素	血液培养基上溶血环有无	致病性
α-溶血性链球菌	产生	菌落周围形成草绿色溶血环	多为条件致病菌
β-溶血性链球菌（溶血性链球菌）	产生	菌落周围形成透明的无色溶血环	致病力强
γ-链球菌	不产生	菌落周围无溶血环	无致病性，偶尔也引起感染

2. 病原菌的侵袭力

侵袭力是病原菌突破宿主机体的免疫防御功能，在机体内定居、繁殖和扩散的能力。细菌依靠侵袭力进入动物机体，首先细菌接触宿主细胞表面并黏附于宿主细胞上，然后在局部生长繁殖，造成组织损伤，进而扩散侵害作用。病原菌之所以能致病，是由于：①侵入并定位于某组织；②适应机体生化环境进行增殖，并向其他部位扩散蔓延；③抵抗机体的防御机能；④释放毒性产物引起损伤。侵袭力与细菌的侵袭性胞外酶、毒素和表层黏附性结构的作用密切相关。例如嗜水气单胞菌产生危害的毒力因子主要有外毒素、脂多糖、侵袭性胞外酶、S层蛋白、菌毛、外膜蛋白（OMP）等。

(1) 细菌毒素　细菌毒素是能损伤机体组织细胞或器官，引起病理变化的致病物质。根据细菌产生毒素的方式、毒素的性质和致病特点，将细菌毒素分为外毒素和内毒素（表 7-2）。

① 外毒素　外毒素主要是革兰氏阳性菌和部分革兰氏阴性菌产生并释放到菌体外的毒性蛋白质。海豚链球菌、金黄色葡萄球菌、炭疽芽孢杆菌等革兰氏阳性菌均可产生外毒素。某些革兰氏阴性菌，如鳗弧菌、溶藻弧菌、灿烂弧菌、嗜水气单胞菌、杀鲑气单胞菌、霍乱弧菌、痢疾志贺菌 A 群Ⅰ型、肠产毒型大肠埃希菌、铜绿假单胞菌等亦能产生外毒素。大多数外毒素在细菌细胞内合成，分泌至胞外，但也有存在于菌体内，当细菌细胞破裂后释放出来，如痢疾志贺菌和产毒性大肠埃希菌。国际上将外毒素命名为气溶素（aer 毒素），目前已确定的外毒素主要有气溶素、溶血素、溶血毒素和细胞毒性肠毒素等。

外毒素的化学成分是蛋白质，大多数外毒素蛋白由 A、B 两个亚单位组成。A 亚单位是毒素的毒性部分，决定着毒素的致病作用；B 亚单位无致病作用，是介导外毒素分子与宿主细胞的结合部分，具有对靶细胞的亲和性。外毒素毒性强并有靶器官选择性，小剂量即能使易感机体致死，如 1mg 纯化的肉毒毒素可杀死 2 亿只小鼠。外毒素种类多，按其作用机制和所致病理特征，可分为神经毒素（破伤风梭菌痉挛毒素、肉毒梭菌毒素）、细胞毒素（大肠埃希菌 O157：H7 志贺样毒素）、肠毒素（霍乱弧菌肠毒素、产毒型大肠埃希菌肠毒素、嗜水气单胞菌肠毒素、金黄色葡萄球菌肠毒素等）和溶细胞毒素（链球菌溶血素、蜡样芽孢杆菌细胞溶素、创伤弧菌细胞溶素）四大类。

细菌毒素可以在细菌细胞附近或者在宿主体内较远的部位发挥作用，也可以通过污染食物在动物摄食后发挥作用。细菌毒素的致病作用多样，如溶细胞毒素可破坏细胞，尤其是机体免疫系统的细胞。受损或被破坏的细胞也会释放出一些细菌生长所需要的营养物质；有些毒素有助于细菌细胞的散播。

多数外毒素不耐热，如白喉外毒素加热至 58～60℃、经 1～2h，破伤风外毒素加热至 60℃、经 20min 即可被破坏；但也有例外，如葡萄球菌肠毒素能耐 100℃ 30min，鲈鱼鳗弧菌 60℃热处理 24h 后不能完全灭活。外毒素对化学因素也不稳定，用 0.3%～0.4%甲醛溶液对外毒素进行脱毒处理，获得失去毒性但仍保留抗原性的生物制品，称作类毒素。用类毒素注射动物，可使机体产生相应的抗体，故可作为疫苗进行免疫接种，用于预防相应的疾病，例如用0.3%（体积分数）的福尔马林灭活鳗弧菌和溶藻弧菌，可制成相应的鱼用疫苗。外毒素刺激机体产生特异性的抗体，即抗毒素，抗毒素用于疾病的紧急治疗和预防。

② 内毒素　内毒素是革兰氏阴性菌细胞壁外层的组分之一，其化学成分是脂多糖（LPS），鳗弧菌、创伤弧菌、霍乱弧菌、副溶血弧菌等的LPS都被证明与弧菌的致病过程有关，是重要的致病因子。在活细胞中，内毒素不分泌到体外，仅在细菌死亡后自溶或人工裂解时才释放出来。除了毒性作用外，其中抗原脂多糖还具有黏附因子的作用。嗜水气单胞菌的内毒素，表现的毒性作用主要有热原性，使动物机体出现白细胞数目减少或增多、弥漫性血管内凝血、神经症状、休克以致死亡。螺旋体、衣原体、立克次体亦含有脂多糖。

与外毒素相比，内毒素毒性相对较弱，对宿主的毒性作用没有明显的特异性，导致的毒性效应大致类同，如发热反应、微循环障碍、白细胞增多、休克等。内毒素不能被甲醛溶液脱毒成为类毒素。把内毒素注射到机体内虽可产生一定量的特异免疫产物（抗体），但这种抗体抵消内毒素毒性的作用微弱。

内毒素极耐热，160℃的温度下加热2～4h，或用强碱、强酸或强氧化剂加温煮沸30min才能破坏其生物活性。内毒素大量进入动物血液会引起发热反应——“热原反应”，因此，在生物制品、抗生素、葡萄糖液和无菌水等注射用药中都严格限制其存在。鲎血中含变形细胞，其裂解产物可与革兰氏阴性菌的内毒素和脂磷壁酸（LTA）等发生特异性和高灵敏度的凝胶化反应，故鲎试剂检验内毒素法已被广泛用于临床诊断以及药品、生物制品和血制品的检验，也应用于食品卫生监测以及科学研究等许多领域中。

表7-2　外毒素和内毒素的比较

特性	外毒素	内毒素
产生细菌种类	多见革兰氏阳性菌，少数革兰氏阴性菌	主要为革兰氏阴性菌
存在部位	由活的细菌释放至菌体外	为细菌细胞壁成分，细菌崩解后释放出来
化学成分	蛋白质	脂多糖
毒性	毒性强，各种细菌的外毒素对某些组织细胞有特殊的亲和力，引起特殊病变	毒性弱，各种细菌内毒素的毒性作用相似
抗原性	强，能刺激机体产生抗毒素；经甲醛液处理脱毒成为类毒素，用于人工自动免疫	弱，不能刺激机体产生抗毒素；甲醛液处理不能制成类毒素
耐热性	不耐热，60～80℃、30min破坏	耐热，160℃、2～4h才被破坏
毒性作用	强，对组织细胞有选择性毒害效应，引起特殊临床表现	较弱，各种细菌的毒性效应大致相似
检测方法	中和试验	鲎血试验、热原试验

（2）侵袭性胞外酶　有些致病菌在代谢过程中能产生对动物机体细胞有破坏作用的侵袭性酶类（胞外酶）（表7-3），如嗜水气单胞菌分泌的胞外酶有丝氨酸蛋白酶、磷脂酶和核酶等。胞外酶为细菌在机体内生长、繁殖、扩散等创造了有利的条件，促进细菌在组织中的蔓延。已在杀鲑气单胞菌、嗜水气单胞菌、鳗弧菌、副溶血弧菌等病原菌的胞外产物中检测到的溶血素能攻击红细胞膜而引起溶血，溶血素在病原感染过程中发挥重要作用，是多数病原菌的重要致病因子之一。

（3）黏附因子　细菌感染机体的第一步就是黏附，病原菌通过黏附因子使之在合适机体的特定组织或体表上定植，而不被机体清除掉，黏附因子有利于细菌在机体内增殖并产生毒性。如嗜水气单胞菌的菌毛、S层蛋白、脂多糖和外膜蛋白等。

表 7-3　致病菌产生的胞外酶或代谢产物及其作用

产生的胞外酶或代谢产物	细菌	破坏作用
卵磷脂酶	产气荚膜杆菌	水解各种组织的细胞，尤其是红细胞
溶血素	嗜水气单胞菌	破坏红细胞
血浆凝固酶	金黄色葡萄球菌	使血浆加速凝固成纤维蛋白屏障，以保护病原体免受宿主吞噬细胞和抗体的作用
胶原酶	杀鲑气单胞菌	水解胶原蛋白以利于病原体在组织中扩散
脂酶	金黄色葡萄球菌	分解脂肪
脱氧核糖核酸酶	A 型链球菌	破坏 DNA
杀白细胞素	杀鲑气单胞菌	杀死白细胞
透明质酸酶	溶血性链球菌、葡萄球菌	水解机体结缔组织中的透明质酸，引起组织松散、通透性增加，有利于病原体迅速扩散
溶纤维蛋白酶	溶血性链球菌	能将凝固的纤维蛋白迅速溶解，有利于病原菌在宿主组织和血管中迅速扩散蔓延

① 菌毛　细菌的普通菌毛与致病性有密切关系。细菌只有牢固地黏附于宿主的呼吸器官（或鳃）、消化道或泌尿生殖道的黏膜上，并能抵抗宿主机体黏膜表面分泌液的冲刷、上皮细胞的纤毛运动以及消化道的蠕动等作用，才能在局部繁殖、积聚毒素或继续侵入细胞和组织而引起疾病。嗜水气单胞菌的菌毛从 S 层的晶格网孔伸出菌体外，帮助细菌定植。菌毛具有对组织细胞的特异性选择黏附作用，黏附作用的组织特异性与宿主易感细胞表面的相应受体有关，例如副溶血弧菌菌体周围有菌毛，运动活泼，主要引起鱼类肠道感染，也可诱发鳍、鳃的感染。产毒素型大肠埃希菌和沙门菌属等能黏附于肠道肠黏膜表面，释放肠毒素，即使失去合成菌毛的能力，也能产生肠毒素但不能引起腹泻。

② S 层蛋白　嗜水气单胞菌 S 层蛋白是组成其表面 S 层的蛋白亚单位，有规则地排列在菌体表面，具有抗吞噬、抗补体等作用，是重要的黏附因子。大部分嗜水气单胞菌强毒株都有 S 层，S 层蛋白能够增强其致病性，但无溶血性。S 层蛋白在嗜水气单胞菌自我保护和入侵过程中起着重要作用，但不是主要的致病因子。

③ 外膜蛋白　细菌表面的一些大分子结构成分，如某些外膜蛋白以及革兰氏阳性菌的脂磷壁酸等具有黏附作用，使细菌得以黏附在宿主消化器官、呼吸器官、繁殖器官等处的黏膜上。大量研究表明，革兰氏阴性菌如大肠埃希菌、霍乱弧菌、耶尔森菌、爱德华菌等的外膜蛋白是细菌的黏附素，在致病中起着重要作用。

（4）荚膜　细菌的荚膜本身没有毒性，但能防御宿主吞噬细胞将细菌吞入销毁以及杀菌物质对菌体的损伤作用。荚膜中的多糖或多肽很容易被溶解、渗透到宿主组织中，并与抗体结合，导致细菌不易为抗体所作用，难于被吞噬细胞吞噬，结果细菌就能不断地增殖和侵入宿主组织中。产荚膜菌的致病能力是依赖荚膜的，失去荚膜即不能致病。

二、病毒的致病性

病毒是严格细胞内寄生的微生物，其致病机制与细菌大不相同。病毒对侵入机体、感染细胞具有一定的选择性，即病毒对机体某些细胞易感，并在一定的细胞内寄生——亲嗜性，例如上皮组织和造血组织是对虾白斑综合征病毒（WSSV）侵染的主要部位，对虾甲壳下表皮的上皮细胞和胃的上皮细胞最易感染 WSSV；传染性脾肾坏死病毒（ISKNV）主要感染鱼的脾、肾器官，鱼神经坏死病毒（VNNV）的主要靶器官是脑和视网膜组织等。对细胞的致病作用是病毒致病性的基础。病毒感染对宿主细胞有致病作用，同时对整个机体也有致病作用。

1. 对宿主细胞的致病作用

（1）干扰宿主细胞的功能

① 抑制或干扰宿主细胞的生物合成　杀伤性病毒在宿主细胞内复制增殖，阻断宿主细胞 RNA 和蛋白质的合成，继而影响 DNA 合成，使宿主细胞的正常代谢功能紊乱，最终死亡。用巨石斑鱼神经坏死病毒感染花鲈细胞系 SB，结果表明，神经坏死病毒的外壳蛋白通过细胞的半胱天冬氨酸蛋白酶途径诱导细胞凋亡。

② 破坏宿主细胞的有丝分裂　病毒在宿主细胞内复制，能干扰宿主细胞的有丝分裂，导致感染细胞与邻近的细胞融合成多核巨细胞，感染的细胞借助于细胞融合把病毒扩散到未受感染的细胞。

③ 细胞转化　某些病毒的全部或部分核酸结合到宿主细胞染色体上，引起细胞转化，转化后的细胞具有高度生长和增殖的能力，导致细胞增生，产生肿瘤细胞，如鱼淋巴囊肿病毒感染后形成的病变。腺病毒、疱疹病毒、反转录病毒等即为此类型。

④ 抑制或改变宿主细胞的代谢　病毒进入宿主细胞后，其 DNA 对宿主细胞 DNA 的合成产生抑制，同时争夺宿主细胞生物合成的场地、原材料和酶类，产生破坏宿主细胞 DNA 及代谢酶的酶类，或产生宿主细胞代谢酶的抑制物，从而使宿主细胞的代谢发生改变或受到抑制。

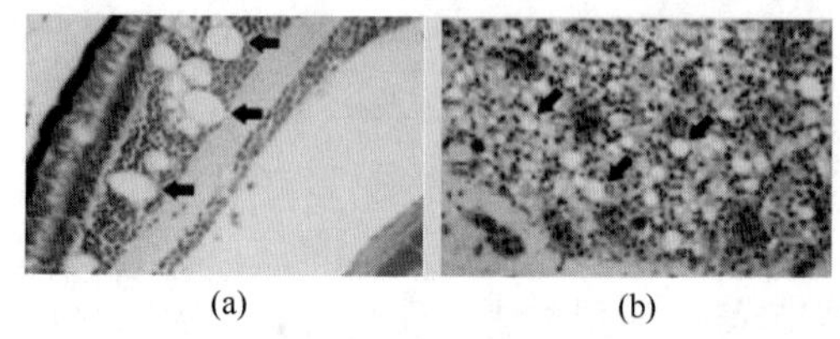

图 7-1　石斑鱼神经坏死病毒致组织产生空胞
（a）眼组织；（b）脑组织

（2）损伤宿主细胞的结构

① 细胞病变　病毒在宿主细胞内大量复制时，其代谢产物对宿主细胞具有明显的毒性，能导致宿主细胞结构的改变，出现肉眼或显微镜下可见的病理变化，即细胞病变，如空胞形成（图 7-1）、细胞浊肿。

② 包涵体形成　一些病毒感染细胞后，在细胞质或细胞核内产生形成镜下可见的圆形或椭圆形或其他形状的包涵体（图 7-2）。

③ 溶酶体的破坏　有的病毒可破坏宿主细胞的溶酶体，由溶酶体释放的酶引起宿主细胞自溶。

④ 细胞融合　病毒破坏溶酶体使宿主细胞发生自溶后，溶酶体酶被释放到细胞外，作用于其他细胞表面的糖蛋白，使其结构发生变化，从而使相邻细胞的胞膜发生融合，形成合胞体。

⑤ 红细胞凝集　某些病毒的表面具有一些称为凝血原的特殊结构，能与宿主红细胞的表面受体结合，使红细胞发生凝集。

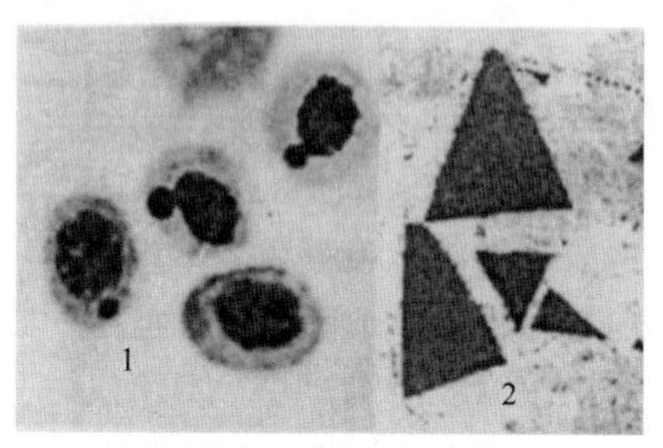

图 7-2　水产动物病毒包涵体
1—鱼红细胞中形成的病毒细胞质包涵体；
2—感染杆状病毒的对虾肝胰腺上皮细胞内出现的核内包涵体

2. 对宿主机体的致病作用

病毒在宿主体内增殖的过程中，不但能对宿主细胞产生致病作用，而且还能通过其本身、代谢产物及其产生的病理产物对宿主机体产生致病作用。

（1）直接破坏机体的结构　病毒对宿主机体结构的破坏，是以其对宿主细胞的损伤为基础的。有些病毒能破坏宿主毛细血管内皮和基底膜，造成其通透性增高，导致全身性出血、水肿、局部缺氧和坏死。有些病毒能在宿主血管内产生凝血作用，导致机体微循环障碍。有些病毒则通过细胞的转化形成肿瘤，与其他健康组织争夺营养和造成压迫，使健康组织萎缩，机体消瘦。有些病毒能破坏肠上皮，使小肠绒毛萎缩，影响营养和水分的吸收，引起剧烈的肠炎。有些病毒破坏神经细胞的结构，引发机体的神经症状，如感染了神经坏死病毒的石斑鱼病鱼的脑、脊髓、骨髓和视网膜空胞化、坏死，导致鱼苗外观身体弯曲，运动失去平衡，表现一定的神经障碍症状。WSSV 可以广泛地侵染对虾的外胚层以及中胚层组织，组织病理学研究发现，在病虾的鳃组织、胃和肠上皮细胞及黏膜下层结缔组织、淋巴器官、触角腺、心脏、肝胰腺及肌肉等组织器官中都发生了不同程度的病变。病毒的杀细胞效应如发生在重要器官，到一定程度可引起严重后果。

(2) 代谢产物对机体的致病作用　病毒在复制过程中能产生一些健康宿主体内没有的代谢产物，并与宿主体内的某些功能物质结合而影响其功能的发挥。有的受病毒感染的细胞，在其膜表面出现新的抗原，激发机体的变态反应而造成组织损伤。病毒在破坏宿主细胞的过程中能释放出一些病理产物，这些病理产物可继发性地引起机体的结构和功能破坏，如细胞破裂后释放出来的溶酶体，可造成组织细胞的溶解和损伤，或引发局部炎症反应。

三、真菌的致病性

水产动物致病性真菌感染主要是一些外源性真菌感染，可造成表皮、皮下和全身性感染。有些真菌呈寄生性致病作用，如水霉、绵霉等真菌在水产动物表皮局部大量繁殖后，通过机械刺激和代谢产物的作用，引起局部的炎症和病变。水霉感染通常发生于鱼体表局部，菌丝侵入后沿表皮病处向四处扩展，使表皮渐次受到侵蚀。浅表的真皮侵害，即可因无法保持循环血量而导致体液平衡失调及休克。深部感染的真菌被吞噬细胞吞噬后，能在细胞内繁殖，引起组织慢性肉芽肿性炎症和组织坏死溃疡。较慢性的感染通常发生于条件不太恶劣的环境，此时菌丝体可穿过真皮，蔓延于肌节间的筋膜面上，这类慢性损害可继发细菌感染。有些真菌呈条件性致病作用，有些则产生毒素使动物中毒。

项目二　病原微生物的感染

病原微生物的感染是指在一定条件下，病原微生物与机体相互作用并导致机体产生不同程度的病理过程。病原微生物在宿主体内与宿主防御机制相互作用并引起一定的病理过程称为感染。来自其他宿主的病原微生物感染称之为传染。

病原微生物能通过一定的方式、不同的途径从一个宿主感染其他宿主。不同的病原微生物感染的宿主种类不同，有的病原体只感染虾蟹类，有的对鱼类、虾蟹类和两栖类等均可感染，有的只感染动物或植物。感染是病原微生物同宿主相互作用的一种生命现象，是其同宿主免疫防御机制相互斗争的生命过程。感染和抗感染免疫是同时发生的，感染的发生、发展与结果有多种表现，主要取决于宿主的免疫防御能力和病原微生物的致病性，同时与环境等因素也有关系。认识不同水产生物病原微生物的感染与致病机制，有助于控制其感染和防治水产生物的感染性疾病。

一、感染发生的条件

病原微生物进入机体能否引起感染，取决于多方面的因素。病原菌的致病作用与其毒力强弱、侵入机体的细菌数量的多少、侵入途径及动物机体的易感性和免疫状态密切相关，环境等因素也对病原菌的致病机制有一定的影响。

1. 病原微生物的毒力

病原菌致病性的强弱程度称为毒力。毒力是细菌菌株的特征，各种细菌的毒力不同，并可因宿主种类及环境条件不同而发生变化。细菌的毒力常用半数致死量（LD_{50}）或半数感染量（ID_{50}）来表示，其含义是在单位时间内，通过一定途径，使一定体重的某种实验动物半数死亡或被感染所需的最少量的细菌数或细菌毒素量。LD_{50} 值的大小反映了致病菌的毒力水平，LD_{50} 值越小，说明病原菌毒力越强，反之毒力越弱。

各种致病菌的毒力不同，具有显著的差异（表 7-4），同一种细菌也有强毒、弱毒与无毒菌株之分。

表 7-4 不同种细菌的毒力

病原菌	感染对象	感染方法	LD_{50}/(CFU/mL)
鳗弧菌	鲈鱼（体重 2g）	浸浴	$2.5\times10^{7.5}$
	鲈鱼（体重 2g）	针刺后浸浴	2.5×10^{7}
牙鲆肠弧菌	大菱鲆（体重 25g）	腹腔注射	2×10^{6}
嗜水气单胞菌	鳜鱼（体重 9g）	腹腔注射	8.33×10^{4}
	中鳖（体重 80g）	腹腔注射	7.87×10^{8}
	克氏原螯虾（体长 8~10cm）	尾部肌内注射	5.3×10^{5}
荧光假单胞菌	大西洋鲑（体重 150g）	腹腔注射	$3.2\times10^{5.42}$
豚鼠气单胞菌	草鱼（体重 50g）	背鳍基部注射	4.928×10^{6}
哈维弧菌	中国明对虾仔虾	浸浴	2.0×10^{6}
	日本囊对虾仔虾	浸浴	7.0×10^{5}

2. 病原微生物的侵入数量

具有毒力的病原微生物侵入机体后，大多数还需要足够的数量才能引起感染，少量侵入，易被机体防御功能所清除。引起感染的细菌数量取决于病原菌的毒力强弱和机体的免疫状态，细菌引起感染的数量与其毒力成反比，即毒力愈强，引起感染所需菌量愈少；反之则需菌量大。有些病原微生物毒力极强，极少量的侵入即可引起机体发病，如鼠疫杆菌有数个侵入就可发生感染；而毒力弱的沙门菌，常需数亿个细菌才能引起感染。在水温为 12.5℃ 的水槽中，对斑点叉尾鮰用维氏气单胞菌感染，用 7.5×10^{3}CFU/mL 以下的菌液浓度腹腔接种，经 7 天试验不感染；而菌液浓度为 7.5×10^{8}CFU/mL 时，试验鱼发病率为 100%、死亡率为 100%。海水中病毒浓度在 10^{3} 病毒粒子/L 时是能够引起对虾感染病毒的最低浓度。对毒力相同的病原菌而言，数量越多，引起感染的可能性越大。

3. 病原微生物的侵入途径

具有一定毒力和足够数量的致病微生物，必须侵入易感机体的适宜部位才能引起感染，这与病原微生物生长繁殖需要特定的微环境有关。例如，破伤风梭菌必须经伤口侵入缺氧的深部创口才能引起破伤风，若经口侵入则不能引起感染；痢疾志贺菌、伤寒沙门菌须经口侵入定居于结肠内，达到一定数量，才进入血循环而致病。荧光假单胞菌经皮肤伤口感染，口服一般不能引起鱼类发病；引起鱼疖疮病的杀鲑气单胞菌一般认为是经鳃或经口感染。注射和浸泡感染诺卡菌能使实验鱼致病，而口灌感染不致病，这说明在自然情况下该菌从鱼体损伤部位或通过鳃部进入体内的机会较大。

多数病原菌通常均有其特定的侵入部位，但有的病原菌可多途径感染，例如，鳗弧菌经消化道、皮肤创伤等部位都可造成感染；如投喂氧化变质的饵料，使鱼的消化道和肝脏受损，弧菌将可能从肠黏膜的损伤处侵入组织。斑点叉尾鮰感染鮰爱德华菌的病程分为急性型和慢性型，但两者的感染途径不同，急性型的感染途径为消化道，慢性型的感染途径为神经系统。了解病原微生物的入侵途径对于预防传染的发生是很重要的。

4. 水产动物机体的易感性

易感性是感染发生的重要条件，不同动物对同一病原微生物的感受性通常不一样，有的易感，有的不易感，同种动物的不同品系也可能有差异。病毒的致病性与其他微生物一样，取决于病毒的毒力和机体的易感性。但由于病毒具有较严格的、选择性的细胞内寄生特性，因此与其他病原性微生物所致的感染相比，机体的易感性显得更重要。例如病毒侵入无易感细胞的机体，就不会引起感染，即先天性的不感受性。

传染性皮下组织及造血器官坏死病毒（IHHNV）有着广泛的对虾宿主，但在不同种的对虾中，病毒表现出不同的毒力，IHHNV 在其敏感宿主红额角对虾中的毒力最强，20 世纪 80 年代初期可使红额角对虾幼虾的死亡率达 90%；对于凡纳滨对虾，IHHNV 不引起死亡，而呈现一种称为“生长畸形综合征”的症状；对于斑节对虾，IHHNV 的感染不引起明显的症状。桃拉病毒（TSV）主要感染凡纳滨对虾、大西洋白对虾、褐对虾、斑节对虾和红额角对虾等，其中凡纳滨对虾特别敏感。孙成波等比较了凡纳滨对虾和斑节对虾对 WSSV 的敏感性，用相同的注射剂量感染，发现凡纳滨对虾与斑节对虾感染时间有显著差异，WSSV 在凡纳滨对虾体内比在斑节对虾体内复制慢，而且所带病毒量比斑节对虾显著低，说明凡纳滨对虾比斑节对虾对 WSSV 的抵抗性更强。采用浸泡、摄食、肌内注射等方法感染斑节对虾和罗氏沼虾，结果斑节对虾死亡率为 100%，罗氏沼虾均无死亡，试验说明斑节对虾对 WSSV 敏感，而罗氏沼虾不敏感。

不同种类、不同日龄的鱼对鱼类神经坏死病毒的敏感性也不同。石斑鱼类对神经坏死病毒都易感；神经坏死病毒对仔鱼和幼鱼的致死率较高，对成鱼的危害相对较小，鱼苗孵化后的几周是生理快速变化的时期，此时期的幼鱼可能会严重感染，但成鱼却无症状。防卫机制的不成熟，如炎症反应和免疫反应可能是幼鱼对感染比较敏感的原因之一。同一海区或同一养殖渔场的其他鱼类，如真鲷、白鲳等在石斑鱼发病的同时可表现类似的临床症状，但发病率及死亡率都比较低，未出现大规模流行的病情。

5. 外界环境条件

病原微生物致病性除与毒力强弱、侵入机体的病原数量和入侵部位是否合适三大因素有关外，还有其他一些因素影响其致病机制。自然环境因素也对感染有一定影响作用，气候、季节、温度和地理条件等可影响感染的发生和发展。养殖水体中养殖密度过大、水质恶化（低溶解氧、高水温、高氨氮、高硝酸盐）等条件会激发低水平感染 IHHNV 的对虾表现出症状，并使病原由携带者传播给健康对虾，导致疾病的流行及感染程度的加重。外界环境条件对动物机体和病原菌有着不可忽视的影响，高温（33～34℃）、高 pH（9.0～9.5）、低 pH（4.6～5.0）、低 DO（1.75～2.75mg/L）和高氨氮（0.55mg/L），会明显降低对虾的免疫力，增加对虾对于病原菌的敏感性。

有些细菌是条件致病菌，平时生活于水中、底泥中或健康的鱼虾体上，在鱼虾体受伤或环境条件对鱼虾不利时，就可能侵入鱼虾体并引起疾病。例如嗜水气单胞菌在养鳗池大量存在，也是健康鱼体肠道的常居者，鳗鱼在良好条件、体质健壮时，虽肠道中有此菌存在，但数量不多，并不发病；而当水质恶化、溶解氧低、氨氮高、饲料变质、捕捞、搬运鱼致伤或越冬后鱼体抵抗力下降时，鳗肠壁上皮细胞发生退行性变化、脱落、崩解成为细菌的很好营养，该菌在肠内大量繁殖，可导致疾病暴发。体表的真菌或寄生虫感染都会增加鱼类对该病菌的易感性。链球菌也是典型的条件致病菌之一。

二、感染的类型

感染一般先由局部开始，进而侵害全身，重者侵入血流及淋巴，散布至重要器官，造成严重的危害。感染的结局是因机体的免疫力将病原菌消灭，机体痊愈，并遗留不同程度的免疫力；或者是病原菌战胜机体的防护力，毒害机体，以致造成病症，甚至死亡。根据感染的来源和水产动物机体发生的临床症状，感染的表现有以下几种形式（表 7-5）。

1. 内源性感染和外源性感染

引起感染的病原菌来自水产动物自身体表或体内的某些正常菌群（如普通大肠埃希菌、无芽孢厌氧菌等）称为内源性感染，多见于免疫功能低下、环境不良时由条件致病菌所致。来自水环境，或患病、病死或带菌个体向水中散播病原菌引起水产动物的感染称外源性感染。后者又根据各种病原微生物的侵入途径不同，分为消化道感染、鳃部感染、创伤感染、接触感染与水生生物媒介感染等。

2. 显性感染和隐性感染

当机体免疫力较弱，或入侵的病原数量多或毒力强，使机体细胞和组织损伤，出现明显的临床症状，称显性感染。

病原微生物侵入机体后，仅引起机体产生特异性的免疫应答，不引起或只引起轻微的组织损伤，不显出任何症状和体征，只能通过细菌学和免疫血清检查才能发现，这类感染称为隐性感染。鱼类神经坏死病毒、对虾白斑综合征病毒的受感染者很多，但只有少数发生疾病症状，大多数感染者为隐性感染。

病毒进入机体后未引起临床症状的感染，可能与病毒毒力弱或机体防御能力强、病毒在体内不能大量增殖，因而对组织和细胞的损伤不明显有关；也可能与病毒种类、病毒的性质有关。此时病毒仍可在体内增殖并向外界分散，可成为重要的传染源。携带石斑鱼神经坏死病毒的鱼本身无症状，但病毒可在体内增殖并向外界放散，也是重要的传染源。因此隐性感染在水产动物病毒流行病学上具有十分重要的意义。

有时致病菌在显性或隐性感染后并未立即消失，而是在体内继续留存一定时间，与机体免疫力处于相对平衡状态，即为带菌状态，该宿主称为带菌者。带菌者经常会间歇排出病菌，成为重要的传染源之一，鲑科鱼类的各种内脏都可保菌，从卵巢和精巢中也易检出病原菌，来自保菌亲鱼的受精卵感染的可能性很大。

3. 局部感染和全身感染

按照感染过程、症状和病理变化的主要发生部位可分为局部感染和全身感染。

（1）局部感染 病原菌侵入机体后，仅在一定部位生长繁殖，引起局部病理变化称为局部感染，如鲢鳙鱼的“打印病”、草鱼细菌性烂鳃病。发生局部感染时，如果侵入的病原菌毒力弱，数量不多，而机体的免疫力较强，即可将侵入的病原菌限制于局部，并将其清除消灭；若机体的抵抗力下降，局部传染也会进一步扩散为全身传染。斑点叉尾鮰感染柱状屈桡杆菌后，病灶通常先发生在鳃部，鳃丝末端组织坏死逐渐到基部坏死，先感染鱼体表后再进入肠道等内脏器官，最后导致全身性的败血症。

(2) 全身感染　病原菌的毒力强大，而机体的免疫力弱，不能将病原菌限制于局部以致向周围扩散，经淋巴或者直接侵入血液，散布到病原菌适合生长繁殖的靶器官（如肝、脾、肺、肾、肠、脑、皮肤等）引起全身感染。水产动物的细菌性感染很多属于全身性感染，如弧菌病、爱德华菌病等。全身感染有几种表现形式，但有时也不能完全划分清楚。

① 菌血症　病原菌由原发部位侵入血液，但由于受到细胞免疫和体液免疫的作用，病原菌未在血液中大量繁殖，只是短暂地通过血液循环进入机体适宜的部位再生长繁殖而致病。但在很多情况下，多数病原菌一旦侵入血液即能生长繁殖而引发败血症。

② 败血症　病原菌侵入血液并在其中大量繁殖产生毒性产物，造成机体严重损伤和全身中毒。实际上病原菌常常在适宜的器官组织中大量生长繁殖，并引起相应的病理损伤，鳗弧菌能导致多种重要经济鱼类出现典型败血症，病鱼表现为体表、鳍、内脏等出血，严重贫血，皮下组织水肿等病理变化。

③ 内毒素血症　由于革兰氏阴性菌感染使宿主血液中出现内毒素引起的症状。可由病灶内大量革兰氏阴性菌死亡，释放内毒素入血所致，也可由侵入血中革兰氏阴性菌大量繁殖、死亡崩解后释放。

4. 急性感染和慢性感染

急性感染病程短，并伴有明显的典型症状，有的数小时或1～2天内死亡，有的病程经历几天或2～3周。慢性感染的病程发展缓慢，常在一个月以上，症状不明显或无表现。

表 7-5　病原菌的感染类型

感染类型	病原菌毒力	宿主抗感染免疫	临床症状
带菌状态	显性感染后病原菌未被全部消灭，与免疫力短暂平衡		症状轻或不明显
不感染	菌数少，毒力很弱，部位不适	高强度	无症状
隐性感染	菌数少，毒力弱	强	不出现或很弱
潜伏感染	致病性与抗感染免疫力平衡		长期潜伏症状，症状轻
显性感染	数量多、毒力强	弱	有症状，结构功能损害
急性感染			发病急，病程短，数日数月
慢性感染			发病慢，病程长，数年
局部感染	局限在一定部位		疖、痈
全身感染	扩散全身		多种多样，各种毒菌血症

三、病原微生物的传播途径

水产病原微生物的传播途径可分为水平传播和垂直传播。

1. 水平传播

水平传播指的是传染病在群体之间或个体之间传播。目前我国许多海水鱼网箱养殖场采用多品种、多规格鱼类混养方式，而且各养殖场相互毗邻，共用同一水体，特别是对病鱼、死鱼也没有及时进行消毒或清理，任其在海面漂流，整个海区相继发生同样临床症状的传染病，即是病原微生物水平传播的结果。水平传播又可分为直接接触传播和间接接触传播。

直接接触传播是病原体通过已感染的水生动物与易感水产动物直接接触所引起疾病的传

播方式。疖疮病病鱼的溃疡处放散出带有杀鲑气单胞菌的脓血，健康鱼接触后即可能被感染。间接接触传播是病原体通过传播媒介使易感水产动物染病的传播方式。例如，鱼类神经坏死病病毒的传播媒介可能是带毒鱼的表皮细胞和上皮细胞（包括鳃、消化道）的分泌物、脱落物，以及带毒但不发病的成鱼，或者发病死亡鱼类污染了的水体，还可能来自带毒的小杂鱼等饵料的污染。接触疖疮病（杀鲑气单胞菌）病鱼池中流出的水也可被感染。养殖对虾摄食病虾尸体或接触病虾排泄物等都可能引发对虾染病致死。同时，因养殖水体中存在着各种病原体，养殖生产中由于人为操作不当导致水产动物鳞片、皮肤、黏膜等损伤引起的创伤感染也较为常见。

养虾池内的底栖桡足类、微藻、轮虫等是幼虾的食物来源，携带了对虾白斑病病毒（WSSV）的桡足类、微藻、轮虫也能把 WSSV 传播给对虾，对虾养殖池塘中常见的湛江等鞭金藻、亚心形扁藻、盐藻和中肋骨条藻可以携带并且传播 WSSV。有研究发现，栉孔扇贝急性病毒性坏死病毒（AVNV）不能通过垂直途径进行传播，但海区中小型浮游生物可能是导致 AVNV 流行的重要传播媒介，AVNV 病毒粒子可以黏附到常见浮游微藻上，栉孔扇贝通过接触、摄食可感染 AVNV，并发病最终导致死亡；试验还表明，绿藻门和硅藻门的 6 种微藻可携带栉孔扇贝急性病毒性坏死病毒（AVNV），而金藻门和甲藻门的几种微藻则均不能被 AVNV 黏附；微藻对 AVNV 的携带能维持一段时间，亚心形扁藻携带 AVNV 时间为 6 天；AVNV 对微藻的黏附可能仅是微藻对 AVNV 的简单黏附，试验微藻并不是 AVNV 的增殖有机体。

2. 垂直传播

垂直传播指的是传染病由亲代至后代之间的传播。在水产动物主要是经卵传播。普遍认为 WSSV 还存在垂直感染。包振民等用电镜在越冬亲虾体内也发现了 WSSV 病毒粒子，其试验表明病毒能垂直传染给子代。IHHNV 不仅能在同一代虾中水平传播，而且能经历由斑节对虾亲虾传给子代的垂直传播。已知的鱼类神经坏死病毒来自亲鱼的垂直传播，即亲鱼感染病毒使受精卵和所繁殖的后代也带有病毒，这是石斑鱼等鱼类育苗过程中十分常见的现象，在鱼卵以及孵化 1～2 天的仔鱼中用 RT-PCR 方法即能检出鱼类神经坏死病毒，仔鱼苗孵化不久即发病大量死亡。水产动物病毒的传播有些同时具有垂直传播和水平传播两种模式。目前已知的鱼类神经坏死病毒、WSSV 感染途径主要有两种。

四、感染的结果

感染后，在机体自身抵抗力和免疫力作用或人工治疗的情况下，其发展有完全康复、不完全康复和死亡三种结果。

（1）完全康复 彻底消除病原体，病症消失，功能、代谢和形态结构完全恢复。病毒感染后宿主无疾病表现，并已将病毒排出体外。

（2）不完全康复 主要症状消失，功能、代谢还有一定的障碍，有一定的后遗症，机体的正常活动还受到一定的限制。

（3）死亡 疾病严重恶化，最终死亡。

技能训练十四 微生物毒力的测定

【技能目标】

掌握微生物半数致死量 LD_{50} 测定的步骤和计算方法。

【训练器材】

（1）实验生物　副溶血性弧菌待测菌株、斑马鱼。

（2）培养基或试剂　LBS液体培养基、无菌生理盐水。

（3）仪器及用品　恒温摇床、分光光度计、离心机、水族箱、玻璃试管、吸瓶、注射器、微量进样器、无菌移液管、接种环、酒精灯等。

【技能操作】

1. 实验生物的准备

（1）实验用鱼　采用来源可靠的斑马鱼，先驯养7天，使其适应实验环境，实验前1天停止喂食，以防剩余的饵料及粪便影响水质。实验前4天要求驯养缸中鱼的死亡率不得超过10%，否则不能用于正式实验。

（2）实验菌株　将副溶血性弧菌待测菌株接种到LBS液体培养基，置于37℃摇床，200r/min培养过夜。将过夜培养的菌液重新接种到新的LBS液体培养基摇菌，16h左右测OD_{600}。将OD_{600}为1.26的10mL菌液（约1.6×10^{8}CFU/mL）以4000r/min离心10min，弃上清液，用无菌生理盐水清洗沉淀3遍，加入1mL的无菌生理盐水悬浮沉淀，使菌液浓度为1.6×10^{9}CFU/mL，备用。

2. 待测菌株毒力测定

3倍梯度稀释浓度为1.6×10^{9}CFU/mL的备用菌液，使浓度梯度分别为5.3×10^{8}CFU/mL、1.8×10^{8}CFU/mL、6.0×10^{7}CFU/mL、2.0×10^{7}CFU/mL和6.7×10^{6}CFU/mL，进行斑马鱼感染实验。采用腹腔注射的人工感染方式，每组10尾斑马鱼，每尾鱼注射10μL菌悬液。同时设阴性对照组，注射等量无菌生理盐水。接种后，各组分开饲养于不同的水族箱中，定时观察。统计96h的累积死亡数，并记录于表7-6。

表7-6　LD_{50}测定中实验鱼96h死亡和存活统计表

剂量/(CFU/mL)	剂量对数	死亡鱼数/尾	累积死亡鱼数/尾	存活鱼数/尾	累积存活鱼数/尾	鱼总数/尾	累积死亡率/%
5.3×10^{8}							
1.8×10^{8}							
6.0×10^{7}							
2.0×10^{7}							
6.7×10^{6}							
无菌生理盐水							

3. 半数致死量的计算

采用Reed-Muench法计算半数致死量LD_{50}。此法是在动物死亡、存活记录的基础上，计算出斑马鱼的累积死亡数、累积存活数及死亡率。其中累积死亡数由低剂量组向高剂量组逐级累加，累积存活数则由高剂量组向低剂量组逐级累加；即死亡数由上向下加、存活数由下向上加的方法，计算出动物累积死亡数、存活数及死亡率。

由于累积的死亡率的线性较不累积时的要好，故此方法只运用一个累积死亡率大于50%和一个小于50%的2组数据即可得到一条直线，并将此条直线近似认为是死亡率和剂量对数相关的直线，50%死亡率的点在该直线上。根据数学方法算出一个比例系数r，取反

对数即可得到 LD_{50}。

$$r=(m-n)/(a-b)$$

$$\lg LD_{50}=r(50-b)+n$$

式中，a 为大于 50%的累积死亡率；m 为其对应的剂量对数；b 为小于 50%的累积死亡率；n 为其对应的剂量对数。

举例如表 7-7 所示。

表 7-7 LD_{50} 测定中实验鱼死亡和存活统计列表

剂量/(CFU/mL)	剂量对数	死亡鱼数/尾	累积死亡鱼数/尾	存活鱼数/尾	累积存活鱼数/尾	鱼总数/尾	累积死亡率/%
5.3×10^{8}	8.7	10	29	0	0	29	100
1.8×10^{8}	8.3	8	19	2	2	21	90.5
6.0×10^{7}	7.8	6	11	4	6	17	64.7
2.0×10^{7}	7.3	3	5	7	13	18	27.8
6.7×10^{6}	6.8	2	2	8	21	23	8.7
无菌生理盐水	—	0	—	10	—	—	—

得：

$$r=(7.8-7.3)/(64.7-27.8)$$

$$\lg LD_{50}=r(50-27.8)+7.3$$

反对数即得 96h 副溶血性弧菌待测菌株的 LD_{50} 为 3.9×10^{7}CFU/mL。

【复习思考题】

1. 名词解释：致病性、毒力、侵袭力、半数致死量、感染。
2. 细菌的侵袭力包括哪些方面？
3. 比较细菌的外毒素与内毒素的特点。
4. 病毒感染对宿主细胞和组织有什么损害作用？
5. 感染有哪些类型？
6. 感染的发生需要具备哪些条件？

模块八　水产动物免疫技术

知识目标：

了解免疫与水产养殖疾病防控的关系；理解免疫的相关概念及其理论；掌握特异性免疫和非特异性免疫的基本构成及在水产养殖中的应用。

能力目标：

熟悉免疫的基本概念及基本理论；熟练应用抗体产生的一般规律并能解释尤其是解决鱼类疫苗使用中的问题；熟练掌握人工自动免疫和人工被动免疫在水产养殖中的应用场合；熟练掌握影响鱼类免疫应答的因素并能就此提高鱼类免疫的效果；熟练掌握虾蟹、贝类的非特异性免疫的方式并能达到有效预防虾蟹、贝类微生物疾病的免疫效果。

素质目标：

培养绿色渔业的可持续发展理念；培养勤于思考、勇于创新的精神。

项目一　免疫的基本概念

免疫是指机体免疫系统识别自身与非自身物质，并通过免疫应答排除抗原性异物，以维持机体生理平衡的功能。现代免疫的概念则是指动物机体识别自身和排斥异己的全部生理学反应过程。

水产动物免疫学是研究水产动物、水产微生物等水生生物体抗原性物质、机体的免疫系统、免疫应答的规律和产物以及免疫调节和各种免疫现象的一门学科。

一、免疫的特性

1. 可识别自身与非自身

动物机体能识别自身与非自身的大分子物质，这是免疫应答的基础。这种识别是很精细的，既能识别来自异种动物的一切抗原性物质，也能对同种动物不同个体之间的组织和细胞的微细差别精确地识别。

2. 具有特异性

动物机体免疫应答具有高度的特异性，即具有很强的针对性，如对小草鱼种接种草鱼出血病疫苗则可以使被接种的小草鱼产生对草鱼出血病病原体——呼肠孤病毒的抵抗力，而对其他任何病毒的侵袭则不会产生免疫应答。

3. 具有记忆性

用同一抗原再次进入机体时，可引起比初次更强的抗体产生，称之为再次免疫应答或免疫记忆，无论在体液免疫或细胞免疫均可发生免疫记忆现象。在体液免疫时，对胸腺依赖性抗原的再次应答可表现为抗体滴度明显上升，而且抗体亲和力增强。提示再次应答不仅发生抗体量的变化，而且也发生了质的变化。实验证明，免疫记忆的基础是免疫记忆细胞的产生。如鱼类患某种传染性疾病康复后或者经接种疫苗后，可以产生较长时间的免疫力，即是产生了免疫记忆的缘故。

二、免疫的功能

免疫系统通过对“自己”和“非己”成分的识别和应答，发挥着以下三个基本功能：

1. 免疫防御

免疫防御是指机体抵抗病原微生物感染的能力，免疫的防御功能将会有效地抵御病菌、病毒等对机体的入侵，从而使机体保持健康状态。如果这种能力过低，机体就会反复发生各种感染；反之这种能力过高，会发生变态反应，造成机体的组织损伤和功能障碍，即自身免疫疾病。

2. 免疫稳定

免疫稳定是指机体清除体内衰老、死亡或损伤的自身细胞的能力。生物体的各种组织、细胞都有一定的寿命，通过不断地新陈代谢，来维持机体的健全。机体也必须从体内不断地清除衰老和死亡的细胞，促使细胞新生，在这方面免疫的稳定功能起着重要的作用。如果免疫功能失调、反应过低，则机体的衰老细胞、受损细胞或其细胞碎片不能被及时清除，就会造成自身的生理功能障碍。而如果这种能力过高，则可能将机体正常细胞作为非己的异物加以破坏、清除，造成自身结构和功能的紊乱与破坏，从而引起自身免疫病。

3. 免疫监视

免疫监视可以识别和消灭体内产生的突变、畸变和病毒感染细胞。在外界环境影响下，体内经常发生一些细胞的变异，这些细胞一旦发育起来就是肿瘤细胞。体内的免疫监视功能可及时发现这种异常细胞，并及时将其清除。如果这种功能下降，则可导致机体发生肿瘤或持续性感染。

免疫的上述三大功能构成了一个完整的免疫系统，三者的完整性是机体健康正常的基本保证，其中任何一个成分的缺失或功能不全都可导致免疫功能障碍，由此引发疾病。但值得注意的是，动物机体的免疫功能并不总是对机体有利，在某些情况下，如自身免疫病、严重的变态反应发生时，就可能对机体造成危害，甚至危及动物的生命。关于免疫的功能利弊见表 8-1。

表 8-1　免疫的功能

功能	抗原的来源	生理性反应（有利）	病理性反应（有害）	
			反应过高	反应低下
免疫防御	外源性	清除入侵的病原微生物和其他抗原	变态反应	反复感染
免疫稳定	内源性	清除衰老、死亡、损伤的细胞	自身免疫病	
免疫监视	内源性	清除突变或畸变的细胞及恶性细胞		肿瘤发生

三、免疫的类型

免疫根据其作用特点分为非特异性免疫和特异性免疫两种类型。非特异性免疫是动物在长期的个体发育和进化过程中逐渐建立起来的对病原微生物的天然防御功能，又称先天免疫、固有免疫或物种免疫。天然免疫对各种入侵的病原微生物能快速反应，同时在非特异性免疫的启动和效应过程中也起着重要作用。当抗原物质入侵机体以后，首先发挥作用的是非特异性免疫，而后产生特异性免疫。因此，非特异性免疫是一切免疫防护能力的基础。特异性免疫是动物出生后，在生活过程中与病原微生物及其代谢产物等抗原物质接触后产生的免疫，又称获得性免疫。两者的特点见表 8-2。

表 8-2　非特异性免疫与特异性免疫的比较

类型	特　点	组　成
非特异性免疫	1. 生来就有，受基因控制，能遗传给后代 2. 无特异性，对多种病原微生物都有一定的防御功能	1. 屏障结构（皮肤、黏膜、黏液等） 2. 吞噬细胞 3. 免疫分子（补体、溶菌酶、干扰素等）
特异性免疫	1. 后天获得，不能遗传 2. 有特异性，只对相应的病原微生物感染有防御作用	1. 体液免疫 2. 细胞免疫

动物机体获得特异性免疫有多种途径，主要分两大类，即自然获得性免疫和人工获得性免疫。

自然获得性免疫是指动物个体本身未经免疫接种，而具有的对某些传染病的特异性免疫，它包括自然自动免疫和自然被动免疫两种类型。自然自动免疫是指动物机体经感染某种传染病后所获得的对该病的特异性免疫。自然被动免疫是指子代自母体获得抗体（免疫球蛋白），该免疫维持的时间不长。母体产生的抗体向卵子或胚胎转移是脊椎动物普遍存在的现象，母源抗体的传递也在多种鱼类研究中得到证实，卵生和胎生鱼类都有发现鱼类抗体 IgM 从母体转移到卵子或胚胎的报道。

人工获得性免疫是指人为地对动物机体进行免疫力的给予，它包括人工自动免疫和人工被动免疫两种类型。人工自动免疫是指动物机体经人工接种某种传染病的疫苗后所获得的对该病的特异性免疫，这种免疫的有效期因接种疫苗种类不同而异，短的为几周或几个月，长的可达数年甚至终生，多用于预防某些传染病，如接种草鱼出血病灭活疫苗的草鱼种所产生的对草鱼出血病的免疫期为 6～8 个月。人工被动免疫是指动物机体经注射抗体（免疫球蛋白）后所获得的免疫，这种免疫的有效期短，一般为 2～3 周，多用于应急治疗或暂时性预防某些传染病。王德铭曾用家兔的抗荧光假单胞菌（一种草鱼、青鱼赤皮病的致病菌）血清注射入患赤皮病的草鱼亲鱼鱼体而挽救了一部分病鱼免于死亡。

项目二　抗原和抗体

一、抗原

1. 抗原的概念

抗原是能刺激机体产生抗体和致敏淋巴细胞并能与之结合引起特异性免疫反应的物质。

抗原物质具有抗原性，抗原性包括免疫原性和反应原性。免疫原性是指抗原能够刺激机体产生抗体和致敏淋巴细胞的特性；反应原性是指抗原能与相应的抗体及致敏的淋巴细胞发生特异性结合的特性。

2. 抗原决定簇

抗原决定簇又称抗原表位，是指位于抗原表面可决定抗原特异性的特定化学基团。由于抗原决定簇的存在，就使得抗原能与相应淋巴细胞上的抗原受体发生特异结合，从而可激活淋巴细胞并引起免疫应答。一个抗原的表面可存在一种至多种不同的抗原决定簇，由此产生了一种至多种相应的特异性。抗原决定簇的分子很小，大体相当于相应抗体的结合部位，一般由 5～7 个氨基酸、单糖或核苷酸残基组成。凡能与抗体相结合的抗原决定簇的总数，称为抗原结合价。

3. 抗原的分类

抗原有多种分类方式，从不同角度可以将抗原分成许多类型。

(1) 根据抗原的性质分类

① 完全抗原　是指同时具有免疫原性与反应原性的抗原，既能刺激机体产生抗体或致敏淋巴细胞，又能和相应的抗体以及致敏的淋巴细胞相结合的抗原。如大多数的细菌、病毒、蛋白质等。

② 不完全抗原　又叫半抗原，是指具有反应原性而不具有免疫原性的抗原。半抗原多为简单的小分子物质，单独作用时无免疫原性，但与蛋白质或一些大分子的物质（载体）结合后可具有免疫原性。如大多数的多糖、类脂、某些药物等。

(2) 根据对胸腺（T 细胞）的依赖性分类

① 胸腺依赖性抗原　这类抗原需要在 T 细胞辅助及巨噬细胞参与下才能激活 B 细胞产生抗体。大多数天然抗原属于此类，如细菌、病毒、动物血清等。

② 非胸腺依赖性抗原　这类抗原能直接刺激 B 细胞分化增殖产生抗体，如细菌脂多糖、荚膜多糖、多聚鞭毛素等。此类抗原能引起体液免疫，但不能产生细胞免疫；只产生 IgM 抗体，无免疫记忆。

4. 重要的微生物抗原

① 细菌抗原　细菌的抗原组成有菌体抗原（O 抗原）、鞭毛抗原（H 抗原）、荚膜抗原（K 抗原）和菌毛抗原等。

② 病毒抗原　各种病毒都有相应的抗原结构，有囊膜抗原、衣壳抗原等。

③ 毒素抗原　许多细菌能产生外毒素，其成分为蛋白质或糖蛋白，具有很强的抗原性，能刺激机体产生抗体（即抗毒素）。

5. 构成抗原的条件

(1) 异源性　又叫异物性。在正常情况下，动物机体能识别“自身”与“非自身”物质，对“自身物质”不产生免疫反应，只有“非自身物质”进入机体才能具有免疫原性，产生免疫反应。因此异种动物之间的组织、细胞及蛋白质均是良好的抗原。通常动物之间的亲缘关系相距越远，生物种系差异越大，免疫原性越好，此类抗原称为异种抗原。同种动物不同个体的某些成分也具有一定的抗原性，如血型抗原、组织移植抗原，此类抗原称为同种异体抗原，所以不配型的输血、皮肤或器官移植时，会产生免疫排斥反应。动物自身组织细胞通常情况下不具有免疫原性，但由于外伤、感染、电离辐射、药物等因素的作用，会使自身成分显示抗原性，而称为自身抗原。

(2) 分子的大小　抗原的免疫原性与其分子的大小密切相关。免疫原性良好的物质分子量均在 10000 以上，在一定条件下，分子量越大，免疫原性越强；分子量小于 5000 的抗原，一般免疫原性很弱；分子量在 1000 以下的物质，没有免疫原性，为半抗原，只有与蛋白质结合后才具有免疫原性。

(3) 化学组成、分子结构与立体构象的复杂性　除分子量大小对抗原性具有一定的影响外，相同大小的分子如果化学组成、分子结构与立体构象不同，其免疫原性也会有一定的差异。一般而言，分子结构和空间构象越复杂的物质免疫原性越强。

(4) 物理状态　不同物理状态的抗原物质其免疫原性也有差异。颗粒性抗原的免疫原性通常较可溶性抗原强。许多抗原性较差的蛋白质，一旦凝集或吸附在某些固体颗粒表面，就可获得较强的抗原性。当蛋白质被消化酶分解为小分子物质后，一般都会失去抗原性。抗原物质通常要通过非消化道途径以完整的分子状态进入体内，才能保持抗原性。

6. 佐剂

先于抗原或与抗原混合的同时注入机体内，能非特异性地改变或增强机体对该抗原的特异性免疫应答，发挥辅佐作用的物质称为佐剂或免疫佐剂。佐剂可以有免疫原性，也可以没有免疫原性。虽然其不在鱼体内产生记忆，但可以在短时间内显著提高机体的抗病能力，良好的佐剂具有无毒性或副作用低的特点。佐剂的免疫生物学作用是增强免疫原性、增强抗体的滴度、改变抗体产生的类型、引起或增强迟发超敏反应。佐剂增强免疫应答的机制可能有：①改变抗原物理性状，延长抗原在机体内的存在时间和保持对免疫系统的持续激活作用，佐剂中的矿物油成分主要起缓释作用，有利于抗原在体内缓慢释放，延缓抗原在体内降解，从而更有效地刺激免疫系统。②使抗原易被巨噬细胞吞噬，刺激单核巨噬细胞系统，增强其对抗原的处理和提呈抗原的能力。③促进淋巴细胞的增殖、分化，从而扩大和增强机体的免疫应答的效应。目前，临床上常用的免疫佐剂有弗氏佐剂、氢氧化铝、明矾、脂质体、热激蛋白、细胞因子等。

二、抗体

1. 抗体的概念

抗体是机体受到抗原物质刺激后，由 B 淋巴细胞转化为浆细胞产生的、能与相应抗原发生特异性反应的免疫球蛋白。抗体具有各种免疫功能，抗体存在于血液（血清）、淋巴液、组织液及其他外分泌液等体液中，因此将由抗体介导的免疫称为体液免疫。抗体具有蛋白质的一切通性，不耐热，在 60～70℃即可被破坏，能被各种蛋白分解酶所破坏。

2. 抗体的基本结构

抗体具有异质性，但是组成各类抗体的免疫球蛋白单体分子均具有相似的结构，即是由两条相同的重链和两条相同的轻链共 4 条肽链构成的“Y”字形的分子（图 8-1）。下面以 IgG 为例说明抗体的基本结构。

IgG 分子由 4 条对称的多肽链借二硫键（—S—S—）联合组成，其中两条长链称为重链（H 链），两条短链称为轻链（L 链）；分为可变区和恒定区。由于可变区氨基酸的种类、位置和排列顺序不同，因而构成了与各种抗原特异性结合的抗原结合部位。当 IgG 未与抗原结合时，抗体分子呈“↑”形，遮盖了补体结合点，当抗体分子与抗原结合时，抗体分子则变成“Y”形，继而暴露了补体结合点，从而激活补体，产生一系列的生物学效应。

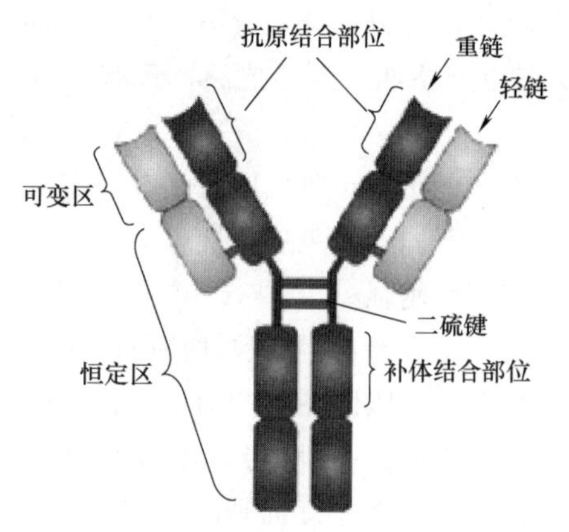

图 8-1 免疫球蛋白单体（IgG）的结构示意图

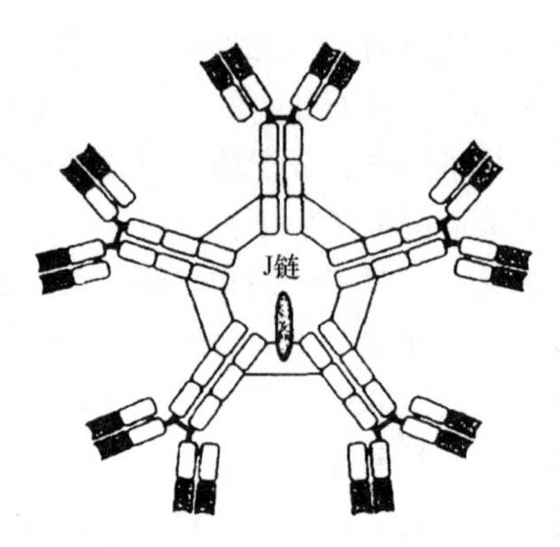

图 8-2 免疫球蛋白（IgM）结构模式图

根据重链结构的不同，通常将免疫球蛋白（Ig）分为五大类型，即 IgG、IgM、IgA、IgD 和 IgE。所有 Ig 的轻链都相同。

鱼类产生的抗体主要是 IgM，还有 IgD（斑点叉尾鮰）、IgT（虹鳟）、IgZ（斑马鱼）、IgH（板鳃类）等球蛋白类型。软骨鱼类 IgM 为五聚体（图 8-2），而硬骨鱼为四聚体（草鱼），其特性与哺乳动物相似，但比哺乳动物多一条 J 链，鱼类抗体除存在于血液外，还存在于皮肤黏膜、肠道黏液和胆汁中。

3. 单克隆抗体

1975 年，英国剑桥大学的科学家科莱尔和米尔斯坦用细胞融合技术将能分泌抗体的 B 淋巴细胞（绵羊红细胞、免疫小鼠脾细胞）与具有无限生长能力的肿瘤细胞（小鼠骨髓瘤细胞）融合，得到了既能持续产生单一抗体又能在体外无限繁殖的杂合细胞（杂交瘤细胞），通过细胞培养将杂交瘤细胞克隆为单纯的细胞系（单克隆系），将这种克隆化的杂交瘤细胞进行培养，即可获得大量、高纯度的特异性抗体，即单克隆抗体（McAb），这种技术就是单克隆抗体技术（图 8-3）。单克隆抗体是由一种单一的 B 淋巴细胞所产生的抗体，具有高度的特异性。单克隆抗体在疾病的检测和诊断中具有灵敏度高、特异性强等特点，优于现有抗血清。单克隆抗体被运用于水生动物病毒的研究，始于 20 世纪 80 年代；1995 年，黄倢等研制了抗对虾皮下及造血组织坏死杆状病毒（HHNBV）的单克隆抗体，用该单抗 ELISA 方法，可以提前 20～40 天对虾池可能发病的情况进行预报。目前单克隆抗体在水生动物疾病研究上得到了广泛的应用，如病毒结构蛋白分析、病毒诊断、疾病治疗和疫苗研究等。

4. 抗体产生的一般规律

动物机体初次和再次接触抗原后所引起体内抗体产生的种类和抗体的水平等均有差异。

（1）初次应答 动物机体初次接触抗原，也就是某种抗原首次进入机体内引起的抗体产生过程，称为初次应答。机体初次接触抗原后，在一定时间内查不到抗体或抗体产生很少，此期间称为潜伏期或诱导期（图 8-4）。细菌抗原一般经过 5～7 天后受免动物血液中出现抗体，病毒抗原可能为 3～4 天，而毒素抗原则需经 2～3 周才会出现抗体。潜伏期之后抗体产生的量直线上升，达到高峰需 7～10 天，此后为高峰持续期，抗体产生和排出相对平衡；最后为下降期。初次应答产生的抗体总量较低，维持时间也较短。初次应答先产生 IgM，后出现 IgG，主要为 IgM。与哺乳动物和鸟类相比，鱼类抗体形成期较长，抗体量增高较慢，冷

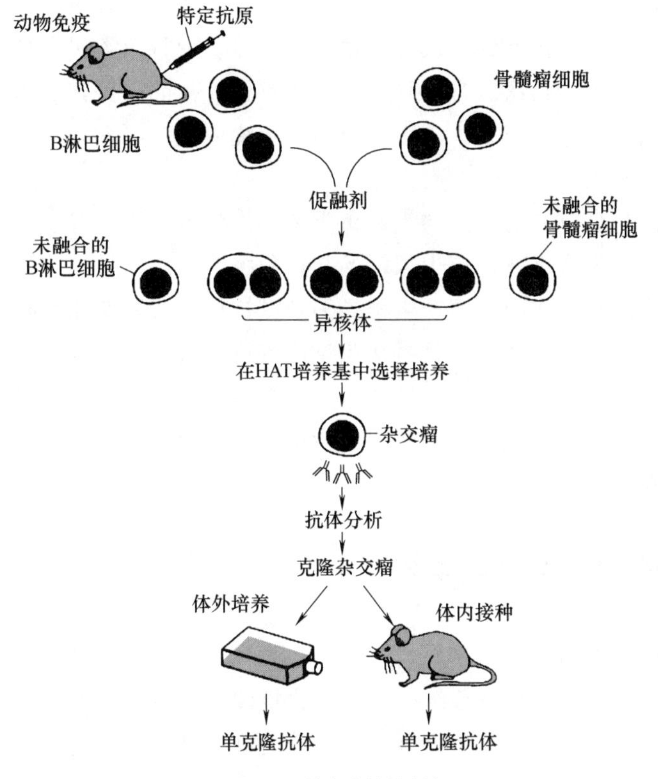

图 8-3　单克隆抗体制备

水性鱼类则会更长更慢些。

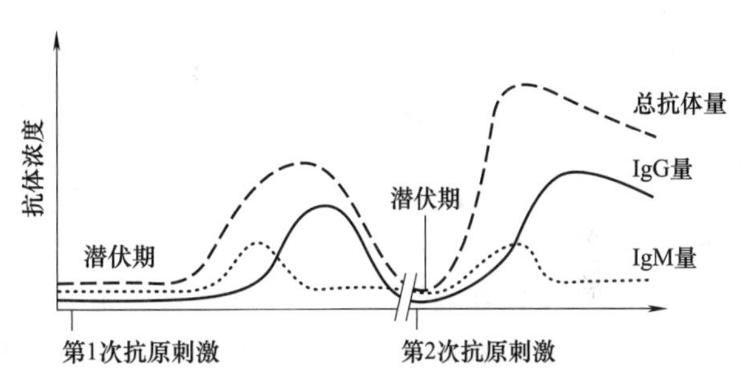

图 8-4　初次免疫应答和再次免疫应答的特征

(2) 再次应答　动物机体再次接触相同的抗原时，体内产生的抗体过程称为再次应答。当机体再次接触与第一次相同的抗原时，开始原有的抗体水平略有降低，随之迅速升高，可比初次应答多几倍到几十倍，维持时间较长。再次应答时抗体产生快而多，是免疫记忆现象的最好证明，此种免疫记忆可保持相当长的时间，在抗体完全不能测出以后还可保持一定时间。与初次应答相比，再次应答时鱼类抗体浓度的量达到最高，但通常低于哺乳类。再次应答先产生 IgM，后出现 IgG，主要为 IgG。水温对再次应答的抗体产生量有影响，如鲤鱼在 18℃时经较短的迟滞期后抗体量第二次达到高峰，但高峰的量没有增加；在 20℃时，再次应答超过初次应答的 10 倍，24℃时则大约是 50 倍。

(3) 回忆应答　抗原刺激机体产生的抗体经过一定时间后，在体内逐渐消失。此时若再次接触相同的抗原物质，可使已消失的抗体快速上升，这称为回忆应答。再次应答和回忆应答的免疫记忆主要决定于 T 细胞和 B 细胞的记忆细胞。

由于鱼类的种类、抗原的种类与接触的途径、鱼类的生活习性以及环境因素（尤其是水温）的差异，鱼类的抗体产生量、抗体在体内的持续性以及再次应答等均有显著不同。圆口类鱼类所产生的抗体的特异性相对较弱，再次应答也比较弱。软骨鱼类具备产生特异性较强的抗体的能力，对于特异性抗原的再次应答也比较明显。硬骨鱼类对多种抗原均能产生特异性抗体，同时也具有广泛的再次应答。真骨鱼类的抗体产生能力及其抗体的特异性都大幅度增强，但是也没有很强的再次应答。关于鱼类体液免疫应答的研究，对人工饲养的温水性经济淡水鱼类的研究较多。

综合对鱼类体液免疫应答的研究结果，鱼类的体液免疫应答具有以下特点：①在最适宜的环境条件下，真骨鱼类能迅速地产生很强的初次免疫应答，但是与哺乳类相比，再次应答较弱。不同鱼类种类间和个体间抗体产生诱导期及其抗体的持续期往往有较大的差异。②与哺乳类动物相比，鱼类无论是初次还是再次免疫应答持续时间都比较短。③环境温度、抗原种类及其接种程序等都能对鱼类免疫应答产生直接影响，免疫记忆也受温度的影响。④口服疫苗的免疫应答较弱。⑤与哺乳动物一样，血清中抗体浓度较高，此外，体液、肠管和鳃黏液以及卵黄中也存在抗体。

项目三　水产动物免疫系统

免疫系统是指机体识别和消除“异物”的一个防卫系统，其主要功能是防御、自身稳定与免疫监视等方面。水产动物免疫系统是水产动物机体产生免疫应答的物质基础，包括免疫组织和免疫器官、免疫细胞和体液免疫因子。水产动物在进行自身免疫保护时，主要行使非特异性与特异性两大免疫防御功能。

一、免疫器官

与哺乳动物相比，水产动物的免疫器官较为简单，没有骨髓和与哺乳动物相当的淋巴结。鱼类的免疫器官与组织主要包括：胸腺、肾脏、脾脏、黏膜及相关淋巴组织。

1. 胸腺

胸腺是鱼类水产动物重要的免疫器官。无颌类没有胸腺，但在咽头部有类似胸腺的淋巴细胞丛。软骨鱼类和硬骨鱼类，特别是真骨鱼类，有着和哺乳动物类似的胸腺；胸腺一对、甚小，硬骨鱼类位于鳃腔背侧。有的鱼类胸腺在性成熟之前消失（如鲑科和鲱科鱼类），有的在性成熟后仍持续存在（如鲽科鱼类）。胸腺是鱼类淋巴细胞增殖和分化的主要场所，并向血液和外周淋巴器官输送淋巴细胞。胸腺与特异性抗体的产生也有关。鱼类胸腺随着性成熟和年龄的增长或在外环境的胁迫下会发生退化。卢全章等的研究表明：草鱼从鱼苗到Ⅰ龄或Ⅱ龄，胸腺内淋巴细胞增殖较快，Ⅱ龄以上的草鱼开始出现年龄性胸腺退化；在养殖不良的情况下，正常Ⅰ龄草鱼胸腺器官会产生萎缩退化（即非年龄性胸腺退化）。

两栖动物胸腺的外层为皮质，内层为髓质，表面有一层结缔组织被膜覆盖，两栖动物胸腺中含有不同的T淋巴细胞和B淋巴细胞。两栖动物的胸腺存在退化现象，分为正常性退化和偶然性退化两种，正常性退化与一年四季变化有关，偶然性退化通常由饥饿或疾病引起。

爬行动物的胸腺是个体发育过程中最早出现的免疫器官，是培育各种T细胞的重要场所。龟鳖的胸腺位于颈下部两侧，紧贴胸腔处，与胸腔仅隔一层膜，左右各一只，形状扁而不规则，爬行动物的胸腺也存在退化现象，与两栖动物类似。

2. 肾脏

肾脏是成鱼最重要的淋巴组织，可分为前肾（又名头肾）、中肾和后肾。在肾脏的发育过程中，头肾失去排泄功能，保留了造血和内分泌的功能，而成为造血器官和免疫器官，它不依赖抗原刺激可以产生红细胞和B淋巴细胞等，相当于哺乳动物的骨髓。硬骨鱼的头肾中含有B淋巴细胞、T淋巴细胞和各种粒细胞等细胞。利用溶血空斑和免疫酶技术已经证实头肾和中肾都存在抗体产生细胞，表明肾脏是硬骨鱼类重要的抗体产生器官，相当于哺乳动物中的淋巴结。因此，硬骨鱼类的肾脏有哺乳动物中枢免疫器官及外周免疫器官的双重功能。

两栖动物和爬行动物的肾脏也具有造血功能，与鱼类相似，但分化不明显。

3. 脾脏

脾脏是鱼类的造血组织，是鱼类红细胞、中性粒细胞产生、贮存和成熟的主要场所。有颌鱼类才出现真正的脾脏，软骨鱼的脾脏分为红髓和白髓，包括椭圆形的淋巴小泡，内有大量淋巴细胞、巨噬细胞和黑色素吞噬细胞；硬骨鱼类的脾脏没有明显的红髓和白髓，但同时具有造血和免疫功能。硬骨鱼类在受到免疫接种后，其脾、肾等免疫器官的黑色素巨噬细胞增多，可与淋巴细胞和抗体聚集在一起，其作用是：①参与体液免疫和炎症反应；②对内源或外源异物进行贮存、破坏和脱毒；③作为记忆细胞的原始发生中心；④保护组织免除自由基损伤。

两栖类动物的脾脏为暗红色的小圆形体，是唯一具有特定形态结构的外周免疫器官，不同种类的脾脏组织结构常存在较大差异。脾脏实质分为白髓和红髓，后者中没有淋巴小结，也无典型的淋巴鞘结构。两栖类脾脏除作为免疫器官，还具有类似自然杀伤细胞（NK）的细胞毒性功能，可通过趋化作用聚集T淋巴细胞，溶解肿瘤靶细胞。

爬行动物的脾脏在机体免疫中起到重要作用，参与体液免疫。龟、鳖的脾脏呈棕褐色，豆形，分为被膜和实质两部分，后者由白髓和红髓组成，且组织结构有明显的季节性变化，受环境温度的影响，冬季脾脏萎缩，春、夏两季脾脏的淋巴组织增加，到秋季达到最完善。

4. 黏膜淋巴组织

黏膜淋巴组织是指分布在鱼类皮肤、消化道和鳃黏膜固有层以及上皮细胞下散在的淋巴组织。鱼类皮肤、鳃和消化道是病原微生物侵入鱼体的门户，在其上皮组织中存在淋巴细胞、巨噬细胞和各类粒细胞等。当鱼体受到抗原刺激时，巨噬细胞可以对抗原进行处理和提呈，抗体分泌细胞会分泌特异性抗体，与黏液中溶菌酶和补体等非特异性的保护物质组成抵御病原微生物感染的防线。黏膜免疫包括鱼的鳃、消化道和皮肤等黏膜样淋巴组织及其分泌黏液所具有的免疫功能。

5. 甲壳类动物免疫器官

甲壳动物属于无脊椎动物，免疫系统不完善。免疫器官包括鳃、血窦和淋巴样器官。

（1）鳃　由鳃轴、主鳃丝、二级鳃丝组成。鳃除了作为呼吸器官外，还是重要的免疫器官，起滤过作用。

（2）血窦　对虾血窦实质上就是充满血淋巴的腔，大小血窦遍布全身。对虾的血液循环是开放式循环，体液和血液混在一起，因此对虾的血液常被称作血淋巴。血窦起滤过作用。

（3）淋巴样器官　对虾的淋巴样器官位于肝胰腺前方，通过器官被膜的微血管和网状结缔组织连在肝胰腺上，由一主动脉管通进肝胰腺。对虾淋巴样器官是一对半透明的囊状结构，作用似脊椎动物的淋巴结。

二、免疫细胞

鱼类的免疫细胞因种类而异，在硬骨鱼中，参与免疫应答的主要细胞是淋巴细胞及分泌期的浆细胞、巨噬细胞等。前肾、胸腺及脾脏等免疫器官中含有大量的淋巴样细胞和巨噬细胞，鱼的肠黏膜中也含有淋巴样细胞，在血液和淋巴液中存在各种类型的白细胞，其形态和功能与脊椎动物相似，所以上述免疫器官是免疫细胞的定居场所。

1984 年，利用半抗原载体效应和单克隆抗体技术后证实，鱼类免疫系统中的淋巴细胞也包括 T 和 B 两个亚群。在免疫应答过程中，T 淋巴细胞主要通过分泌细胞因子参与机体的非特异性免疫反应，而 B 淋巴细胞主要以分泌抗体和表面抗体来参与机体的特异性免疫反应。鱼类吞噬细胞主要有单核细胞、粒细胞、巨噬细胞和自然杀伤细胞等，其主要功能是吞噬和分泌许多生物活性物质及其他各种因子。

三、免疫因子

目前已发现的与鱼类免疫相关的体液免疫因子主要有 IgM、补体、干扰素、溶菌酶、C-反应性蛋白、白细胞介素 2、淋巴毒素、巨噬细胞活化因子、趋化因子等。

项目四　水产动物的非特异性免疫

非特异性免疫应答是机体对各种抗原物质的一种生理排斥反应。这种功能是在发育和进化过程中获得的，可以遗传给下一代，对异物无特异性区别，且无记忆性。非特异性免疫能广泛杀灭各种病原微生物和其他外来入侵物质，是机体免疫应答的重要组成部分。非特异性免疫与特异性免疫既有联系又有区别，非特异性免疫是机体进行特异性应答的基础。水产动物的非特异性免疫主要由机体的生理屏障、免疫细胞和免疫因子组成。鱼类、虾蟹和贝类的非特异性免疫存在一定的差异。

一、鱼类非特异性免疫

鱼类非特异性免疫主要由机体的屏障作用、吞噬细胞的吞噬作用以及组织和体液中的抗微生物物质组成。鱼龄、生理状况、种属及应激等均与非特异性免疫有关。

1. 生理屏障

鱼类的黏膜和皮肤是抵御病原体入侵的第一道防线，黏液、鳞片、鳃、真皮和表皮一起构成鱼体完整的生理防御屏障。

（1）黏液　鱼的皮肤、鳃和内脏皆覆盖着一层黏膜，由表皮黏液细胞产生的黏液，极易将碎屑和微生物粘住而清除掉。黏液不断地脱落和补充，能防止细菌生长繁殖，阻止异物沉积。鱼类黏液中含有特异性抗体、溶菌酶等。

（2）鳞片　鳞片是鱼类的一个机械性保护结构，鱼鳞脱落必定造成表皮损伤，并为病原体的入侵打开门户，能引起表皮炎症和感染。

（3）表皮　鱼的表皮层位于黏液层下，表皮层含有非角质化的活细胞。表皮的完整性对鱼类而言是极为重要的，它可维持鱼的渗透压和清除微生物。鱼的表皮修复较为迅速。

（4）真皮　真皮位于基底膜下，是皮肤的另一层保护屏障。真皮由散布着黑色素细胞的结缔组织组成，分布有毛细血管，有利于鱼类的体液免疫。

（5）鳃 鳃上具有大面积的纤细上皮是清除微生物的重要途径，鳃的分支器官内也含有吞噬细胞。

（6）胃肠道 消化道内层为一层黏膜，胃分泌消化酶和胆盐以及胃肠道内的一些环境（如低 pH）不利于一些病原微生物生存。

2. 吞噬细胞的吞噬作用

动画 9—吞噬细胞的吞噬作用

单核球、巨噬细胞和嗜中性球为吞噬细胞。硬骨鱼类的巨噬细胞分布于鳃及体腔内，主要分布于肾脏、脾脏的上皮细胞上。肾脏中有很多单核球，血液中亦有，它们是巨噬细胞的前体，可由血液移动至发炎部位，还可分化为巨噬细胞，可吞噬细菌、酵母菌等微生物。

当病原微生物或其他抗原物质进入鱼体时，吞噬细胞立即向抗原处集结，并伸出伪足进行吞噬（图 8-5）。进入细胞内的细菌、异物等成为吞噬体。较小的异物如病毒，则胞浆膜内陷、闭合，将异物颗粒包围，形成吞饮泡。吞噬体或吞饮泡与溶酶体融合，溶酶体中的各种酶类释放到吞噬体中，形成吞噬溶酶体。随后异物被溶解、消化、排出细胞外。另外，吞噬细胞对抗原的吞噬还起着处理抗原的作用，将抗原决定簇递给淋巴细胞，特别是 B 淋巴细胞，或者是吞噬细胞的 RNA 与抗原决定簇相结合，刺激 B 淋巴细胞产生抗体。

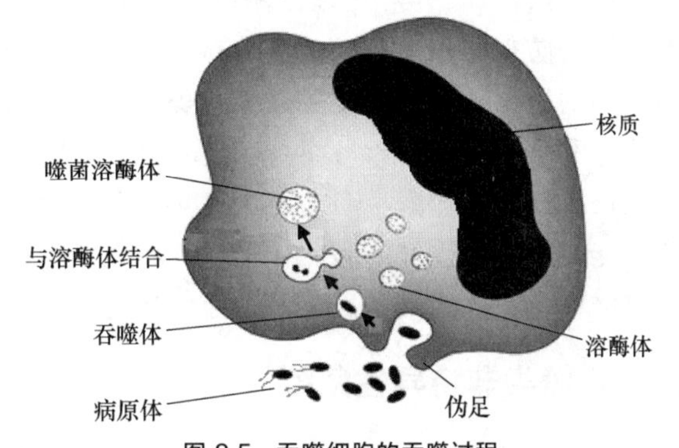

图 8-5 吞噬细胞的吞噬过程

吞噬细胞吞噬后，有完全吞噬和不完全吞噬两种结局。完全吞噬指病菌完全被吞噬细胞吞噬、杀死并清理；不完全吞噬，指病原菌未被吞噬细胞杀死，并被吞噬细胞携带转移至深层次感染部位，引起扩散。不完全吞噬对机体不利，因病原体在吞噬细胞内得到保护，以避免药物及体液的杀灭。有的病原体甚至能在吞噬细胞内生长繁殖，或随吞噬细胞经淋巴液或血液扩散。

3. 体液中的免疫因子

（1）天然抗体 天然抗体是指未经过明显的自然感染或人工免疫的动物血清中存在的各种抗体，也称为正常抗体。该抗体与特异性抗原刺激所产生的特异性抗体不同，具有广泛性的作用。

（2）补体 补体是存在于正常动物血清中具有类似酶活性的一组蛋白质，是由几十种成分组成的一个十分复杂的生物分子系统，具有潜在的免疫活性，激活后（鱼类的补体反应不需要抗体的参与而可被革兰氏阳性菌和阴性菌中的脂多糖等激活）能表现出一系列的免疫活性，能够协同其他免疫活性物质直接杀伤靶细胞和加强细胞免疫功能。补体可与任何抗原抗体复合物结合而发生反应，无特异性。补体是鱼类抵抗微生物感染的重要成分，具有溶菌、溶细胞的作用。补体对热不稳定，鱼类的补体对热更为敏感，45℃、20～30min 即可被灭活。

（3）C-反应性蛋白 已知在多种感染的急性期，于哺乳动物血清中出现的 C-反应性蛋白（CRP）具有某种保护作用。近来已证明这类物质也存在于多种鱼类中。与哺乳动物不同的是，鱼类的C-反应性蛋白是血清的正常成分之一。C-反应性蛋白可以连接到许多微生物细胞壁的磷酸胆碱上，从而有助于降低病原体的毒力，使吞噬细胞易于攻击，C-反应性蛋白可以活化鱼类的补体。在琼脂扩散试验中，C-反应性蛋白可像血清中的抗体一样与糖基等结合出现沉淀线，故采用琼脂扩散试验诊断鱼类疾病时须注意C-反应性蛋白的干扰。

（4）干扰素 干扰素（IFN）为一种可溶性蛋白。硬骨鱼类受病毒感染会产生干扰素，干扰素主要由巨噬细胞分泌。邵健忠等人的草鱼干扰素诱生研究表明，病毒感染草鱼后能迅速诱导干扰素的合成，24h即可在血清中检测到干扰素活性，3天后活性达到高峰，随后活性逐渐下降，并可维持12天以上；干扰素的生成量受温度影响，草鱼干扰素的生成量随着温度的升高而增高，25℃水温下诱导的干扰素滴度明显高于15℃和8℃，表明温度是影响草鱼干扰素合成的重要因素；在急性致死剂量以下提高病毒感染剂量以及维持鱼体的正常营养状况，有利于提高干扰素的产量。用适量干扰素或灭活草鱼出血病病毒（GCHV）预注射草鱼，作起动或预诱导处理，能显著促进干扰素的诱生。

（5）溶菌酶 溶菌酶通过酶解病原体细胞壁的黏多糖而将其杀死，对各种病原微生物具有重要的防御作用。鱼类溶菌酶存在于黏液、血清、吞噬细胞、卵细胞和单核细胞胞浆内。溶菌酶的水平和活性直接关系到鱼类的免疫能力，鱼类溶菌酶的活性受季节影响，夏季的活性比冬季增加2～3倍，这可能是鱼类的季节性疾病发生的原因之一。

（6）天然溶血素 鱼类血清中存在一种小分子蛋白质，称为天然溶血素，可能是一种酶，能溶解外源性红细胞。例如，虹鳟血清中的天然溶血素能溶解各种异己红细胞，但是不溶解鲑科鱼类的红细胞。天然溶血素还可能具有杀菌作用。

二、虾蟹类非特异性免疫

无脊椎动物缺乏后天获得的特异性免疫功能，不产生免疫球蛋白，但是它们有先天性的非特异性免疫系统。虾蟹类的免疫系统由具有免疫功能的器官（甲壳、鳃、血窦、淋巴等）形成的物理屏障系统和细胞、免疫效应分子及相关基因组成的体液免疫和细胞免疫防御系统组成。虾蟹等甲壳动物体液中一般不具有免疫球蛋白，无抗体介导的免疫反应，虾蟹类等的防御系统最主要的是血淋巴，血淋巴含多种免疫细胞和体液免疫因子，对异物产生凝固作用、黑化作用、溶菌作用、吞噬等免疫反应。

1. 虾蟹类的细胞免疫

在虾蟹类非特异性免疫中，细胞免疫主要是血细胞起着重要作用，具有吞噬、包囊和修复作用，并且能合成和释放多种免疫因子参与体液免疫，因而血细胞既是细胞免疫的担当者，又是体液免疫的提供者。

（1）吞噬作用 当外来颗粒直径小于10μm时，会引起血细胞的吞噬作用。吞噬过程包括：异物的识别、粘连、聚集、摄入、清除等。对异物的识别是由该物质的表面性质和血细胞膜上的受体共同决定的；粘连则是由血细胞分泌的一种血细胞附着因子介导的。血细胞与异物粘连后相互聚集而形成细胞团，随即对异物进行摄入和清除。吞噬细胞的类型往往因虾蟹种类不同而有差异，甚至具有相同形态的血细胞也可以显示出不同的吞噬活性。根据许多现有研究结果发现，至少是虾类的小颗粒细胞和大颗粒细胞、螯虾类和蟹类的透明细胞具有吞噬功能。血细胞的吞噬活性还可以被血淋巴中存在的某些活性调理物质激活，澳大利亚淡水龙虾、美洲龙虾、单肢虾和日本囊对虾血清中的调理活性物质都证明能激活血细胞的吞噬活性。此外，脂多糖（LPS）、葡聚糖和酵母细胞等外源性物质也已经被证明能激活部分实验海产虾蟹血细胞的吞噬活性。研究表明，凝集素、真菌多糖、复合中草药添加剂、植物凝血素等因子对血细胞吞噬作用有促进性。

(2) 包囊作用 当进入虾蟹体内的外来颗粒直径超过 10μm（如某些真菌、寄生虫等），则不能被单个细胞通过吞噬作用摄入，而是在其周围包被数层成纤维细胞形成包囊，构成包囊的细胞之间形成致密的纤维状连接以防止被包裹的外来物逃逸。邓欢等人用超微结构和组织化学方法观察了用鳗弧菌注射的中国明对虾，结果表明：包囊产生于多种器官和组织中，形成包囊的血细胞失去游离状态并相互连接，细胞器趋于退化，RNA 和色氨酸显著地减少；在包囊中检测到了黑色素，黑色素对真菌或寄生虫等均有杀灭作用。包囊作用有多种免疫因子的参与，凝集素、葡聚糖识别蛋白等物质能够刺激包囊作用的发生。

(3) 修复作用 研究发现，虾蟹的伤口修复机制非常接近于昆虫。一般包括以下几个步骤：①血细胞浸润；②血细胞对坏死组织或异物进行包掩，并分泌产生黑色素；③纤维细胞使胶原纤维沉积；④血细胞对异物或坏死组织进行吞噬；⑤上皮细胞迁移到伤口形成新表皮。

2. 虾蟹类的体液免疫

甲壳动物缺乏免疫球蛋白，体液免疫是依靠血淋巴中的一些非特异性的酶或因子来进行的。对虾的体液防御包括酚氧化物酶原激活系统、凝集素的凝集作用和产生抗菌肽、溶菌酶及溶血素等免疫因子。

(1) 酚氧化物酶原激活系统 酚氧化物酶原激活系统在甲壳动物中起识别和防御作用，该系统中的因子以非活化状态存在于血细胞的颗粒中。酚氧化物酶（PO）是一种含铜的氧化还原酶，它在甲壳动物血细胞内以酚氧化物酶原的形式存在，它能够被一些蛋白质或多糖激活而转变成活性的酚氧化物酶，如淡水螯虾的酚氧化物酶原可以被一种内源性丝氨酸蛋白酶激活。PO 能够黏附在细菌、寄生虫和真菌的表面，产生黑色素，黑色素在伤口愈合、抑制甚至杀死病原体方面发挥着重要作用。酚氧化物酶原激活系统还能调理血细胞的吞噬作用。

(2) 溶菌酶 溶菌酶是非特异性免疫系统的主要成分，为一种碱性蛋白，广泛存在于体内多种组织和体液中，能水解革兰氏阳性菌细胞壁黏性多肽中的乙酰氨基多糖，并使之裂解被释放出来。溶菌酶在甲壳动物机体内形成一个水解酶体系，破坏和消除侵入体内的异物，从而担负起机体防御的功能。

(3) 凝集素 凝集素是甲壳动物免疫系统的重要组成部分，存在于血淋巴液和血细胞中，已在多种甲壳动物体内发现凝集素。彭其胜等人从中国明对虾血淋巴液中分离出 1 种具有 2 个亚基的凝集素，能凝集牛等多种动物和人的红细胞。凝集素是一些糖蛋白或结合糖的蛋白质，它们选择凝集脊椎动物的红细胞、病原微生物和沉淀某些复杂的碳水化合物，其凝集活性常被糖类所抑制。各种凝集素通过结合方式识别、凝集外来细胞，并调理血细胞吞噬，协同完成防御任务。

(4) 溶血素 溶血素是一种非特异性的免疫防御因子，已在多种无脊椎动物的血清中被发现。其作用可能类似于脊椎动物的补体系统，可溶解破坏异物细胞，参与调理作用，而且还具有溶菌活性，可以溶解革兰氏阳性菌，并且可能与酚氧化物酶原的激活系统有关。

三、贝类非特异性免疫

贝类的非特异性免疫包括细胞免疫机制、体液免疫机制和化学递质 3 个方面。细胞免疫机制主要有：血细胞的吞噬作用、血细胞聚集、包囊作用、血细胞增生等。贝类的细胞免疫主要是通过血细胞的吞噬作用完成。体液免疫机制主要包括：溶酶体酶、凝集素和抗菌肽等体液因子，以杀菌、促进吞噬等方式参与贝类的免疫防御。化学递质是一些在免疫和神经内分泌系统之间起信息传递作用的化合物，如阿片样活性肽、细胞因子、细胞激酶等是贝类免疫通信中的化学递质。贝类生活环境中的各种因子能显著改变贝类的免疫功能。

1. 贝类的细胞免疫

贝类血细胞的分类没有统一的标准。目前普遍把贝类的血细胞分为颗粒细胞和透明细胞两大类。

（1）吞噬作用 贝类的细胞免疫主要是通过吞噬作用来完成。入侵贝类体内的病原体（如细菌、真菌、原虫）、生物大分子和自身的坏死细胞、细胞碎片都通过血细胞吞噬作用消除。李太武等人通过体外吞噬试验，发现皱纹盘鲍血细胞能体外吞噬脓疱病病原菌（河流弧菌）。陈政强等人测定九孔鲍血细胞的吞噬活性试验表明，九孔鲍血细胞对副溶血弧菌有吞噬作用。血细胞的吞噬能力还受到体液因子和外界条件的影响，如受到抗原刺激时，贝类就表现出炎症反应和吞噬反应。不同的血细胞在吞噬中的作用也不一样，颗粒细胞是主要的吞噬细胞，有很高的吞噬能力。

（2）其他细胞免疫方式 除吞噬作用外，贝类血细胞还参与其他各种主要的免疫作用，如可进行包囊作用、炎症反应、损伤修复、移植排斥等。

2. 贝类的体液免疫

在贝类的免疫系统中，除了细胞免疫方式外，血淋巴中的溶酶体酶、凝集素、非特异性抗菌肽等体液因子也发挥着重要的防御作用。细胞免疫和体液免疫协同作用，共同抵抗外来物质的入侵。

（1）溶酶体酶 溶酶体酶主要有酸性磷酸酶（ACP）、碱性磷酸酶（AKP）、β-葡萄糖苷酶、脂肪酶、氨肽酶、溶菌酶（LSZ）等，这些酶主要存在于颗粒细胞的溶酶体中。颗粒细胞在吞食异物脱颗粒时这些酶被释放到血清中，发挥免疫防御、消化分解食物及调节代谢等作用。溶菌酶是溶酶体中的一种最重要的酶，贝类溶菌酶能够溶解病原体的细胞壁，部分或者全部抑制病原菌的生长与繁殖。其他的酶，如酸性磷酸酶、碱性磷酸酶等既能直接起抗菌作用，又能作为调节因子影响细胞的吞噬。另外，溶酶体中的脂肪酶、氨基肽酶等水解酶还能消化脂肪和蛋白质，使溶酶体兼有消化和防御的功能。

（2）凝集素 凝集素是一种非特异性免疫的蛋白质或糖蛋白，具有凝集细胞、抑制病原微生物等多种生物活性。在栉孔扇贝、虾夷扇贝、贻贝等多种贝类的组织中都发现了凝集素的存在。凝集素的基本功能是通过免疫识别作用实现的，即凝集素表面携带的特异性糖基决定簇的受体能根据不同颗粒表面的糖基来识别异己。凝集素的识别作用能促进吞噬作用而具有调理素的功能。凝集素的活性还受到环境因子的影响，环境中的 pH 和离子浓度会改变结合位点的构象，从而影响凝集素与受体的结合。

（3）抗菌肽 抗菌肽是动物体内的一类具有广谱抗菌活性的肽的总称。当机体受到病原微生物入侵时，其分泌到细胞表面，直接起抗菌作用。贝类体液防御的第一道重要防线就是抗菌肽。抗菌肽主要以活跃的形式存在于颗粒细胞中，当受到病原微生物入侵时，分泌到细胞表面，直接起抗菌作用。

3. 化学递质

化学递质是一类在免疫细胞之间和神经内分泌系统与免疫系统之间介导免疫应答的物质，具有调节机体生长、发育和神经活动等的功能。贝类的化学递质存在于贝类的体液和血细胞中，包括促肾上腺皮质素释放素、糖皮质素、细胞因子、阿片样活性肽和蛋白激酶等化学活性物质。阿片样活性肽通过改变免疫细胞的形态来参与贝类免疫。细胞因子在动物体内影响细胞增殖、分化、凋亡和死亡等多种作用。免疫细胞膜上的蛋白激酶是信号转导的重要分子，激酶转导信号受阻或转导方式的改变，都会对贝类免疫功能产生较大影响。在贝类免疫中，化学递质的重要作用引起了越来越多的关注，但不同化学递质对下游免疫信号转导的影响以及递质作用效果和生态因子之间的关系还不明确。化学递质作用途径和彼此之间关系的研究对于明确贝类的免疫机制和提高贝类的免疫力都有重要的意义。

项目五　水产动物的特异性免疫

一、特异性免疫的概念

特异性免疫又称获得性免疫或后天性免疫。特异性免疫应答是指动物机体的免疫系统受到抗原刺激后，免疫细胞对抗原分子识别并产生一系列的反应以清除异物的过程。特异性免疫包括了宿主对抗原识别、免疫活性细胞产生体液免疫和细胞免疫以及记忆反应等过程。特异性免疫应答具有三个特点：①特异性，只针对某种特异性抗原物质；②具有一定的免疫期，其长短与抗原物质的性质、免疫次数、机体的反应性有关，短则数月，长则数年，甚至终身；③具有免疫记忆，当机体再次接触同样抗原时，能迅速大量增殖、分化成致敏淋巴细胞或浆细胞。参与机体免疫应答的核心细胞 B 淋巴细胞和 T 淋巴细胞、巨噬细胞等是免疫应答的辅佐细胞，也是免疫应答不可缺少的。

二、免疫应答的基本过程

机体在抗原物质的刺激下，免疫应答的形式和反应过程可分为三个阶段，即致敏阶段、反应阶段和效应阶段。

1. 致敏阶段

致敏阶段即处理和识别抗原阶段。进入机体内的抗原，除少数可溶性抗原物质可以直接作用于淋巴细胞外，大多数抗原经巨噬细胞吞噬处理，并传递抗原信息给免疫活性细胞，启动免疫应答，分别激活 B 细胞和 T 细胞。

2. 反应阶段

反应阶段是 T 细胞或 B 细胞受抗原刺激后活化、增殖、分化，并产生效应性淋巴细胞和效应分子的过程。T 淋巴细胞增殖分化为淋巴母细胞，最终成为效应性淋巴细胞，并产生多种细胞因子。B 细胞增殖分化为浆细胞，合成并分泌抗体。一部分 T 淋巴细胞、B 淋巴细胞在分化过程中变为记忆性细胞。这个阶段有多种细胞间的协作和多种细胞因子的参加。

3. 效应阶段

效应阶段是免疫效应细胞和效应分子发挥细胞免疫效应和体液免疫效应，最终清除抗原物质的过程。当致敏淋巴细胞或浆细胞再次遇到相同的抗原刺激时，致敏淋巴细胞即释放出多种具有免疫活性的淋巴因子或通过 T 细胞与靶细胞特异性结合，最后使靶细胞溶解破坏（细胞毒效应）而发挥细胞免疫作用。浆细胞则合成各种类型的免疫球蛋白（抗体），参与体液免疫反应。

三、细胞免疫

细胞免疫是靠淋巴细胞的直接作用以及它所依赖的游离可溶性因子产生感染防御作用。已查明大多数抗体是由集中于特定器官或游离于循环系统中的淋巴细胞产生的。鱼类具有独立的淋巴细胞种群，即 T 细胞和 B 细胞亚群，T 细胞具有直接杀伤细胞以及通过分泌细胞因子调节免疫反应的作用，B 细胞分泌抗体且在细胞表面有抗体存在。特异性的细胞免疫就是动物机体通过致敏阶段、反应阶段，T 细胞分化成效应性淋巴细胞并产生细胞因子，从而发挥免疫效应的。广义的细胞免疫还包括吞噬细胞的吞噬作用，以及 K 细胞、NK 细胞等介导的细胞毒作用。

在抵御外来病原物质侵袭时，鱼类主要依靠细胞免疫。当病原物质进入鱼体后，通过巨噬细胞的吞噬作用，将病原信息传送给淋巴细胞，淋巴细胞增殖，产生相应的抗病原的抗体，从而形成体液免疫和细胞免疫。鱼类细胞免疫整个过程（图 8-6）与哺乳动物的免疫过程类似。

抗原进入机体 —识别→ 巨噬细胞 —吞噬或胞饮→ 脾、肾等器官 → 抗原信息 —传递→ 淋巴细胞 —增殖、产生→ 细胞免疫和体液免疫

图 8-6　鱼类免疫应答基本过程示意图

四、体液免疫

由 B 细胞介导的免疫应答称为体液免疫。体液免疫效应是由 B 细胞通过对抗原的识别、活化、增殖，分化成浆细胞；浆细胞针对抗原的特性，合成及分泌特异的抗体，不断排出细胞外和分布于体液中，由此发挥特异性的体液免疫作用。体液免疫与细胞免疫是相辅相成的，有时也很难截然划分。例如淡水鱼被感染小瓜虫后，受到小瓜虫体细胞表面膜蛋白的刺激，鱼血液和体表黏液中的淋巴细胞产生特异性抗体，以阻止小瓜虫的运动并杀死虫体，该种抗体水平可维持 8～13 个月，有效地防止了虫体的侵入。

抗体作为体液免疫的效应分子，在体内可发挥多种免疫功能。由抗体介导的免疫效应，在多数情况下对机体是有利的，但有时也会造成机体的免疫损伤。

五、影响鱼类免疫应答的因素

影响免疫应答的因素主要有抗原的种类和性质、被免疫动物的种属、机体的免疫调节机制、个体的免疫成熟度、环境应激程度以及抗原给予方式等。

1. 抗原的因素

抗原的种类、性质、进入机体的途径以及抗原的剂量对鱼类免疫应答均有显著影响。不同抗原的免疫性随着种类而有所差异，例如马的红细胞在比目鱼中是很好的免疫原，而绵羊红细胞（Srbc）则不是。鲤鱼对肌内注射嗜水气单胞菌疫苗的最大记忆与抗原剂量有直接的相关性，低剂量会引导弱的记忆。抗原的使用剂量要适当。对鱼类接种抗原的剂量过大，也会导致受免鱼类产生免疫耐受。

2. 机体的因素

鱼龄、营养状况、生理状态及性别等均能影响鱼类免疫。如幼龄动物可能由于免疫系统未成熟，对抗原刺激不敏感，不易产生免疫应答或免疫应答较弱。

3. 环境的因素

影响鱼类免疫应答的主要环境因素有温度、季节、光周期以及溶解于水中的有机物、重金属离子等免疫抑制剂。

（1）水温 大多数水生动物都属于变温动物，水温是对水生动物免疫应答影响最大的环境因素之一。在鱼类生长的适宜温度范围内，温度越高，免疫应答越快，抗体产生量越高，达到峰值的时间越短。鱼类免疫应答的最佳温度与环境温度有关，温水性的鲤鱼在低于15℃时免疫作用被抑制，在温水及冷水的鲑鱼在低于4℃时被抑制。低温能延缓或阻止鱼类免疫应答的发生。

（2）污染物 水体中的污染物尤其是毒物不仅能影响鱼的生长，也能影响抗体的生成。污染水体的杀虫剂、有机氯和有机磷等、石油弃漏物、放射性物质以及船舶工业的有机锡等都可以干扰或阻止鱼类对抗原的免疫应答。研究发现水体有机磷污染物（草甘膦等）使罗非鱼脾细胞、T细胞、B细胞的增殖分裂随污染浓度升高呈明显下降，免疫活性受到严重损害。工业化污水（如造纸厂的废水）和废弃的漂白液（主要含氯气和氯化物）污染水体可使拟鲤机体中的免疫球蛋白分泌细胞和特异性抗体分泌细胞的数量下降，对鱼类而言，2mg/L的Cd^{2+}就可抑制巨噬细胞的活性。

（3）营养 水生动物的营养状况会影响水生动物机体的免疫功能和抗病力，当缺乏和摄入量过高时均会降低水生动物的免疫活性。饲料中整体蛋白含量会影响水生动物免疫功能，蛋白质缺乏会降低淋巴细胞数目，抗体生成量减少，NK细胞活性降低；精氨酸和甲硫氨酸是增强水生动物免疫的常见氨基酸，在饵料中适当添加一些含硫氨基酸（如胱氨酸、半胱氨酸），可以提高鱼类的免疫效果。鱼类饲料添加维生素C能促进其抗体的生成；当饵料中缺乏维生素B_{12}、维生素C和叶酸等不仅会引起鱼类贫血，还会影响抗体生成。

（4）应激 养殖水生生物若频繁地遭受各种应激因子的刺激，将导致免疫力下降，对各种传染病的易感性增加。影响水生动物免疫应答的环境因素还有温度骤变、溶解氧、pH值、盐度、氨氮浓度等。研究表明，应激反应程度越强烈，对水生动物体免疫系统的损害越大。研究表明，养殖密度过大会使香鱼的血浆皮质醇浓度增加，抑制产生IgM，对由黄杆菌引起的冷水病的抵抗能力下降。圣保罗对虾对低盐度的应激反应为血细胞量降低，酚氧化物酶活力降低。捕捞操作不当，水生动物应激反应过强，也会导致水生动物的大量死亡。

（5）疾病 疾病直接影响水生动物免疫功能。水产动物感染疾病后，机体免疫功能严重下降，研究发现豹纹喙鲈被腰鞭毛虫感染后，体内的IgM抗氧化酶活性、超氧阴离子活性等都降低了。

（6）其他 已有研究报道指出，季节对鱼类体液免疫应答也有影响。虹鳟弧菌病的疫苗在冬季（6℃）利用浸渍法比夏季时的保护作用低。

4. 免疫方法的影响

免疫方法主要是指免疫途径、免疫剂量及免疫程序等，而免疫方法对免疫的成败是至关重要的。

（1）免疫途径 鱼用疫苗的给予途径主要有注射、口服、浸泡和喷雾等4种。各种疫苗的给予方式不同，取得的免疫保护效果也不相同。研究表明采用腹腔注射和肌内注射两种不同的疫苗给予方式对罗非鱼实施免疫，在注射相同剂量的同种灭活疫苗的条件下，腹腔注射疫苗的保护效果要远好于肌内注射的保护效果。注射免疫的免疫保护效果最好，但不适用于幼鱼；口服、浸浴和喷雾对幼鱼处理时间短，操作方便，对鱼体不造成伤害，生产上较适用，但其免疫效果往往受所用抗原和具体操作方法等因素的影响。口服疫苗被胃酸及消化酶等破坏抗原，鱼类口服免疫效果不理想，但鱼类口服抗原经包裹之后，能更有效地抵挡胃酸及各种消化酶的破坏，抗原物质缓慢而持久地释放，使得免疫保护的时间和效果大幅提高。

（2）免疫剂量 适量的抗原是诱导免疫反应的重要因素。在一定的范围内，抗原剂量愈大，免疫应答愈强。剂量过小，则不能刺激机体产生抗体；剂量过大，免疫应答反而受到抑制。因此进行免疫接种时，必须严格按照规定使用，严禁随意加大或减少疫苗的量。

（3）免疫的次数和间隔时间 一般菌苗需间隔7～10天，注射2～3次，类毒素间隔6周再次注射。

（4）佐剂 与抗原配合使用，有利于增强抗体的产生以及延长抗体的持续期。

项目六 血清学反应

一、血清学反应的概念

血清学反应是指相应的抗原和抗体在体外进行的结合反应。因抗体主要存在于血清中，进行这类反应时一般都要用含有抗体的血清作为试验材料，所以把体外的抗原抗体结合反应称为血清学反应。血清学反应具有高度的特异性，广泛应用于病原微生物的鉴定、传染病及寄生虫的诊断和监测，可用已知抗原测定未知抗体，或用已知抗体测定未知抗原，可定性又可定量。对于鱼类，血清学检测的缺点在于鱼感染病毒后产生抗体较慢，特别是在水温较低的情况下。

二、血清学反应的特点

1. 特异性

抗原决定簇和抗体分子V区间的各种分子引力是它们之间特异性的物质基础。这种高度特异性是各种血清学反应及其应用的理论依据。

2. 可逆性

抗原与抗体的结合是分子表面的结合，这种结合是可逆的。

3. 阶段性

血清学反应一般有两个明显的阶段，但其间无严格界限。第一阶段时间短（一般仅为数秒），无可见反应；第二阶段反应进行慢（数分钟至数小时或数日），反应可见。第二阶段反应常受抗原抗体的比例、电解质、温度以及 pH 等诸多外界因素的影响。

4. 抗原抗体的比例

抗原抗体只有在比例适当时才会出现可见反应。若比例不合适，就会有未结合的抗原或抗体游离于上清液中而不能形成可见的大块免疫复合物。

三、影响血清学反应的因素

1. 电解质

特异性的抗原和抗体具有对应的极性基团（羧基、氨基等），它们互相吸附后，其电荷和极性被中和而失去亲水性，变为疏水系统。此时易受电解质的作用失去电荷而互相凝聚、发生凝聚或沉淀反应。血清学反应用生理盐水作电解质。

2. 温度

血清学反应常用温度范围为 37～45℃。较高的温度可以增加抗原和抗体接触的机会，加速反应的出现。将抗原、抗体充分混合后，通常放在 37℃水浴中，保温一定时间，可促使两个阶段的反应。

3. 酸碱度

血清学反应常用 pH 为 6～8，过高或过低的 pH 可使抗原抗体复合物重新解离。

4. 振荡

适当的机械振荡能增加分子或颗粒间的相互碰撞，加速抗原抗体的结合反应，但强烈的振荡可使抗原抗体复合物解离。

5. 杂质和异物

试验介质中如有与反应无关的杂质、异物（如蛋白质、类脂质、多糖等物质）存在时，会抑制反应的进行或引起非特异性反应，故每批血清学试验都应设阳性对照和阴性对照试验。

四、主要反应类型

常进行的血清学反应主要包括凝集、沉淀、补体结合、中和试验和免疫标记等几种类型（表 8-3）。

表 8-3 抗原抗体反应试验的基本类型

试验类型	实验技术	检测方法	敏感度
沉淀试验	液相沉淀试验	观察沉淀，检测浓度	+，+ + + +
	琼脂凝胶扩散	观察沉淀线或环	+
	凝胶电泳技术	观察沉淀线、弧等	+ +
凝集试验	直接凝集试验	肉眼、放大镜或显微镜观察红细胞或乳胶等颗粒的各种凝集现象	+
	间接凝集试验		+ +
	凝胶抑制试验		+ + +
	协同凝集试验		+ + +
	抗球蛋白试验		+ + +
补体参与试验	补体溶血试验	以裸眼或电光比色仪观察测定溶血现象	+ +
	补体结合试验		+ + +

续表

试验类型	实验技术	检测方法	敏感度
中和试验	病毒中和试验	病毒感染性丧失	+
	毒素中和试验	外毒素毒性丧失	＋＋
免疫标记	荧光免疫技术	检测荧光现象	＋＋＋＋
	放射免疫技术	检测放射性	＋＋＋＋
	酶标免疫技术	检测酶底物显色	＋＋＋＋
	发光免疫技术	检测发光强度	＋＋＋＋
	金标免疫技术	检测金颗粒沉淀	＋＋＋＋
	生物素-亲和素技术	结合其他标记技术	＋＋＋＋

1. 凝集试验

颗粒性抗原（完整的细菌细胞或血细胞等）与相应的抗体，在适量电解质的条件下，相互凝集形成肉眼可见的凝集块或沉淀物，称为凝集试验。用于此反应中的抗原又称凝集原，抗体则称凝集素。

常使用的有直接法和间接法。直接法中的试管法是一种定量试验，在试管中进行。用以检测待测血清中是否存在相应抗体和测定该抗体的效价（滴度），应用于临床诊断或供流行病学调查。操作时，将待检血清用生理盐水作倍比稀释，然后加入等量一定浓度的抗原，混匀，置37℃水浴或恒温箱数小时后观察。视不同凝集程度记录为＋＋＋＋（100％凝集）、＋＋＋(75％凝集)、＋＋（50％凝集)、＋（25％凝集）和－（不凝集)。根据每管内细菌的凝集程度判定血清中抗体的含量，以出现50％凝集（＋＋）以上的血清最高稀释倍数为该血清的凝集价（或称效价、滴度)。

2. 沉淀试验

可溶性抗原与相应的抗体在合适条件下反应，出现肉眼可见的白色沉淀物现象，称为沉淀试验。用于反应的抗原称为沉淀原，常见的是蛋白质、多糖或类脂等，如细菌外毒素、内毒素、菌体裂解液、病毒悬液、病毒可溶性抗原、血清和组织浸出液等。反应中的抗体又称沉淀素。常用的沉淀试验有环状沉淀试验、絮状环状沉淀试验、琼脂扩散试验和疫苗电泳试验等。

(1) 环状沉淀试验 环状沉淀试验是一种在两种液体界面上进行的试验，目前仍广泛应用。方法为在小口径试管内加入已知沉淀素血清，然后沿管壁慢慢加入等量待检抗原于血清表面，使之成为分界清晰的两层。数分钟后，两层液面交界处出现白色环状沉淀，即为阳性反应。试验中要设阴性、阳性对照。本法主要用于抗原的快速定性试验，如诊断炭疽的Ascoli试验、链球菌的血清型鉴定、血迹鉴定和沉淀素的效价滴定等。试验时出现白色沉淀带的最高抗原稀释倍数，即为血清的沉淀价。

(2) 琼脂凝胶扩散试验 简称琼扩。抗原抗体在含有电解质的琼脂凝胶中扩散，当在比例适当处相遇时，即可发生沉淀反应，在凝胶中形成肉眼可见的沉淀带，称此试验为琼脂凝胶扩散试验或琼脂免疫扩散试验。

(3) 免疫电泳 免疫电泳技术是把凝胶扩散试验与电泳技术相结合的免疫检测技术。即将琼脂扩散置于直流电场中进行，让电流来加速抗原与抗体的扩散并规定其扩散方向，在比例合适处形成肉眼可见的沉淀带。此技术在琼脂扩散的基础上，提高了反应速度、反应灵敏度和分辨率。在临床上应用比较广泛的有对流免疫电泳和火箭免疫电泳等。

3. 补体结合试验

补体结合试验是应用可溶性抗原，如蛋白质、多糖、类脂质、病毒等，与相应抗体结合后，其抗原抗体复合物可以结合补体，但该反应肉眼不能察觉，如再加入致敏红细胞（溶血系），即可根据是否出现溶血反应判定反应系统中是否存在相应的抗原和抗体。参与补体结合反应的抗体称为补体结合抗体。补体结合抗体主要为IgG和IgM，IgE和IgA一般不能结合补体。通常是利用已知抗原检测未知抗体。

4. 中和试验

由特异性抗体抑制相应抗原的生物学活性的反应，称为中和试验。该反应有严格的种、型特异性，主要用于病毒感染的血清学诊断、病毒分离株的鉴定、病毒抗原性的分析、疫苗免疫原性的评价以及血清抗体效价的检测等。中和试验可在体内进行也可在体外进行。但该方法操作较为麻烦，判定结果的时间也较长。

5. 免疫标记技术

上述各项技术，一般均局限于几类经典的抗原与抗体间的血清学反应。现代免疫学技术发展极快，尤其以免疫标记技术的发展最快、应用最广。免疫标记技术就是将抗原或抗体用小分子的标记剂如荧光素、酶、放射性同位素或电子致密物质等加以标记，借以提高其灵敏度和便于检出的一类新技术。其优点是特异性强，灵敏度高，应用范围广，反应速度快，容易观察；既可用于定性、定量分析，又可用于分子定位等工作。

(1) 免疫荧光技术　免疫荧光技术又称荧光抗体法，是一种将结合有荧光素的荧光抗体与抗原进行反应，借以提高免疫反应灵敏度和适合显微镜观察的免疫标记技术。常用的荧光素有异硫氰酸荧光素（FITC）、罗丹明等，它们可与Ig中赖氨酸的氨基结合，在蓝紫光的激发下，可分别发出鲜明的黄绿色和玫瑰红色光线。后又发展了一种更好的荧光素即二氯三嗪基氨基荧光素（DTAF）。近年来更有用镧系稀土元素包括铕离子和铽离子等取代荧光素去标记抗体，进一步提高了本法的灵敏度和特异性。免疫荧光技术已被广泛用于疾病快速诊断和各种生物学研究工作中。

(2) 免疫酶技术　又称酶免疫测定法，是一种利用酶作标记的抗体或抗抗体以进行抗原、抗体反应的高灵敏度的免疫标记技术。其原理与免疫荧光技术相似，所不同的只是用酶代替荧光素作标记，以及用酶的特殊底物处理标本来显示酶标记的抗体。由于酶的催化作用，使原来无色的底物通过水解、氧化或还原反应而显示出颜色。此法的优点是：①为产色反应，故可用普通显微镜观察结果；②标本经酶标记的抗体染色后，还可用其他染料复染，以显示细胞的形态构造；③标本可长久保存、随时查看；④特异性强；⑤灵敏度高。用于此法中的标记酶应具备：①纯度高、特异性强、稳定性和溶解度好；②测定方法简单、敏感、快速；③与底物作用后会呈现颜色；④与抗体交联后仍保持酶活性。最常用的是辣根过氧化物酶。酶联免疫吸附法（ELISA）被广泛用于检测各种抗原或抗体。

(3) 免疫印迹　是几种分子量不同的蛋白质先经SDS-PAGE凝胶电泳分离出不同的条带，再转印至硝酸纤维膜上，然后用酶标记的抗体对条带进行显色和鉴定。此法兼有SDS-PAGE的高分辨率和免疫反应的高特异性等优点，常用于检测不同基因所表达的各种微量蛋白质抗原。

(4) 放射免疫测定法　放射免疫测定法是一类利用放射性同位素标记的抗原或抗体来检测相应抗体或抗原的高灵敏度免疫分析方法。此法兼有高灵敏度和高特异性等优点，广泛用于激素、核酸、病毒抗原或肿瘤抗原等微量物质的测定中。

项目七　免疫技术应用

一、水产动物的免疫学诊断

免疫诊断技术，又称血清学检测技术。利用已知的病原生物或其产物可以制备成诊断抗原或诊断血清。用免疫技术诊断水产动物疾病的方法有两种：①用诊断血清与从患病动物体内分离的病原体在体外进行免疫反应，可用于诊断病原体的种类；②用诊断抗原与待检水产动物血清中的抗体在体外进行免疫反应，可确定该动物体内抗体的种类，从而间接诊断引起被检动物感染的病原体。此种方法仅适合被病原体感染后能产生抗体的动物。无论是应用诊断抗原追踪抗体，还是应用诊断血清检测抗原，都是利用免疫学原理，即抗原和抗体在适宜条件下可以发生特异性反应的特性。人们通过凝集试验、沉淀试验、免疫酶技术以及放射性免疫测定等技术，研制出一系列快速诊断水产动物疾病的方法和制剂。

1. 单克隆抗体技术

单克隆抗体是由一个抗体产生细胞与骨髓瘤细胞融合，产生杂交瘤细胞，再经大量繁殖而来的细胞群所产生的抗体。与常规血清抗体相比，其特异性强，亲和性一致，还具有识别单一抗原决定簇的特性。

2. 酶联免疫吸附测定

酶联免疫吸附测定（ELISA 法）的基本原理为受检物中的抗原或抗体与固相表面的抗体或抗原发生免疫反应并结合在固相表面，此抗原抗体结合物又能结合相应的酶标记物，用洗涤法去除未结合而游离的酶标记物，继而加入酶反应的底物后，底物被酶催化为有色产物，显色的程度与受检物中的抗原或抗体的量直接相关，由此可根据显色的深浅进行定性或定量测定。

3. 免疫荧光抗体技术

免疫荧光抗体技术是以荧光素标记抗体或抗原，使其与相应抗原或抗体结合后，借荧光检测仪器查看荧光现象或检测荧光强度，从而判断抗原或抗体的存在、定位、分布情况或检测样本中抗原或抗体的含量。国外学者已将直接荧光抗体技术用于鱼类病原菌的鉴定、鱼体中病原菌的定位、鱼类病原菌数量的测定、病原菌血清型的鉴定，以及鱼类疾病的快速诊断。

4. 酶联免疫斑点法

酶联免疫斑点法（Dot-ELISA）是以硝酸纤维素膜 NCM 代替反应板，用不溶性氢供体显色。由于硝酸纤维素膜 NCM 对蛋白质具有高度的亲和力，所以克服了常规 ELISA 抗原抗体复合物结合过程中存在的明显的泄漏和解吸附现象。目前，Dot-ELISA 技术已用于传染性胰脏坏死症病毒（IPNV）、病毒性出血败血症病毒（VHSV）、鲤春病毒血症病毒（SVCV）、对虾白斑综合征病毒（WSSV）、传染性造血器官坏死病病毒（IHNV）、桃拉病毒（TSV）及传染性皮下组织和造血器官坏死病毒（IHHNV）等水产动物病毒的检测。这些研究都证明 Dot-ELISA 作为检测疾病的手段，具有准确、快速、灵敏、重复性好、操作简便等特点，是免疫测定中最为广泛应用的一项技术。

5. 葡萄球菌A蛋白技术

葡萄球菌A蛋白（SPA）是存在于菌细胞壁的一种表面蛋白，它能在那些颗粒透明或很小、沉淀不明显的凝集反应中起载体和放大作用，提高实验的敏感性。SPA技术应用较多的是协同凝集反应，该技术在鱼类病毒病诊断上已有应用。

二、接种疫苗预防鱼病

鱼类是低等的脊椎动物，有较为完善的免疫系统，当机体受到病原生物刺激后，能够产生特异免疫应答，抵御病原入侵。因而可以通过研制、接种疫苗，刺激鱼类免疫系统，获得免疫保护，预防疾病的发生。

1. 疫苗种类

（1）根据疫苗的制备方法分类

① 死疫苗　又称灭活疫苗，是将病原微生物或是病原的部分结构利用物理（热处理、紫外线照射等）、化学（甲醛、乙醇、染料等）或生物学方法处理后，使其丧失感染性或毒性而保有免疫原性，接种动物后能产生自动免疫、预防疾病的一类生物制品。灭活疫苗的特点是安全，容易制造，易于保存运输，疫苗稳定，便于制备多价或多联苗。但灭活疫苗接种剂量较大；免疫持久性较差，往往需要多次免疫；需要加入适当的佐剂以增强免疫效果或者解决免疫效果不理想等问题。该类疫苗包括鳗弧菌、迟缓爱德华菌、溶藻弧菌、杀鲑气单胞菌、鳗弧菌-溶藻弧菌二联疫苗、迟缓爱德华菌-溶藻弧菌-杀鲑气单胞菌-鳗弧菌四联疫苗、淋巴囊肿病毒、虹彩病毒等灭活疫苗。

菌影疫苗是20世纪80年代研发出的一种新型灭活疫苗。菌影（BG）是革兰氏阴性菌被噬菌体PhiX174的裂解基因*E*裂解后剩下一个没有细菌核酸、核糖体和其他物质的空壳，但仍保持细菌细胞形态、菌毛、纤毛、黏附性等与活菌一样的细菌表面抗原结构，能够有效刺激机体产生特异性和非特异性免疫应答。相比于传统的灭活疫苗来说，其表面抗原结构比较完整，免疫原性高，菌影疫苗可发酵而大量生产，制成冻干苗在室温下可保存较长时间，相比于新兴疫苗也无需加入佐剂，但菌影的制备过程烦琐，且对设备和技术的要求太高，不易获得。于鸽等人利用噬菌体裂解细菌的原理，制备溶藻弧菌的噬菌体菌影疫苗，将其应用于凡纳滨对虾的免疫试验，取得较好的效果。

② 活疫苗　目前鱼用活疫苗有以下4种类型。

a. 减毒活疫苗（常称为弱毒疫苗）是采用物理、化学或生物学处理后使病原菌毒力降低，或从自然界筛选病原菌的无毒株或弱毒株所制成的活微生物制剂。由于减毒活疫苗具有病原菌绝大部分的抗原，因此可以强烈地刺激机体产生免疫反应，且同时可以引起细胞免疫反应。该类疫苗都具有较好的免疫原性，且免疫剂量小，免疫持续期长，但减毒活疫苗性状不稳定，在体内条件下可能转换为有毒菌株或者恢复到原始菌株的毒力——返祖现象。但也正是由于减毒活疫苗性状的不稳定，在体内条件下可能转换为有毒菌株或者恢复到原始菌株的毒力，因此减毒活疫苗在水产养殖中的应用具有一定的局限性。该类疫苗有斑点叉尾鮰病毒病减毒疫苗、疖疮病减毒菌苗、传染性造血器官坏死病病毒减毒疫苗以及草鱼出血病细胞培养弱毒疫苗等。

b. 将有致病力的病原菌作为疫苗，但需用异常的给予方式或与抗血清同时应用。如草鱼出血病低温隐性感染疫苗在生产应用上取得了较好的免疫效果，但目前尚未在理论上得到完美的解释。

c. 利用与病原体有交叉反应的异种抗原制成的疫苗，常称为异种疫苗。接种后它能使机体对该疫苗中不含有的病原体产生抵抗力。该疫苗的优点是安全性好，免疫持续期长，但获得比较困难，如防治小瓜虫病的梨形四膜虫疫苗。

d. 利用抗原表面展示技术将有效的抗原蛋白展示在某一无毒菌株表面。

③ 基因工程疫苗　传统鱼病的防治多为应用减毒、灭活疫苗。传统疫苗多为细菌菌苗，对于病毒性鱼病无效。随着分子免疫学与基因工程技术的迅猛发展，新一代鱼用疫苗的研究从 20 世纪 90 年代开始起步，目前国外研究进展较快，主要包括：DNA 疫苗、合成肽疫苗及减毒活疫苗。

基因工程疫苗是将致病微生物抗原蛋白的基因进行重组后转移到宿主细胞中所表达的产物，是采用基因工程技术，利用表达载体表达病原体一种或几种抗原蛋白而制成的疫苗。感染原的表面蛋白（如病毒的被膜蛋白）是可以被宿主免疫系统识别的抗原，能诱发宿主的免疫反应，产生中和抗体，阻止感染症状的出现。基因工程疫苗的制备方法有两种：一是分离病原性的多肽进行重组；二是改进致病基因，保持抗原基因。

目前水产上在研究、应用的基因工程疫苗有传染性造血器官坏死病病毒（IHNV）、传染性胰腺坏死病病毒（IPNV）、鳗鱼病毒、草鱼呼肠孤病毒以及鲑鱼疖疮病等基因工程疫苗。该种疫苗成本低，易于规模生产，但是它也有一些问题尚待解决，如研究周期较长，难以解决燃眉之急；免疫原成分单一，若遇到病原体微小变异，就有可能失去它的免疫保护作用；有些病毒基因工程疫苗还不能像完整病毒那样在动物体内产生足够量的抗体而起到免疫预防作用。

④ 核酸疫苗　又称基因疫苗，被称为第三代疫苗。核酸疫苗包括 DNA 疫苗和 RNA 疫苗。DNA 疫苗是指将编码某种抗原蛋白的基因（细菌的外膜蛋白、病毒的膜外蛋白等），在体外与载体 DNA 连接形成重组 DNA；将其直接导入动物体内，使抗原基因在动物机体内表达，然后刺激机体针对此种抗原产生免疫应答而达到免疫效果。DNA 疫苗一般由两部分组成：编码抗原蛋白基因（外源基因）和表达载体；DNA 疫苗常用质粒作表达载体。获得合适的抗原蛋白基因是制备 DNA 疫苗的关键。

与灭活疫苗、亚单位疫苗相比，DNA 疫苗具有以下优点：免疫保护力增强、同种异株交叉保护、应用较安全、免疫持续时间长、提纯质粒工艺简便、适于大批量生产、贮存运输方便等，且质粒本身具有佐剂的功效，因此使用 DNA 疫苗可不用加佐剂。但这种疫苗易导致免疫耐受，而且质粒 DNA 整合到宿主基因组的概率较低，并造成自体免疫疾病和插入突变。到目前为止，DNA 疫苗的接种多采用肌内注射，耗时费力。在鱼类 DNA 疫苗免疫研究中，还有基因枪、浸泡、口服等几种方法。

目前国外对鱼类 DNA 疫苗的应用研究主要集中在对病毒性鱼病的研究方面，包括出血性败血病毒（VHSV）、传染性造血组织坏死病毒（IHNV）、鲤春病毒（SHRV）、鳗鱼病毒（EVA、EVEX）、草鱼呼肠孤病毒（FRV）等。国内还未见应用 DNA 鱼类疫苗进行免疫防治的报道。对于鱼类寄生虫病，如小瓜虫病、刺激隐核虫等，由于难以培养和无法无菌培养，因此很难用传统方法制得疫苗。国外已对小瓜虫的抑动抗原进行了初步研究，有望以此作为抗原基因，构建 DNA 疫苗。

⑤ 合成肽疫苗（表位疫苗）　合成肽疫苗是指通过人工合成或利用表达载体产生与病原体保护性抗原决定簇（抗原表位）的氨基酸序列相同的肽段。这种肽段经制备成免疫原后接种机体，可以使机体产生保护性抗体。合成肽疫苗具有制备容易、可大量生产、稳定、易保存、副反应少及使用安全等优点；但还存在不少理论和实际上的障碍：免疫原性弱，使用时必须配用佐剂或必须直接用表达菌的裂解产物；不同肽免疫活性亦不同。到目前为止，鱼用合成肽疫苗的研究基本处于实验阶段。

⑥ 亚单位疫苗　亚单位疫苗是通过提取病原菌的某些成分（如病毒的衣壳蛋白、包膜糖蛋白、细菌的外膜蛋白、脂多糖、外毒素、胞外蛋白酶等），去除病原体中不能激发机体保护性免疫甚至对其有害的成分而仍保留其有效免疫原成分的疫苗。爱德华菌外膜蛋白OMP、迟缓爱德华菌寡肽透过酶 OppA 蛋白、热激蛋白 DnaK 和鞭毛蛋白 FlgD 等已证明具有作为鲆鲽类亚单位疫苗的潜力。亚单位疫苗的优点是除去了病原核酸，安全性好，同时去除了一些不能产生保护性免疫的抗原，避免抗原间的竞争，提高了免疫效果。亚单位疫苗具有免疫效果好、毒力小、副作用小、性能稳定、易于保存的特点，但免疫原性不强。

⑦ 化学疫苗　用化学方法提取细菌的有效成分（如类脂多糖）而制成。该疫苗具有接种量小、免疫原性强、反应小等优点，但制造技术复杂。这类疫苗有鳗弧菌、斑点叉尾鮰肠道败血症（ESC）、类结节症、鲤鱼嗜水气单胞菌以及草鱼烂鳃病 LPS 疫苗。一般认为，LPS 具有病原菌大多数或全部抗原，具有多个抗原决定簇，且对热稳定，是一种较好的化学疫苗。此外，也有提取细菌 A 抗原制备疫苗的尝试。

⑧ 土法疫苗及制备　草鱼细菌性烂鳃、肠炎、赤皮病的组织浆疫苗称土法疫苗，其制备方法为：取患有典型症状病鱼的肝、脾、肾等病变组织，用清水冲洗后称重，用研钵磨碎，加 5～10 倍的生理盐水，成匀浆后用两层纱布过滤，取滤液。将滤液经 60～65℃恒温水浴灭活 2h 后，加入福尔马林使其最终浓度为 0.5%，封口后，置 4℃冰箱中保存。做安全及效力试验后即可使用。

(2) 根据疫苗的性质与组成成分分类

① 单价疫苗　由一种微生物纯培养所获得，这种疫苗只对一种血清型的病原微生物有保护作用，如迟缓爱德华菌、疖疮病菌苗以及鳗弧菌单价苗等。

② 多价疫苗　由同一种病原微生物若干型或株混合制成，或者由与其他型（或株）有交叉反应的某种病原微生物的某型（或株）纯培养获得。该疫苗能对同一病原体的若干血清型或不同种（或亚种）的病原体有交叉保护作用，有二价、三价及多价疫苗。如鳗弧菌和奥德弧菌有交叉保护作用，以其任何一种所制成的疫苗均为双价疫苗。

③ 联苗（混合疫苗、联合疫苗）　含有一种以上病原微生物或其产物制成的疫苗，该疫苗的各种抗原成分不会相互竞争，因此它能对一种以上的疾病起到免疫保护作用。含有两种成分的称为二联疫苗，三种成分的为三联疫苗。鲑鱼的疖疮病与弧菌二联疫苗是常用的联苗之一。表 8-4 所列为目前国外商品化鱼用疫苗。

表 8-4　国外商品化鱼用疫苗

类型	疫苗名称	使用国家或地区
细菌疫苗	杀鲑气单胞菌疫苗	欧洲、北美
	鲶鱼爱德华菌菌苗	北美
	弧菌疫苗	亚洲、北美
	鳗弧菌疫苗	亚洲、欧洲、北美

续表

类型	疫苗名称	使用国家或地区
细菌疫苗	副溶血弧菌疫苗	亚洲
	杀鲑弧菌疫苗	欧洲、北美
	鲁氏耶尔森菌疫苗	欧洲、北美
	迟缓爱德华菌疫苗	北美
	巴斯德菌疫苗	欧洲
	链球菌疫苗	北美、亚洲
	格氏乳球菌疫苗	亚洲
	鳗弧菌-海鱼弧菌疫苗	北美、亚洲
	鳗弧菌-奥德弧菌疫苗	北美
	鳗弧菌-杀鲑弧菌疫苗	北美
	杀鲑气单胞菌-弧菌疫苗	北美
	鳗弧菌-海鱼弧菌-耶尔森菌疫苗	北美
	气单胞菌-鳗弧菌-杀鲑弧菌疫苗	北美
	鰤鱼 α-溶血性链球菌非活性疫苗	日本
	鰤鱼 α-溶血性链球菌-弧菌病非活性疫苗	日本
	对虾多价菌苗	亚洲
病毒疫苗	病毒性出血败血症疫苗	欧洲
	传染性胰脏坏死病毒疫苗	欧洲
	传染性造血器官坏死症疫苗	北美
	鲤弹状病毒＋传染性胰脏坏死病毒疫苗	欧洲
	虹彩病毒疫苗	日本
	鲤春病毒血症疫苗	欧洲
	彩虹病毒非活性疫苗（鱼种：真鲷、鰤鱼、缟鲹）	日本
	鰤鱼彩虹病毒-α-溶血性链球菌非活性疫苗	日本
	鰤鱼彩虹病毒-弧菌-α-溶血性链球菌非活性疫苗	日本

(3) 根据病原的类别分类 一般分为病毒疫苗、菌苗及寄生虫疫苗三种。

① 病毒疫苗 目前在研究的病毒疫苗主要有：传染性造血组织坏死病毒（IHNV）疫苗、传染性胰脏坏死病毒（IPNV）疫苗、鲤鱼弹状病毒（SVCS）疫苗、斑点叉尾鮰病毒病（CCVD）疫苗、草鱼出血病细胞培养灭活（CFRV）疫苗、鳟鱼埃格替维德弹状病毒疫苗、出血性败血病毒（VHSV）疫苗、鳗鱼病毒（EVA 及 EVEX）疫苗、文蛤病毒疫苗等。

② 菌苗 有迟缓爱德华菌苗、斑点叉尾鮰肠道败血症菌苗、弧菌苗、红嘴病菌苗、疖疮病菌苗、嗜水气单胞菌苗、柱状黄杆菌苗、类结节症菌苗、假单胞杆菌苗、细菌性肾脏病菌苗，所涉及的鱼类有鲑、鳟、鳗鲡、香鱼、遮目鱼、大西洋鳕、大麻哈鱼、斑点叉尾鮰、鲤、草鱼、白鲢、蓝鳃太阳鱼、大菱鲆、金头鲷等以及鳖和日本囊对虾、龙虾等其他水产动物。

③ 寄生虫疫苗 目前还没有正式用于生产的小瓜虫疫苗，但实验室疫苗已研制成功，包括经冷冻和福尔马林处理后的死疫苗、小瓜虫活疫苗以及小瓜虫基因疫苗等。

2. 疫苗接种的方法

水产动物免疫预防成败的关键是如何将疫苗接种到养殖动物体内。通常采用的接种方法有注射法、口服法和浸泡法等。

(1) 注射法 将定量的疫苗直接接种到水产养殖动物的体内，因此免疫效果较稳定，而且疫苗的用量较少，但注射接种方式对鱼有应激压力，对规格小的鱼注射操作不便，且耗力耗时。对已证明只有采用注射接种才能获得较好免疫效果的鱼用疫苗，如草鱼出血病灭活疫苗、彩虹病毒疫苗、链球菌症疫苗和类结节症疫苗等都采用注射法接种，大西洋鲑、鰤鱼等鱼类养殖场注射疫苗技术已经成熟。国外鱼用疫苗连续注射器、自动注射机、与计算机联机自动注射技术已开发和应用，适宜于大型养鱼场的鱼体免疫。注射法通常有肌内注射和腹腔注射（图 8-7）两种方法。

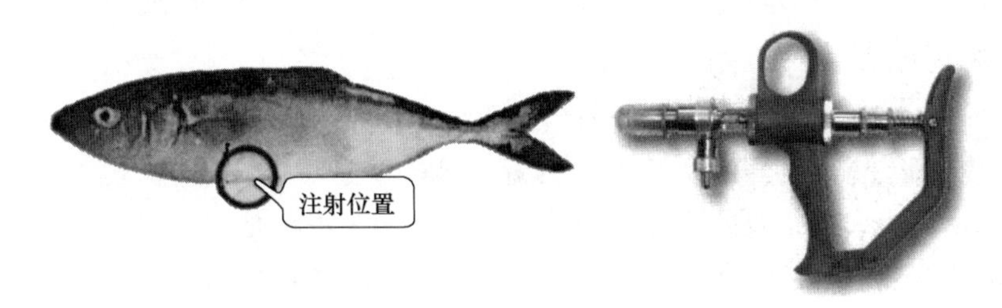

图 8-7 鰤鱼幼鱼腹腔注射部位及鱼用疫苗注射器

（2）口服法 口服免疫接种就是将疫苗拌在饵料中喂鱼。鱼类的口服免疫不仅能刺激机体产生全身免疫作用，同时也能诱导肠黏膜产生黏膜免疫。现在已有了关于弧菌病疫苗、疖疮病疫苗、类结节症疫苗、细菌性烂鳃病疫苗、罗非鱼链球菌病疫苗等口服免疫接种成功的报道。此法具有操作简单、实施方便，不受时间、地点和鱼体规格的限制等特点，而且不会损伤鱼体。但此法疫苗消耗量大，只能达到适度的免疫效果，也可能会因鱼个体摄食量不同导致不稳定的免疫反应。近年对抗原微胶囊有很多研究试验，疫苗用某种胶囊包被，使其避免鱼类胃液或胆汁的破坏，是未来发展口服疫苗的有效方法。

口服免疫接种效果较差的原因之一可能是鱼体消化道酶对抗原的破坏，有人通过肛门插入法用灭活的弧菌菌苗接种红大麻哈鱼，获得了较好的免疫效果。

（3）浸泡法 浸泡疫苗免疫接种简单，可在短时间内实现大批量免疫，特别适用于大量小规格鱼种的免疫接种，且对鱼的损伤最轻，因此常作为首选的免疫接种方法。但由于浸泡疫苗免疫过程中，抗原提呈是通过体表及鳃丝等部位，单独使用未加佐剂的浸泡疫苗，抗原提呈效果差，免疫保护效果不佳或没有效果。多次浸泡法能提高鱼用疫苗的免疫效果，日本通过浸泡数次也证明了能提高鰤鱼类结节症疫苗的免疫效果。

（4）喷雾法 喷雾免疫接种法是应用压力为 $0.1\sim1kgf/cm^2$（$1kgf/cm^2=98.0665kPa$）的液体喷雾装置，与鱼体相距 20～25cm 的距离，对鱼体均匀喷雾抗原 5～10s。疫苗进入受免动物的途径和机体产生免疫应答的机制与浸泡法相似，但与浸泡法相比，还需要一定的接种设施方能进行。因此，这种方法在实践中较少使用。

使用疫苗应选择在鱼种下塘、过塘时或疾病没有流行的季节。因为疫苗的主要功能是刺激机体产生特异性免疫功能，对特定疾病进行预防。如果养殖动物已经发病时再使用疫苗，效果很差并有可能起反作用。进行疫苗注射后，应全池泼洒消毒剂消毒水体，防止注射伤口感染发病。使用疫苗的时间一般选择在晴天清晨进行，应避免在强烈的阳光下进行疫苗注射。

3. 佐剂对疫苗的作用

佐剂是一种非特异性地增强或改变疫苗免疫应答的物质，一般与疫苗同时使用，或预先使用，在注射用疫苗佐剂使用方面，多数佐剂均与疫苗同时混合使用。与鱼用疫苗联用的佐剂主要有油类佐剂和矿物盐佐剂，前者有弗氏不完全佐剂（FIA）、弗氏完全佐剂（FCA）、油包水型乳化佐剂和水包油包水型乳化佐剂（油相组分）等，后者有氢氧化铝乳胶、皂土、硫酸铝、钾明矾等。此外，我国在用草鱼柱状黄杆菌等疫苗浸泡免疫草鱼时，还使用莨菪碱作佐剂，以增强疫苗的渗透性。

佐剂对鱼用疫苗的作用一般认为能增加疫苗抗原表面面积，延长其在机体内存留时间，让抗原在鱼体内持续缓慢的释放，使其与淋巴系统细胞充分接触，从而增强巨噬细胞和浆细胞的活性，增强细胞介导的致敏反应能力，加快抗体的生存，提高抗体水平。

4. 疫苗的应用前景

我国是水产养殖大国，每年因水产养殖病害问题而造成的直接经济损失超过百亿元，造成危害的各种疾病中病毒性与细菌性疾病占近60%。显然，控制水产动物微生物疾病的发生和蔓延已成为保持水产养殖持续发展的关键因素之一。疫苗是预防水产动物疫病发生的有效手段，不仅可以有效地预防细菌性疾病，还是目前解决病毒病问题的唯一特效手段。

渔用疫苗已成为国际上水产疫病防控的主流技术，已在欧美、地中海沿岸和亚太地区等40多个国家使用，大大减少了抗生素等化学药物在养殖鱼类方面的使用量，安全、有效地预防了水产养殖动物疫病。我国渔用疫苗研究起步较晚，始于20世纪60年代，主要针对“四大家鱼”中大宗养殖的草鱼出血病，早期研究的草鱼出血病土法疫苗对该病控制有一定的效果，并沿用至今。近十多年来，随着国家对渔业科技投入的增加，渔用疫苗研制有了飞跃的进展，到目前为止，有9个疫苗获得国家新兽药证书［草鱼出血病活疫苗（GCHV-892株）、草鱼出血病灭活疫苗、鱼嗜水气单胞菌灭活疫苗、牙鲆溶藻弧菌-鳗弧菌-迟缓爱德华菌病多联抗独特型抗体疫苗］，2011年初农业部批准了草鱼出血病活疫苗的生产使用（农业部公告1525号）。近年来，商品化渔用疫苗技术趋向实用化，针对水产养殖生产中常见的养殖对象多种病原的继发和混合感染状况，疫苗已经发展到针对多种病害防疫的多联多价疫苗。此外，浸泡口服疫苗及区域差异化免疫方案等也将是重要的技术需求，渔用疫苗的研发将向着“高效、实用、低价、多样”的方向发展。

【复习思考题】

1. 名词解释：抗原与抗体、免疫原性与反应原性、特异性免疫与非特异性免疫、凝集反应与沉淀反应。
2. 简述免疫的定义及其三个基本特性与三个基本功能。
3. 比较人工自动免疫与人工被动免疫的异同点及主要用途。
4. 构成抗原的条件有哪些？
5. 简述抗体（免疫球蛋白）的基本结构。
6. 简述抗体产生的一般规律。
7. 综述特异性免疫反应应答的基本过程。
8. 鱼类的防御屏障主要有哪些？
9. 简述水产动物的免疫系统。
10. 鱼类的免疫器官主要有哪些？
11. 综述血清学试验、特点、影响因素及主要类型。
12. 鱼用疫苗的接种方法有哪些？它们各有哪些优缺点？

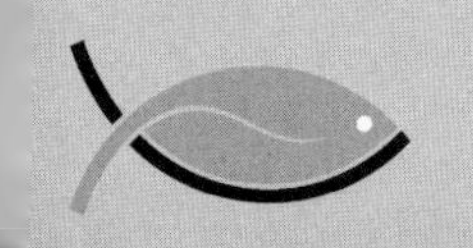

模块九　水与水产生物体的微生物

知识目标：

认识各种自然和养殖水体微生物的种类、分布和变化及其影响因素；了解水产生物体微生物的分布情况；认识微生物在水体自净中的作用和养殖容量的概念；了解水产品中微生物的分布及其保鲜、冷藏中的菌相变化情况。

能力目标：

正确进行水中或水产品中各种相关微生物的指标检测。

素质目标：

培养绿色渔业的可持续发展理念；培养生态环境保护意识；树立人与自然和谐共享的生态观。

项目一　水域中的微生物

水生微生物的研究包括湖泊、池塘、溪流、海湾、海洋中的微生物。自然水体中的微生物类群，很大程度上取决于栖息地主要的物理和化学条件。

一、淡水水域的微生物

1. 湖泊和水库

天然湖泊和水库的微生物，大多来自土壤。天然湖泊中，细菌总数每毫升为几十至几百万个，一般在清洁湖泊和水库中，有机物含量少，微生物也少，并以自养菌为主，如铁细菌、硫细菌、蓝细菌等（表 9-1）。在有机物较丰富的湖泊中，微生物也较多，不同深度的水体中，微生物的种类也有所不同，湖底区和深水区均有大量的异养性生物群。如湖底区主要由有机物组成，大多数有机体都是起厌氧性分解作用的。在富营养型水库中，细菌总数特别高。天然湖泊和水库中细菌总数和腐生菌数存在着季节性变化。由于温度的差别引起水的分层现象，所有温带地区的湖泊和池塘中的微生物群显示出季节性变化，春季和秋季引起水温的逆转和水的混合，常常导致藻类大量生长（水华）。

表 9-1　天然湖泊中的主要微生物属种

水层	主要微生物属种
上层（水深 7～10m）	假单胞菌属、柄杆菌属、噬纤维菌属和浮游球衣菌等好氧性细菌；真菌；藻类
中层（水深 20～30m）	着色菌属和绿菌属等光合细菌
底层（30m 以下及底泥）	脱硫弧菌属、甲烷杆菌属、甲烷球菌属等厌氧性细菌；原生动物；鞘细菌

2. 河流

河流富有丰富的营养物，大都是由周围陆地或湖泊、池塘流出的无机物和有机物。在很大程度上河流中的微生物区系直接反映了陆地的情况，其中包括农业和工业过程的影响。迅速扩大的都市化，造成河流环境条件的急剧变化，因此没有可以概括其典型特征性的生物区系。此类水中微生物变化很大。细菌总数少者为每毫升几百个，多者高达每毫升几千万至几亿个。受污染河流一般腐生菌较多。常见的细菌有变形杆菌、大肠埃希菌、粪链球菌和梭状芽孢杆菌等各种芽孢杆菌，还有弧菌、螺菌、真菌等，河水中还含有丰富的高等真菌的孢子，特别是污水流入的区域数量众多。河流中微生物的数量和生物量随季节不同而变化。

3. 水产养殖池塘

养殖池塘受人为因素影响很大。池塘中的细菌、真菌等微生物种类和数量一般与富营养湖泊相近。鱼池细菌的密度为表层高于底层，细菌密度与水温、COD、浮游动物生物量呈正相关。随着水温的升高，池塘内细菌繁殖速度加快，养鱼池塘施肥和投饵，将大幅度提高细菌种类和数量。鱼池细菌数量季节性波动较大，细菌数夏季最多，其次为秋季、春季及冬季；异养菌在水层及底泥中则分别以夏季和秋季较多。

二、海水及养殖水域的微生物

海洋微生物种类繁多，分布广泛，在海水、海底沉积物、海泥以及海洋动植物体表和体内均有分布。在不同的海域，海水水域的微生物种群和数量因生物、潮流、潮汐、底质、大陆径流、气候、人类活动等有很大的差异。

1. 海洋水域

海洋微生物一般是指分离自海洋环境，其正常生长需要海水，并可在寡营养、低温条件下生长的微生物。海洋从表面到海底、从近陆到远洋都有微生物存在，海洋微生物在物质循环、生态平衡及环境净化等方面担当着重要的角色。海洋环境复杂多样，理化性质独特，海洋微生物因此具备了与高压、高盐、低温、寡营养等极端环境相适应的生理特征和细胞结构。虽然海洋微生物所处环境具有特殊性，但其种类却包括几乎所有的微生物类型。这些微生物中不仅包括海洋中生物起源的种类，而且有陆地起源后流入海洋中并适应了的微生物种类。海洋微生物种类繁多，数量极其庞大，包含了细菌、古菌、真核生物和病毒等多个类群，估计有 2 亿～10 亿个物种。

海洋微生物在海洋环境广泛分布，随着海水深度的增加，海洋环境微生物的物种丰度和数量呈递减的趋势。远离陆地河口的外海海水菌数很少，每毫升只有几十个至几百个；表层海水或近岸沉积环境，海洋微生物的数量达 10^6～10^9 个/mL，而在大于 1000m 水深的深海环境，微生物数量约在 10^3 个/mL。深海沉积环境中原核微生物达 10^{30} 个，其中细菌占据比例最大，通过免培养方法检测到每克海洋沉积物栖居约有细菌 37000 种，海底的细菌有各种各样的生理类型，多是兼性的或严格的厌氧菌。在海水表层、近海的海岸带红树林生态系统、珊瑚礁生态系统和深海热液喷口、冷泉口等都发现了微生物的存在。除了自由生活于水体（包括附生于其中的无机颗粒和有机体残骸）和海底沉积层外，相当多的海洋微生物（细菌、放线菌、真菌）与其他的海洋生物处于共生、附生、寄生或共栖关系。

海洋微生物的大多数种属为海洋细菌，“海洋微生物”狭义上的概念是指海洋细菌。海洋细菌有自养和异养、光能和化能、好氧和厌氧、寄生和腐生以及浮游和附着等不同类型。海水中以革兰氏阴性杆菌占优势，常见的还有假单胞菌属、弧菌属、无色杆菌属、黄杆菌属、海洋螺菌属、微球菌属、八叠球菌属、芽孢杆菌属、棒杆菌属、枝动菌属、诺卡菌属和链霉菌属等十多个属；海洋底沉积物中以革兰氏阳性菌居多；大陆架沉积物中以芽孢杆菌属最常见。海洋细菌中，能游动的杆菌和弧菌占优势，球菌种类较少见；弧菌是海洋动物体内外常见的微生物，鱼、虾、贝等养殖区域中的弧菌的数量明显高于周围自然海水中的数量。海洋细菌在培养基上生长较慢，相对于非海洋细菌，对糖的分解能力较弱，而对蛋白质的分解能力较强。多数海洋细菌是兼性厌氧菌，但在有氧条件下往往生长更好，专性好氧菌和厌氧菌比较少见。海洋细菌分为浮游和附着等类型。

海洋放线菌为异养菌，绝大多数是好气腐生菌，少数寄生菌是厌氧菌。腐生种类在海洋生态系物质循环中起着重要作用。海洋放线菌常与海洋动、植物在一起生活（如在海绵或在海洋红树植物上），由于海洋放线菌代谢的多样性并能产生多种生物活性物质，尤其是抗素，故海洋放线菌在海洋药物开发利用领域具有巨大潜力。

海洋真菌据估计有 6000 种以上，在海泥、海洋沉积物中容易找到，或常与海洋动、植物在一起，以寄生、腐生或共生方式而生长繁殖。已描述的海洋真菌种类较少，丝状高等海洋真菌约 450 种、海洋酵母菌类约 180 种、低等海洋藻状菌类约 70 种。海洋酵母菌在海滨、大洋及深海底质中都能分离到，但其数量较细菌少，在近岸水域中仅为细菌的 1%；低等海洋真菌可附生于浮游生物和动物体上，如链壶菌属、镰刀菌属等是引起海洋鱼类和无脊椎动物病害的重要致病菌；一些子囊菌类是经济海藻，如海带、蛙掌藻、海萝等的重要致病菌。

海洋环境中还存在着其他几类微生物，如黏细菌、古细菌、蓝细菌、病毒、（类）立克次体、（类）支原体及（类）衣原体等。

2. 海湾水域

海湾接受陆地不同来源的输入物，其温度、盐分、浑浊度、营养物和其他条件随地点、时间有很大幅度的波动，同外海海水相比较，海湾水在许多特征上是不稳定的，某些微生物本来就栖生于特定的海湾小生境，有些微生物则是暂时性的栖息。海湾水的微生物类群波动很大，它们来自家庭、工农业污水和大气，在富含生活污水和营养物丰富的区域内，主要的细菌有大肠埃希菌、粪链球菌和芽孢杆菌、变形杆菌、梭菌、球衣菌、贝日阿托菌、发硫菌、硫杆菌等细菌，甚至有肠道病毒存在。土壤中的细菌，如固氮菌、亚硝化单胞菌和硝化杆菌等也可能存在。海湾的各个区域还有大量的真菌（属于囊菌纲、藻状菌纲与半知菌纲的真菌）。海湾水域细菌分布在不同功能区有明显的差异，网箱养殖区细菌数量最多，牡蛎养殖区次之，而河口区、湾外区细菌数量较少；底泥的细菌数量也是养殖区的细菌数量多于河口区和湾外区。

3. 河口和近岸水域

河口和近岸的海洋微生物数量和种群受大陆径流、人类生产活动等的影响。影响该水域海洋微生物数量、种群、分布的因素有很多。例如潮汐和潮流的影响，涨潮后几小时，潮间带海水中的菌数自然就会减少，落潮时，将海底沉淀物翻起，菌数又骤然增多。一般在温度相等、水深相同的情况下，离海岸愈远，菌数越少；沙质底质比泥质底质微生物数量少。细菌数量和种类组成的变化与海水污染程度有密切关系，在近岸人类生活和生产活动频繁的海湾、河口和近岸区域，海水中的微生物变化较大，对海水养殖生产有一定的影响，反之超负荷的水产养殖也影响了近海海水的水质。在海水养殖发达的地区，养殖自身污染已成为近岸海域污染的重要来源。

4. 滩涂养殖水域

滩涂区域受大陆明显的影响，随着河流入海、人类活动以及海、气界面的交换，陆地土壤和淡水中大量的微生物被带入海水环境中。在滩涂贝类养殖环境中，异养细菌的菌群组成具有明显的陆源性特点，革兰氏阳性菌占有绝对的优势，芽孢杆菌属、梭状芽孢杆菌属、假单胞菌属、肠杆菌科的部分属、棒状杆菌属、发光杆菌属和黄杆菌属等是占优势的异养细菌菌群。如果肠杆菌科细菌大量出现，则表明滩涂养殖环境已受到严重的陆源性污染，可能存在病原性细菌。在滩涂生态系统中，细菌作为滩涂生态系统的分解者，可以将有机物降解为简单的无机物，维持滩涂生态系统的物质循环，其中芽孢杆菌属、梭状芽孢杆菌属和假单胞菌属对蛋白质和多糖类均具有很强的分解能力，是滩涂中分解代谢活力旺盛的菌群。滩涂细菌的数量与溶解有机物（COD）的含量密切相关，一定量的COD是维持细菌正常繁殖所必需的条件，但COD含量过高又会导致细菌大量繁殖，使滩涂生态系统失去平衡，进而导致滩涂养殖贝类的发病和死亡。

5. 虾（蟹）养殖池塘

在对虾养殖生产过程中，随水温的升高、虾个体的长大，投饵量不断增加，死亡的养殖生物和浮游生物残体、残饵及粪便等不断在底部沉积，造成底泥表面有机物积累，积累的有机物又在虾、底栖动物的活动及经常的水交换影响下再悬浮，为水底层细菌繁殖创造了极好的营养条件，使得水底层细菌密度增加并明显超过水表层。此外，浮游动物主要分布在中上层，表层水中的细菌会因被浮游动物摄食而数量相对减少。随着养殖时间的推移，底泥细菌数量逐渐增加。水环境处于经常变动中的虾池，细菌数量会有较大的波动而很难呈现明显的规律性。虾池细菌总数的波动与虾池水温、浮游生物、有机质及水体营养盐状况密切相关，是虾池物理、化学和生物因子综合作用的结果。

近年对虾高位池高密度养殖发展非常迅速，在对虾养殖业中占据重要位置。高位池养虾水经过沙滤，池内多数铺设地膜；养虾期间，高位池内部生物量高，渔药用品、残饵、生物代谢物等引起水质恶化、有机物沉积，池水理化和生物因子关系比自然水域更复杂，往往出现微生态环境易变和养殖系统难以调控的问题。在对虾高密度养殖池塘中，异养细菌是池塘环境中的主要分解者，能降解生物无法利用的有机物。在春夏季，随着养殖时间的延长，养殖水体异养细菌数量呈增加趋势。池塘底泥中细菌数量受控于底层水的温度、底泥中有机碳的浓度、底泥内部氧化还原条件及底栖动物的摄食作用，随着养殖时间的延长，细菌数量呈上升的趋势。鉴于养殖池塘环境有机物丰富和细菌的不稳定性，放苗前池底清淤和养殖过程使用芽孢杆菌等有益微生物对改善养殖环境具有重要意义。养殖水体和底泥中的细菌类群组成及数量分布不仅能够反映水质和底质的变化，也能够对底栖的对虾、锯缘青蟹疾病或死亡发生进行分析和预警。

6. 海水轮虫培养水中的细菌

轮虫是海水鱼类、蟹类人工育苗的重要生物饵料之一。在轮虫培养过程中，构成了轮虫、原生动物及细菌共存的复杂的微生物生态系统。在轮虫大量培养的水中，通常有10^6～10^8CFU/mL细菌存在，甚至超过10^8CFU/mL。细菌的浓度随着培养时间的延长而增加，在培养顺利的轮虫池水里，细菌浓度达到一定程度后就大致趋于稳定。由于细菌种类多，会因为环境和季节使池水中的菌群优势种发生变化，温度、盐度等理化因子的变动以及投饵过剩或过少时的生存负荷变动导致的生态平衡变化通常都会使抑制在低水平数量的细菌突然占优势，从而改变原来的细菌相。在海水轮虫培养水中占优势的细菌主要有假单胞杆菌属、弧菌属、不动杆菌属、黄杆菌属的细菌。轮虫培养环境中弧菌或不动杆菌或假单胞杆菌占优势的细菌相是培养轮虫成功的条件，溶藻弧菌及色素产生菌可能是导致轮虫培养不良的原因，但这些细菌相对轮虫生理活性的影响机制还不清楚。氨的硝化和还原作用所产生的杀死轮虫的毒物也是细菌作用产生的。在目前大量培养条件下，对细菌相的控制只能通过水温控制和投饵方面的调节；部分采收法培养并结合底部吸污可以在一定程度上维持原有的细菌相。在轮虫体内也含有较多的细菌，其体内细菌数为 $10^7 \sim 10^9$ CFU/mL。轮虫可能是病原菌的传播源，通过轮虫带入鱼类畜苗池的细菌容易导致细菌性疾病的发生。

三、浮游病毒

水体中存在与水产动、植物及人类健康有密切关系的病毒。水生动物病毒如杆状病毒、虹彩病毒、疱疹病毒、弹状病毒等；水生植物病毒包括烟草花叶病毒和脆裂病毒、马铃薯 Y 病毒和 X 病毒、番茄丛矮病毒等；水体中（尤其是生活污水）还存在着人类病毒类群，如脊髓灰质炎病毒、柯萨奇病毒、呼肠孤病毒、腺病毒、肝炎病毒和轮状病毒等。当病毒从宿主体内释放或通过其他途径汇入水体，就可能经水体媒介进一步传播开来。“浮游病毒”的概念于 1999 年提出，指的是悬浮在水体中的病毒粒子，包括噬菌体、噬藻体以及真核藻类病毒在内的多种病毒。

1. 浮游病毒的种类和分布

浮游病毒主要由噬菌体和藻病毒两大类组成。浮游病毒在水体中的多样性极其丰富，形态有球形、纺锤形、柠檬形、长尾蝌蚪、短尾蝌蚪等多形性。

（1）藻病毒　藻病毒是指感染真核藻类的病毒。迄今为止已发现藻病毒有 50 多种，归属于藻类 DNA 病毒科和藻类 RNA 病毒科；此外，还有一些未分类的藻病毒。藻类 DNA 病毒科为双链 DNA 病毒，有 6 个属：绿藻病毒属、寄生藻病毒属、金藻病毒属、针胞藻病毒属、褐藻病毒属和颗石藻病毒属，其中绿藻病毒属存在于淡水中，为感染淡水藻的病毒；其他 5 属藻病毒属于海洋藻病毒。

海洋浮游植物病毒研究较多的是 DNA 病毒，该病毒粒子大小为 90～220nm，双链 DNA，大部分无包膜、无尾部；主要寄生在褐胞藻、小球藻、赫胥利藻、金球藻、异弯藻、棕囊藻等藻类上。感染真核藻类细胞的 RNA 病毒有 3 种，即异弯藻 RNA 病毒、刚毛根管藻 RNA 病毒和寄生藻 RNA 病毒；感染异弯藻的 RNA 病毒粒子大小为 25nm，单链 DNA，无包膜、无尾部。

（2）噬菌体和噬藻体　噬菌体在浮游病毒中占主要部分，水体中的多数噬菌体属于肌尾病毒科、短尾病毒科和长尾病毒科。噬菌体中以原核生物蓝藻为宿主的噬菌体称为噬藻体，又称蓝藻病毒。噬藻体为双链 DNA 病毒，属于肌尾病毒科、短尾病毒科和长尾病毒科。宿主分别为组囊藻、聚球藻、鞘丝藻、席藻、织线藻等。

（3）浮游病毒的分布特点　水体生态系统中的浮游病毒极其丰富，浮游病毒的数量受水中异养细菌、浮游植物、营养盐、水温、季节、水深、摄食压力等多种因素的影响。夏季光照强、水温高、盐度适宜，异养细菌和浮游植物生长旺盛，病毒释放量多；冬季光照弱、水温低，异养细菌和浮游植物生长不够旺盛，病毒释放量少于夏季。浮游病毒一般在夏季或初秋达到最大，多数与水体中细菌丰度的季节变化趋势一致，夏季高于冬季。青岛近海海域浮游病毒丰度（VDC）调查表明，夏季病毒丰度是冬季的4.25倍，在淡水水体中也发现噬藻体多样性随季节不同发生改变。在河口、淡水湖及其他水域中发现病毒丰度与水体富营养化水平有关，武汉东湖富营养区病毒丰度最高，达9.74×10^8个/mL，中等营养区最低（7.68×10^8个/mL），超富营养区和富营养区的病毒丰度显著高于中等营养区的病毒丰度。在一些生产力旺盛的水体中发现浮游病毒丰度与水体深度有关，在近海或江河口处，水面病毒的含量比水下要高数倍。浮游藻类生物量是决定浮游病毒数量的主要因素。

2. 浮游病毒在水生生态系统中的作用

浮游病毒被普遍认为是水体微生物群落丰度最高的活性成分，比细菌丰度高5～25倍。浮游病毒通过对细胞的裂解作用可以将活体颗粒有机物转变为死体颗粒有机物和溶解态有机物，从而改变了水中碳循环的途径，对物质循环产生影响。大量研究表明，10%～50%的浮游细菌死亡率是由浮游病毒导致的，在营养丰富的水体中，浮游病毒引起的细菌死亡率会更高。许多赤潮藻种对病毒都很敏感，在形成赤潮消亡期的浮游植物细胞中就发现了病毒粒子，如金球藻、赤潮异弯藻、赫胥利藻、棕囊藻等。噬藻体对蓝藻的裂解作用对于减弱湖泊富营养化的蓝藻水华可能有一定的作用，浮游病毒的丰度会随着水华的暴发而显著增加（即病毒丰度的峰值往往出现在浮游藻类生物量峰值之后）；在形成赤潮消亡期的水体中存在大量的病毒粒子。由此学者推测，浮游病毒既是浮游藻类的重要致死因子，也是水华生物量的控制因子。

由于病毒具有宿主株的特异性，浮游病毒对宿主藻种的侵染裂解，可以使某藻种的其他亚种成为优势种，从而还可以实现种群的演替。浮游病毒通过裂解水生微生物群落中的优势种群调节水体中微生物的物种多样性、种群分布和群落结构，影响碳和营养物质的流动，进而影响生物地化循环和全球气候，因此，浮游病毒对水环境乃至整个生态系统都具有重要影响。

四、菌-藻关系

水生微生物之间、水生微生物与其他水生生物之间存在着复杂的相互关系，微型藻类和细菌是水生生态系统中调节各环境因子的最重要的微小生物，在水生生态环境中起着重要的作用。细菌在微藻的生长过程中起着非常重要的作用，细菌吸收藻类产生的有机营养物质，并为藻类的生长提供营养盐和生长因子，调节藻类的生长；细菌也可以直接和间接地抑制藻类的生长，甚至裂解藻细胞。藻-藻、藻-菌以及菌-菌之间可以通过分泌代谢产物、竞争营养等形式而互相影响，构成相互促进或单向促进、抑制或共生的关系。在水产养殖环境中，菌相和藻相的变动与水产养殖动物的生长和健康有着密切的关系，了解菌相与藻相的关系，对抑制有害微生物和不良藻类，培植有益菌群和藻群，维持养殖池水的微生态平衡以及生态调控防病具有生产指导意义。

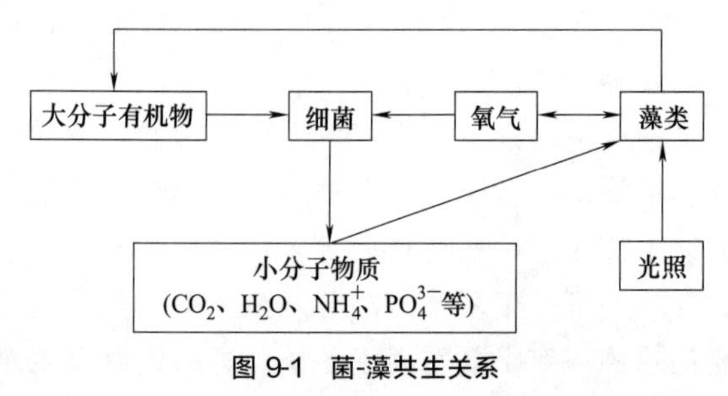

图9-1 菌-藻共生关系

1. 菌-藻共生关系

共生是指不同种生物之间的联合关系，细菌可合成微藻必需的生理活性物质（如维生素B_{12}），而微藻细胞的特殊代谢产物也可促进某些细菌的生长繁殖，细菌和微藻常构成菌-藻共生系统（图9-1）。例如冰河拟星杆藻赤潮发生期间，发现该海域细菌的优势种群为假单胞菌 022；室内研究发现，冰河拟星杆藻产生的胞外物质（主要是溶解态氨基酸）能对在星杆藻赤潮海域的假单胞菌菌株 022 形成专一性的吸引，而菌株 022 所分泌的一类糖蛋白也可以刺激冰河拟星杆藻的生长，两者之间形成了一种互利关系。中肋骨条藻培养液中即使添加了硝酸盐、磷酸盐、硅酸盐和微量元素，如果没有细菌存在，则明显生长不好。冰河拟星杆藻培养中有细菌存在就长得良好，否则就停止生长，甚至供给了有机生长因子也如此；具毒冈比甲藻的两个分离株在无菌条件下培养，藻细胞都不能增殖，对特定细菌的依赖使得某些藻类在处于无菌条件下不能正常生长，甚至无法存活。

2. 菌-藻拮抗关系

菌藻间还普遍存在着拮抗关系。拮抗又称偏害、他害或抗生，是指微生物与其他生物生活在一起时，微生物产生某种特殊的代谢产物或改变环境条件，从而抑制甚至杀死另一种生物的相互关系。拮抗的典型例子是某种微生物产生抗生素抑制或杀死敏感微生物。

（1）溶藻细菌　溶藻细菌是一类以直接或间接方式抑制藻类生长或裂解藻类、溶解藻细胞的细菌统称，已发现的溶藻细菌主要种属包括：黏细菌、噬胞菌属、纤维弧菌属、节杆菌、屈桡细菌属、蛭弧菌、杆菌、黄杆菌属、弧菌、腐生螺旋体属、假单胞菌、铜绿假单胞菌、鞘氨醇单胞菌属、交替单胞菌、交替假单胞菌等。这些细菌多为革兰氏阴性菌，作用对象有蓝藻、硅藻和甲藻等。

细菌溶藻的作用方式一般分为两种：直接溶藻和间接溶藻。直接溶藻即细菌直接进攻宿主，菌体与藻细胞直接接触，甚至侵入藻细胞内；间接溶藻即溶藻细菌同藻类在共存环境中进行竞争营养或是分泌某种代谢产物对藻类起到抑制或裂解作用。从深圳大鹏湾赤潮暴发海域表层海水及沉积物样品中分离的菌株 N3、N5、N10 和 N29 能使海洋原甲藻的藻细胞膨胀成椭圆球形而死亡。溶藻细菌 L7（蜡状芽孢杆菌）产生的溶藻活性物质能破坏水华鱼腥藻细胞的细胞壁，使其细胞质空化、基质外泄、核质四散，最终细胞收缩变形直至死亡。微生物在生活过程中分泌一些物质对其他微生物的生长繁殖起抑制作用，为低等生物种间斗争的一种形式，但细菌对藻类的抑制作用具有较强的种属特异性。研究发现，黄杆菌对长崎裸甲藻具有强烈的抑制和杀灭作用，而对卡盾藻、赤潮异弯藻和中肋骨条藻均无效。

“以菌抑藻”的做法在对虾养殖中得到了广泛的研究和应用，研究表明，在对虾养殖池内添加芽孢杆菌群对池塘菌群和藻群的变动有明显影响。施放有益芽孢杆菌群的池塘，异养细菌总数略低，弧菌数量维持在 10^3CFU/mL 以下，浮游微藻平稳增长，蓝藻占 20%以下。对照池异养细菌的总数略高，弧菌数量达到 10^4CFU/mL，浮游微藻数量波动，养殖后期蓝藻占 20%，为绝对优势种群，有益芽孢杆菌群对浮游蓝藻和弧菌的繁殖起抑制作用。近年来水生生态系统中微型藻类和微生物之间的关系越来越引起人们的重视，富营养水体中藻华突然消失的现象，不少学者认为与水体中的微生物有关。球形棕囊藻和蓝藻尤其是微囊藻分别是海洋和湖泊富营养化的主要类群，而水华的频繁暴发给人们的生活带来了极大的不良影响。近年来利用溶藻细菌、有效微生物菌群（EM 菌）等方法防治有害赤潮和水华已成为一个新的研究方向。微生物除藻能够去除藻类和氮、磷等污染物，健康环保、无二次污染，具有经济效益和生态效益，但微生物除藻技术还有待完善成熟。

（2）微藻抑菌作用　微藻能产生抑制细菌生长的抗生素类物质抑制或杀死细菌。水产育苗生产中常用的三角褐指藻、中肋骨条藻和四肩突四鞭藻被认为是抑制弧菌活性较好的藻类。有研究发现，四肩突四鞭藻的提取物能很好地抑制鱼类致病菌：嗜水气单胞菌、灭鲑气单胞菌、乳酸杆菌、液化沙雷菌、表皮葡萄球菌、鳗弧菌和鲁克耶尔森菌等；三角褐指藻、等鞭金藻的分泌物对鳗弧菌具有抑制作用。中肋骨条藻的脂溶性抽提物能抑制贝类和鱼类致病细菌，尤其是弧菌。我国在虾蟹类育苗池内接种、投喂微藻，培育健康种苗的生态育苗技术也早已得到了推广应用，例如将微拟球藻、金藻、五心形扁藻等多种浮游微藻混合，既能供幼体摄食，也能起抑制水中细菌及调节环境的作用。在育苗水体中，细菌数量会因蚤状幼体培育阶段接种微藻而减少。在对虾养成期间，水体中微藻的种类和数量与对虾的病害发生也有密切关系，虾池水色呈黄褐色，以硅藻类（如角毛藻）为优势种时，通常池塘中的对虾具有生长快、体色好、大小均匀、不易发病的特点，故有“养虾即养水”之说。袁峻峰等的研究也表明，中性柠檬酸菌的分泌物对银灰平裂藻、莱茵衣藻和铜绿微囊藻的生长具有抑制作用。与细菌对藻类抑制作用的特异性相同，微藻对细菌的抑制作用也往往具有特异性，如牟氏角毛藻培养液中能产生抑制副溶血弧菌和溶藻弧菌的物质，但抑制副溶血弧菌的效果好于溶藻弧菌；三角褐指藻、等鞭金藻、扁藻等微藻分泌物对哈维弧菌没有抑制作用。微藻的抑菌效果与生长状态有关，在微藻生长占优势时抑菌作用较明显，微藻衰败时则抑菌作用减弱，处于生长指数后期至静止期的微藻培育系统可强烈排斥弧菌。

五、水体自净作用

受污染的水体经过一段时间后，污染物浓度降低，受污染的水体部分地或完全地恢复原来状态，这种现象称为水体自净。广义的水体自净指的是在物理、化学和生物作用下受污染的水体逐渐自然净化、水质复原的过程；狭义的水体自净指的是水体中微生物氧化分解有机污染物而使水体净化的作用。水体自净可以发生在水中，如污染物在水中的稀释、扩散和水中生物化学分解等；也可以发生在水与大气界面，如气体的挥发；或可以发生在水与水底间的界面，如水中污染物的沉淀、底泥吸附和底质中污染物的分解等。水体自净是一个比较复杂的过程，影响自净能力的因素很多，它们之间相互联系。这些因素主要有：污染物质种类、水体的运动、水生生物和其他环境因素。水体自净主要有三种类型：物理净化、化学净化和生物净化。三种过程相互影响，同时发生或交错进行。

1. 水体物理净化

物理净化是由于水体的稀释、混合、扩散、沉积、冲刷、再悬浮等作用使污染物浓度降低的过程。例如在河口和内湾，污染物主要依靠潮流、潮汐、风向和风力等稀释扩散。物理净化只能降低污染物浓度，而不能减少水体中污染物质的总量。

2. 水体化学净化

化学净化是由于化学吸附、化学沉淀、氧化还原、水解等过程而使污染物浓度降低，往往伴随污染物的形态转变，例如，重金属离子可与阴离子或阳离子团发生化合反应，生成难溶性重金属盐类而沉淀，如硫化汞、硫化镉以及重金属硫酸盐和磷酸盐等。化学净化过程只是使污染物质存在的形态及浓度发生了变化，但总量不减。

3. 水体生物净化

微生物作为水生生态系统中不可缺少的分解者，在水体净化过程中起到了极为重要的作用。微生物能将水体中含碳有机污物分解成 CO_2、H_2S、CH_4 等气体，将含氮有机污物分

解成 NH_4^+、NO_2^-、NO_3^-、N 等简单的无机物为浮游植物生长繁殖所利用；有些微生物能转化重金属盐类，实现污染物的分解或降解。生物的捕食、同化等生化过程对污染物的转化、降解也极为重要，在水体自净过程中起间接作用。微生物在净化过程中自身大量繁殖而引起的暂时水体污染，最终可因水中有机物无机化而失去营养基质逐渐消亡，并在水生态恢复过程中，被高一级的生物群落吞食、去除，致使微生物数量下降，水体得以自净；水生生物能从水中吸收污染物，富集贮藏于体内，使水中污染物的浓度降低，从而使水体净化。

当水体受有机物污染时，异养菌大量繁殖，此时水中溶解氧和温度对细菌降解有机质有很大影响，尤其溶解氧是降解程度的决定因素。有氧条件下，微生物好气分解有机质，使其无机化，降解彻底，水质得到净化。如果有机物过多，氧气消耗量大于补充量，因缺氧，微生物厌气分解使有机物腐烂，将产生新的有机中间产物及有害气体，使水质变坏，发黑发臭。在以自身的有机污染影响为主的贝类养殖水域，随着养殖贝类摄食、排泄过程的不断出现，有机污染物不间断地向水体输送，此时水环境中微生物的分解能力高低就决定着海区水体的自净程度。近二十多年来，池塘养殖、网箱养殖、浅海筏式和滩涂养殖迅速发展，尤其是长期单一高密度地养殖某一品种产生的残饵和养殖动物排泄物污染大于水体的自净能力，加上工农业生活污水的污染，使得养殖水体及底质环境出现富营养化，产生赤潮和养殖动物发病率、死亡率增加等一系列问题，致使生态系统失调，这些问题的出现与水体养殖容量有关。养殖容量是指在特定的水域，单位水体养殖对象在不危害环境、保持生态系统相对稳定、保证经济效益最大，并且符合可持续发展要求条件下的最大产量。养殖容量的确定对于指导生产、实现水产养殖的可持续健康发展具有重要的意义。

项目二 水产生物体的微生物

一、水生生物共附生微生物

共附生是指两种或两种以上生物在空间上紧密地生活在一起。共附生包括共生和附生。共生生物之间关系亲密、稳定，持久地存于一体；而附生是指某种生物暂时地附着在另一生物体上。水生生物都可以作为微生物生活的自然基质，许多细菌、放线菌、真菌、病毒都能附生在水生生物体上。共附生的海洋微生物宿主主要有藻类植物（如红藻、绿藻、褐藻）、蓝细菌、海绵、珊瑚、海葵、尾索动物（即被囊动物）海鞘、苔藓动物、蠕虫、软体动物、甲壳动物、须腕动物、棘皮动物、虾蟹、鱼类等。共附生细菌主要有假单胞菌属、弧菌属、微球菌属、芽孢杆菌属、肠杆菌属和别单胞菌属的细菌；海洋细菌能够附着在几乎所有海洋植物体表上，形成特殊的微生物区系。海洋共附生放线菌主要有链霉菌属和小单胞菌属。海洋共附生真菌主要有枝顶孢霉属、链格孢属、曲霉属、小球腔菌属、青霉属和茎点霉属等。

养殖水体中的很多低等动物体表上也有细菌和真菌等微生物栖息，如桡足类及其卵囊表面通常携带有很多细菌。弧菌易于在甲壳动物表面附着，许多海洋弧菌能分泌甲壳质分解酶；养殖对虾的细菌性病害主要是弧菌病，可能与弧菌具有甲壳质分解酶，并易于附着在对虾甲壳表面有关，一旦对虾受到外伤或在甲壳质分解酶的作用下，弧菌即侵入对虾体内引起疾病。海洋中附着细菌与大型无脊椎动物附着有着密切关系。在海洋环境中，海洋细菌在物体表面的附着是其重要的生理特征之一，也是复杂的生物附着过程中的一个非常重要的步骤。在附着过程中，细菌首先黏附到浸入海水的物质表面并生长、繁殖，随后同附着的硅藻、真菌、原生动物以及有机碎屑和无机颗粒等形成一层微生物黏膜，然后开始肉眼可见的大型生物附着。有的细菌能促进海洋动物幼虫附着，如交替单胞菌、荧光假单胞菌能够增强藤壶幼虫的附着，其效果与使用的附着基种类有关。大多数种类的海洋细菌有利于无脊椎动物幼虫的附着，并作为幼虫的饵料。微生物黏膜对于无脊椎动物幼虫的附着变态具有重要意义。多种海洋细菌可以诱导多毛类动物幼虫的附着与变态，从细菌培养物中分离得到的L-多巴或其氧化产物能够诱导牡蛎幼体的附着与变态。海洋附着细菌的研究与水产养殖业的发展密切相关。

几乎所有大型海藻（如褐藻、红藻、绿藻、马尾藻等）的体表都附着有微生物，约有1/3的海洋真菌与藻类有关系，其中以子囊菌居多。目前已知有几十种子囊菌是海藻的寄生菌，其中寄生在褐藻和红藻藻体上的各有十几种，但寄生在绿藻上的仅有数种，这可能与大多数绿藻寿命较短有关；腐霉菌也是海藻的寄生真菌。大型海藻体表不但附着真菌，还存在大量的细菌。共附生微生物一方面促进宿主海藻对氮、磷等营养元素的吸收，同时可以产生抗生素、毒素、抗病毒等物质提高海藻的生存能力；另一方面，它们从海藻获得生长所需的营养物。藻类与环境微生物各取所需，协同发展，一旦平衡被破坏，菌群失控，致病菌暴发，就会造成藻类病害。一般来说，腐烂海藻上酵母菌的数量要高于活藻体上和海水中的数量，由于褐藻分泌的酚类物质能抑制海洋真菌的生长，因此在其上附着的酵母菌数量明显低于附着在红藻和绿藻藻体上的数量。健康条斑紫菜样品分离的外生菌中，假交替单胞菌占优势，而病烂紫菜则未分离到假交替单胞菌。假交替单胞菌属中的许多种类能产生胞外酶、胞外毒素、抗生素和胞外多糖、病毒活性物质等，因此在同多种海洋生物（如海绵、海洋鱼类、贝类、被囊动物以及许多海洋藻类）共生的过程中起到重要作用。

二、水生动物的肠道菌群

水生动物肠道菌群的均衡与水生动物肠道正常功能的发挥和健康密切相关，水生动物对消化道内食物的消化是通过自身消化腺和肠道细菌各自分泌的酶所共同进行的。研究和了解水生动物肠道菌群，对维持水生动物健康与正常生理功能、开发水生动物饲料和饲料添加剂，以及提高水产品产量和质量具有重要意义。同时，水生动物的一些疾病往往与肠道细菌密切相关，研究肠道细菌对这些疾病发生所起的作用和病原菌的入侵过程，有助于了解疾病的发生机制和探索防治途径。

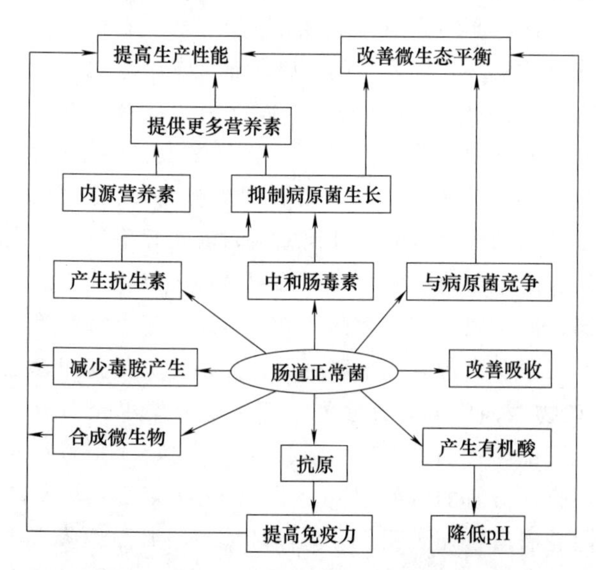

图 9-2 水产动物正常肠道菌群对肠道和健康的影响

1. 水生动物肠道菌群的作用

肠道正常菌群对养殖水生动物的生长发育过程有着极其重要的作用，水生动物肠道菌群起着促进消化吸收、维持健康、增强免疫能力等作用（图 9-2）。但是，肠道菌群的组成是复杂而变化的，不同的肠道菌群在肠道内的数量、分布位置及其所发挥的作用是不同的。在水生动物肠道菌群群落正常和均衡时，肠道菌与水生动物之间处于良性互利的状态，水生动物肠道维持着正常的生理功能。但是，如果肠道内外环境发生变化，肠道菌群结构的稳定就可能被破坏，影响水生动物肠道正常功能、降低水生动物体质和生长效率。一些“强势”的新进入的细菌甚至有可能得以异常增殖，导致疾病发生，被称为病原菌或条件致病菌。

2. 水生动物肠道菌的来源

水生动物肠道的微生物生态与外部水环境应是密切相关的。水生动物往往在水中产卵，水中的细菌能定居在卵表面，而且刚孵化幼体的消化道发育并不完全，其肠道、皮肤和鳃上没有微生物群落。水生动物肠道细菌起源于水生动物所处的水环境或摄食的饵料，水生动物在吞水和摄食时细菌会被带入肠道内，这些细菌进入肠道后，其生理生化特性有可能发生相应变化以适应肠道环境而后定居成为肠道细菌。根据细菌在宿主肠道上的定植能力和停留时间，消化道菌群可分为固定菌群和过路菌群，前者为占有消化道中特定区域的微生物，后者为不能在健康动物消化道内长期滋生的微生物，除非后者替换了固定菌群占有的特定区域。大多数水产动物肠道内细菌仅为“过路菌”，会随粪便再次排入水体。但是水生动物肠道结构有利于细菌的定植，而且肠腔内环境相对稳定且营养丰富，所以会有一定数量和种类的细菌是作为肠道“土著菌”而存在于其中。

3. 水生动物肠道常见的微生物菌群

不同水生动物、不同水域同一动物体中的微生物菌群组成有一定的差异，可能与其食物来源和组成及环境条件不同有关。有研究认为鱼类肠道菌群数量与组成因鱼的种类、栖息水域、是否摄饵和投饵时间、饵料状况和生理状况而改变。

许多种类的海水鱼的肠道优势内源性菌群是革兰氏阴性兼性厌氧菌，如不动杆菌属、交替单胞菌、气单胞菌属、黄杆菌属、嗜纤维菌、莫拉菌属、微球菌属、假单胞菌属和弧菌属等。酵母菌也常常可从海水鱼的肠道分离出，如从半滑舌鳎、带鱼、马面鲀、马鲛鱼消化道中分离到汉逊德巴利酵母、克鲁弗毕赤酵母和假丝酵母等。

淡水鱼的肠道优势内源性菌群主要种类是肠杆菌科的一些种类以及气单胞菌属、不动杆菌属、假单胞菌属、黄杆菌属、杆菌属、梭状芽孢杆菌属和梭杆菌属中的专性厌氧菌，也包括许多乳酸菌和酵母菌等。有研究表明，鲤鱼的肠道正常菌群是气单胞菌、大肠埃希菌、需氧芽孢杆菌、酵母菌、乳酸杆菌、双歧杆菌、拟杆菌和梭状芽孢杆菌。在鲤鱼肠道中，需氧、兼性厌氧优势菌是气单胞菌和酵母菌，厌氧优势菌是拟杆菌。侯进慧等从健康鲫鱼肠道分离出 62 株细菌菌株，其中 18 株为革兰氏阳性菌株、44 株为革兰氏阴性菌株。汉逊德巴利酵母、红酵母和假丝酵母是虹鳟肠道中的优势种类。不同种类的鱼，由于生活的环境和摄食特征各不相同，其肠道菌群构成也各异。

虾类消化道菌群组成与变化既与虾类自身的种类、发育时期以及健康状况等因素有关，也受到包括水环境的盐度、温度、氧气浓度、饵料和药物等因素的影响。假丝酵母、丝孢酵母、德巴利酵母和红酵母是凡纳滨对虾肠道的优势酵母菌属。只有适宜的细菌在适宜的条件下进入消化道内才能够增殖。在健康的对虾受精卵和无节幼体内没有检测到细菌，溞状幼体开始摄食后，体内才出现细菌，对虾体内的细菌主要由口而入，进而在体内定植繁衍。虾类消化道菌群组成及数量变化随个体的不同发育阶段而异。中国明对虾溞状幼体1～2期最易分离到的为假单胞菌和气单胞菌，没有分离到弧菌；溞状幼体3期假单胞菌、气单胞菌仍占优势，弧菌开始出现；从溞状幼体3期后至仔虾5～6期弧菌明显占优势；溶藻胶弧菌出现于溞状幼体3期至糠虾3期，且为优势菌，而哈维弧菌在糠虾3期至仔虾5期出现，取代溶藻胶弧菌成为优势菌。日本囊对虾幼虾中弧菌占优势，而成年虾则以假单胞菌占优势。无论是野生或是养殖的墨吉对虾，其健康虾的肠道优势菌都是弧菌属。研究人员从健康养殖的凡纳滨对虾肠道中分离出111株细菌，其中革兰氏阴性菌占95.5%，分别属于13个属（科），优势菌为发光杆菌属、弧菌属、气单胞菌属、肠杆菌科和黄单胞菌属等。从野生健康中国明对虾成虾肠道中分离出47株菌，分别隶属于8个属，其中弧菌属和发光杆菌属在整个肠道中为优势菌属，不动杆菌属和假单胞菌属为次优势菌属。虾类消化道中的优势菌种不尽相同，弧菌属、发光杆菌属、气单胞菌属、假单胞菌属等为虾类消化道中的常见优势菌。

养殖九孔鲍的消化道异养细菌有鞘氨醇单胞菌属、弧菌属、气单胞菌属、黄杆菌属、希瓦菌属、鞘氨醇杆菌属、假单胞菌属；在环境稳定的情况下，九孔鲍消化道中细菌菌群的平衡，一年四季的细菌总数在同一数量级，异养细菌总量的四季变化为$1.6\times10^7\sim5.4\times10^7$CFU/g（湿重），弧菌数量为$2.8\times10^5\sim3.8\times10^5$CFU/g。

海参肠道内栖居着多种酵母菌，大连海域刺参体中（肠道和呼吸树）分离到红酵母属、德巴利酵母属、假丝酵母属、梅奇酵母属、丝孢酵母属、有孢汉逊酵母属和毕赤酵母属的酵母菌，酵母菌有助于宿主更好地吸收营养。

4. 影响水生动物肠道细菌群落结构组成的因素

水生动物肠道菌群是动态变化的，只有适宜的微生物在适宜的条件下进入消化道才能够增殖。水生动物肠道细菌的定植、组成、数量与更替，与动物种类、发育时期以及健康状况等因素有关，也受到包括盐度、温度、溶解氧、饵料、药物、应激和养殖环境中的微生物等因素的影响。

（1）水中微生物 水体中的细菌对水生动物早期肠道细菌的形成起着决定性作用。海水鱼和淡水鱼肠道内的优势细菌分别与海水和淡水中的优势细菌相似。水生动物肠道中的微生物会随着水体中微生物的变换而很快发生变化，在双壳类动物中发现，肠道微生物组成和周围环境（水体和底泥）的微生物非常相似；日本囊对虾肠道的菌群组成和周围海水菌群组成相似。

（2）水温和盐度 水生动物通过吞水和摄食而使水进入肠道，因此环境水温、盐度等物理化学因素就会影响肠道内的环境，会直接影响肠道细菌的数量与组成。鲑科鱼由淡水进入海水再返回淡水的过程中，在淡水中的鱼类肠道菌群以气单胞菌和肠杆菌为主，而在海水中则以好盐性的弧菌为主。

（3）饵料 肠道菌群的营养主要依靠利用水生动物宿主肠道内的食物，所以饵料对肠道细菌有很大的影响，水生动物肠道中的微生物也会随着食物中微生物的变换而发生变化，在鱼的幼体和成体上已经证明了饲料对肠道菌群的影响（表9-2），日本鳗鲡不同发育阶段分别投喂红虫（水蚯蚓）、白仔饲料、黑仔饲料、幼鳗饲料和成鳗饲料，不论饱食或空腹，均以投喂红虫时期的肠道菌群数量为最高；而且饱食和空腹状态下肠道菌群数量也不同，日本鳗鲡在空腹状态下，其细菌数量为$10^3\sim10^7$CFU/g，饱食状态下为$10^4\sim10^8$CFU/g，在饱食状态的细菌数量一般比空腹状态时高10～100倍。

（4）药物 水产药物尤其是抗生素在水生动物的病害防治中起着重要作用，人们通常采用抗生素、化学合成药物等防治水产动物疾病，但长期大量使用抗生素不仅破坏水产动物肠

表 9-2　不同饵料种类对日本鳗鲡肠道菌群的影响

状态	饵（饲）料种类	对菌群的影响
饱食	红虫（水蚯蚓）	厌氧菌＞大肠菌群＞肠球菌
	白仔饲料	厌氧菌＞大肠埃希菌、肠球菌、芽孢杆菌（后三者数量相当）
	黑仔饲料 幼鳗饲料 成鳗饲料	厌氧菌＞芽孢杆菌＞大肠埃希菌
空腹		厌氧菌＞大肠菌群＞芽孢杆菌

注："＞"表示数量多少。

道正常菌群组成，造成肠道内微生态失调（菌群失调），导致对病原微生物的易感性以及细菌耐药性，而且会在体内残留，并造成整个水域生态环境的污染。大量应用抗生素会直接影响水生动物的肠道细菌组成。研究发现虹鳟口服土霉素、红霉素和青霉素后，肠道细菌数量发生了变化。诺氟沙星对革兰氏阴性菌有杀灭作用。鳖口服诺氟沙星 2.0mg/kg 和 20.0mg/kg 时，消化道中细菌数量明显减少；随着用药剂量的增大，优势菌群的比例发生变化，其中肠杆菌的比例升高，气单胞菌和弧菌则相应下降。一些中草药如穿心莲、板蓝根、大黄等也会影响草鱼肠道细菌的数量和组成。斑点叉尾鮰摄入地锦草后会对肠内优势菌群之一的气单胞菌属细菌产生负面影响，降低其在肠内的组成，但对另一优势菌群肠杆菌属细菌没有影响。

(5) 应激　水产养殖动物在遭受对其生长不利的环境胁迫或应激如食物匮乏、环境恶化、机械搬运等时，其体内正常益生菌群同样会受到干扰和影响。有研究发现，病毒感染会影响对虾肠道菌群的构成及菌数，在同一养殖池中，感染白斑综合征病毒（WSSV）的凡纳滨对虾的肠道细菌总数为 1.06×10^6CFU/尾，未感染的对虾为 1.78×10^5CFU/尾，感染者显著高于未感染者，两者的肠道菌群在细菌组成和数量上存在显著差异（图 9-3），表明对虾肠道菌群区系与机体的健康状态密切相关。

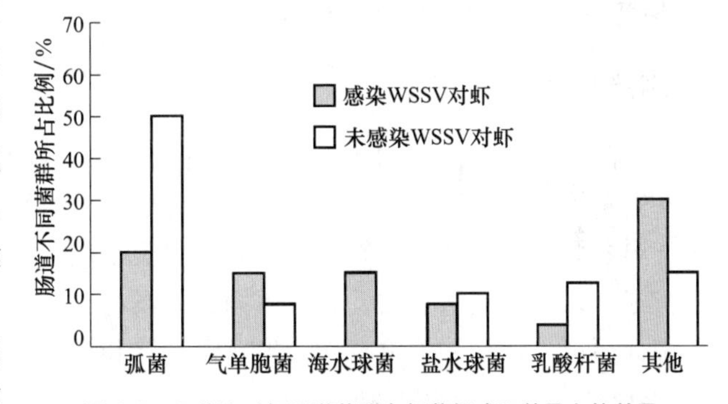

图 9-3　凡纳滨对虾肠道菌群在细菌组成和数量上的差异

(6) 微生态制剂　微生态制剂如芽孢杆菌添加到饲料中会改变原有肠道细菌群落结构，肠道内某些原有细菌数量的增加，可能也会抑制另一些种类细菌的增殖。于明超研究报道，投喂基础饲料的幼虾肠道的细菌种类多，分离鉴定出 11 个属的细菌，而饲料中添加中草药制剂和芽孢杆菌的幼虾肠道中细菌种类分离鉴定出 5～6 个属，饲料中添加中草药制剂和添加芽孢杆菌对凡纳滨对虾幼虾肠道菌群组成有一定的影响。潘雷等人研究发现，饲料中添加益生菌对大菱鲆幼鱼肠道中总菌数无显著影响，但显著降低了大菱鲆幼鱼肠道弧菌数；复合益生菌对大菱鲆幼鱼血细胞数、溶菌酶、血清蛋白浓度、血清酚氧化酶、血清超氧化物歧化酶和血清总抗氧化能力都有不同程度的提高，这也说明了饲料中添加益生菌可以提高大菱鲆非特异性免疫能力。

5. 鱼虾类肠道菌群检测方法

(1) 青石斑鱼肠道菌群分离　取新鲜青石斑鱼测量体长和体重后，用 75%酒精棉球擦拭鱼体表面进行消毒，再用灭菌生理盐水冲洗数遍，无菌操作解剖鱼体分离肠道，用灭菌棉线将肠道的前后两端结扎并剪下，测量肠道长度（cm）及质量（g）。

① 好气菌及兼性厌氧菌的分离　取鱼前肠、中肠及后肠各约 0.5cm，混合为样品，称重后按 1∶10（质量与体积之比）的比例加入灭菌生理盐水混合，用灭菌匀浆器研磨，研磨的样品为 10^{-1}，再用灭菌生理盐水对 10^{-1} 样品进行倍比稀释至 10^{-4}，各稀释度样品均置于摇床振荡器上振荡均匀。取 10^{-2}、10^{-3} 和 10^{-4} 3 个稀释度各 100μL 涂布营养琼脂平板，另做两个平行对照。取 10^{-1}、10^{-2} 和 10^{-3} 3 个稀释度各 100μL 分别涂布麦康凯琼脂平板、NAC 平板、TCBS 平板和锰营养盐琼脂，同样分别做两个平行对照。其中涂布锰营养盐琼脂平板的样品先在 60℃下处理 2h 后再涂布。涂布后的平板在洁净工作台上正放静置约 10min 后再将平板倒置于 28℃恒温培养箱中培养。

② 厌氧菌的分离　样品采集和处理的方法与上述相同，不同之处是所采样品用灭菌的还原性稀释液进行洗涤、研磨和稀释，稀释好的样品置于厌氧培养箱中，取 10^{-1}、10^{-2} 和 10^{-3} 3 个稀释度样品各 100μL 分别涂布脑心浸液琼脂、TPY、SL 琼脂平板，另分别做两个平行对照。涂布好的平板正放静置约 10min，然后将平板倒置于 28℃厌氧培养箱中培养。

好气菌及兼性厌氧菌培养 48h，厌氧菌培养 72h 后，取出培养平板，观察记录各平板上的菌落特征，并选择菌落生长疏密适当的稀释度的平板计数。对 3 次重复实验所得数据进行统计分析。

（2）对虾肠道菌群分离　采集对虾样品，表面用 75%酒精消毒，然后用无菌海水冲洗。在无菌操作下提取出整条肠道，置于事先称量过的已灭菌的玻璃匀浆器中，称重。加入少量无菌生理盐水（0.85% NaCl）进行匀浆，匀浆后定容至 1mL。以匀浆后的样品为原液进行 10 倍梯度稀释，分别涂布普通海水培养基 2216E。

三、水产品中的微生物

水产品是人类最重要的优质动物蛋白源之一，新鲜水产品肌肉中水分含量高、组织脆弱、天然免疫物质少、不饱和脂肪酸易氧化以及可溶性蛋白质含量高，因此比一般的动物肉组织更容易腐败。细菌生长繁殖是引起大多数水产食品腐败变质的主要原因，由于原料、加工、流通、贮藏等因素存在差异，不同产品具有其自身独有的菌相并逐渐发生变化，适应条件的细菌逐渐占据优势地位，并产生腐败臭味和异味的代谢产物。

1. 水产品的微生物来源及种类

目前一般认为，新捕获的健康水产动物，其组织内部和血液中常常是无菌的，但有大量细菌附在水产动物的体表黏液、鳃和消化道内，死亡的水产动物体上的细菌群体增长迅速，其增长速度主要受温度的影响，捕获后的水产动物，因与外界环境的接触而被污染，微生物种类就更多了。水产品体表、体内所附微生物种类和数量因季节、渔场、盐度、底质、动物种类的不同而有所差异。

清洁冷水海域的鱼比暖水海域的鱼含菌数稍低，一般为 10^{2}～10^{5}CFU/g，但在污染的暖水域捕获的鱼的细菌总数可达到 10^{7}CFU/g。未污染的冷水及温水海域捕获的鱼的菌相中，非发酵适冷和嗜冷革兰氏阴性菌占优势，主要有假单胞菌属、摩氏杆菌属、不动杆菌属、产碱杆菌属、希瓦菌属和黄杆菌属等细菌。温带水域中发酵型革兰氏阴性菌气单胞菌、弧菌也是常见水生菌和鱼类典型菌。淡水鱼类除上述细菌外，还有气单胞菌属和短杆菌属，其他如芽孢杆菌属、埃希菌属、棒状杆菌属和微球菌属等也有报道。

若水产品中出现副溶血性弧菌、霍乱弧菌、金黄色葡萄球菌、肠杆菌、沙门菌、肉毒梭菌、伤寒杆菌和肠病毒等不是动物体表、肌肉和肠道的正常居住者，则说明这些水产品是捕自污染水域或运输时以手接触或在市场被污染的。受陆地来源污水污染的海域养殖的水产动物形成了复杂的菌相，与自然海域水产动物的细菌群有很大不同，如在湾内养殖的、刚捕获大黄鱼菌群中，嗜水气单胞菌和肠细菌科的阴沟肠杆菌、弗氏柠檬酸杆菌占较大比例，而且细菌数比远洋和深海鱼高。

从海产鱼贝类中分离到的常见细菌大多属于以下几个主要的属（科）：假单胞菌属、产碱杆菌属、弧菌属、气单胞菌属、肠杆菌科、发光杆菌、莫拉菌属、不动杆菌属、黄色杆菌属、微球菌属、葡萄球菌属、棒状杆菌属、乳酸球菌、乳酸杆菌和芽孢杆菌属等。贝类体内的细菌菌相反映的是其生存环境的细菌组成，并受季节、饵料、渔获方式等多种因素的影响，同种但处于不同地域的贝类，其体内的细菌菌相是不同的，即使是同一地域的贝类，其细菌菌相也会因品种、季节、饵料等因素而有所差异。在洁净的海水中，牡蛎、扇贝等贝类一般是没有致病菌的，但浅海、滩涂贝类（尤其是滤食性双壳贝类）在生长过程中容易因养殖环境不良而被污染，滤食性双壳贝类常成为食源性致病微生物的主要传播载体，其中常见的食源性致病微生物有副溶血性弧菌、创伤弧菌、沙门菌、诺瓦克病毒、轮状病毒和甲型肝炎病毒等。水体中的细菌数与浅海滩涂贝类体内的细菌数呈现一定的相关性，水环境质量的优劣直接影响到滩涂贝类带菌状况。王国良从养殖泥螺体内分离出 217 株细菌，其中 88.5%是革兰氏阴性杆菌，优势菌属是肠杆菌科 61 株、气单胞菌属 58 株、弧菌属 27 株和假单胞菌属 21 株，泥螺体内需氧平板菌落数为 $7.3\times10^{5}\sim2.8\times10^{6}$CFU/g。

在适宜条件下致病菌可迅速增殖，如滩涂牡蛎退潮时大多干露，在太阳照射下软体部温度急剧上升，而使体内致病菌大量增殖；涨潮时牡蛎重新浸泡在海水里，此时致病菌在牡蛎滤食过程中排出体外，造成其他牡蛎污染。研究表明，在一个潮汐过程（退潮到涨潮）中牡蛎体内致病性副溶血弧菌浓度可增殖 16 倍。还有研究表明，牡蛎在 26℃ 条件放置 24h，其体内副溶血弧菌菌量增加 790 倍，市售牡蛎体内致病菌含量要远高于养殖场中的牡蛎。贝类中致病微生物主要累积富集在鳃组织和消化腺（包括肠胃和消化盲囊）。目前贝类中食源性致病菌的检测通常是先对预期目标致病菌进行增菌培养，然后对疑似致病菌进一步鉴定。但是在增菌处理过程中，一些生长缓慢的致病菌可能会被掩盖，甚至不能增殖，从而导致贝类携带致病菌种类漏检。

2. 水产品的 SSO 种类

水产品腐败主要表现在某些微生物生长和生成胺、硫化物、醇、醛、酮、有机酸等代谢产物，产生腐败臭味或异味。水产品腐败是一个复杂的过程，微生物是导致腐败的主要因素。水产品种类、栖息水域、捕获方式、季节、加工、包装和贮藏条件等的差异，使水产品中存在不同菌相。虽然水产品最初会受到多种微生物的污染，但在贮藏中只有部分细菌参与腐败过程。水产品中存在的微生物在某种贮藏条件下各有其适应能力，原本少数的腐败细菌由于适合生存和繁殖，随着贮藏时间的延长而成为优势菌种，最终导致微生物菌相发生变化。这种细菌就是该水产品的特定腐败菌（SSO）。在贮藏条件不变的情况下，每种水产品都有其固定的特定腐败菌。同类型产品中只有一种或几种微生物总是作为腐败菌出现。腐败希瓦菌是有名的冷藏鱼腐败菌，能将海水鱼所含有的鲜味物质氧化三甲胺（TMAO）还原成三甲胺（TMA），并产生 H_2S。

不同条件下水产品的SSO亦存在差异（表 9-3）。低温冷藏鱼类的主要腐败细菌有腐败希瓦菌、磷发光杆菌、热杀索菌、假单胞菌属、气单胞菌属和乳酸菌等。

表 9-3 几种水产品的特定腐败菌

水产品	保藏方法	特定腐败菌
养殖罗非鱼	冷藏，0℃、5℃、10℃、15℃	假单胞菌
	冷藏，0℃、5℃、10 ℃	假单胞菌
罗非鱼片	CO 发色	费氏柠檬酸杆菌
养殖大黄鱼	冰鲜冷藏，4℃、5d	假单胞菌
	冷藏，0℃、5℃	腐败希瓦菌
	淡腌，5℃	缺陷短波单胞菌
	4℃ ±1℃气调包装	磷发光杆菌
养殖大菱鲆	0~10℃	腐败希瓦菌
	0℃、25℃	假单胞菌属、腐败希瓦菌
太平洋牡蛎	冷藏，0℃、5℃、10℃	假单胞菌
养殖凡纳滨对虾	冷藏，4℃	假单胞菌、气单胞菌
养殖凡纳滨对虾	冰温（-1. 4℃ ±0. 1℃）	希瓦菌属、黄杆菌属、不动杆菌属

3. 水产品冷藏或保鲜过程中细菌菌相变化

水产品在贮藏过程中微生物对其品质的变化起着重要的作用，了解水产品在冷藏或保鲜过程中的细菌数量和菌相变化对研究水产品在贮藏过程中的品质变化及腐败作用十分必要。水产品菌相反映的是其生长环境的细菌组成，并受多种因素的影响。因此，水产品的初始菌相会因生长水域、品种、饵料、渔获季节及方式等的不同而有所差异。水产品捕获后的各种加工、冷藏、冷冻过程也会使其感官品质、细菌总数和细菌菌相发生变化。

贮藏温度对水产品携带的微生物生长有影响。南美白对虾属于温热带虾种，其自身携带的部分嗜温菌在冰温（－1.4～0℃）条件下会被抑制，故贮藏初期细菌总数有所下降，但从第 1 天开始细菌总数开始呈上升趋势，在第 3 天升至 1.03×10^5 CFU/g，达到一级鲜度细菌总数极限，第 4 天时细菌总数达到 1.75×10^6 CFU/g，到达货架期终点，表明已腐败不能食用。牡蛎肉在贮藏过程中，细菌总数呈增加的趋势，在 4℃贮藏条件下，第 6 天时细菌总数达到 10^7 CFU/g，而在冰温条件下细菌总数在第 12 天才达到 10^7 CFU/g。

水产品贮藏过程中微生物菌相的变化是由于水产品中残留的微生物在贮藏条件下具有不同的忍耐力，经过适应、生长，最后成为该条件下的优势菌群，即与水产品的初始菌相及初始菌相中各菌株在特定条件下不同的耐受性有关。在水产品有氧贮藏过程中，严格厌氧菌一般会死亡，而兼性厌氧菌在有氧条件下仍会生长，在有氧贮藏条件下引起太平洋牡蛎腐败的菌株大多是好氧菌或兼性厌氧菌。在微冻贮藏过程中，一些低温耐受性差的菌株不生长甚至死亡，引起细菌总数减少，而特定的低温菌仍然可以生长，因而造成细菌总数的增加。牡蛎在－3℃的微冻贮藏过程中，各个菌属的比例变化有很大差别，其中弧菌、希瓦菌、产碱杆菌、肠杆菌和芽孢杆菌在微冻贮藏过程中比例迅速减少，说明这几个属（科）的菌株对于－3℃的条件耐受性差；莫拉菌、不动杆菌、黄杆菌、棒状杆菌、葡萄球菌和微球菌在贮藏过程中比例有小幅度的波动，说明其具有一定的低温耐受性；假单胞菌在贮藏过程中比例不断增加，第 60 天时所占比例已经由最初的 22％增加到 54％（表 9-4），成为牡蛎微冻贮藏过程中的优势菌，这也说明假单胞菌是多种温带水域海产品低温贮藏的特定腐败菌。

表 9-4　牡蛎 -3℃微冻贮藏过程中细菌菌相变化情况

细菌种类	比例/%				
	0 天	微冻 5 天	微冻 15 天	微冻 30 天	微冻 60 天
假单胞菌	22	40	44	48	54
弧菌	20	2	—	—	—
希瓦菌	5	—	—	—	—
产碱杆菌	6	2	—	—	—
肠杆菌	5	—	—	—	—
莫拉菌	7	10	12	10	10
不动杆菌	2	2	4	4	4
黄杆菌	8	12	12	10	12
棒状杆菌	3	4	4	6	4
葡萄球菌	3	4	4	4	4
微球菌	7	8	8	6	4
乳酸菌	6	12	10	10	4
芽孢杆菌	2	—	—	—	—
无法识别的细菌	4	4	2	2	4

技能训练十五　水中细菌总数的测定

【技能目标】

会正确测定自来水、饮用水、水源水等水样中的细菌总数。

微课 27——平板计数法测水源水中的细菌总数

【训练器材】

(1) 仪器设备　恒温培养箱、干热灭菌箱、高压蒸汽灭菌锅、恒温水浴锅、天平、超净工作台、冰箱、电炉等。

(2) 培养基　平板计数琼脂培养基。

(3) 其他器材　培养皿（直径 9cm）、1mL 刻度吸管、精密 pH 试纸、采样瓶、酒精灯、锥形瓶、玻璃珠、放大镜或菌落计数器等。

【技能操作】

1. 采集水样

用事先准备好的无菌玻璃采样瓶采集所需的水样。自来水样的采集要注意水龙头采样前的无菌处理并添加硫代硫酸钠去除余氯。

2. 水样的检测

(1) 自来水细菌总数的测定　以无菌操作的方法用灭菌的刻度吸管吸取 1mL 水样，注入无菌培养皿中，倾注约 15mL 已熔化并冷却到 45℃左右的平板计数琼脂培养基，并立即旋摇培养皿，使水样与培养基充分混匀。同一水样接种两个平板，并用一灭菌培养皿只倾注平板计数琼脂培养基作空白对照。然后倒置在 36℃±1℃的恒温箱中培养 48h，进行菌落计数。

(2) 自然水域淡水水样细菌总数的测定　先将水样稀释成所需稀释倍数（操作参照技能训练六微生物数量的测定中的任务二平板菌落计数），然后用无菌刻度吸管吸取未稀释的水样和 3 个适宜稀释度的水样 1mL，分别注入灭菌培养皿中，倾注约 15mL 已熔化并冷却到 45℃左右的平板计数琼脂培养基，并立即旋摇培养皿，使水样与培养基充分混匀。同一水样接种两个平板，并用一灭菌培养皿只倾注平板计数琼脂培养基作空白对照。然后倒置在 36℃±1℃的恒温箱中培养 48h，进行菌落计数。

3. 菌落计数

平板菌落计数时，可用肉眼直接观察，必要时用放大镜检查，以防遗漏。一般选择每个平板上长有 30～300 个菌落的稀释度计算每毫升的含菌量较为合适。

① 先计算相同稀释度的平均菌落数。若其中一个培养皿有较大片状菌苔生长时，则不应采用，而应以无片状菌苔生长的培养皿作为该稀释度的平均菌落数。若片状菌苔的大小不到培养皿的一半，而其余的一半菌落分布又很均匀时，则可将此一半的菌落数乘 2 以代表全培养皿的菌落数，然后再计算该稀释度的平均菌落数。稀释度选择及菌落总数报告方式见表 9-5。

表 9-5　稀释度选择及菌落总数报告方式

例次	不同稀释度的平均菌落数			两个稀释度菌落数之比	菌落总数报告方式/（CFU/mL）
	10^{-1}	10^{-2}	10^{-3}		
1	1365	164	20	—	16000 或 1.6×10^{4}
2	2760	295	46	1.6	38000 或 3.8×10^{4}
3	2890	271	60	2.2	27000 或 2.7×10^{4}
4	无法计数	1650	513	—	510000 或 5.1×10^{5}
5	27	11	5	—	270 或 2.7×10^{2}
6	无法计数	305	12	—	31000 或 3.1×10^{4}

② 首先选择平均菌落数在 30～300CFU 之间的，当只有一个稀释度的平均菌落数符合此范围时，则以该平均菌落数乘其稀释倍数即为该样的细菌总数。

③ 若有两个稀释度的平均菌落数均在 30～300CFU 之间，则按两者菌落总数之比值来决定。若其比值小于 2，应采取两者的平均数；若大于 2，则取其中较小的菌落总数。

④ 若所有稀释度的平均菌落数均大于 300CFU，则应按稀释度最高的平均菌落数乘以稀释倍数。

⑤ 若所有稀释度的平均菌落数小于 30CFU，则应按稀释度最低的平均菌落数乘以稀释倍数。

⑥ 若所有稀释度的平均菌落数均不在 30～300CFU 之间，则以最接近 300CFU 或 30CFU 的平均菌落数乘以稀释倍数。

⑦ 若所有稀释度的平板上都无菌落生长，则以<1 乘以最低稀释倍数来报告。

⑧ 如果所有平板上都有菌落密布，不要用“多不可计”报告，而应在稀释度最大的平板上，两个平板都任意数其中 $1cm^2$ 中的菌落数，除 2 求出每平方厘米内平均菌落数，乘以皿底面积 $63.6cm^2$，再乘以稀释倍数作报告。

⑨ 菌落计数的报告：菌落数在 100CFU 以内时按实际有效数字报告，大于 100CFU 时，采用两位有效数字，在两位有效数字后面的数值，以四舍五入的方法计算，为了缩短数字后面的零数也可用 10 的指数来表示。

微课 28　菌落总数的计算方法

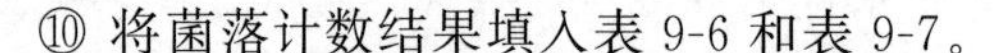

⑩ 将菌落计数结果填入表 9-6 和表 9-7。

表 9-6　自来水的细菌总数

平板	菌落数	自来水的细菌总数/（CFU/mL）
1		
2		

表 9-7　水样的细菌总数

稀释度						
平板	1	2	1	2	1	2
菌落数						
平均菌落数						
细菌总数/（CFU/mL）						

【知识卡片】　不同用途的水对细菌总数或大肠菌群数有不同的要求（表 9-8）。我国生活饮用水卫生标准（GB 5749—2022）规定，细菌总数不得超过 100CFU/mL。一般认为，含细菌 10～100CFU/mL 的水体为极清洁，含细菌 100～1000CFU/mL 的水体为清洁；含细菌 1000～10000CFU/mL 的水体为不太清洁；含细菌 10000～100000CFU/mL 的水体为不清洁；含细菌多于 100000CFU/mL 的水体为极不清洁。在《生活饮用水标准检验方法》（GB/T 5750—2023）中，菌落总数、总大肠菌群、耐热大肠菌群、大肠埃希菌是生活饮用水的微生物检测菌。

表 9-8　我国几类水对细菌数量的标准

标准名称及标准编号	项目	标准值
生活饮用水卫生标准 GB 5749—2022	菌落总数/（CFU/mL） 总大肠菌群/（MPN/100mL 或 CFU/100mL） 大肠埃希菌/（MPN/100mL 或 CFU/100mL）	≤100 不应检出 不应检出
无公害食品　淡水养殖用水水质 NY 5051—2001	总大肠菌群/（CFU/L）	≤5000
无公害食品　海水养殖用水水质 NY 5052—2001	大肠菌群/（CFU/L）	≤5000，供人生食的贝类养殖水质≤500
	粪大肠菌群/（CFU/L）	≤2000，供人生食的贝类养殖水质≤140

技能训练十六　海水中细菌总数的测定

【技能目标】

熟练掌握各种海水水样细菌总数测定的方法。

【训练器材】

(1) 仪器设备　恒温培养箱、干热灭菌箱、高压蒸汽灭菌锅、恒温水浴锅、天平、超净工作台、冰箱、电炉等。

(2) 培养基和试剂　2216E 培养基、16%氢氧化钠溶液、吐温溶液（1mL 吐温 80 溶于 2000mL 蒸馏水中）。

(3) 其他器材　培养皿（直径 9cm）、1mL 刻度吸管、试管、涂布棒、精密 pH 试纸、采样瓶、酒精灯、锥形瓶、放大镜或菌落计数器等。

【技能操作】

1. 采集水样

按照《海洋监测规范 第7部分：近海污染生态调查和生物监测》（GB 17378.7—2007）的要求，用已灭菌的玻璃广口瓶在选定的沿岸的海水采样点水下10cm处打开瓶盖，采集水样，水样在瓶内要留下2.5cm的空间，以备摇匀。采好的水样要盖紧瓶盖并编好瓶号。若使用调查船进行采样时，则需要使用采水器采样。

2. 水样的检测

根据水样的量，按100mL水样加1mL吐温溶液，充分摇匀。以无菌操作法吸取1mL水样注入盛有9mL灭菌陈海水的试管内混匀，并依同法依次连续稀释至所需的稀释度。取稀释好的水样0.1mL，滴入制好的2216E平板上，用灭菌的涂布棒将菌液涂抹均匀，平放20～30min，使菌液渗入培养基。依水样的含菌量选取2～3个稀释度接种，每个稀释度需要3个平行样。

将接种后的平板放入25℃恒温箱内培养7天。

3. 结果和报告

7天后取出计算平板菌落数，按照技能训练十五水中细菌总数的测定中的菌落计数方法进行计数，填入表9-9。

表9-9 海水中细菌总数平板计数记录表

<table>
<tr><td>海区</td><td></td><td>站号</td><td colspan="3"></td><td>水深/m</td><td></td><td>采样时间</td><td></td></tr>
<tr><td>水温/℃</td><td></td><td>潮汐/m</td><td colspan="3"></td><td>盐度</td><td></td><td>pH</td><td></td></tr>
<tr><td>样品号</td><td>水层/m</td><td>稀释度</td><td colspan="3">菌落数</td><td>平均值</td><td colspan="3">细菌总数/[CFU/mL(g)]</td></tr>
<tr><td rowspan="3"></td><td rowspan="3"></td><td></td><td></td><td></td><td></td><td></td><td rowspan="3" colspan="3"></td></tr>
<tr><td></td><td></td><td></td><td></td><td></td></tr>
<tr><td></td><td></td><td></td><td></td><td></td></tr>
</table>

技能训练十七　水中总大肠菌群数的检测

【技能目标】

（1）掌握多管发酵法测定水中总大肠菌群的技术。

（2）掌握水中总大肠菌群检测结果的报告方式。

【训练器材】

（1）仪器设备 高压蒸汽灭菌器、恒温培养箱、冰箱、显微镜。

（2）培养基 乳糖蛋白胨培养液（内有小套管）、伊红美蓝琼脂培养基。

（3）用品及试剂 载玻片、酒精灯、接种环、培养皿（直径9cm）、试管、刻度吸管、烧杯、锥形瓶、采样瓶、革兰氏染色液等。

【技能操作】

1. 采集水样

用事先准备好的无菌玻璃采样瓶采集所需的水样。自来水样的采集要注意水龙头采样前的无菌处理并添加硫代硫酸钠去除余氯。

2. 检测水样

本技能训练参照《生活饮用水标准检验方法》《海滨浴场环境监测技术规程》《海水增养殖区监测技术规程》《海洋生物质量监测技术规程》《海洋生态环境监测技术规程》等相关资料进行操作。

(1) 初发酵试验

① 检验已处理过的出厂自来水，可直接接种 5 份 10mL 双料乳糖蛋白胨培养液，每份接种 10mL 水样。

② 检验其他水源水时，取 10mL 水样接种到 10mL 双料乳糖蛋白胨培养液，接 5 管；再用 1mL 灭菌移液管，等量吸取 1mL 水样，分别加入 5 支各盛有 10mL 灭菌的乳糖蛋白胨培养液中；以无菌操作法吸取 1mL 水样注入盛有 9mL 灭菌生理盐水的试管内混匀得到稀释 10 倍的水样，再取一支 1mL 灭菌移液管，等量吸取 1mL 稀释 10 倍的水样，分别加入 5 支各盛有 10mL 灭菌的乳糖蛋白胨培养液中。

③ 将上述 15 支试管充分混匀后，放入 37℃恒温培养箱中培养 24h。如各发酵管都不产酸产气，则报告为大肠菌群阴性；如有产酸产气者则按下列步骤进行实验。

(2) 分离培养　将产酸产气的发酵管分别划线接种在伊红美蓝琼脂平板上，置 37℃恒温箱内培养 24h，然后取出，观察菌落形态，并做革兰氏染色。染色结果为革兰氏阴性、无芽孢的杆菌，则进行复发酵试验。

(3) 复发酵试验　在上述平板上，挑取革兰氏染色符合上述条件的菌落，接种乳糖蛋白胨培养液，置 37℃恒温箱内培养 24h，观察有产酸产气者，即可报告为大肠菌群阳性。

3. 结果与报告

根据复发酵试验为大肠菌群阳性的管数，查 MPN 表 9-10 、表 9-11，得到每 100mL (g) 大肠菌群最近似值数。将此数值乘以 10，则为每 1L 水样所含的总大肠菌群最近似值。并根据国家规定标准，评判所测水样的质量。

表 9-10　用 5 份 10mL 水样的大肠菌群最近似值（MPN）

5 个 10mL 管中阳性管数	MPN	5 个 10mL 管中阳性管数	MPN
0	0	3	9.2
1	2.2	4	16.0
2	5.1	5	> 16

表 9-11　用 5 管 10mL、5 管 1mL、5 管 0.1mL 时的 MPN

出现阳性份数			每 100mL 中总大肠菌群数的最近似值	出现阳性份数			每 100mL 中总大肠菌群数的最近似值
10mL×5管	1mL×5管	0.1mL×5管		10mL×5管	1mL×5管	0.1mL×5管	
0	0	0	< 2	0	1	0	2
0	0	1	2	0	1	1	4
0	0	2	4	0	1	2	6
0	0	3	5	0	1	3	7
0	0	4	7	0	1	4	9
0	0	5	9	0	1	5	11

续表

出现阳性份数			每100mL中总大肠菌群数的最近似值	出现阳性份数			每100mL中总大肠菌群数的最近似值
10mL×5管	1mL×5管	0.1mL×5管		10mL×5管	1mL×5管	0.1mL×5管	
0	2	0	4	1	3	0	8
0	2	1	6	1	3	1	10
0	2	2	7	1	3	2	12
0	2	3	9	1	3	3	15
0	2	4	11	1	3	4	17
0	2	5	13	1	3	5	19
0	3	0	6	1	4	0	11
0	3	1	7	1	4	1	13
0	3	2	9	1	4	2	15
0	3	3	11	1	4	3	17
0	3	4	13	1	4	4	19
0	3	5	15	1	4	5	22
0	4	0	8	1	5	0	13
0	4	1	9	1	5	1	15
0	4	2	11	1	5	2	17
0	4	3	13	1	5	3	19
0	4	4	15	1	5	4	22
0	4	5	17	1	5	5	24
0	5	0	9	2	0	0	5
0	5	1	11	2	0	1	7
0	5	2	13	2	0	2	9
0	5	3	15	2	0	3	12
0	5	4	17	2	0	4	14
0	5	5	19	2	0	5	16
1	0	0	2	2	1	0	7
1	0	1	4	2	1	1	9
1	0	2	6	2	1	2	12
1	0	3	8	2	1	3	14
1	0	4	10	2	1	4	17
1	0	5	12	2	1	5	19
1	1	0	4	2	2	0	9
1	1	1	6	2	2	1	12
1	1	2	8	2	2	2	14
1	1	3	10	2	2	3	17
1	1	4	12	2	2	4	19
1	1	5	14	2	2	5	22
1	2	0	6	2	3	0	12
1	2	1	8	2	3	1	14
1	2	2	10	2	3	2	17
1	2	3	12	2	3	3	20
1	2	4	15	2	3	4	22
1	2	5	17	2	3	5	25

续表

出现阳性份数			每100mL中总大肠菌群数的最近似值	出现阳性份数			每100mL中总大肠菌群数的最近似值
10mL×5管	1mL×5管	0.1mL×5管		10mL×5管	1mL×5管	0.1mL×5管	
2	4	0	15	3	5	0	25
2	4	1	17	3	5	1	29
2	4	2	20	3	5	2	32
2	4	3	23	3	5	3	37
2	4	4	25	3	5	4	41
2	4	5	28	3	5	5	45
2	5	0	17	4	0	0	13
2	5	1	20	4	0	1	17
2	5	2	23	4	0	2	21
2	5	3	26	4	0	3	25
2	5	4	29	4	0	4	30
2	5	5	32	4	0	5	36
3	0	0	8	4	1	0	17
3	0	1	11	4	1	1	21
3	0	2	13	4	1	2	26
3	0	3	16	4	1	3	31
3	0	4	20	4	1	4	36
3	0	5	23	4	1	5	42
3	1	0	11	4	2	0	22
3	1	1	14	4	2	1	26
3	1	2	17	4	2	2	32
3	1	3	20	4	2	3	38
3	1	4	23	4	2	4	44
3	1	5	27	4	2	5	50
3	2	0	14	4	3	0	27
3	2	1	17	4	3	1	33
3	2	2	20	4	3	2	39
3	2	3	24	4	3	3	45
3	2	4	27	4	3	4	52
3	2	5	31	4	3	5	59
3	3	0	17	4	4	0	34
3	3	1	21	4	4	1	40
3	3	2	24	4	4	2	47
3	3	3	28	4	4	3	54
3	3	4	32	4	4	4	62
3	3	5	36	4	4	5	69
3	4	0	21	4	5	0	41
3	4	1	24	4	5	1	48
3	4	2	28	4	5	2	56
3	4	3	32	4	5	3	64
3	4	4	36	4	5	4	72
3	4	5	40	4	5	5	81

续表

出现阳性份数			每100mL中总大肠菌群数的最近似值	出现阳性份数			每100mL中总大肠菌群数的最近似值
10mL×5管	1mL×5管	0.1mL×5管		10mL×5管	1mL×5管	0.1mL×5管	
5	0	0	23	5	3	0	79
5	0	1	31	5	3	1	110
5	0	2	43	5	3	2	140
5	0	3	58	5	3	3	180
5	0	4	76	5	3	4	210
5	0	5	95	5	3	5	250
5	1	0	33	5	4	0	130
5	1	1	46	5	4	1	170
5	1	2	63	5	4	2	220
5	1	3	84	5	4	3	280
5	1	4	110	5	4	4	350
5	1	5	130	5	4	5	430
5	2	0	49	5	5	0	240
5	2	1	70	5	5	1	350
5	2	2	94	5	5	2	540
5	2	3	120	5	5	3	920
5	2	4	150	5	5	4	1600
5	2	5	180	5	5	5	>1600

【知识卡片】

总大肠菌群是指一群在37℃培养24h能发酵乳糖、产酸产气、需氧和兼性厌氧、能在选择性培养基上产生典型菌落的革兰氏阴性无芽孢杆菌，主要包括埃希菌属、柠檬酸菌属、克雷伯菌属和肠杆菌属的细菌。水样中总大肠菌群数的含量表明水被粪便污染的程度，而且间接地表明有肠道致病菌存在的可能性，目前国内外普遍采用大肠菌群作为卫生检测检品受人、畜粪便污染的指示性微生物。大肠菌群数是指1L水中所含大肠菌群的数目，也即总大肠菌群数。GB/T 5750—2023《生活饮用水标准检验方法》对总大肠菌群及大肠埃希菌的检测方法有三种：乳糖多管发酵法、滤膜法、酶底物法，所有的检测方法原理都基于发酵乳糖（半乳糖）。

（1）多管发酵法　适用于各种样品，包括底泥、饮用水、水源水，特别是浑浊度较高的水中总大肠菌群的测定，适用范围比较广，但操作烦琐，工作量较大，有时需72h或更长时间才能得到结果。

（2）滤膜法　适用于饮用水和水源水等杂质较少的水样，特别是低浊度水样中总大肠菌群数的测定，不适于浑浊水样（易堵滤膜，异物也可能在滤膜上干扰菌种的生长）；适用于较大量水样的测定，如检验原水样量过少，可加适量无菌水稀释，使体积加大后再测定。滤膜法操作简单快捷，水样过滤后滤膜培养24h，即可计数滤膜上的大肠菌群菌落。

(3) 酶底物法　是利用大肠菌群细菌能产生β-半乳糖苷酶的特点，此酶可分解培养基上的ONPG（邻硝基苯-β-D-吡喃半乳糖苷）使培养基呈黄色，以此可检测水中总大肠菌群。该方法采用的Minimal Medium ONPG-MUG（MMO-MUG）培养基（美国IDEXX公司）为市售商品化制品。

技能训练十八　海水中粪大肠菌群数的检测

【技能目标】

（1）掌握多管发酵法测定水中粪大肠菌群的技术。

（2）掌握水中粪大肠菌群检测结果的报告方式。

【训练器材】

（1）仪器设备　高压蒸气灭菌器、恒温培养箱。

（2）培养基和试剂　乳糖蛋白胨培养液（内有小套管）、EC培养液、革兰氏染色液。

（3）其他器材　载玻片、酒精灯、接种环、培养皿（直径9cm）、试管、刻度吸管、烧杯、锥形瓶、采样瓶等。

【技能操作】

1. 采集水样

用事先准备好的无菌玻璃采样瓶采集所需的水样。根据水样的量，按100mL水样加1mL吐温溶液，充分摇匀。

2. 检测水样

本训练参照《生活饮用水标准检验方法》《海滨浴场环境监测技术规程》《海水增养殖区监测技术规程》《海洋生物质量监测技术规程》《海洋生态环境监测技术规程》等相关资料进行操作。

（1）初发酵试验　检验海水水样时，取10mL水样接种到10mL双料乳糖蛋白胨培养液，接5管；再用1mL灭菌移液管，等量吸取1mL水样，分别加入5支各盛有10mL灭菌的乳糖蛋白胨培养液；以无菌操作法吸取1mL水样注入盛有9mL灭菌陈海水的试管内混匀得到稀释10倍的水样，再取一支1mL灭菌移液管，等量吸取1mL稀释10倍的水样，分别加入5支各盛有10mL灭菌的乳糖蛋白胨培养液。

将上述15支试管充分混匀后，放入44℃恒温培养箱中培养24h。如各发酵管都不产酸产气，则报告为粪大肠菌群阴性；如有产酸产气者则按下列步骤进行实验。

（2）复发酵试验　经培养24h后，产酸产气及产酸不产气的初发酵管，用接种环接种到EC培养液，置44℃恒温箱内培养24h，观察有产气者，即可报告为粪大肠菌群阳性。

3. 结果与报告

根据复发酵试验中粪大肠菌群阳性的管数，查表9-12，得到每100mL（g）粪大肠菌群最近似值数。将此数值乘以10，则为每1L水样所含的粪大肠菌群最近似值。并根据国家规定标准，评判所测水样的质量。

表 9-12 用 5 管 10mL，5 管 1mL，5 管 0.1mL 时的 MPN

出现阳性份数			每 100mL 中粪大肠菌群数的最近似值	出现阳性份数			每 100mL 中粪大肠菌群数的最近似值
10mL×5 管	1mL×5 管	0.1mL×5 管		10mL×5 管	1mL×5 管	0.1mL×5 管	
0	0	0	< 2	1	2	0	6
0	0	1	2	1	2	1	8
0	0	2	4	1	2	2	10
0	0	3	5	1	2	3	12
0	0	4	7	1	2	4	15
0	0	5	9	1	2	5	17
0	1	0	2	1	3	0	8
0	1	1	4	1	3	1	10
0	1	2	6	1	3	2	12
0	1	3	7	1	3	3	15
0	1	4	9	1	3	4	17
0	1	5	11	1	3	5	19
0	2	0	4	1	4	0	11
0	2	1	6	1	4	1	13
0	2	2	7	1	4	2	15
0	2	3	9	1	4	3	17
0	2	4	11	1	4	4	19
0	2	5	13	1	4	5	22
0	3	0	6	1	5	0	13
0	3	1	7	1	5	1	15
0	3	2	9	1	5	2	17
0	3	3	11	1	5	3	19
0	3	4	13	1	5	4	22
0	3	5	15	1	5	5	24
0	4	0	8	2	0	0	5
0	4	1	9	2	0	1	7
0	4	2	11	2	0	2	9
0	4	3	13	2	0	3	12
0	4	4	15	2	0	4	14
0	4	5	17	2	0	5	16
0	5	0	9	2	1	0	7
0	5	1	11	2	1	1	9
0	5	2	13	2	1	2	12
0	5	3	15	2	1	3	14
0	5	4	17	2	1	4	17
0	5	5	19	2	1	5	19
1	0	0	2	2	2	0	9
1	0	1	4	2	2	1	12
1	0	2	6	2	2	2	14
1	0	3	8	2	2	3	17
1	0	4	10	2	2	4	19
1	0	5	12	2	2	5	22
1	1	0	4	2	3	0	12
1	1	1	6	2	3	1	14
1	1	2	8	2	3	2	17
1	1	3	10	2	3	3	20
1	1	4	12	2	3	4	22
1	1	5	14	2	3	5	25

续表

出现阳性份数			每100mL中粪大肠菌群数的最近似值	出现阳性份数			每100mL中粪大肠菌群数的最近似值
10mL×5管	1mL×5管	0.1mL×5管		10mL×5管	1mL×5管	0.1mL×5管	
2	4	0	15	4	0	0	13
2	4	1	17	4	0	1	17
2	4	2	20	4	0	2	21
2	4	3	23	4	0	3	25
2	4	4	25	4	0	4	30
2	4	5	28	4	0	5	36
2	5	0	17	4	1	0	17
2	5	1	20	4	1	1	21
2	5	2	23	4	1	2	26
2	5	3	26	4	1	3	31
2	5	4	29	4	1	4	36
2	5	5	32	4	1	5	42
3	0	0	8	4	2	0	22
3	0	1	11	4	2	1	26
3	0	2	13	4	2	2	32
3	0	3	16	4	2	3	38
3	0	4	20	4	2	4	44
3	0	5	23	4	2	5	50
3	1	0	11	4	3	0	27
3	1	1	14	4	3	1	33
3	1	2	17	4	3	2	39
3	1	3	20	4	3	3	45
3	1	4	23	4	3	4	52
3	1	5	27	4	3	5	59
3	2	0	14	4	4	0	34
3	2	1	17	4	4	1	40
3	2	2	20	4	4	2	47
3	2	3	24	4	4	3	54
3	2	4	27	4	4	4	62
3	2	5	31	4	4	5	69
3	3	0	17	4	5	0	41
3	3	1	21	4	5	1	48
3	3	2	24	4	5	2	56
3	3	3	28	4	5	3	64
3	3	4	32	4	5	4	72
3	3	5	36	4	5	5	81
3	4	0	21	5	0	0	23
3	4	1	24	5	0	1	31
3	4	2	28	5	0	2	43
3	4	3	32	5	0	3	58
3	4	4	36	5	0	4	76
3	4	5	40	5	0	5	95
3	5	0	25	5	1	0	33
3	5	1	29	5	1	1	46
3	5	2	32	5	1	2	63
3	5	3	37	5	1	3	84
3	5	4	41	5	1	4	110
3	5	5	45	5	1	5	130

续表

出现阳性份数			每100mL中粪大肠菌群数的最近似值	出现阳性份数			每100mL中粪大肠菌群数的最近似值
10mL×5管	1mL×5管	0.1mL×5管		10mL×5管	1mL×5管	0.1mL×5管	
5	2	0	49	5	4	0	130
5	2	1	70	5	4	1	170
5	2	2	94	5	4	2	220
5	2	3	120	5	4	3	280
5	2	4	150	5	4	4	350
5	2	5	180	5	4	5	430
5	3	0	79	5	5	0	240
5	3	1	110	5	5	1	350
5	3	2	140	5	5	2	540
5	3	3	180	5	5	3	920
5	3	4	210	5	5	4	1600
5	3	5	250	5	5	5	>1600

【知识卡片】

粪大肠菌群是指一群在44℃培养24h能发酵乳糖、产酸产气、需氧和兼性厌氧、能在选择性培养基上产生典型菌落的革兰氏阴性无芽孢杆菌。水样中粪大肠菌群数的含量表明水被粪便污染的程度，而且间接地表明有肠道致病菌存在的可能性，目前国内外普遍采用粪大肠菌群作为卫生检测检品受人、畜粪便污染的指示性微生物。

技能训练十九　水产品或水中弧菌的分离与检测

【技能目标】

掌握应用鉴别培养基进行水产品或水中弧菌分离与检测的方法。

微课29——虾塘水样弧菌总数的检测

【训练器材】

（1）仪器设备　恒温培养箱、干热灭菌箱、高压蒸汽灭菌锅、天平、超净工作台、冰箱、电炉、无菌均质器等。

（2）培养基　TCBS平板培养基。

（3）其他器材　待检样品、接种环、解剖刀、剪刀、镊子、滴管、纱布、白瓷盘、酒精棉球、灭菌试管、锥形瓶、玻璃珠、移液管、酒精灯、记号笔、培养皿（直径9cm）、放大镜或菌落计数器等。

【技能操作】

1. 样品采集、接收

水产品的微生物卫生质量是通过对检样的微生物学检验来评价的，采样十分重要，稍有不慎必将引起严重后果。现场采集样品应及时送检，若现场离实验室较远，则所采集的样品须采用适当的保存液和保存条件（如保温、冷藏、厌氧或接种入培养基），以避免样品腐败变质。样品送达实验室时，检查样品标记是否与样品相符，样品包装状况是否正常。样品一般需保存在0～4℃的环境中，冷冻品应保持在冷冻状态直到检验为止。冻结样品化冻时，须放置于细菌生长温度之下以免使细菌繁殖。冻藏的样品应尽快放在冷藏温度下解冻（亦可放在适宜温度，如37℃、15min使其解冻），但须低温以防止病原菌死亡。收到样品后，必须及时进行检验操作。

2. 待测样品制备

① 水样可直接用无菌采样瓶进行采样。测水样时直接取100mL以上的水样即可。

② 将待检的水产样品的表面进行冲洗和消毒后，用灭菌的解剖器械切取所需的检样部分（鱼类取背肌和腹肌各25g混合；贝类随机取200g；虾类取200g；藻类取25g；沉积物取25g）。

将上述固体检样取25g，装入无菌均质袋中，再加入225mL灭菌生理盐水用无菌均质器匀浆后制成待测水样。

3. 稀释与接种

以无菌操作吸取1mL待测水样注入盛有9mL灭菌陈海水的试管内混合，并依次进行稀释，将达到所需稀释度的水样各取1mL滴入灭菌的培养皿中，立即倒入冷却至45℃的TCBS培养基，摇匀使培养基与样品混合均匀。

4. 培养

将凝固的平板放入28℃的恒温培养箱中培养18～20h。

5. 菌落计数

培养后的平板取出，计算每个平板出现的绿色、蓝绿色和黄色菌落的总数量，按技能训练六微生物数量的测定中的平板菌落计数的菌落计数方法计算，即为样品中各种弧菌的总数量。

6. 结果与讨论

将测定结果填入表9-13，根据国家规定标准，评判所测水产品和水样的质量。

表9-13　水产样品弧菌总数计数结果的记录

样品种类	稀释度	菌落数		平均菌落数	弧菌总数/[CFU/mL(g)]

【知识卡片】　本技能训练参照《水生动物产地检疫采样技术规范》（SC/T 7103—2008）、《水生动物检疫实验技术规范》（SC/T 7014—2006）、《中国商务部出口商品技术指南（水海产品）》等相关资料进行检测。

中华人民共和国商务部，出口商品技术指南：贝类和养殖虾（2012版）——出口养殖虾安全技术指标见表9-14和表9-15；水海产品——出口鱼类产品安全指标技术指南见表9-16。

表9-14　出口欧盟养殖虾安全卫生指标

项目	指标	项目	指标
细菌总数/(CFU/g)	生：≤5×10^5(30℃)	霍乱弧菌	不得检出
大肠菌群/(MPN/100g)	≤1000	溶藻弧菌	不得检出
沙门菌/(CFU/25g)	不得检出	创伤弧菌	不得检出
金黄色葡萄球菌/(CFU/g)	100	副溶血性弧菌	不得检出
单胞增生李斯特菌	不得检出		

表 9-15 出口欧盟贝类安全卫生指标

项目	指标
粪大肠菌群/（MPN / 100g）	≤300
大肠埃希菌/（MPN / 100g）	≤230
沙门菌/（CFU/25g）	不得检出

表 9-16 出口欧盟鱼类安全卫生指标

项目	指标
大肠菌群/（CFU/g）	≤10
沙门菌/（CFU/25g）	不得检出
霍乱弧菌 （5~10 月份检测）	不得检出
金黄色葡萄球菌/（CFU/g）	≤100
副溶血性弧菌/（CFU/g）	不得检出
单胞增生李斯特菌	不得检出
溶藻弧菌	不得检出
创伤弧菌	不得检出

【复习思考题】

1. 自然水域和养殖水体中微生物的种类、分布和变化受哪些因素影响？
2. 什么叫大肠菌群？检测大肠菌群有何意义？简述其检测方法。
3. 什么是水产品的特定腐败菌？水产品特定腐败菌与什么因素有关？
4. 为什么水产品在保鲜或冷藏过程中菌相会发生变化？
5. 水样检测时为什么要设空白对照？若空白对照长菌说明了什么？
6. 若计数的平板上有片状菌苔生长，应如何报告菌落数？

模块十　微生物在水产养殖与水处理中的应用

知识目标：

掌握微生态制剂在养殖水质调控方面的作用原理，了解其应用情况；了解微生物在水产饲料行业的应用情况；掌握微生物在废水处理、循环水养殖系统中的作用原理，了解其应用情况。

能力目标：

初步掌握实验室或水族箱循环水系统中生物滤池（膜）的培养和管理技术；初步掌握水产养殖常用微生态制剂的简易培养技术。

素质目标：

培养吃苦耐劳和团队协作的精神；培养绿色渔业的可持续发展理念；培养生态环境保护意识。

项目一　微生物在水产养殖中的应用

一、微生态制剂及其在水产养殖中的应用

随着水产养殖业的迅猛发展和集约化养殖模式的不断提高，在养殖过程中因残存饵料的腐烂、生物代谢物及生物残体的沉积、有害藻类及病菌的大量繁殖以及养殖废水的任意排放，导致养殖水环境和生态环境恶化，直接危害到养殖产品的健康和产品的质量。微生态制剂能降低水体的有机污染，净化水体，抑制、杀死病原微生物，并可作为饵料添加剂补充营养成分，改善水产养殖动物消化道的有益菌群，达到生态防病的目的。当前微生态制剂在水产养殖生产中备受关注。微生态制剂亦称益生菌，是从天然环境中通过采样、富集、分离、筛选等工艺，得到一种或几种有益微生物，再经过纯化培养而制成单一或复合的有益微生物菌群，并采用不同的载体和生产工艺，制成水剂、粉剂、片剂等形态的活菌产品。目前常用的水产微生态制剂产品有饲料微生态添加剂和水质微生态改良剂。按菌种不同分为：芽孢杆菌制剂、乳酸菌制剂、酵母菌制剂、光合细菌菌剂、EM 菌制剂等；按菌种组成分为：单一制剂和复合制剂；按物理性状分为：液体剂型、固体剂型和半固体剂型等。

1. 微生态制剂的常用菌种

理想的微生态制剂菌株应具有以下几个特征：①无病原性、无毒、无副作用，对宿主无害，不与病原微生物杂交；②对强酸和胆汁酸有耐受性，能在动物消化道内存活并增殖，有较强的竞争优势；③发酵过程中产生抑菌物质及乳酸、过氧化氢等代谢产物；④混合在饲料中或投放在水体中仍能存活较长的时间；⑤易于工业化生产，加工后仍有高的存活率，产品

在室温下稳定性好。以下介绍几种目前常用的微生态制剂菌种。

视频 8——乳酸菌的应用

(1) 乳酸菌 乳酸菌（LAB）是一类能发酵碳水化合物（主要指葡萄糖）产生大量乳酸的细菌的统称。目前已发现这一类菌在细菌分类学上至少包括 18 个属：乳杆菌属和双歧杆菌属、链球菌属、明串珠球菌属、乳球菌属和芽孢乳杆菌属等。乳酸菌种类繁多，大多数厌氧或兼性厌氧，生长在有机营养物丰富的酸性环境中，在 pH 3.0～4.5 的酸性条件下仍能生存，在发酵生产（青贮饲料、泡菜和酸乳）培养物和动物消化道中含量较高。能够分解碳水化合物，主要代谢产物为乳酸，可增加肠道酸度，从而抑制肠道不耐酸的厌氧病原菌繁殖。乳酸菌能产生氨基氧化酶和分解硫化物的酶类，可将吲哚化合物完全氧化成无毒害、无臭、无污染的物质，还可合成短链脂肪酸和 B 族维生素；能中和毒性产物，抑制氨和胺的合成，增强水产动物免疫力。

(2) 光合细菌 光合细菌（PSB），广泛分布于土壤、水域等自然环境中，是一类能进行光合作用的原核生物的总称，具有光合色素，可在厌氧、光照条件下进行光合作用，但不产生氧气。其分 4 个科，即红色非硫黄细菌、红色硫黄细菌、绿色硫黄细菌和滑行丝状绿色硫黄细菌；已知 22 属，61 种。光合细菌在生长繁殖过程中能利用有机酸、氨、硫化氢、烷烃以及小分子有机物作为碳源和氢供体进行光合作用，同时降解和清除氨氮、硫化氢和有机酸等有害物质，防止水体富营养化，平衡水体的酸碱度，改善水产动物的生长环境，但对大分子有机物如残饵、排泄物、浮游生物的残体等无法分解利用。光合细菌富含蛋白质、维生素等，营养价值高，可作为饵料添加剂，在防治水产动物疾病、促进生长等方面具有很好的效果。此外，光合细菌对调控富营养化水体中浮游植物的数量也有一定的作用，如沼泽红假单胞菌和球形红细菌以及两者的混合物，对铜绿微囊藻产生显著的生长抑制作用，这两种光合细菌的混合培养物对铜绿微囊藻抑藻作用最强，培养 5 天时，铜绿微囊藻生物量降低率达 58.9％。

(3) 酵母菌 目前水产微生态制剂中常用的酵母菌是从鱼的体表分离出来的。酵母菌能有效地改善水产动物消化道内环境和菌群的结构，加强对饵料营养物质的分解和吸收，提高饵料的利用率。同时参与对病原微生物菌群的生存性竞争，有效地抑制病原微生物的繁殖。酵母菌含有较高的蛋白质、维生素，被广泛用于水产饲料添加剂。酵母菌也有用于调节水质，酵母菌在有氧和缺氧的条件下都能有效分解溶于池水中的糖类，改善养殖池水质。

(4) 硝化细菌 硝化细菌是一类广泛存在于自然界的好氧性微生物，硝化细菌分为亚硝酸菌和硝酸菌两大类群，能在有氧的水中生长，参与氮的各种形态的转化。硝化细菌为自养型细菌，是能利用氨或亚硝酸盐作为主要能源、利用二氧化碳作为主要碳源的一类细菌。在 pH 值、温度较高的情况下，养殖水体中的分子态氨和亚硝酸盐对水产动物的毒性较强；亚硝酸菌和硝酸菌能将水中有毒的氨氮转化成亚硝酸盐，进而转化成毒性低的硝酸盐，从而达到净化水质的作用（图 10-1）。

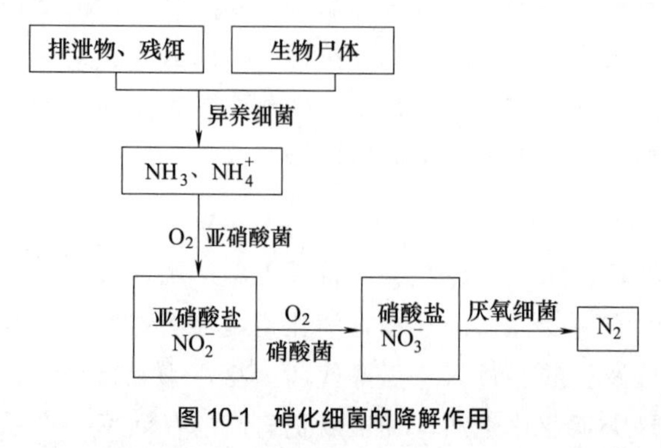

图 10-1 硝化细菌的降解作用

(5) 反硝化细菌 反硝化细菌是指一类能将硝酸态氮（NO_3-N）还原为气态氮（N_2）的细菌群，已知有 50 属以上的微生物能够进行反硝化作用。反硝化细菌为兼性厌氧菌，也有发现细菌好氧反硝化现象，如产碱菌属、副球菌属、假单胞菌属和红球菌属都存在好氧反硝化现象。反硝化作用分4步进行，即：$NO_3^- \longrightarrow NO_2^- \longrightarrow NO \longrightarrow N_2O \longrightarrow N_2$。反硝化细菌主要存在于养殖池底的污泥中，在池底层溶解氧低于0.5mg/L、pH8～9条件下，反硝化细菌能利用池底淤泥中有机物作为碳源，将池底淤泥中的硝酸盐转为无害的氮气排入大气中。反硝化过程消耗了大量的底层发酵产物和沉积于底层的有机物，使底层污泥中的有机物和硝酸盐的含量减少，故可有效预防水质剧变对水产养殖动物的不良影响。

视频9——芽孢杆菌的应用

(6) 芽孢杆菌　芽孢杆菌广泛存在于土壤、水体、植物表面以及其他自然环境中，以芽孢杆菌属菌类为主导菌的微生物制剂，兼有需氧与厌氧代谢机制的特性。有些芽孢杆菌可直接利用硝酸盐和亚硝酸盐，降解养殖池的有机物，减少有机物沉积；有些能分泌多种酶类和抗生素而抑制其他病原微生物的生长；有些芽孢杆菌能在鱼虾肠道内、体表上定植并繁殖，形成优势菌群，抑制致病菌繁殖。目前主要应用的有芽孢杆菌、蜡样芽孢杆菌、枯草芽孢杆菌等，一般使用的多为休眠态的活菌剂，直接泼洒使用。

(7) EM菌　EM是英文effective microorganisms（有效微生物群）的缩写，由日本琉球大学比嘉照夫教授等人经多年研究于20世纪80年代初期发现。EM菌是采用适当的比例和独特的发酵工艺将筛选出来的有益微生物混合培养，形成复合微生物群落，是以光合细菌、放线菌、酵母菌、乳酸菌以及固氮菌等5科10属80余种微生物复合培养而成的一种新型微生物活菌剂。EM菌中的有益微生物经固氮、光合等一系列分解、合成作用，使水中的有机物质形成各种营养元素，供自身及饵料生物的生长繁殖，同时增加水中的溶解氧，降低氨、硫化氢等有毒物质的含量，达到净化水质的目的。

2. 微生态制剂在养殖水质调控中的应用

水质微生态改良剂，用以改良养殖环境的底质或水质，主要有光合细菌、芽孢杆菌、硝化细菌、反硝化细菌、EM菌等，在水产养殖生产中已有很多成功的例子（表10-1），例如复合微生物制剂在凡纳滨对虾（俗称南美白对虾）的养殖过程中，对改善水质、降低水体中的NO_2-N、NH_4-N及COD的含量有着明显的作用。

表10-1　微生态制剂在水产养殖中的应用及效果

养殖应用对象	应用菌种	应用效果
暗纹东方鲀池塘养殖	球形红假单胞菌10^9CFU/mL	光合细菌5mL/m^3有效提高暗纹东方鲀的成活率，有一定的促生长作用
漠斑牙鲆人工育苗	复合微生态制剂：枯草芽孢杆菌、解淀粉芽孢杆菌、地衣芽孢杆菌、施氏假单胞菌、脱氮假单胞菌和沼泽红假单胞菌	初孵仔鱼密度1×10^4尾/m^3的条件下,添加微生态制剂，育苗池中的仔稚鱼成活率高于对照组5%～10%,降低育苗用水量30%～40%
锦鲤幼鱼养殖	EM发酵液	投饵前将EM发酵液均匀喷于饵料上，晾干后投喂。比较对照组，投喂组平均日增长和平均日增重分别提高22.55%和43.25%
褶皱臂尾轮虫培养	光合细菌、沼泽红假单胞菌、荚膜红假单胞菌和胶质红假单胞菌	在小球藻液中添加光合细菌，可提高轮虫增殖率
中华绒螯蟹育苗	复合微生态制剂：亚硝酸单孢菌、硝化细菌、硫化细菌、甲烷氧化菌	活菌密度2×10^8CFU/m^3，能明显降低铵态氮、亚硝态氮，抑制异养菌增长，提高各期幼体变态率

续表

养殖应用对象	应用菌种	应用效果
凡纳滨对虾育苗	复合微生态制剂（含菌量 1×10^9CFU/mL）：芽孢杆菌、乳酸杆菌、双歧杆菌、酵母菌	有益菌在水体中的含量为 10^3～10^5CFU/mL；添加组成活率为 55.7%，虾苗整齐、活力好；添加药物组和对照组成活率分别为 30.5%、15.5%
海参育苗与养成	海洋胶红酵母 1～10mL/（m^3·日）（浓度 1×10^{10}CFU/mL）和光合细菌 1～10mL/（m^3·日）（浓度 2×10^{10}CFU/mL）	两种菌体在育苗池成为优势菌群，减少和抑制弧菌，防治幼体烂胃病和周边腐烂病；净化水质，改善海参生活环境；提高幼体变态率、成活率，提高成参产量 14.3%～16.4%

二、生物絮团技术在水产养殖中的研究与应用

凡纳滨对虾高位池高密度养殖池内常因对虾残饵、粪便以及尸体等的腐败、分解，在水体中产生有害的氨氮、亚硝酸氮等物质，人们通常通过换水降低水中氨氮、亚硝酸氮的浓度，并将养殖废水排放到环境中，因此不仅导致有机废物在环境中不断积累，严重破坏养殖环境，或者导致病毒病传播，而且还提升了养殖用水和养殖成本。至今对虾养殖业的自身污染仍比较严重。以色列养殖专家提出养殖水质调控的生物絮团反应机制，并将其应用到罗非鱼生产中。目前生物絮团技术研究应用较多的是对虾和罗非鱼养殖，基本上是盐度 2%以下的水体或淡水的生物絮团。生物絮团技术具有降低饲料消耗、减少养殖污水排放等特点，是当前比较先进的水产养殖技术之一。

生物絮团是由细菌群落、浮游动植物、有机碎屑和一些聚合物质相互絮凝而成的絮状物。生物絮团技术是借鉴城市污水活性污泥处理方法的原理，通过在养殖水体中人为添加有机碳物质，以调节水体的 C/N，从而提高水环境中异养细菌的数量；利用微生物同化无机氮，将水体中的氨氮等养殖代谢产物转化成细菌自身成分，并且通过细菌絮凝成颗粒物质被养殖生物所摄食，起到调控水质、促进营养物质循环、降低饲料系数、提高养殖生物成活率的作用。

一般认为细菌细胞中的 C/N 约为 5，但实际养殖池塘水体中 C/N 低于 5，因此提高池塘水体中的 C/N 将有利于异养细菌自身的繁殖。提高 C/N 可将异养细菌总数从 10^4CFU/mL 提高到 10^7CFU/mL，有利于形成生物絮团。做法一是除正常投饵外，添加投入有机碳源物质（如蔗糖、葡萄糖、糖蜜、细米糠和木薯粉等），二是使用低蛋白含量的饲料。此外，生物絮团养殖系统必须设置水过滤消毒设施以及高强度的持续充气、增氧设施，使生物絮团能基本处于完全悬浮状。

生物絮团技术在国外罗非鱼养殖上的应用已较为成熟，生物絮团技术在国内对虾养殖上的应用处于探索试验和发展阶段，生物絮团技术在对虾越冬暖棚养殖和封闭式循环水养殖中具有广阔的应用前景。

三、微生物在水产饲料中的应用

2013 年 12 月我国农业部第 2045 号公告《饲料添加剂品种目录（2013）》以及后续发布的修订公告，共公布了可直接用于生产动物饲料的微生物添加剂有 31 种：地衣芽孢杆菌、枯草芽孢杆菌、迟缓芽孢杆菌、短小芽孢杆菌、两歧双歧杆菌、婴儿双歧杆菌、长双歧杆菌、短双歧杆菌、青春双歧杆菌、动物双歧杆菌、粪肠球菌、屎肠球菌、乳酸肠球菌、干酪

乳杆菌、嗜酸乳杆菌、植物乳杆菌、罗伊氏乳杆菌、纤维二糖乳杆菌、发酵乳杆菌、德氏乳杆菌乳酸亚种（原名：乳酸乳杆菌）、德氏乳杆菌保加利亚亚种（原名：保加利亚乳杆菌）、乳酸片球菌、戊糖片球菌、产朊假丝酵母、酿酒酵母、沼泽红假单胞菌、嗜热链球菌、黑曲霉、米曲霉、凝结芽孢杆菌、侧孢短芽孢杆菌（原名：侧孢芽孢杆菌）。

1. 微生物饲料添加剂

大多微生物富含多种促生长素，光合细菌、酵母菌中含有蛋白质、B族维生素等营养物质。如光合细菌中含有叶绿素、类胡萝卜素和辅酶Q生长因子；裂殖壶菌因其细胞内富含脂肪酸和DHA，可作为必需脂肪酸添加剂，或用裂殖壶菌对轮虫、卤虫和桡足类进行DHA营养强化。有些微生态制剂可增强水产动物吞噬细胞的吞噬能力和细胞产生抗体的能力，刺激动物产生干扰素，从而增强抗病能力。在水产饲料中适量添加微生物制剂，改良养殖水产动物肠道微生物菌群，通过微生物代谢抗生素抑制病原的繁殖和生产，起到预防水产疾病的作用。目前使用较多的有乳酸菌、芽孢杆菌、酵母菌、EM菌等。

2. 利用微生物生产单细胞蛋白

单细胞蛋白（SCP）是通过液体大量培养单细胞微生物而获得的生物体蛋白质，又称微生物蛋白。目前水产养殖中使用的微生物蛋白饲料主要有酵母饲料、石油蛋白饲料和藻类饲料。用于生产单细胞蛋白的微生物包括细菌、放线菌中的非病原菌、酵母菌、霉菌和微型藻类等。选择能产生养殖对象所需的蛋白质和氨基酸的菌种，则可有效解决植物饲料原料的氨基酸组成不平衡的问题。适用于饲料的酵母菌有产朊假丝酵母、热带假丝酵母、解脂假丝酵母、啤酒酵母、葡萄酒酵母、巴氏酵母等。饲用酵母中含蛋白质46%～65%，维生素含量高，是一种接近鱼粉的优质蛋白饲料，如用啤酒酵母中的活性酵母蛋白可部分取代秘鲁鱼粉喂养鲤鱼。用于生产单细胞蛋白的原料主要来源于可再生资源，包括各种粮食、食品、发酵工业废液、农林副产品的下脚料（表10-2）。单细胞蛋白饲料的生产工艺流程如图10-2所示。

表10-2　生产单细胞蛋白饲料的原料与微生物菌种

原料	微生物菌种
糖类、糖蜜	酿酒酵母、产朊假丝酵母、解脂假丝酵母、热带假丝酵母
碳氢化合物（烷烃、甲烷）	假丝酵母、曲霉属、镰刀菌属、诺卡菌属、假单胞杆菌属、棒状杆菌属、嗜甲烷单胞菌、荚膜甲基球菌、甲烷假单胞杆菌
太阳能	小球藻、螺旋藻、光合细菌
纤维素	木霉属、镰刀纤维菌属、纤维单孢菌属、纤维杆菌属、纤维黏菌属
工业废液（淀粉废水、豆制品废水等）	啤酒酵母、产朊假丝酵母、解脂假丝酵母、丝光光孢酵母、热带假丝酵母、白地霉、胶质红色假单胞杆菌
甲醇	甲烷假单胞菌属、嗜甲烷单胞菌、荚膜甲基球菌
乙醇	解脂假丝酵母、产朊假丝酵母、热带假丝酵母

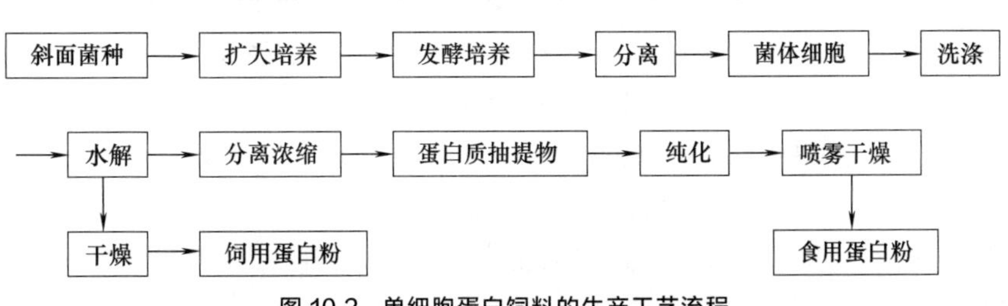

图10-2　单细胞蛋白饲料的生产工艺流程

3. 微生物发酵饲料

微生物发酵产品中富含水溶性维生素、各种消化酶，有利于水产动物的消化吸收；提高了饲料配方中动植物蛋白源的互补性，改善了饲料蛋白质量。同时，发酵还能除去植物性原料中的各种毒素、抗消化因子、抗营养因子等，提高了饲料中矿物质营养的有效利用率。利用植物蛋白源或其他廉价动物蛋白源替代鱼粉是水产动物营养与饲料的发展趋势。水产饲料中应用较多的主要是发酵豆粕，目前常用发酵菌种有曲霉、酵母菌、乳酸菌和芽孢杆菌等。曲霉可将粗纤维、果胶等粗饲料中不易被消化吸收的成分转化成为可消化糖类；酵母菌和乳酸菌可将饲料中的某些成分进一步合成为营养价值高或适口性较好的物质（蛋白质、氨基酸、维生素等）。乳酸菌、酵母菌则用于发酵豆粕、水产加工副产品；棉粕发酵则一般采用假丝酵母与黑曲霉霉菌。生产时是将蛋白质原料进行前处理，接入各种微生物菌种，控制适宜的发酵条件（温度、湿度、pH、通风、时间等），经特定的加工工艺而获得具有较高营养价值的饲料原料。

4. 微生物生产高度不饱和脂肪酸

海洋鱼类自身并不能合成 EPA（二十碳五烯酸）和 DHA（二十二碳六烯酸），必须从其海洋食物链中获得必需脂肪酸，并在体内积累高度不饱和脂肪酸（PUFA）。传统鱼油是 DHA 和 EPA 等 PUFA 的主要来源，尤其是深海鱼油，故 PUFA 的价格昂贵。在海洋食物链中 EPA 和 DHA 的主要生产者是海洋微藻类，它可以快速生长繁殖、自身合成并富集高浓度的 PUFA，在某些微藻体内 PUFA 的含量高达细胞干重的 5%～6%，其相对含量远远高于鱼体内 PUFA 的含量（表 10-3）。海洋微藻生产 PUFA 具有生产周期短、培养简单、易规模化培养等优点，是近年研究的热点。另外，从藻体内提纯 PUFA 较从鱼油中提取工艺更为简单，并且不带腥味，适合于作优质食品添加剂。三角褐指藻、紫球藻、盐生微小绿藻、球等鞭金藻、硅藻等微藻被认为是最有可能实现微藻产业化生产 DHA 和 EPA 的藻类（表 10-3、表 10-4）。

表 10-3　海洋微藻与鱼油中 DHA 和 EPA 含量的比较

材料	PUFA（占生物干重的百分比）/%	DHA（占总脂肪酸的百分比）/%	EPA（占总脂肪酸的百分比）/%
小环藻	10.6	—	23.8
三角褐指藻	9.2	—	26.9
硅藻 MK8620 Diatom	40.1	—	12.6
球等鞭金藻 3011	26.5	22.0	1.5
小新月菱形藻 2034	8.8	0.5	35.2
绿色巴夫藻 3012	10.2	12.6	27.9
竹荚鱼	3.9	—	3.4
大麻哈鱼	19.0	—	9.6
海鲑鱼	9.1	—	4.3

真菌的破囊壶菌和裂殖壶菌生活在海洋、河口、红树林地区和内陆盐湖，富含二十二碳六烯酸（DHA）。破囊壶菌某些菌株 DHA 的含量可达到脂肪酸含量的 50%。裂殖壶菌具有生长繁殖速度快、易于培养、细胞内脂肪酸和 DHA 含量高等优势，产品可作为水产微囊饵料的添加剂或作为 DHA 营养强化剂饲喂轮虫、卤虫和桡足类。目前利用海洋微藻生产 PUFA 的方法有几种，如表 10-5 所示。常用的生产 DHA 的真菌主要有裂殖壶菌、破囊壶菌以及隐甲藻等异养微藻。

表 10-4　可异养培养生产 PUFA 的微藻和真菌

种类	PUFA 的主要类型	PUFA 含量/%	主要碳源
柯氏隐甲藻	DHA	30～35	乙酸盐
小球藻	EPA	38.4	葡萄糖
菱形藻	EPA	29	葡萄糖＋硅酸盐
裂殖壶菌	DHA	40（DHA）	发酵培养基：葡萄糖（酵母膏、大豆蛋白胨、玉米浆）
破囊壶菌	DHA	31（DHA）	

表 10-5　微藻生产 PUFA 的方法

生产方法	特点	不足及缺陷
室外开放大池（光能、自养）	成本较低	产量低，难以高纯度纯种培养，需要土地资源
密闭光生物反应器（光能、自养）	控制培养液浓度实现了连续培养，能控制培养环境，减少污染	后期因细胞浓度升高,光穿透受限,降低光照效率；水压增加,使细胞受损；反应器内易累积氧气,降低脂肪酸的去饱和程度，反应器和生物传感器上易发生附着；培养成本较高等
发酵罐异养发酵（有机底物作能源及碳源）	可人为控制培养条件（控制温度、碳氮比、通风、搅拌等），高密度培养，提高单位容积的生产率和收获率	尚在中试阶段

项目二　微生物的水处理技术

20 世纪以来，大量未经处理的生活污水和工农业废水排入河流、湖泊和海洋，因有机物的分解和腐败，引起溶解氧减少、水生生物死亡、污泥堆积和藻类的异常繁殖，而造成污染水质，生态平衡受到破坏，微生物的负担超过了其自身的净化能力。因此，生活污水和工农业废水须通过净化处理达到规定的标准后才能排放。废水处理就是除去废水中悬浮和溶解的物质，大致有物理化学处理法和生物处理法（微生物处理）。物理化学的处理过程有沉淀、吸附、离子交换、中和、凝聚、上浮和反渗透等方法。目前生物处理法主要是除去废水中溶解的和胶体的有机污染物。微生物处理废水的方法很多（表 10-6），根据微生物的呼吸类型，微生物处理废水的方法分为好氧处理、厌氧处理两类。根据微生物存在的状态，分为附着生长型和悬浮生长型。在好氧处理中，附着型以生物滤池为代表，而悬浮型则可以活性污泥法中的曝气池为代表。

表 10-6　几种微生物处理废水的方法

好氧处理	活性污泥法（标准法、高速法、纯氧法等）
	生物膜法（生物滤池、生物转盘、生物接触氧化法、生物流化床等）
	好氧塘法
厌氧处理	厌氧消化法
	厌氧生物膜法（厌氧生物滤池、厌氧流化床、厌氧附着膜床、厌氧生物转盘等）
	厌氧塘法
特定微生物处理法	光合细菌、酵母菌、小球藻、脱氮菌等

一、好氧微生物处理

好氧微生物处理（或称好气生物处理）是在有氧的情况下，借助好氧微生物（包括兼性好氧）的作用进行的。在有氧条件下，有机污染物作为好氧微生物的营养基质而被氧化分解。因有机污染物不同，好氧微生物的优势种群组成和数量也会相应地发生变化。例如，废水含大量蛋白质时，就会使氨化细菌占优势；纤维素含量多时，则纤维素分解菌就会大量繁殖。大分子的有机污染物最终被彻底分解为二氧化碳、水、硝酸盐和硫酸盐等简单的无机物。在好氧微生物处理中，营养、氧气、温度、pH 值等都会影响微生物对有机污染物的分解速率。好氧微生物处理法适用于处理溶解有机物和胶体有机物，处理后的废水基本没有臭气，处理所需时间较短，但沉淀的污泥（其中含大量微生物）在缺氧情况下容易腐化，应作适当的处置。活性污泥法、生物滤池、生物转盘和生物塘等都是废水好氧处理的常用方法。

1. 活性污泥法

活性污泥法是利用某些微生物生长繁殖而形成表面积较大的菌胶团来大量絮凝和吸附废水中悬浮的胶体或溶解的污染物，并将这些物质摄入细胞体内，在氧的作用下，将这些物质同化为菌体自身的组分，或完全氧化为二氧化碳、水等物质。在污水处理池内，强烈地向污水中通气，导致絮状物的形成，絮状物与水中悬浮的胶体物质聚集形成絮状颗粒物，絮状物下沉后再加入新鲜的污水，再向污水强烈地通气，新鲜污水很快（几个小时）出现完全的凝絮作用。这种具有活性的微生物菌胶团或絮泥状的微生物群体即称为活性污泥。活性污泥由细菌、真菌和原生动物等组成（表 10-7），细菌是活性污泥中最主要的成员，其种类因活性污泥不同而异，细菌以菌胶团的形式存在。活性污泥法一般工艺如图 10-3 所示。

表 10-7 活性污泥中微生物及其他生物

生物类群	种类
细菌	大肠埃希菌、产碱杆菌、产气杆菌、微杆菌、短杆菌、微球菌、丛毛单胞菌、芽孢杆菌、假单胞菌、柄杆菌、球衣菌、动胶菌、黄杆菌、无色杆菌、微丝菌、亚硝化单胞菌、螺旋菌等
放线菌	诺卡菌
真菌	酵母菌、假丝酵母、青霉菌、镰刀菌
原生动物	钟虫、累枝虫、草履虫、变形虫等
微型后生动物	轮虫
微藻	小球藻

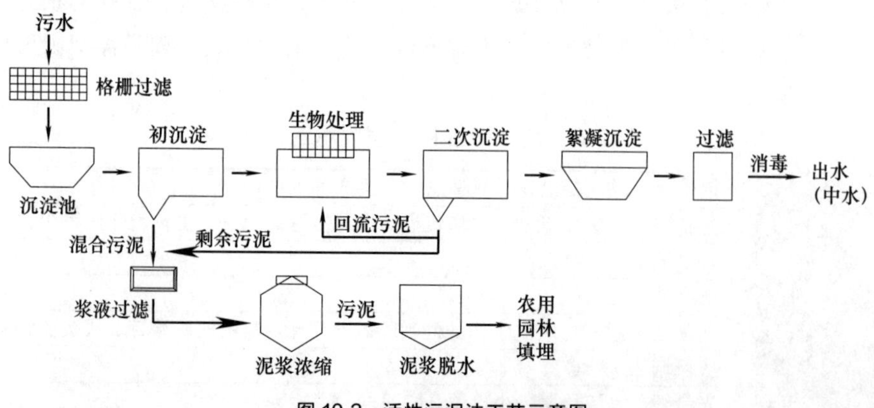

图 10-3 活性污泥法工艺示意图

2. 生物膜法

微课 30——生物膜法

生物膜法是利用微生物群体附着在固体填料表面而形成的生物膜来处理废水的一种方法。生物膜（菌胶膜）是在生物滤池中生成的，生物滤池由池体（滤器）和滤料组成，在池中或容器中放置滤料层（目前常用滤棉、多孔陶粒、碎石、砂粒、沸石、活性炭、陶瓷粒、聚丙烯丝、塑料粒、塑料蜂窝、片状网纤板等），水流经过滤料层后即在滤料（滤床）表面形成生物膜（图 10-4）。生物膜由水生细菌、真菌、藻类、原生动物、后生动物等组成。当污水流经滤床时，有一部分污染物和细菌附着在滤料表面，微生物便在滤料表面大量繁殖，形成一层生物膜，含好氧和兼性微生物，厚度约为 2mm，生物膜一般呈蓬松的絮状结构，微孔多，表面积大，因此具有很强的吸附作用，有利于微生物对被吸附有机物的分解。常见的细菌类群有无色杆菌属、假单胞菌属、黄杆菌属以及产碱杆菌等属的细菌，还常有丝状的浮游球衣菌和贝日阿托菌，在滤池较深处还存在着亚硝化单胞菌和硝化杆菌。在滤池顶部有阳光照射处常有蓝藻、小球藻等藻类生长，藻类的生长是有利的，但有时生长过于茂盛，以致会妨碍滤池的运转。在生物膜滤池中，原生动物和一些较高等的动物均以生物膜为食，能促使细菌群体以较高速率产生新细胞，有利于废水的处理。由此可见，很多种原生动物和真菌存在于整个滤池中，其数量部分地受氧和营养物可利用性的影响显而易见，在这种由不同成分组成的环境中，微生物的活动和相互作用是非常复杂的。新建成的滤床，在它能有效地起作用之前，必须获得生物膜，获得生物膜的运转需要几天或几周。当富含有机物的池水从滤料间隙流过时，污水中的有机物经微生物好氧代谢而降解，产物为 CO_2、H_2O、NH_3 等。生物膜内层的微生物则进行厌氧代谢，产物为有机酸、乙醇和 H_2S 等。当生物膜增厚到一定程度时，由于水的冲刷而发生剥落，适当的剥落可使生物膜得到更新。

图 10-4　生物膜的生命周期示意图

生物膜法的类型根据其所用设备不同可分为生物滤池、塔式滤池、生物转盘（图 10-5）、生物接触氧化法和生物流化床等。曝气生物滤池（BAF）是 20 世纪 90 年代初兴起

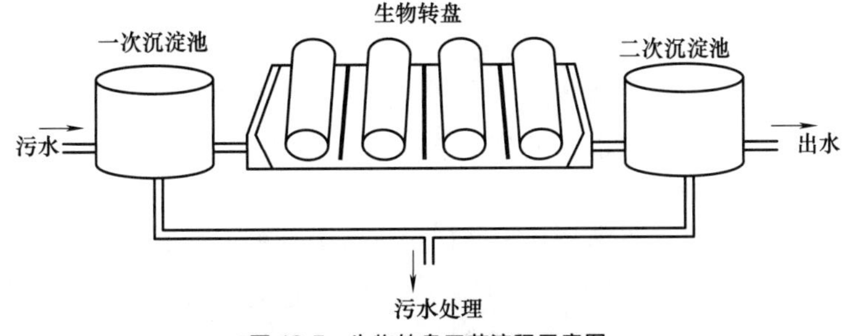

图 10-5　生物转盘工艺流程示意图

的一种主要以生活污水处理为主的工艺，其工艺简单、处理效率高、占地面积小、有机容积负荷大、停留时间短，并集生物氧化和截留悬浮固体于一体，节省了二沉池，具有投资少、能耗低、出水水质高等优点，是生物膜法中的一种先进工艺。

3. 氧化塘处理法

氧化塘是利用细菌与藻类（含大型藻类）的互生关系，来分解有机污染物的一种大面积、敞开式的废水处理系统（图 10-6）。细菌主要利用藻类产生的氧分解流入塘内的有机物；分解产生的二氧化碳、磷等无机物以及一些小分子有机物又成为藻类的营养源；增殖的细菌与藻类又可被微型浮游动物所捕食；藻类的生长也能有效地消除水中营养盐。氧化塘中的微生物种类很多，表层主要为浮游微型绿藻、蓝藻、原生动物、轮虫类、甲壳类、摇蚊幼虫等；优势菌群为假单胞菌、黄杆菌、芽孢杆菌等；底部有硫酸盐还原菌和产甲烷菌等。废水沉淀物和生物残体沉积的污泥，在产酸细菌的作用下分解成小分子有机物、氨等，其中一部分可进入上层好氧层被继续氧化分解，另一部分由污泥中产甲烷菌生成甲烷。根据氧化塘水深及生态因子的不同分为兼氧塘、曝气塘、好氧塘、厌氧塘和水生植物塘。氧化塘构筑简单，耗能低，管理方便，多应用于生活污水、水产养殖、食品、皮革、造纸、石化、农药等行业的废水处理中。

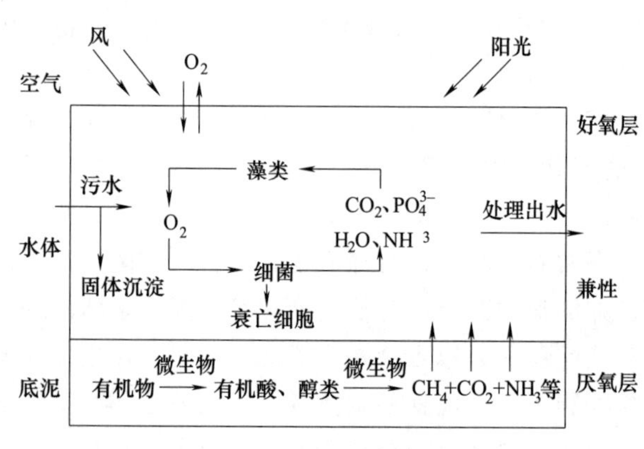

图 10-6 氧化塘的水处理过程示意图

二、厌氧微生物处理

厌氧微生物处理是在无氧条件下，借厌氧微生物（包括兼性微生物），主要是厌氧菌（包括兼性菌）的作用来进行的。当废水中有机物浓度较高时，一般不宜用好氧处理，而采用厌氧处理法，这在食品、酿造和制糖等工业生产中得到广泛应用。参与厌氧处理的优势细菌生理型可能随着污水的消化过程而变化。在厌氧池中，开始阶段是兼性类型的细菌（肠杆菌属、产碱杆菌属、埃希菌属、假单胞菌属等）占优势，接着是严格厌氧的甲烷产生菌，例如甲烷杆菌属、甲烷八叠球菌属和甲烷球菌属。兼性细菌产生的有机酸被甲烷产生菌代谢，其最终产物是甲烷和 CO_2，在厌氧池中产生大量气体。

三、封闭式循环水养殖的微生物水处理

封闭式循环水养殖系统以“高产、经济、安全、环保、可持续”等特点使其成为水产养殖业发展的重要方向之一，是保障水产品质量、促进水产养殖业可持续发展的必由之路，越来越多的海水和淡水封闭式循环水养殖模式在各地得以推广。封闭式循环水养殖系统（图 10-7 ）主要由机械过滤装置、增氧装置（包含纯氧）、生物净化装置、臭氧消毒及紫外线杀菌装置组成，随着纳米技术、自动化技术及计算机技术相继应用到循环水养殖系统，其自动化程度与集约化程度得到进一步加强，水循环利用率达到 90%～95%，基本实现“零排放”。生物滤池对维持闭合循环水产养殖系统水质稳定起着核心作用，是工厂化循环水养殖

和水族馆饲养系统中的核心环节。浸没式生物滤池是目前我国工厂化循环水养殖车间普遍使用的一种生化净水技术，常用方法是在水池中吊挂弹性毛刷滤料或微孔净水板，或在池中放入珊瑚石、鹅卵石、陶环或塑料球作为滤料，同时使用增氧装置曝气，使微生物附着于滤料表面形成生物膜系统进而达到净水效果。生物滤池具有处理效果好、反冲洗方便、运行成本低、抗水流冲击等优点，尤其是曝气生物滤池降解养殖水体中的对鱼类生长危害较大的氨氮、亚硝态氮、COD效果显著。

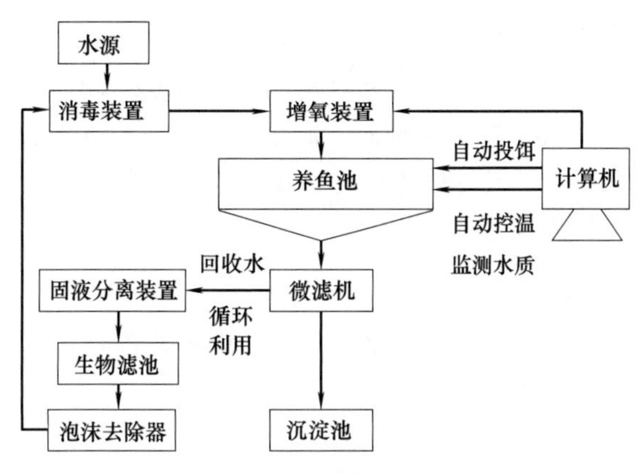

图 10-7　循环水养殖水处理系统工艺流程

生物滤池的微生物培养最稳妥的方法就是直接饲养水生动物，利用饲养动物的排泄废物和投饲散失的有机物来培养，即利用生物滤器表面的土著菌进行自然培养，但生物滤池由微生物开始挂膜到挂膜成熟所需时间较长，淡水需要14～20天、海水需要40～80天。并且在曝气充分的环境下，不利于厌氧反硝化细菌的生长。反硝化细菌是降解水体中硝态氮的主要菌种，目前已经发现除了反硝化厌氧作用外，多株好氧反硝化细菌已被分离筛选出来，同步硝化反硝化生物滤器、高效硫自养反硝化生物滤器和异养反硝化生物滤器成为研究热点。

技能训练二十　光合细菌的扩大培养

微课31——光合细菌的扩大培养

【技能目标】

掌握光合细菌生产性扩大培养的技术。

【训练器材】

（1）仪器设备　干热灭菌箱、高压蒸汽灭菌器、恒温光照培养箱、天平、冰箱、电炉等。

（2）培养基　光合细菌培养基。

（3）其他器材　光合细菌菌种液、移液管、烧杯、玻璃棒、锥形瓶、记号笔等。

【技能操作】

1. 准备培养基和容器

（1）光合细菌培养基配方

NH_4Cl	1.0g	$MgSO_4 \cdot 7H_2O$	0.2g
$NaHCO_3$	1.0g	K_2HPO_4	0.2g
CH_3COONa	3.0g	酵母膏	1.0g
NaCl	0.5～2.0g	pH	7.0
蒸馏水	1000mL		

（2）培养容器　使用1.25L的无色透明塑料饮料瓶，饮料瓶先用浓度为300mg/L的高锰酸钾溶液消毒备用。

2. 接种及培养

将准备好的1L光合细菌培养液装入消毒后的透明饮料瓶，再按20%的接种量加入250mL光合细菌菌种液，旋紧瓶盖，放入光照强度为3000～4000lx、30℃的恒温光照培养箱中培养，或者放置日光下或其他室内光源条件下培养。每天摇瓶2次，培养2～5天至培养液长成深红色。

3. 小结与讨论

从培养液配方、培养条件、培养设备等方面，讨论本次光合细菌培养中发现的问题并提出改进方法。

技能训练二十一　活性污泥生物相的观察

【技能目标】

（1）理解观察和监测活性污泥生物相的意义。

（2）观察活性污泥并描述其絮状体特征和初步鉴定其优势生物的种类组成。

【训练器材】

（1）活性污泥　取自污水处理厂曝气池的混合液。

（2）仪器　普通光学显微镜。

（3）其他用品　量筒、载玻片、盖玻片、吸管、镊子、微型动物计数板、吸水纸等。

【技能操作】

1. 用肉眼观察絮状体外观和沉降性能

取曝气池的混合液置于量筒内，肉眼观察活性污泥在量筒中呈现的絮状体外观（形态、结构、密度）及沉降性能（以污泥沉降比SV表示，即一定量的污泥混合液静置30min后，沉降的污泥体积与原混合液体积之比，用百分数表示）。

2. 制片镜检

在载玻片上滴加1～2滴混合液，加盖玻片制成水浸片，在显微镜下观察活性污泥生物相。

（1）污泥菌胶团絮状体　形状、大小、稠密度、折/旋光性、游离细菌多少等。

（2）丝状微生物　伸出絮状体外的多少、占优势的种类。

（3）微型动物　识别原生动物、后生动物的种类。

3. 结果记录

将活性污泥的观察和镜检结果填入表10-8中，并绘出优势原生动物和后生动物形态图。

表10-8　活性污泥生物相观察结果的记录

污泥沉降比（SV）/%		游离细菌数量	
絮状体形态（圆形/不规则形）		优势动物（种类、特征）	
絮状体结构（开放/封闭）		其他动物	
絮状体密度（紧密/松散）		每毫升混合液中的动物数	
丝状菌数量			

【知识卡片】

活性污泥是生物法处理废水的主体。活性污泥中的生物相比较复杂，以细菌为主要类群，占污泥中微生物总量的90%～95%。某些细菌能分泌胶黏物质形成菌胶团，成为活性污泥的主要组分。其次为原生动物，占5%左右。此外，还有真菌和后生动物等。原生动物和微型后生动物常作为污水净化的指标。在活性污泥发生变化或污泥培养初期可以看到大量的鞭毛虫和变形虫。当污水处理池运转正常时，固着型纤毛虫占优势。当后生动物轮虫等大量出现时，意味着污泥极度衰老。丝状微生物构成污泥絮状体的骨架，少数伸出絮状体外。好的活性污泥在显微镜下观察看不到或很少看到分散在水中的细菌，看到的是一团团结构紧密的污泥块。不太好的活性污泥则可看到丝状真菌和一团团污泥块。很差的活性污泥则丝状真菌很多，当由丝状真菌构成的絮状体大量出现时，常可造成污泥膨胀或污泥松散，使污泥池运转失常。因此，通过观察活性污泥中的絮状体和生物相，根据生物相的变化可以分析生物处理池内运转是否正常，以便及时发现异常情况，并采取有效措施保证废水处理系统的正常运行。

【复习思考题】

1. 什么是微生态制剂？水产微生态制剂产品有哪些类型？
2. 常见的微生态制剂所用的微生物菌种有哪些？各类菌种有什么特点？
3. 什么是生物絮团？
4. 微生物在配合饲料生产加工中有哪些方面的应用？
5. 简述活性污泥的污水处理原理。
6. 简述生物膜的水处理原理。
7. 根据你的观察结果，对污泥质量和运行状况作初步评价。
8. 活性污泥净化污水的机制是什么？
9. 试述活性污泥中原生动物和微型后生动物的营养特性与污水净化程度之间的关系。
10. 测定污泥沉降比工作参数的意义是什么？

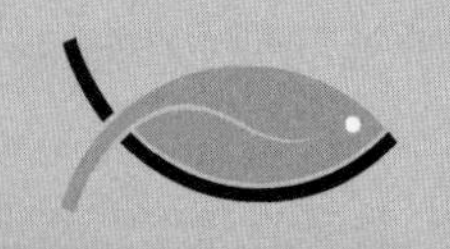

附 录

附录1 染色液和试剂的配制

1. 吕氏美蓝染色液

A 液：美蓝 0.3g 95%乙醇 30.0mL

B 液：氢氧化钾 0.01g 蒸馏水 100.0mL

混合 A、B 二液即成。

2. 革兰氏染色液

(1) 草酸铵结晶紫染色液

A 液：结晶紫 1.0g 95%乙醇 20.0mL

B 液：草酸铵 0.8g 蒸馏水 80.0mL

将结晶紫研细后，加入 95%乙醇使之溶解，配成 A 液；将草酸铵溶于蒸馏水配成 B 液。混合 A、B 二液即成。

(2) 鲁戈（Lugol）碘液

碘 1.0g 碘化钾 2.0g 蒸馏水 300.0mL

先将碘化钾溶于小部分的蒸馏水，然后加碘片并振荡，使碘片完全溶解后，再加其余的蒸馏水至足量。

(3) 沙黄（Safranin）染色液

沙黄 0.25g 95%乙醇 10.0mL 蒸馏水 90.0mL

将沙黄溶解于乙醇中，然后用蒸馏水稀释。

3. 芽孢染色液

(1) 孔雀绿染色液

孔雀绿 5.0g 蒸馏水 100.0mL

(2) 沙黄染色液同上

4. 荚膜染色液

(1) 结晶紫染色液

结晶紫 1.0g 蒸馏水 100.0mL

(2) 20% $CuSO_4 \cdot 5H_2O$ 溶液

$CuSO_4 \cdot 5H_2O$ 20.0g 蒸馏水 80.0mL

5. 乳酸石炭酸棉蓝溶液（观察真菌用）

石炭酸 2.0g 甘油 40.0mL 棉蓝 0.05g

乳酸（相对密度 1.21） 20.0mL 蒸馏水 20.0mL

将石炭酸加入蒸馏水中加热溶解，然后加入乳酸和甘油，最后加入棉蓝，使其溶解，即成。

6. 吲哚试剂

对二甲基氨基苯甲醛 8g 95%乙醇 760mL 浓盐酸 160mL

7. 甲基红试剂

甲基红 0.1g 95%乙醇 300mL 蒸馏水 200mL

先将甲基红溶于95%乙醇后再加水。

8. 5% α-萘酚溶液

称取5g α-萘酚溶于100mL无水乙醇中，于棕色瓶中暗处保存。注意，该液易氧化，只能随配随用。

9. 1.6%溴甲酚紫乙醇溶液

溴甲酚紫 1.6g 95%乙醇 少量 蒸馏水 100mL

先用少量95%乙醇溶解溴甲酚紫，然后定容到100mL。

10. 生理盐水

NaCl 8.5g 蒸馏水 1000.0mL

11. 0.05%孔雀石绿染液

孔雀石绿（水溶性） 0.05g 蒸馏水 100.0mL

12. 1%焰红贮存液

焰红B（水溶性） 1.0g 蒸馏水 100.0mL

溶解后置于棕色瓶中，室温贮存。

13. 0.001%焰红染液

1%焰红贮存液 0.1mL 蒸馏水 100.0mL

附录2 实验用培养基

1. 营养琼脂培养基

牛肉膏3.0g，蛋白胨10.0g，NaCl 5.0g，琼脂18.0g，蒸馏水1000.0mL，pH 7.2～7.4。不加琼脂即为营养肉汤培养基。

2. 半固体牛肉膏蛋白胨培养基（观察细菌动力）

牛肉膏3.0g，蛋白胨10.0g，NaCl 5.0g，琼脂4.0g，蒸馏水1000.0mL，pH 7.4～7.6。

此培养基最好先用脱脂棉过滤，然后分装试管灭菌，这样有利于实验结果的观察。121℃灭菌30min。

3. 高氏1号培养基（用于分离培养放线菌）

可溶性淀粉20.0g，KNO_3 1.0g，NaCl 0.5g，K_2HPO_4 0.5g，$MgSO_4 \cdot 7H_2O$ 0.5g，$FeSO_4 \cdot 7H_2O$ 0.01g，琼脂15.0～20.0g，蒸馏水1000.0mL，pH7.4～7.6，121℃灭菌30min。

先用少量冷水将可溶性淀粉调成糊状，用小火加热，再加入其他成分，溶解后加水补足至1000mL。

4. 马铃薯蔗糖琼脂培养基（PDA）

马铃薯（去皮切块）300.0g，蔗糖（或葡萄糖）20.0g，琼脂 20.0g，蒸馏水1000.0mL，pH 自然。

制法：将马铃薯洗净去皮和芽眼，称重、切块，入水煮沸半小时，然后用多层纱布过滤，再加糖及琼脂，熔化后补足水分至1000mL。

5. 麦芽汁琼脂培养基和麦芽汁液体培养基

麦芽汁原液（购自啤酒厂）加水稀释到5～6波美度，加入1.5%～2.0%琼脂，自然pH。不加琼脂即为麦芽汁液体培养基。

6. 乙酸钠琼脂培养基（培养酵母菌子囊孢子用）

葡萄糖1.0g，酵母膏2.5g，乙酸钠8.2g，琼脂15.0g，蒸馏水1000.0mL，pH 4.8。115.2℃灭菌20min。

7. 糖发酵培养基

蛋白胨10.0g，NaCl 5.0g，1.6%溴甲酚紫乙醇溶液1.5mL，待测糖（葡萄糖、乳糖或蔗糖）10g，蒸馏水1000.0mL，pH7.0～7.4。

① 将上述成分（除指示剂溴甲酚紫外）溶解，调pH，再加入溴甲酚紫溶液，混匀。

② 将上述含指示剂的培养基分装入试管，每个试管装10mL，试管中还装入一个倒置的杜氏小管。

③ 在112.6℃灭菌30min。

8. 蛋白胨水培养基

胰蛋白胨10.0g，NaCl 5.0g，蒸馏水1000.0mL，pH7.2～7.4。

9. 葡萄糖蛋白胨水培养基（MR及V-P试验用）

蛋白胨5.0g，葡萄糖5.0g，K_2HPO_4 2.0g，蒸馏水1000.0mL，pH7.2～7.4。

制法：溶化后校正pH值，分装小试管，每管10mL，112.6℃灭菌30min。

10. 柠檬酸铁铵高层培养基（硫化氢试验用）

蛋白胨20.0g，NaCl 5.0g，柠檬酸铁铵0.5g，硫代硫酸钠0.5g，琼脂15～18g，蒸馏水1000.0mL，pH7.2。112.6℃灭菌15min，灭菌后，取出趁热直立在试管架上凝固后成高层琼脂柱。

11. 柠檬酸盐培养基

$NH_4H_2PO_4$ 1.0g，K_2HPO_4 1.0g，NaCl 5.0g，硫酸镁0.2g，柠檬酸钠2.0g，琼脂18.0g，蒸馏水1000.0mL，pH6.8，1%溴麝香草酚蓝酒精液10mL。

将上述各成分加热溶解后，调pH，然后加入指示剂，摇匀，用脱脂棉过滤。制成后为黄绿色，分装试管，121℃灭菌20min后制成斜面。

12. MH琼脂培养基

牛肉膏6.0g，可溶性淀粉1.5g，酸水解酪蛋白17.5g，琼脂13g，pH 7.4。115℃灭菌30min。

13. 平板计数琼脂培养基（PCA）

胰蛋白胨 5.0g，酵母膏 2.5g，葡萄糖 1.0g，琼脂 15.0g，蒸馏水 1000.0mL，pH7.0。

14. 乳糖蛋白胨培养基

蛋白胨 10.0g，牛肉膏 3.0g，乳糖 5.0g，NaCl 5.0g，1.6%溴甲酚紫乙醇溶液 1mL，蒸馏水 1000.0mL，pH7.2～7.4。

① 将上述成分（除指示剂溴甲酚紫外）溶解，调 pH，再加入溴甲酚紫溶液，混匀。

② 将上述含指示剂的培养基分装入试管，每个试管装 10mL，试管中还装入一个倒置的杜氏小管。

③ 在 115℃灭菌 20min。

15. 伊红美蓝琼脂培养基（EMB）

蛋白胨 10.0g，乳糖 10.0g，磷酸氢二钾 2.0g，琼脂 17.0g，2%伊红水溶液 20.0mL，0.65%美蓝水溶液 10.0mL，蒸馏水 1000.0mL，pH7.1。

将蛋白胨、磷酸氢二钾和琼脂溶于蒸馏水中，校正 pH，分装于锥形瓶，121℃灭菌 15min 备用。临用时加入乳糖，并熔化琼脂，冷却至 50～55℃，加入伊红和美蓝溶液，摇匀，倾注平板。

16. TCBS 培养基

蛋白胨 10.0g，酵母膏 5.0g，柠檬酸钠 10.0g，硫代硫酸钠 10.0g，蔗糖 20.0g，胆盐 8.0g，氯化钠 10.0g，柠檬酸铁 1.0g，溴麝香草酚蓝 0.04g，麝香草酚蓝 0.04g，琼脂 15.0g，蒸馏水 1000mL，pH 8.6。

该培养基加热沸腾至溶解后，调 pH，再加溴麝香草酚蓝和麝香草酚蓝，不需要高压灭菌，冷却至 55℃，倾注无菌培养皿即可。

17. 2216E 培养基

蛋白胨 5g，酵母膏 1g，磷酸高铁 0.1g，琼脂 20g，陈海水 1000mL，pH 7.6。

18. 高盐察氏培养基

硝酸钠 2.0g，磷酸氢二钾 1.0g，$MgSO_4 \cdot 7H_2O$ 0.5g，氯化钾 0.5g，$FeSO_4 \cdot 7H_2O$ 0.01g，氯化钠 60.0g，蔗糖 30.0g，琼脂 15～20g，蒸馏水 1000.0mL，pH 自然。115℃灭菌 20min。

19. LBS 培养基

酵母膏　5.0g；胰蛋白胨　10.0g；磷酸二氢钾　6.0g；硫酸亚铁　0.034g；硫酸镁　0.575g；葡萄糖　20.0g；乙酸钠　25.0g；柠檬酸铵　2.0g；硫酸锰　0.12g；pH5.5±0.2。118℃灭菌 15min。

附录 3　水生物病害防治员高级工国家职业标准

职业功能	工作内容	技能要求	相关知识要求
1. 预防	1.1 巡查	1.1.1 能判别水体(域)异常变化 1.1.2 能检测氨氮、硫化氢	1.1.1 异常水体特征 1.1.2 氨氮、硫化氢测定方法

续表

职业功能	工作内容	技能要求	相关知识要求
1. 预防	1.2 消毒	1.2.1 能计算消毒剂用量 1.2.2 能配制消毒剂	1.2.1 养殖水体测量及用药量的计算方法 1.2.2 消毒剂使用剂量的计算
2. 诊断	2.1 观察诊断	2.1.1 能根据养殖对象的鳃部症状做出初步诊断 2.1.2 能根据养殖对象的体表症状做出初步诊断	2.1.1 养殖对象鳃部病变的知识 2.1.2 养殖对象体表病变的知识
	2.2 解剖诊断	2.2.1 能在病灶组织上采集细菌病样 2.2.2 能进行细菌病原体的分离	2.2.1 常见细菌性疾病的病症相关知识 2.2.2 常见病原微生物的分离培养方法
	2.3 显微诊断	2.3.1 能用显微镜观察涂片 2.3.2 能用显微镜分辨细菌种类	2.3.1 常见细菌病原体的形态特征 2.3.2 涂片的制作、染色及观测方法
	2.4 生物技术诊断	2.4.1 能根据养殖对象的病症选择诊断试剂盒 2.4.2 能按诊断试剂盒的使用说明进行相关疾病诊断	2.4.1 常见诊断试剂盒的一般原理 2.4.2 诊断试剂盒保存及操作方法
3. 防控与处置	3.1 疾病预防	3.1.1 能根据水质变化选择使用常用生物制剂 3.1.2 能注射疫苗	3.1.1 常用养殖对象疾病预防的生物制剂特性及其使用方法 3.1.2 疫苗的使用方法及注意事项
	3.2 治疗疾病	3.2.1 能针对不同细菌性疾病选择使用药物 3.2.2 能初步判别渔用兽药的质量	3.2.1 细菌性疾病治疗要点 3.2.2 渔用兽药的特性及使用方法
	3.3 改善水环境	3.3.1 能根据病害发生情况选择水质调控措施 3.3.2 能使用水质改良剂改善水环境	3.3.1 水质的物理、化学调控方法 3.3.2 水质的生物调控方法
	3.4 疫情处置	3.4.1 能记录所发现的疫情 3.4.2 能填写疫情报告 3.4.3 能进行疫情档案管理	3.4.1 疫情记录的规定 3.4.2 疫情报告的内容及报告单的填写要求 3.4.3 档案管理的规定与要求

附录 4 水生动物产地检疫采样技术规范

1 范围

本标准规定了水生动物产地检疫的术语和定义、采样的要求、方法、记录、样品封存和运输方法。确定了水生动物产地检疫的采样依据。给出了水生动物产地检疫的采样指南。

2 术语和定义

2.1 水生动物

来自养殖水体或自然水体的软体动物、甲壳类、鱼类、两栖类、爬行类、哺乳类及其遗传材料。

2.2 批次

同一养殖场内或自然水体，以同一水域、同一品种、环境及养殖条件相同的水生动物为一个采样批次。

3 采样要求

3.1 采样应严格按照规定的程序和方法执行，确保采样工作的公正性和样品的代表性、真实性。

3.2 采样地点为水生动物产地。

3.3 采样应视分析对象和疫病种类而定。对已发病水生动物优先尽快进行取样。

3.4 采样过程中应避免对病原分析结果有影响的因素发生，防止样品被污染。

3.5 采样工具应满足病料采集要求，做到无菌、无毒、清洁、干燥、无污染，不对检验结果造成影响。

4 采样程序

4.1 采样方案的制订

应包括采样的地点范围、对象、依据、方法、类别、数量和采样时间、检测项目等。

4.2 采样准备

确定采样人员，准备采样工具、容器、采样辅助设施和采样记录表格等。

4.3 采样实施

采样人员到达现场后，出示证件，说明来意，严格按采样方案进行现场采集，填写《现场采样记录》，并交被采样单位负责人或业务负责人或委托人签字确认。样品采集后及时编号标识，并确保编号的唯一性。

5 采样记录

现场采样人员应严格按照采样要求进行现场采集，并填写《现场采样记录表》。内容包括被采样单位、地址、联系方式、环境条件（气温、水温、光照等）、样品名称、样品数量、采样编号、样品状态及外观描述、检测项目、检测目的等，并交被采样单位负责人或业务负责人或委托人签字确认。采样过程中，应注意观察采样位置周围的环境情况、环境条件以及可能影响检测结果的因素，并作好记录，必要时拍照或画出采样地点的示意图。在采样现场，若无固定参照物，可用 GPS 定位仪对采样地点进行具体描述。

6 采样方法

根据水产养殖的池塘及水域的分布情况，合理布设采样点，从每个批次中随机抽取样品。

7 采样对象及数量

7.1 由于采样动物的个体差异、采样地点的环境条件不尽相同，故在本标准中对所采样品的处理不作硬性规定，应视疫病种类检测需要而定。一般情况下采集水生动物整体。

7.2 对有临床症状的水生动物的采样对象及采样数量。对有临床症状的水生动物，必须挑选临床症状明显的活体或濒临死亡的水生动物。每一采样批次，一般根据水生动物样品的大小取 10～20 尾即可。

7.3 对外表健康无临床症状的水生动物采样对象及采样数量。没有症状的按附表 1 中 2％感染率时采样数要求取样，原则上每个采样批次采 150 尾（要有代表性）（见附表 1）。

7.4 对于特殊样品如较大个体，无法采集水生动物整体时，在有条件的地方可作一定处理，但必须由具有资质的上岗人员根据检测项目的不同要求而对水生动物作适当的处理，按照检测项目的检测依据采取合适的水生动物组织。

附表 1 根据假定病原感染率确定的采样数量（尾）

群体大小/尾	2%感染率时采样数	5%感染率时采样数	10%感染率时采样数
50	50	35	20
100	75	45	23
250	110	50	25
500	130	55	26
1000	140	55	27
1500	145	55	27
2000	145	60	27
4000	145	60	27
10000	145	60	27
100000 或以上	150	60	30

注：摘自 Ossiander 和 Wedemeyer，1973。

8 样品封存

8.1 采样人员和被检单位负责人共同确认样品的真实性、代表性和有效性。

8.2 封样包装材料应清洁、干燥，不会对样品造成污染和伤害；包装容器应完整、结实，有一定抗压、抗震性。

8.3 现场采样一般为活体，符合水生动物检疫的相关要求；水生动物组织需在 4℃以下封存。

8.4 每份样品应分别加贴采样标签，注明被采样单位、采样编号、采样人和采样日期。

9 样品运输

9.1 采样完成后，样品应按规定时间尽早送达检验实验室。

9.2 运输工具要求清洁卫生，无污染，不混装有毒有害物品。

9.3 防止运输和装卸过程中可能造成的污染和损害。

10 样品登记

10.1 水生动物检疫实验室在接到样品和采样单时，应立即登记，对样品状态及外观进行详细描述，对各个检疫项目以及具体要求进行确认，并于采样标签上覆盖性加贴实验室流转时的样品标签。标注样品名称和样品受理编号。

10.2 样品登记完后及时将样品进入实验室流转和分样检疫。

11 样品保存

11.1 检疫实验室必须要有保存样品的必需条件。

11.2 病毒组织样品必须在－20℃以下条件保存；细菌等组织样品分离后保存。

11.3 水生动物产地样品，自发出检疫报告后阳性样品需保存 6 个月方可作废弃处理。

参考文献

[1] 周德庆. 微生物学教程. 第4版. 北京：高等教育出版社，2020.

[2] 袁丽红. 微生物学实验. 北京：化学工业出版社，2019.

[3] 肖克宇，陈昌福. 水产微生物学. 第二版. 北京：中国农业出版社，2019.

[4] 杨红梅. 动物微生物. 第2版. 北京：中国农业大学出版社，2023.

[5] 胡桂学，陈金顶，陈培富. 兽医微生物学实验教程. 第3版. 北京：中国农业大学出版社，2022.

[6] 赵靖. 应用微生物技术. 第4版. 北京：化学工业出版社，2023.

[7] 叶磊，谢辉. 微生物检测技术. 第2版. 北京：化学工业出版社，2023.

[8] 张晓华. 海洋微生物学. 第2版. 北京：科学出版社，2023.

[9] 秦翠丽. 新编微生物学实验技术. 北京：化学工业出版社，2023.

[10] 胡会萍. 微生物基础. 北京：北京理工大学出版社，2023.

[11] 李一经，唐丽杰. 兽医微生物学. 第2版. 北京：高等教育出版社，2023.

[12] 宋婧，韩蕊. 海水养殖循环水微生物处理强化技术. 北京：化学工业出版社，2021.

[13] 周凤霞，白京生. 环境微生物. 第3版. 北京：化学工业出版社，2019.

[14] 白毓谦. 微生物实验技术. 济南：山东大学出版社，1987.

[15] 赵远，张崇淼，肖娴. 水处理微生物学. 第2版. 北京：化学工业出版社，2023.

[16] 战文斌. 水产动物病害学. 第2版. 北京：中国农业出版社，2011.

[17] 李维炯. 微生态制剂的应用研究. 第2版. 北京：化学工业出版社，2019.

[18] 孔祥会. 水产动物免疫学. 北京：科学出版社，2023.

[19] 李艳红，吴正理. 水产微生物学实验. 重庆：西南师范大学出版社，2022.

[20] 乔雪. 海洋贝类免疫学实验技术. 北京：中国农业大学出版社，2023.